C674x-DSP 嵌入式开发与实践

路锦正　张红英　李　强　著

科 学 出 版 社

北　京

内容简介

本书系统讲解了C674x-DSP的硬件结构、软硬件开发工具、DSP算法优化和应用系统开发等技术。主要包括DSP技术现状及趋势、主流DSP芯片架构、软硬件开发工具、CCS集成开发环境、基于文件的DSP软件仿真开发、DSP算法优化技术、基于StarterWare的系统软件开发、基于SYS/BIOS的系统软件开发、DSP图像通信嵌入式开发与实践等内容。

本书秉承开发入门、开发储备、开发实践的编写思路，为读者构建逐层深入、由简入繁、由粗到细、由概念到应用、由模块到系统的学习模式，努力降低开发难度、缩短产品成型时间。

本书适合本科高年级学生、研究生、广大DSP爱好者，以及从事DSP技术开发的企业工程技术人员阅读，为以上群体提供学习与工作上的参考。

图书在版编目(CIP)数据

C674x-DSP嵌入式开发与实践 / 路锦正，张红英，李强著. —北京：科学出版社，2019.1（2025.1重印）

ISBN 978-7-03-059716-8

Ⅰ.①C… Ⅱ.①路… ②张… ③李… Ⅲ.①数字信号处理-研究 Ⅳ.①TN911.72

中国版本图书馆CIP数据核字（2018）第262893号

责任编辑：张 展 侯若男 / 责任校对：彭 映
责任印制：罗 科 / 封面设计：墨创文化

科学出版社出版
北京东黄城根北街16号
邮政编码：100717
http://www.sciencep.com

成都锦瑞印刷有限责任公司印刷
科学出版社发行 各地新华书店经销
*
2019年1月第 一 版 开本：787×1092 1/16
2025年1月第八次印刷 印张：19 3/4
字数：464 000

定价：89.00元

（如有印装质量问题，我社负责调换）

序

数字信号处理器(DSP)以其可编程、高性能、低功耗、易升级等特点在嵌入式电子信息产品方案中被普遍采纳。虽然 ARM 及 FPGA 在嵌入式开发中也有广泛的应用，但是其适用领域有各自的特点。ARM 更适合人机交互、任务管理等，FPGA 适合时序逻辑转换且并行度高，而 DSP 的独特架构更适于实时数字信号处理。美国 TI 公司作为目前 DSP 芯片的全球领导企业，其超长的产品线、丰富的开发文档资料以及性能超强的 C 编译器奠定了其在 DSP 产业的首要地位。C6000 系列 DSP 包含了八个功能单元，可最多八条指令并行执行，大大提高了 CPU 指令周期的利用率。C674x-DSP 是一款定浮点处理器内核，可应用于语音处理、图像处理以及低级机器视觉应用等任务。

毋庸置疑，电子信息产品的软件开发，是整个开发周期中最重要也是最耗时的环节。特别是算法优化、系统联调等更是重中之重。然而市面上的 DSP 相关著作或教材更偏向数据手册、客观指标的介绍或翻译，能提供实战指南或开发实践的书籍甚少。《C674x-DSP 嵌入式开发与实践》弱化了硬件知识，加强了软件开发中算法仿真、算法优化以及实践开发等环节，逐渐引导读者从概念到应用、由模块到系统地构建 DSP 产品。同时，该书作者从事与 DSP 开发相关的科研和教学达十五年之久，承担了多个企业工程项目，积累了丰富的工程实战经验和教学经验。

该书图文并茂，深入浅出，可为高等院校师生提供学习和参考，也可为与 DSP 相关的科技工作者和开发人员提供参考借鉴。

作者还持续在 DSP 嵌入式开发中刻苦耕耘，编写、调试代码，实属难能可贵，这种脚踏实地的精神定能感染学生或读者们。作者将开发经验、过程体会整理成册，与读者分享，并将部分项目源代码无私共享，也为推动 DSP 产业发展贡献了一份力量。

电子科技大学　彭真明

2018 年 6 月

前　言

随着物联网、大数据、云计算、人工智能等新一代信息技术的发展，满足低功耗、高性能，以及个性化、可定制等要求的嵌入式技术或产品是必然趋势。实现这些技术和产品的关键部件是可编程嵌入式处理器，它包括擅长人机交互或任务管理的ARM，并行能力强或时间精度高的FPGA，以及信号处理能力强或适于多算法任务的DSP等。信息技术中语音信号处理、图像信号处理、视频或视觉处理等的算法编程和持续优化任务，需要并行计算能力强、通用C语言编程、易调试升级、低功耗高性能的嵌入式应用方案来承载，以实时处理数字信号为特点的DSP芯片是满足上述应用要求的最佳选择。

美国德州仪器(Texas Instruments，TI)是世界上知名的DSP芯片生产厂商，目前其产品应用领域、市场占有率相比其他DSP厂商都具有绝对优势。其超长的DSP产品线、丰富的技术开发文档及性能强悍的C编译器等奠定了TI公司在DSP业界的领导地位。TI公司的DSP主要包括适于控制的C2000系列，用于便携式低功耗的C5000系列，以及满足高性能和复杂功能的C6000系列。

然而随着MCU、ARM等技术进步以及信息产业对物联网嵌入式装置的大量需求，C2000/C5000系列DSP已经被ARM Cortex-M系列处理器(如STM32)所取代。但是，目前相当多高校开设的DSP相关课程实践平台仍然以C2000/C5000系列居多。然而，公司企业或科研院所很少或几乎不再选用C2000/C5000系列DSP来设计方案。基于该现状我校拨付专项经费用于实践平台升级，以期缩小高校教学与企业需求之间的鸿沟。TI公司的C6000系列DSP配备了丰富的软硬件开发资源，为开展高性能、复杂应用的嵌入式产品设计提供了灵活的芯片方案。C674x-DSP是TI公司推出的低功耗、高性能定浮点处理器内核，非常适合控制、通信、信号等领域应用。读者在学习了该处理器的相关开发后，一方面在实际嵌入式方案设计中能直接选用该平台；另一方面，读者升级到更高一级型号如C66x时，开发过程将变得非常轻松。

TMS320C6748是基于C674x内核的单核处理器，其CPU主频高达456MHz，L1数据缓存32KB，L1程序缓存32KB，L2缓存256KB，可外接DDR2存储器。丰富的片内外设包括网络EMAC、视频采集VPIF、图像显示LCD、本地存储SD、语音接口McASP、UART/SPI串口、USB通信、硬盘SATA等，可满足控制、通信和信号处理领域的典型应用。

在DSP技术开发中，软件开发、算法优化占据着项目研发总周期的绝大部分。通常，DSP入门级人员对硬件开发或电路设计关注较少，即使资深嵌入式工程师在硬件成型后，除非电路不稳定，均极少对硬件部分做出改动。因此，DSP开发者更多地关注基于已有开发板如何快速入门、上手并编写出自己的DSP程序，实现“麻雀虽小，五脏俱全”的系统程序和高度优化的算法模块。

基于这种工程认知，为了让广大开发人员快速上手、实现编程任务，本书按照由简入繁、由粗到细、由概念到应用、由模块到系统的学习模式讲述 DSP 嵌入式开发与实践，本书特点如下：

(1) 概略描述 C674x-DSP 的 CPU 架构，原理性地介绍软件开发和硬件开发工具。

(2) 集成开发环境 CCS 是开发人员实战的主要战场，CCS 程序类型包括应用程序工程、算法程序工程，CCS 具有程序编辑、编译、调试、跟踪及数据多方式查看等功能。

(3) 算法优化是 DSP 系统开发的难点和重点，通过多年的 DSP 技术相关教学和项目经验，总结提炼出两步优化策略，通过 DMA 或 Cache 使待处理数据空间靠近 CPU；算法软件流水或单指令多数据提高指令周期效率，均得到了实战验证。

(4) 典型实践应用借助项目实战，为读者展示了 DSP 实用系统的详细搭建、开发、调试和测试过程。

每章内容要点如下所述。

第 1 章主要介绍 DSP 的前世今生、TI 公司的 DSP 产业链、DSP 的技术优势以及其结构特点。

第 2 章主要介绍 TI 公司的 TMS320C674x 系列处理器、DSP 的功能模块、CPU 的内核架构以及 C674x-DSP 的片上外设。

第 3 章主要介绍 DSP 的硬件、软件开发工具以及应用系统开发过程。

第 4 章主要介绍 CCS v5 的安装、简单编程以及 CCS 的编辑透视图和调试透视图功能。

第 5 章主要介绍 CCS 的软件仿真开发，包括创建各种源文件及简单调试。

第 6 章主要介绍 CCS 编译器优化，C 语言级优化，Intrinsic 指令优化，线性汇编优化以及使用第三方优化库等 DSP 算法优化技术。

第 7 章主要介绍 StarterWare 应用系统软件开发。

第 8 章主要介绍 SYS/BIOS 应用系统软件开发。

第 9 章主要介绍基于 C674x-DSP 的图像通信项目开发与实践。

虽然，我们努力提供可重复的工作，但由于软件安装环境、使用软件版本等差别，简单照搬可能会导致不正确的结果。因此，在充分还原本书构建环境、理解本书思想内容的基础上，方可重复本书中涉及的实例。

全书由路锦正统筹、撰写。张红英教授作为课题组成员，为本书的立项提供了大量帮助，审阅了全文稿件，提出了富有建设性的意见。李强教授为书稿写作也提供了宝贵的参考意见。研究生刘川、朱豪、刘姝、刘明、董川、李意弦、杨柳等为本书搜集相关资料，帮助验证了部分应用程序。在此，对他们的支持与帮助，一并表示感谢。

本书得到了中国教育部—美国 TI 公司产学合作协同育人项目的支持，在此表示感谢。特别感谢德州仪器半导体技术（上海）有限公司中国 TI 大学计划部总经理潘亚涛、工程师谢胜祥的指导和支持。

本书的出版得到了西南科技大学信息工程学院领导的大力支持，资助经费以保障本书顺利出版，在此表示感谢。

特别感激家人的亲情力量，他们是我努力工作的动力和源泉，感谢他们的无言奉献与温情陪伴。

本书是在科学出版社编辑的帮助下完成的，没有他们的辛苦付出，本书是不可能出版的。

本书中关于 TI 公司 DSP 的相关资料部分来源于 TI 公司相关网站，如 TI 公司官网(www.ti.com)、TI 维基社区(processors.wiki.ti.com)，相关文档或软件的最新版本均可以从中查询、下载。

另外，本书还参考了广州创龙电子科技有限公司提供的部分案例源码，在此表示感谢。

本书的所有案例程序以及有关软件可以从下述短链接网盘免费下载：

链接：https://pan.baidu.com/s/1pBCKl627oyaR28Ju2ZP8VA，密码：ytms。

本书尽可能列出所有参考文献，若有遗漏，敬请谅解。

由于时间仓促，水平有限，书中难免有疏漏之处，欢迎读者批评指正。

联系方式：swustdsp@163.com。

路锦正

2018 年 5 月 12 日

目　录

第 1 章　DSP 技术概述

数字信号处理器 DSP(Digital Signal Processor)是伴随着软件实时(Real-time)数字信号处理任务需求而发展起来的可编程器件。与软件实现相对的是ASIC(Application Specific Integrated Circuit)专用芯片，它可通过直接搭建硬件电路完成信号处理。显然，DSP 的可编程、易升级、实时等特点，使得 ASIC 无法比拟。实时信号处理指系统在规定的时间内将单帧图像、单个数据包或单个样本等用确定的 CPU 资源处理完毕。例如实时视频图像通常在每帧 40 毫秒(帧率 25 帧/s)、每帧 16.7 毫秒(帧率 60 帧/s)，MP3 语音每帧 26.12 毫秒(1152×1000/44100)内，对来源于任何场景的数据，系统都能保证完成既定的处理任务。信号处理指以数字形式对信号进行采集、滤波、增强、变换、压缩、识别等处理，以得到符合人们需要的信号结果。

实现软件实时信号处理平台除 DSP 外，还有 FPGA(Field-Programmable Gate Array)、ARM(Advanced RISC Machine)、GPU(Graphics Processing Unit)、GPCPU(General Purpose Central Processing Unit)等器件，与 DSP 相比其侧重点各有不同。FPGA 的本质是硬件实现，其编程语言与C语言差别较大，调试异常艰难，在实现等量信号处理任务下，DSP 系统所需的物料、人力和时间等资源成本都完胜 FPGA。ARM 更适于人机交互、任务管理等应用，但信号处理能力弱；而同时包含 ARM 和 DSP 的异构处理器结合了二者的优势，已经在产品中得到了很好的应用。GPU适用于大型图形工作站、密集数据运算，但难以满足恶劣环境、低功耗、小型化等需求。通用处理器CPU，其信号处理能力弱、硬件组成复杂、系统体积大、功耗高、抗环境影响能力较弱。因此，DSP 适用于信号处理的系统架构、通用C语言编程、易调试升级，具有低功耗、体积小、开发难度小等优点，是诸多嵌入式应用方案的优秀选项。然而，DSP 也不是万能的，FPGA 的高精度时序逻辑、高度并行等是 DSP 器件无法企及的；ARM 的人机控制和多任务实时调度等也明显优于其他器件。所以，ARM+DSP、FPGA+DSP 异构设计方案，由于其吸纳了不同类型处理器优势，确保了系统的可靠性、实时性和灵活性。

物联网、大数据、云计算和人工智能等新一代信息技术，其技术功能可用“人”来类比其作用。所谓智能机器世界，即通过物联网(身体)中的传感器或摄像头(皮肤、眼睛、耳朵、鼻子)等终端产生并收集海量数据，然后存储于云平台(大脑)，借助云计算、大数据分析，通过人工智能做出类似人的行为和决策。反过来，可将这些行为和决策通过物联网和智能终端设备来实施。以上述技术为代表的时代，有人称之为“第四次工业革命”。德国的“工业 4.0”、美国的“工业互联网”以及中国的“中国制造 2025”，在外延上三者虽有所区别，但内涵基本一致，异曲同工。DSP 微处理器作为一种可实现智能应用的载体，其相关软硬件开发资源为嵌入式实践提供了方案支撑。

众所周知，美国德州仪器(Texas Instruments，TI)是世界上最知名的 DSP 芯片生产厂商，其产品应用最广泛、市场占有率高，其生产的 TMS320 系列 DSP 芯片已广泛应用于各个领域。其他厂商如 ADI 的 ADSPxx、TSxx 系列，飞思卡尔的 MSC8xx、DSP56Fxx 系列，虽然也占有一定的市场，但因其处理性能、编译器效率的局限性，都无法与 TI 相抗衡。TI 的 DSP 芯片主要分为三个系列，包括适用于控制的 C2000 系列，用于便携式、低功耗的 C5000 系列和满足高性能、复杂功能的 C6000 系列。然而随着 MCU（单片机、微控制器）、ARM 技术的进步以及产业对物联网嵌入式装置的大量需求，C2000、C5000 系列的 DSP 可以被 ARM Cortex-M 系列处理器（又称 STM32）所取代，且有迅猛发展的态势。通过对国内知名高校、科研院所及嵌入式终端制造商的调研和分析，得到了如下结论：本科生或研究生的实践平台选用 C2000/C5000 系列居多，如 C2812、C5402、C5509 系列，而选择 C6000 系列的较少；公司企业或科研院所选用 C6000 系列的居多，选用 C2000/C5000 系列 DSP 来设计方案的基本上没有。

TI 的 C6000 系列 DSP 包括第一代 C62x、C64x、C67x，第二代 C64x+、C67x+、C674x，第三代 C66x。根据数据格式类型划分，C62x、C64x、C64x+为纯定点 DSP，C67x、C67x+为纯浮点 DSP，C674x、C66x 为定浮点 DSP。浮点 DSP 可运行浮点或定点算法，定点 DSP 只能高效运行定点算法，定浮点 DSP 可根据数据运算类型自动选择定浮点指令。

C6000 系列 DSP 可满足控制、通信、信号等领域的应用需求，能够处理包括视频、图像、语音、弱信号等类型的数据，可应用于机器视觉、电网自动化、航空电子、高性能计算、视频编解码、生物识别、汽车电子等领域。TI 的 DSP 开发资源包括操作系统、演示、组件和开发包等，以及尤为丰富的文档来简化、加速开发。TI 提供了独立于操作系统且优化的多种算法库，如基础数学和信号处理库（MathLIB、IQMath、FastRTS、DSPLIB）、图像和视频处理库（IMGLIB、VLIB）、电信库（VoLIB、FaxLIB、AER/AEC）、医学库（STK-MED）、多媒体数据 VISA（Video/Image/Speech/Audio）编解码库 CODEC。用于 DSP 的开发工具主要有：软件工具——集成开发环境 Code Composer Studio（CCS）、硬件工具——DSP 开发套件和评估模块（EVM）及硬件仿真器（Emulator）。

DSP 软件开发又包括系统软件开发和算法软件开发。与系统软件配套的 SDK 开发包有实时嵌入式操作系统 SYS/BIOS、硬件访问软件包 StarterWare、芯片支持库 CSL、网络开发包 NDK/NSP/LWIP 和核间通信 IPC 等。这些工具一方面极大地降低了产品开发难度，提高了系统稳定性；另一方面让开发者集中精力关注体现与其他产品重要差别的算法软件开发。算法软件开发主要关注优化技术，包括C语言级优化、线性汇编优化、内联指令优化、使用第三方优化库以及算法的 xDAIS/xDM 标准化和商用化封装。

产品的可定制性为实现差异化提供了条件；系统可编程为功能升级，掌握知识产权和核心技术提供了前提。DSP 是嵌入式解决方案的核心，TI 的 C6000 系列 DSP 配备了丰富的软硬件开发资源，为开展高性能、复杂应用的嵌入式实践活动提供了灵活的芯片方案选择。TMS320C674x 作为 TI 公司生产的一款定浮点、低功耗、高性价比的 DSP 处理器，非常适合控制、通信、信号等领域的嵌入式开发应用。读者在学习了该款 DSP 的有关应用开发后，一方面在实际嵌入式方案设计中可直接选用该平台；另一方面，当后续升级到更高一级型号，如 C66x 时，学习和使用过程将变得非常轻松。

根据笔者十余载的 DSP 技术开发和教学科研经验，实际情况中软件开发、算法优化占用了 DSP 项目研发总周期约 80%的精力和时间。DSP 入门级人员通常对硬件开发或电路设计关注较少，甚至对于资深的嵌入式工程师，硬件成型后，除非电路不稳定均不会做改动。DSP 开发者更多地关注基于已有开发板如何快速地入门、上手，编写出自己的 DSP 程序，实现“麻雀虽小，五脏俱全”的系统程序和高度优化的算法模块。

然而，市面上的 DSP 有关著作或教材中，大部分是对芯片手册的翻译，芯片硬件指标介绍的偏多，而实战经验或开发实践的偏少。读者从纸质材料中获取对开发与应用有参考价值的经验及信息甚少。本书摒弃传统的芯片手册翻译著书形式，零基础入门，从读者接触的 DSP 概念开始，逐层引入到实用系统的开发过程，具体如下：

(1) 概略描述 C674x-DSP 的 CPU 架构，原理性地介绍软件开发和硬件开发工具。

(2) 集成开发环境 CCS 是开发人员实战的主要战场，CCS 程序类型包括应用程序工程、算法程序工程，CCS 具有程序编辑、编译、调试、跟踪及数据多方式查看等功能。

(3) 算法优化是 DSP 系统开发的难点和重点，笔者根据多年的 DSP 技术教学和项目经验，总结提炼出两步优化策略，并得到了实战印证。

(4) 典型实践应用借助项目实战，为读者展示了 DSP 实用系统的详细搭建、开发、调试和测试过程。

本书从开发入门、开发储备和开发实践的编写思路，为读者构建逐层深入、由简到繁、由粗到细、由概念到应用、由模块到系统的学习模式，同时努力降低开发难度、缩短产品成型时间。

1.1　DSP 的前世今生

2012 年，值 TI 公司 DSP 历史 30 周年之际，EDN 记者 Steve Taranovich 以题为《DSP 的 30 年：从儿童玩具到 4G 和未来》专访了 TI 公司首席科学家 Gene Frantz (Taranovichs. 2017)。如 Gene Frantz 所言，TI 公司的 DSP 先驱者们顿悟于 70 年代，并一直深耕于这片领地。他有幸参加了玩具“Speak&Spell”的设计，这款产品是首次搭载 DSP 技术的儿童玩具，可通过合成语音来进行启蒙教育，图 1.1 为拍摄于 1978 年的玩具最初原型。在确定了产品的可行性研究后，TI 投入了大量的人力和物力，并成立了新的 DSP 团队。1982 年 2 月，TI 在著名的“国际固态电路研讨会”上以一篇《一种具有数字信号处理能力的微计算机》的论文将 DSP 设计结果公之于世 (Magars etal.，1982)。同年 4 月，TI 公司的 Caudel 在巴黎召开的“音频、语音与信号处理国际研讨会”上宣布了 DSP 最终产品——TMS32010。自此，TI 公司打造了一条 DSP 系列生产线，包括早期的 TMS320C1x/C3x/C4x/C8x、主系列 C2000 (TMS320C28xx/C24xx)、主系列 C5000 (TMS320C54xx/C55xx) 和主系列 C6000 (TMS320C62xx/C64xx/C67xx，C64x+，C67x+，C674x，C66x)。

一直以来，TI 持续关注“三 P 价值”：性能 (Performance)、价格 (Price) 和功耗 (Power dissipation)。Gene Frantz 特别提到“大多数人没有意识到功耗是重要问题”，“但是，自计算机被发明的 60 年代中期，我们一直在探究低功率器件技术”。若没有 DSP 以及它在音频、图像和多媒体处理方面的推动作用，就不会有“信息娱乐”内容。针对特定的市场

图 1.1 搭载 DSP 技术的“Speak&Spell”玩具原型(左一为 Gene Frantz，摄于 1978 年)

需求，TI 公司的信号处理器一直进行着优化。与其说 TI 公司打造了一条 DSP 产品线，不如说打造了一条马达控制处理器、音频信号处理器、通信信号处理器、图像信号处理器、视频信号处理器和视觉信号处理器的产品线，所有这些都能采用数字信号处理的理论和硬件。Gene Frantz 强调，很显然异构处理器架构会是一个综合方案，即 TI 公司要将 DSP 集成在各种系统处理器(如 ARM)、各种加速器和外设中。通过集成这些元素，他们创造出了完整的嵌入式处理器的系统解决方案。所以信号处理的历史，从发现数字信号处理理论到现在，可以总结为信号处理理论到信号处理器产品的转变，甚至是到嵌入式处理器系统的使能器的转变。

TI 公司 DSP 的开创者们从拜访数字信号处理领域的权威教授开始，为他们提供 TI 当时的主流可编程 DSP 设备的硬件和软件，让其亲自进行研究和实施，从而加速了 DSP 技术在市场上的普及和扩散。但是这些还不够，TI 公司需要加速 DSP 人才的培养，所以 TI 赞助了教科书、实验室，捐赠了设备，还游说了全球各地的教授来推动大学中的 DSP 教育，从学士、硕士到博士的每个阶段都有机会接触到 DSP 技术课程。TI 中国大学计划于 1996 年正式启动，由模拟技术(Analog)大学计划、单片机(MCU)大学计划以及数字信号处理器(DSP)大学计划三部分组成。目前 TI 公司在国内 600 多所大学中建立了超过 3000 个联合实验室，极大地推动了三个领域的教学与实践发展。TI 中国大学计划为老师和学生们提供了丰富的教学资源、实验室合作项目、科研合作项目以及电子设计竞赛平台，让他们能够在日常学习和研究中获得更多乐趣，在实践中掌握世界领先技术。

人们从外界接收的各种信息中 80%以上是通过视觉获得的。因此图像和视频的各种应用孕育着巨大的商机，如视频监控、机器视觉、人工智能、深度学习等当下炽热的技术都以视频图像作为重要的信息载体，而这些技术应用的关键部件则是处理器。全球半导体业务领先的 TI 公司当然也要来分享这个大蛋糕，在 2003 年推出了用于分析和处理视觉信息的高度集成式数字媒体片上系统 SoC(System on Chip)——达芬奇系列数字视频处理器(DaVinci Digital Video Processors)。风靡一时的 TMS320DM642 为安防行业立下了汗马功劳，业界如海康威视、浙江大华等公司凭借其独特的视频算法及对处理器的充分发掘，成为当前全球领先的视频监控产品的制造商。DaVinci 处理器是 DSP 的一个系列，专为数字视频、影像和视觉应用而设计。产品包括针对 ARM9 的低成本解决方案到基于 DSP 的全功能片上系统 SoC。

TI 公司的数字视频处理器系列是高度集成式、具有成本效益的嵌入式可编程平台，可捕捉、分析和处理来自现实世界物理环境的数据密集型视觉信息。利用 TI 公司的 SoC 处理器技术和强大的 SDK，设计人员可快速向市场推出具有创新性的视频和视觉产品。TI 公司的数字媒体 SoC 处理器满足了视频和视觉应用的日常需求，如智能视频安防、楼宇自动化、工厂自动化、工业运输、内窥镜和非军用无人机等。处理器的高度集成、超低延时及可扩展性等优势为种类多样的视频应用提供了保障。通过在单个硅芯片上集成多个处理引擎，兼顾了成本、功耗和性能的要求；超低延迟可实现高级视频编码/解码功能，具有最小丢包和延迟，从而提供卓越的用户体验；完整的器件系列可最大限度地重复使用硬件和软件资源。

TMS320DM36x 数字媒体处理器专为成本敏感型应用而设计，这些应用要求在 30 帧/s 下实现 HDVICP（High-Definition Video Image Coprocessor）视频协处理器所能实现的像素高达 1080pH.264 的视频编解码。TMS320DM38x 数字媒体处理器专为1GHz的ARM Cortex-A8 和 HDVICP2 视频协处理器支持的视频应用而设计，支持 1080p 60 帧/s 实时视频编解码。TMS320DM812x/4x 数字媒体处理器集成了强大的 C674x 浮点超长指令字（VLIW）DSP 和 3D 图形引擎，专为视频分析、编解码和显示应用而设计。DM50x 视觉分析处理器集成了嵌入式视觉引擎和双核 C66x-DSP，专为要求高性能、低延迟处理和低功耗的高级视觉处理应用而设计。

特别地，从 DM50x 的硬件资源和应用特点来看，其配置和产品定位与 DM642 非常相似。作者大胆预测，DM50x 处理器将在嵌入式图像/视觉处理领域中，再造 DM642 的业界传奇，续写 TI 公司 DSP 的产业辉煌。

1.2　TI 公司的 DSP 产业链

1.2.1　概览

DSP 是嵌入式解决方案的核心，鉴于物联网、人工智能、深度学习等技术的猛烈发展需求，TI 公司打造了从传感器到服务器的 DSP 多系列产品线。TI 公司是 DSP 领域的领先提供商，可提供广泛、可扩展且易于编程的器件产品。TI 公司的 DSP 具有精确的确定性架构，并提供了响应时间极短的实时操作系统。超高性能的 C66x-DSP 具有业界领先的高浮点处理性能综合测评分数。低功耗是嵌入式系统的不变追求，TI 公司的 DSP 具有业界功耗最低的处理器，其性能功耗比遥遥领先于其他同类器件。

1.精确的确定性架构

实时确定性处理指在一般的任何场景下，硬中断和软中断响应时间短，实时操作系统

RTOS 能够提供低开销的软中断响应。确定性架构的硬中断、硬中断服务、软中断服务、运行线程的时序逻辑关系，如图 1.2 所示（Texas Instruments，2010a）。

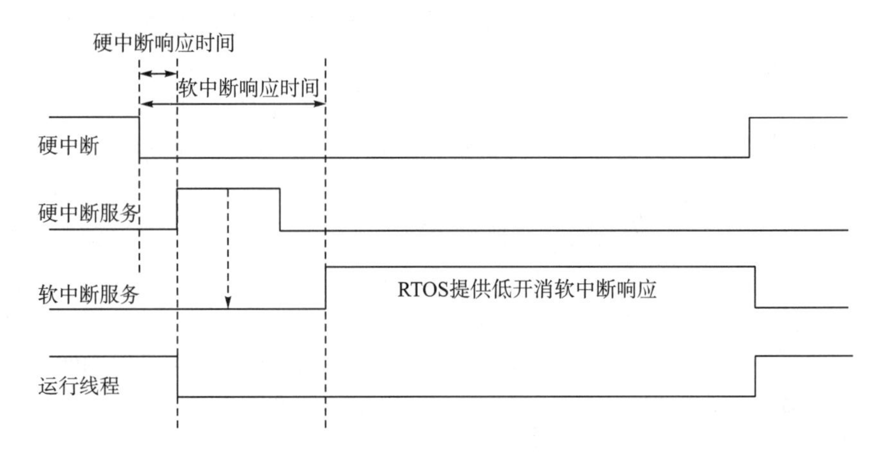

图 1.2 确定性架构的中断响应及服务时序图

（1）在时间要求苛刻的应用中，DSP 的性能超过通用处理器。

（2）采用了架构设计，在数学运算和数据移动方面具有优越的性能。

（3）实时操作系统提供了低至 10ns 的事件响应时间，具有专为复杂单周期处理而提供的指令。

（4）确定性处理可选择使用缓存，并通过 DMA 实现数据传输。

2.高性能

从 TI 公司的 C674x-DSP 到 C66x-DSP，均为高性能的定浮点处理器，在业界内其性能远超其他同类处理器。特别是 C66x-DSP 内核处理器的秒内亿次乘加（GMACS，Giga Multiply and Accumulate per Second）、秒内亿次浮点操作（GFLOPS， Giga Floating-point Operations per Second）的能力都得到了惊人的提高。

（1）TI 公司的 C66x-DSP 内核可在 1GHz 时钟频率下提供每内核 32GMACS 和 16GFLOPS 的性能。

（2）TI 公司的 C66x-DSP 内核拥有业界领先的高浮点 BDTImark2000（一种综合测评处理器的信号处理速度机制，包括 12 个关键的 DSP 算法，分数越高处理速度越快）分数。

（3）TMS320C6678 在 1.25GHz 时钟频率下的性能为 160GFLOPS、320GMACs。

（4）由 4 个 ARM Cortex-A15 和 8 个 C66x-DSP 构成的 66AK2H12 处理器，在 1.4GHz 下的综合性能可达 200GFLOPS、400GMACs。

（5）C6000 系列处理器的易于访问的性能，提供经优化的处理库，支持优化 C 编译器和 OpenMP/OpenCL 等 SDK 的快速开发。

TI 公司的 C66x-DSP 与 ARM Cortex-A15、ARM Cortex-A9 两种 CPU 内核的处理性能在 GMACS 与 GFLOPS 指标上的对比如图 1.3 所示（Texas Instruments，2010a）。从该图可看出，TI 公司的 C66x-DSP 的性能非常明显地超过了另外两种处理器。其中 GMACS 指标尤为明显，再次印证 DSP 更适于以乘加为典型运算的信号处理任务。

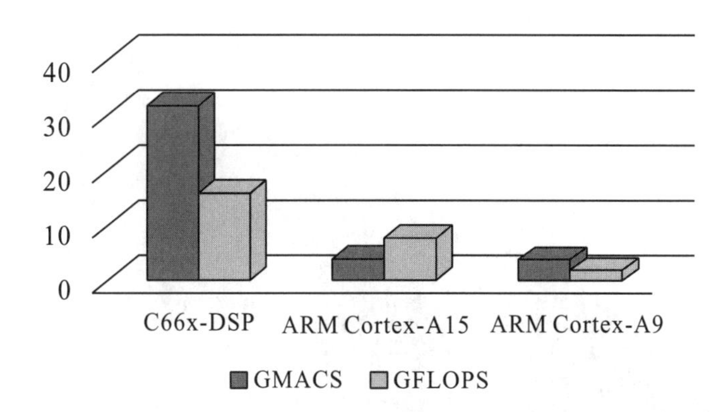

图 1.3　三种处理器的性能对比柱状图

3.高能效

既然 TI 公司的 DSP 是嵌入式解决方案的核心，则处理器的功耗就是一个关键的衡量指标。业内通常采用功耗与 CPU 主频的比率 mW/MHz——功耗主频比作为评测指标。TI 公司的 DSP 具有优异的功耗主频比，数值对比如图 1.4 所示(Texas Instruments，2010a)。

(1) TI 公司提供业内领先的低工作功耗解决方案，如号称业界功耗最低的 C55x-DSP，其功耗主频比低于 0.20mW/MHz。

(2) TI 公司完整的 SoC 解决方案如 C66x-DSP，在应用级别可超过 12GFLOPS/W 的性能功耗比。

(3) TI 公司的 DSP 与 ARM 处理器及各种外设进行集成，显著提高了器件耦合性，可节约能源、成本和电路板空间。

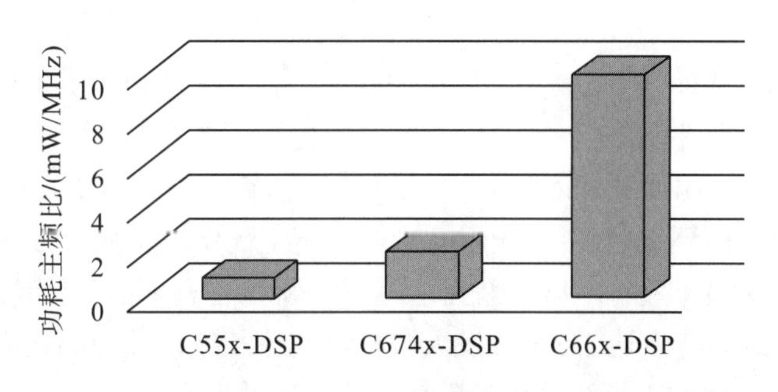

图 1.4　TI 公司高能效 DSP 内核的功耗主频比对比

4.可扩展

TI 公司的 DSP 处理器产品线丰富，可支持从传感器到服务器的各种应用。高能效的 DSP 内核包括超低工作功耗 C55x-DSP、低功耗 C674x-DSP，高性能 C66x-DSP 多核处理器，以及异构架构 C66x+ARM A15 的 SoC 等，从而能满足在功能、成本等方面的嵌入式应用系统多样化需求。图 1.5 展示了 TI 公司系列 DSP 产品线(Texas Instruments，2010a)。

(1) C6678 DSP 在 1.25GHz 时的处理性能可达 160GFLOPS、320GMACS。

(2) 可扩展的 DSP 产品系列，包括从低功耗到高性能的不同产品。

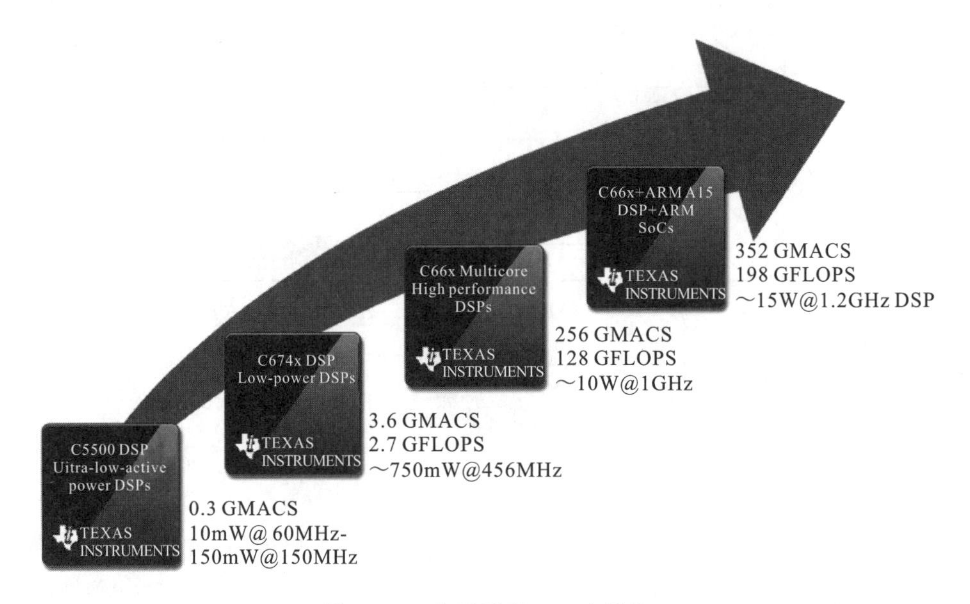

图 1.5 TI 公司系列 DSP 产品线

(3) 处理器同系列中提供引脚兼容型器件，为快速替换、升级芯片提供便利。

(4) 单核解决方案支持从传感器、可穿戴设备、便携式无线电和高密度计算的各种应用。

(5) 多核解决方案支持的对象、应用的领域更加广泛，甚至支持服务器，具有高速接口和高效内部结构，能够让多种器件有效地协同工作。

5.轻松编程

DSP 应用系统的软件开发既是重点也是难点，为此 TI 公司提供了易用、超强的不同开发层面的软件开发套件 SDK。针对广泛的应用提供了免费的信号处理库，包括图像、视频和语音编解码库，图像处理库和视觉库等。这些库一方面在同一系列 DSP 中完全通用，另一方面算法库均经过了 TI 工程师的专业级高度优化。超强的 C 编译器，能够达到接近汇编语言编程的编译效率。TI 工程师直接对口用户工程师的社区论坛，提供了专业、权威的技术答疑。这些特点让 DSP 开发人员能够充分从通用处理编程中解放出来，使用 TI 公司丰富的编程和调试工具套件快速创建与众不同的产品。

(1) 免费软件开发套件(SDK)，包括信号处理库 DSPLIB、图像处理库 IMGLIB、编解码器 CODEC、视觉库 VLIB 等。

(2) 同一个系列的 SDK 适用于多种具体型号的 DSP，极大地方便开发和迁移。

(3) CCS 的高度优化编译器，在适当编排下的 C 代码性能可逼近汇编代码。

(4) 开发环境 CCS、开发套件 SDK 及实时操作系统 RTOS 均有支持 Windows、Linux 等操作系统的版本，支持 OpenCL 和 OpenMP 等第三方开发语言。

图 1.6 展示了实现轻松编程的工具套件资源的图标(Texas Instruments，2010a)。

图 1.6　实现轻松编程的工具套件资源

1.2.2　TI 公司的 DSP 产品

TI 公司的 DSP 产品从功耗、性能、单核、多核及异构核等方面进行了组合与优化，设计出了多系列的 DSP，以满足用户从传感器到服务器等多层次、多样化的需求。包括低功耗 C55x-DSP、单核 C674x-DSP、快速 C66x-DSP、低功耗 OMAP-L1x、高性能 66AK2x。

1.全球领先的低功耗 DSP

C55x-DSP 是 TI 公司为超低功耗、便携紧凑应用提供的信号处理器内核。芯片设计及开发特点包括：超低功耗、紧密耦合的硬件 FFT 加速器、集成了 USB 2.0、配备音效及语音编解码 SDK、提供了 DSP 数据函数库和芯片支持库 CSL(Chip Support Library)。提供的开发评估板 TMDX5535-eZDSP 是一款由 USB 供电的小型超低成本 DSP 开发套件，囊括了用于评估 C553x 系列(业界成本和功耗均最低的 16 位 DSP)必需的所有软硬件。该款超低成本套件可快速轻松地评估 C5532、C5533、C5534 以及 C5535 处理器的高级功能。

C55x-DSP 处理器根据其 CPU 主频、片上外设类型、存储器大小、协处理器和封装形式等参数指标的不同有多种型号，具体 DSP 芯片型号有：C5504/C5505，C5514/C5515/C5517，C5532/C5533/C5534/C5535 和 C5545。C55x-DSP 处理器功能模块框图如图 1.7 所示。

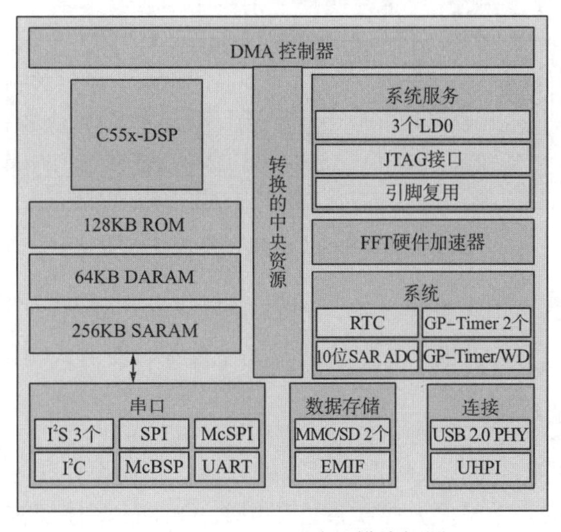

图 1.7　C55x-DSP 功能模块框图

C55x-DSP 处理器可用于无线音频装置、回声消除耳机、便携式医疗设备、语音应用、工业控制、指纹识别、软件无线电等领域。

2.经优化的单核 DSP

C674x-DSP 是一款具备浮点和定点数据格式的低功耗、实时信号处理引擎的处理器。芯片设计和开发特点包括：高效的浮点和定点信号处理，系统低功耗，与 OMAP-L13x 实现了可扩展及引脚完全兼容，通过 USB 2.0、10/100M 以太网实现网络连接，具备用户可编程的安全启动选项，支持 TI 的实时嵌入式操作系统 RTOS，DSP-CPU 主频最高可达 456MHz。C6748 DSP 开发套件(LCDK)是一个可扩展的平台，打破了嵌入式分析和实时信号处理应用的开发障碍，使其在生物分析、通信和音频等领域得以应用。

C674x-DSP 处理器根据其 CPU 主频、PRU(Programmable Ream-time Unit)主频、存储器大小、片上外设等参数的不同而有不同的型号，具体 DSP 型号包括 OMAP-L138、C6742、C6746、C6748 等。图 1.8 展示了 TMS320C6748 单核 DSP 处理器的功能模块框图。

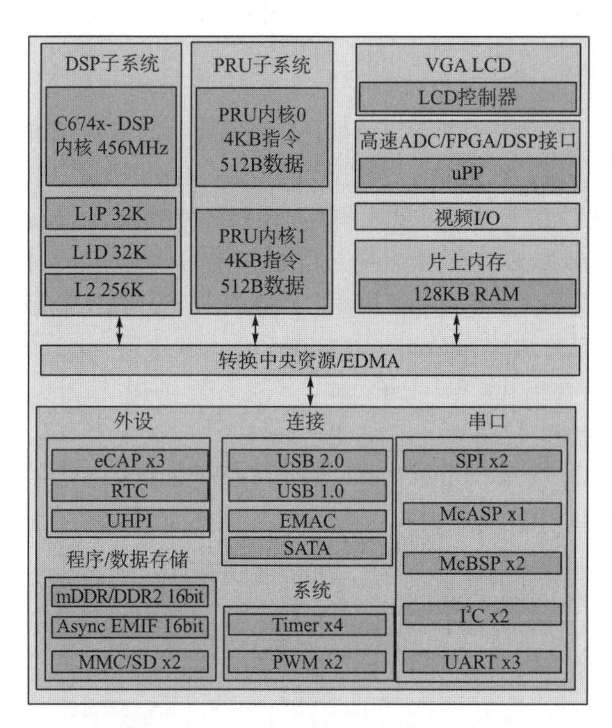

图 1.8 TMS320C6748 功能模块框图

C674x-DSP 处理器可用于音频设备、分析、专用移动无线电、工业自动化、货币检查、机器视觉、生物特征识别、智能抄表、便携式医疗设备、便携式测试和测量设备。

3.全球领先的快速 DSP

C66x-DSP 是高性能、可扩展单核和多核处理器。芯片设计和开发特点包括：内核为高性能定点和浮点 DSP，单核至八核扩展，采用 KeyStone 多核架构，具有大型嵌入式存储器，高带宽 DDR3/DDR3L 接口，网络协处理器(NetCP)选项，高速 IO(PCIe、SRIO、千兆以太网等)，用于 C667x 的处理器 SDK(PROCESSOR-SDK-RTOS-C667x)、C665x 的处理器 SDK(PROCESSOR-SDK-RTOS-C665x)，提供 Linux 下的多核开发包 BIOS-LINUX-MCSDK。软硬件均开源的 TMS320C6678 评估板(EVM)是易于使用、经济高效的开发工具，可帮助开发人员使用 C6678 或 C6674 或 C6672 多核 DSP 进行快速设计。EVM 包括单个板载 C6678 处理器和功能强大的连接选项，使客户可以在各种系统中使用这种 AMC 式封装卡。

C66x-DSP 处理器根据单芯片 CPU 内核数、内核主频、片上 L1 内存大小、L2 内存缓存、L2 共享缓存、DDR 类型、网络 EMAC、PCIe、串行 RapidIO、网络协处理器、VCP/TCP、环境温度及功耗等参数的不同，其型号划分为 C6652/C6654/C6655/C6657、C6674、C6678 等。图 1.9、图 1.10 分别展示了 TMS320C665x-DSP、TMS320C667x-DSP 的功能模块框图。

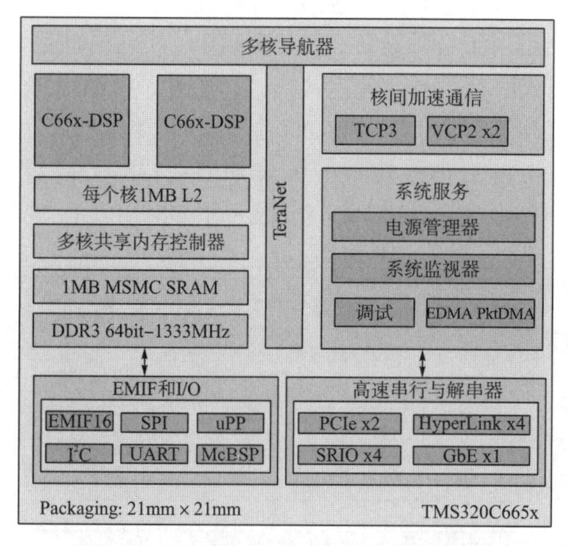

图 1.9　TMS320C665x-DSP 功能模块框图

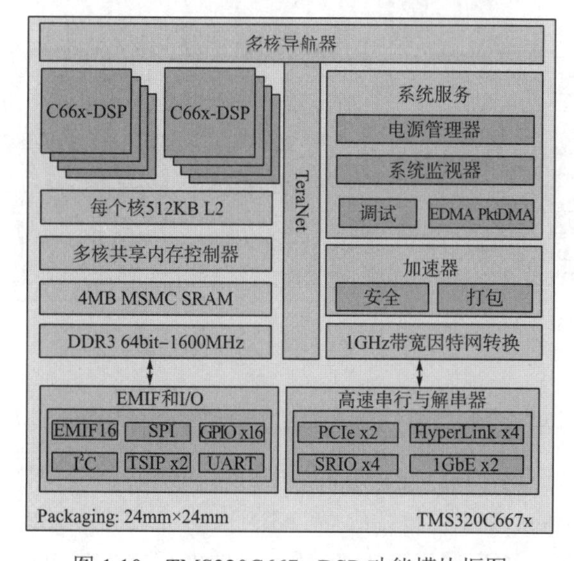

图 1.10　TMS320C667x-DSP 功能模块框图

C66x-DSP 处理器可用于航空电子与国防、通信系统、机器视觉、嵌入式分析与云端分析、电网基础设施、高性能计算、多媒体基础设施、医学影像、测试和测量、软件无线电等领域。

4.低功耗 DSP+ARM

OMAP-L1x 是可扩展、高性能、低功耗的定浮点异构处理器。芯片设计与开发特点包括：高效的浮点和定点信号处理，C674x-DSP+ARM9 异构多核处理器，低功耗设计，与 C674x-DSP 引脚完全兼容，通过 USB 2.0、10/100M 以太网实现网络连接，客户可编程的安全启动选项，开发包 MCSDK 支持 Windows 和 Linux 操作系统。OMAP-L138 开发套件——TMDSLCDK138 可加快 Linux 软件和硬件开发。这种可扩展平台将简化和加速日常实时信号处理及控制应用的软硬件开发，包括工业控制、医疗诊断和通信等。

OMAP-L1x 处理器可用于音频设备、移动无线电、工业自动化、货币检查、生物特征识别、智能抄表、便携式医疗设备、便携式测试和测量、电源保护等领域。

OMAP-L1x 处理器根据内嵌 DSP 的 CPU 主频、ARM9 主频、片上外设类型和数量等参数的不同，将 OMAP-L1x 处理器具体分为：OMAP-L138、OMAP-L132。并且该类处理器与 C674x 在软件和引脚上完全兼容。图 1.11 展示了 OMAP-L1x 处理器的功能模块框图。

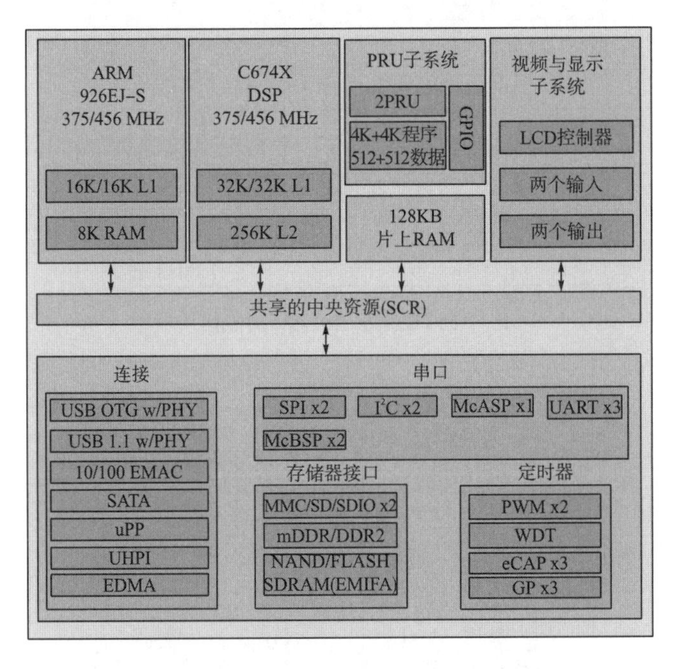

图 1.11　OMAP-L1x 功能模块框图

5.高性能 DSP+ARM

66AK2x是TI 公司研制的高性能、可扩展 DSP+ARM 多核处理器。芯片设计及开发特点包括：4 个 ARM Cortex A15 内核(高达 1.4GHz)，8 个 C66x-DSP 内核(高达 1.4GHz)，配备片内和片外大型嵌入式存储器且支持 ECC 保护，高带宽 DDR3/DDR3L 接口，多个高速串行与解串 IO。处理器开发包又分为 K2E、K2G、K2H、K2L 等型号，且均支持 Linux 和 TI-RTOS 两种操作系统。

66AK2x 处理器可用于分析、特定应用的云端计算、航空电子与国防、通信与电信、高性能计算、家用专业音效、工业及过程控制、医疗、软件无线电、测试和测量等领域的需求。

图 1.12 展示了66AK2Hx 处理器的功能模块框图。该处理器内嵌四个 ARM Coretex-A15 和八个 C66x-DSP 内核。

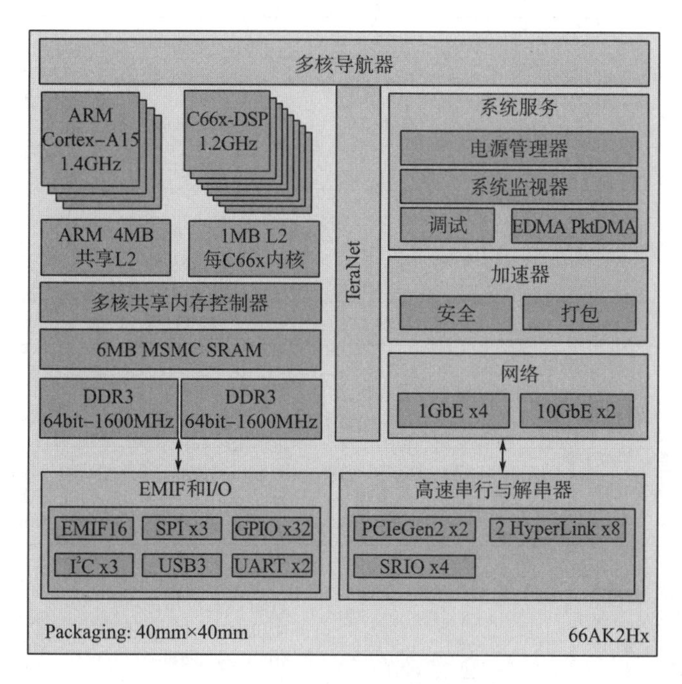

图 1.12　66AK2Hx 处理器功能模块框图

1.2.3　TI DSP 新手入门

1.新手起步

TI 公司是全球领先的 DSP 芯片供应商。系列 DSP 芯片广泛适用于各类嵌入式市场，如低功耗 C55x-DSP、高性价比 C674x-DSP、高性能多核 C6678-DSP 及 66AK2H14 等。TI 公司的 DSP 处理器均经过了优化，以支持图形、视频编解码、高速连接、工业通信等领域的应用。单芯片的片上系统 SoC 解决方案内嵌 ARM 内核，从而可同时满足装置尺寸、重量和功耗等特定需求。

使用 TI 公司的高效编译器、集成开发环境 CCS 和优化的 DSP 函数库，可实现轻松的软件开发。实时操作系统 TI-RTOS 适用于时间关键应用。TI 公司的参考设计网络及第三方经验丰富的技术工程师，可帮助新手实现软件、硬件开发。为方便读者系列选型，表 1.1 给出了 TI 公司主要 DSP 系列的参数表。

表 1.1 TI 公司主要 DSP 系列参数表

	超低功耗C55x	单核C674x	多核C66x	ARM+DSP 66AK2x
主频率	50～300MHz	200～456MHz	850MHz～1.4GHz	ARM：600MHz～1.4GHz DSP：600MHz～1.4GHz
FLOPS/MACS/MIPS	高达 600 MMACS	— 高达 2.7GFLOPS 高达 3.6GMACS	— 高达 179GFLOPS 高达 358GMACS	高达 19600DMIPS 高达 67.2GFLOPS 高达 44.8GMACS
功耗（典型值）	20～300mW	0.5W	2～10W	1.5～12W
外部存储器	16 位 SDRAM	16 位 DDR2/mDDR	带 ECC 的 64 位（LP）DDR3	带 ECC 的 64 位（LP）DDR3 带 ECC 的 32 位 DDR3L
操作系统	CSL	TI RTOS	TI RTOS	Linux/TI RTOS
主要特性	超低功耗、定点 DSP、FFT 硬件加速器、集成 LDO、小尺寸	低功耗、定点和浮点 DSP，C64x/C67x 进行代码重用、PRU、与 OMAP-L138/2 引脚兼容、安全引导选项	高性能、高能效定点和浮点、可实现增强的多核性能的 Keystone 架构、安全和数据包加速、单核到八核 C66x 可扩展性	多达4个采用NEON的高性能 ARM Cortex-A15 内核、高能效定点和浮点 C66x-DSP、多核 Keystone 架构、安全和数据包加速、集成数字前端（DFE）、工业加速
外设	USB、UART、I^2C、McSPI、EMIF、ADC、LDO、LCD 接口	LCD 控制器、USB 2.0、SATA、EMAC、视频输入/输出、uPP（用于高速数据转换器）	PCIe Gen2、串行 RapidIO、带集成开关的 GigE、Hyperlink	多达两个 10GigE 和八个 GigE（带集成开关）、PCIe Gen2、电信串行接口端口（TSIP）、Hyperlink、JESD204B、McASP、显示、PRU-ICSS
应用	可穿戴设备、音频、生物识别	移动无线电、点钞机、生物识别	机器视觉、雷达、嵌入式分析、多媒体基础设施、航空电子设备、成像	航空和国防、通信和电信、工业和过程控制、测试和测量
定价	单片售价 1.95 美元（1000 片）	单片售价 6.30 美元（1000 片）	单片售价 33.60 美元（1000 片）	单片售价 20.10 美元（1000 片）

2.BDTI 内核基准

BDTI Kernel Benchmarks 是数字信号处理器业界公认的内核基准。它是伯克利设计有限公司（Berkeley Design Technology，Inc.，BDTI）提出的。该公司针对嵌入式处理器技术和应用提供了独立的分析、建议和设计等方案。

BDTImark2000 是对处理器信号处理速度的综合度量。分数从 BDTI DSP Kernel Benchmarks（一个包含 12 个主要 DSP 算法的套件）上的处理器结果提取。分数越高，表明处理器速度越快。由于是基于实时基准测试，因此，BDTImark2000 所描述的处理器信号处理速度要比每秒百万次乘-累加运算次数（MMACS）等步骤简捷，并且精确度更高。此外，与性能关键型应用中的关键 DSP 程序循环一样，这些基准测试用手工汇编语言编程实现。图 1.13 展示了浮点处理器的 BDTImark2000 分数。图中的 C66x-DSP 为单核 CPU，32 位浮点数据处理基准。

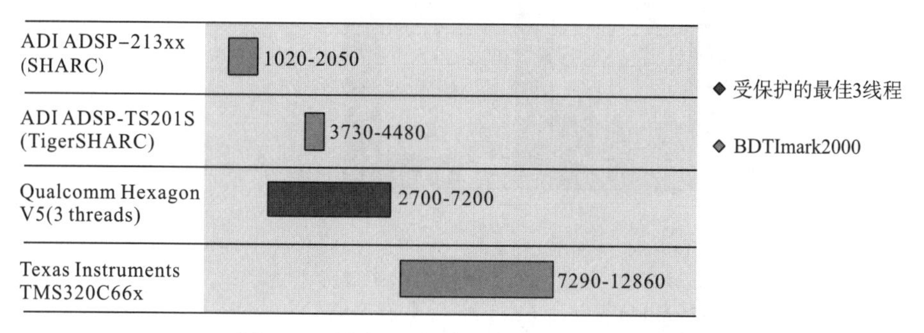

图 1.13　浮点处理器的 BDTIMark2000 分数

3.内核基准测试

为充分测试单核处理器的性能，待处理数据与结果数据空间均放置于 L2 SRAM。测试运算采用 FFT、FIR 及单精度矩阵乘法 SGEMM（Single Precision Floating General Matrix Multiply）。算法代码均来自优化版本。为便于比较相对性能，将 C674x 的性能标准化为 1，用于比较 C66x-DSP 内核与 C674x-DSP 内核性能。图 1.14 显示了 C66x 内核相对于 C674x 的性能，同时该比较考虑了处理器速度的差异。从该图可以看出，C66x 内核高出 C674x 内核性能约 2.5～4.8 倍。

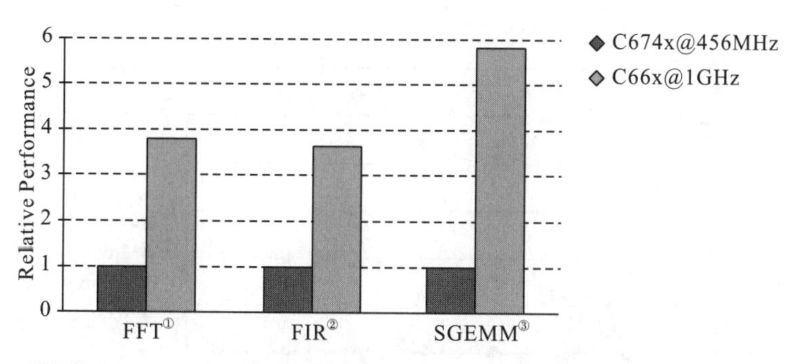

①复数 FFT，1024 点，单精度，浮点。
②复数块 FIR，单精度，浮点，128 个样本，16 个系数。
③复矩阵 SGEMM 16x16

图 1.14　C66x-DSP 内核相对于 C674x-DSP 内核的性能

为了比较 C66x-DSP 内核、C674x-DSP 内核和 ARM Cortex-A15 内核性能差异，将 Cortex-A15 的性能标准化为 1。图 1.15 显示了 C66x 内核和 C674x 内核相对于 Cortex-A15 的性能。同时该比较也考虑了处理器速度的差异。从该图可以看出，C66x 内核高出 Cortex-A15 内核性能约 5～9 倍，456MHz 的 C674x 内核也不低于 1GHz 的 Cortex-A15 内核性能，这再次印证了 DSP 比 ARM 更适于信号处理任务。

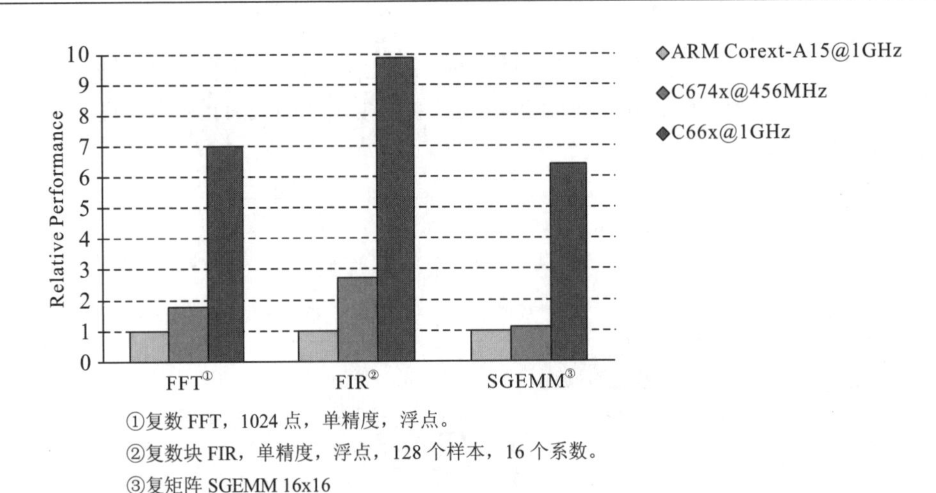

①复数 FFT，1024 点，单精度，浮点。

②复数块 FIR，单精度，浮点，128 个样本，16 个系数。

③复矩阵 SGEMM 16x16

图 1.15　C66x 与 C674x 内核相对于 ARM Cortex-A15 内核的性能

4.器件基准测试

为充分说明 TI 公司的 DSP 的器件性能，以 FFT 运算为基准，对比 C6678 多核 DSP 的性能。图 1.16 显示了 TMS320C6678 的 FFT 性能与 DSP 内核数比例关系。可以看出，当 FFT 处理中使用的内核数增加时性能有相对提高。但需注意，随着内核数增加至 8，系统性能逐渐接近单核性能的大约 6 倍，而不是 8 倍。主要原因在于此时我们已达到了 DDR 带宽的极限，DSP 中的处理受限于进出外部存储器的吞吐量。对于不同类型的数据处理，未必都能达到该极限，这具体取决于特定数据、特定算法和处理要求。

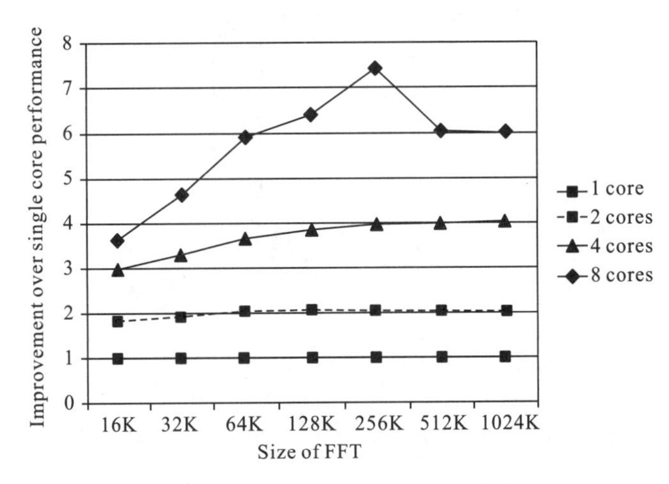

图 1.16　TMS320C6678 FFT 性能与内核数比例关系图

1.2.4　DSP 的应用

1.机器视觉

机器视觉 MV(Machine Vision)是指在工业应用和非工业应用中，根据图像采集和分析处理结果为设备功能执行提供操作引导。从本质上说，MV 为不同的“眼盲”设备提供

“视力”或“视觉”。这样做可以显著增强设备的功能，从而提高产品质量和生产力并降低成本。机器视觉广泛应用于工厂自动化中的自动检查和机器人引导，还可用于安保系统、验钞机、打印机或扫描仪等。

TI 公司为机器视觉应用提供了广泛的处理解决方案。基于 TI 公司的 DSP 可扩展为其他具体的解决方案，从单一摄像头解决方案到诸如晶圆检查应用中使用的大型高性能计算系统等，都能够提供业界最佳的实时嵌入式分析处理性能。TI 公司还可在免费的多核软件开发套件(MCSDK)中，提供方便易用的软件库来加快机器视觉解决方案的开发。

2.航空电子和国防

TI 公司的商业处理器(ARM、DSP 及 ARM+DSP)非常适合于国防和航空电子领域中应用，其中包括雷达、电子战、航空电子设备和软件无线电。处理器支持工业温度范围、片上存储器上的 ECC、安全启动及安全特性等。软件支持包括主流 Linux 操作系统、TI-RTOS 和大部分商业 RTOS。

3.高性能计算

随着高性能计算和大数据系统领域的不断发展，用户迫切需要能够更好地满足自身需求的定制型可扩展解决方案。TI 公司的高性能 ARM+DSP 器件已应用于 HP 的 Proliant m800 服务器盒，作为 HP 总体 Moonshot 服务器战略的一部分提供了针对系统的特定工作负载。

TI 公司的高端 ARM+DSP 处理器能够将强大的信号处理/计算性能与低延迟及低功耗等优势融为一体，旨在支持高性能嵌入式计算应用。凭借每器件超过 200GFLOPS 的性能以及高速片上接口，能够让用户轻松设计任何规模的计算系统，包括大规模计算系统。

4.视频编解码

DSP 用于数字媒体编解码是其产业发展的最重要原因。视频编解码器针对 C64x、C64x+、C66x 等 DSP 系列进行了优化，且均可免费下载 Windows 和 Linux 两个不同版本的 CODEC 库。这些库包括 H.265(编码/解码)、H.264 BP/HP(编码/解码)、H.264 MP(解码)、MPEG-4(编码/解码)、MPEG-2(编码/解码)、JPEG(编码/解码)、JPEG2000(编码/解码)、AVC Intra/Ultra(编码)等。

5.生物识别

TI 公司的 DSP 和基于 ARM 的嵌入式处理器在嵌入式生物识别应用中拥有久经验证的成功记录。TI 的 C674x-DSP 提供了更强的性能，带来更高的成像分辨率和更大的身份数据库。对于高端系统，TI 公司 OMAP-L1x 的 DSP+ARM9 处理器支持高级连接选项、高级操作系统的图形用户界面以及优化的性能水平。

6.电网自动化

TI 公司的 C665x-DSP 以面向无风扇设计的能耗可提供高达 40 GFLOPS 的高性能信号处理能力。借助 C665x 系列器件的定点和浮点功能，可以在很短的时间内高效实时地处理来自保护继电器或其他电网监控设备所需的采样值。TI 公司提供了常用信号处理功能的库，使软件开发变得更加简单。

1.2.5 工具与软件

为方便用户简单、易用地开发 DSP 应用系统，TI 公司提供了不同层次的软硬件开发资源，包括集成开发环境 CCS、经过优化的库及开发套件评估板 EVM。

1.集成开发环境 CCS

CCS(Code Composer Studio)是一款适用于 DSP、MCU 以及应用处理器的基于 Eclipse 的集成开发环境 IDE。CCS 包含一整套用于开发和调试嵌入式应用的工具。它包含适用于每个 TI 器件系列的编译器、源代码编辑器、项目构建、调试器、分析器、仿真器以及众多其他特性。CCS 提供统一用户界面，可帮助用户完成应用开发的每个步骤。用户利用高级、高效率的工具，借助其熟悉的工具界面以前所未有的速度快速开发，并为其实际应用快速地添加功能。

2.经过优化的库

为加速用户应用开发，TI 公司将一些通用的处理函数(模块)封装为库，并进行了手工汇编优化。这些库包括用于 C66x 的视频、语音编解码库，浮点数据库，C66x 图像库，C6000 DSP 库，FFT 库，视觉库等。

3.开发套件与评估模块 EVM

CCS 可用于 ARM 或 DSP 软件开发，TI 公司的编译器经过优化，可直接从 C 代码生成优化的 DSP 代码，允许开发人员实现较高层次的抽象。与 TI 全面的优化数学库相结合后，可避免汇编级编程。CCS 仿真器能在 DSP 上提供性能评测、高速缓存调优和实时调试。

TI 公司提供了具有各种 PC 接口、速度和价格的 JTAG 仿真器，客户可通过 TI 公司的设计网络或第三方购买获取。使用满足需求的合适参考设计和评估模块 EVM，从而能够立即开始评估和开发基于 DSP 的解决方案。

1.2.6 技术文档

从某种程度上说，TI 公司的 DSP 之所以在市场上占据榜首，其丰富的技术文档功不可没，这为用户提供了直接或间接的重要帮助。数据表(Datasheet)是关于芯片最准确、最权威的文档。勘误表(Errata)是对硅芯片或数据表的勘误。应用手册(Application Notes)是 DSP 用户对某个功能开发的应用报告。用户指南(User Guides)是 TI 公司为用户提供的编程、优化、设计等方面的指南或参考，此类文档涉及的开发技术也最为广泛。选择指南(Selection Guides)与解决方案指南(Solution Guides)都是为用户提供芯片方案、设计选型。模型(Simulation Models)是信号模型仿真文件。白皮书(White Papers)是 TI 官方提供的针对某个问题的专家综述。其他文献包括未归为上述类型的文档或影音等。表 1.3 列出了上述的技术文档类型及命名规则。

表 1.3　技术文档类型及对应命名规则

文档类型	文档命名规则
数据表（Datasheet）	SPRSxxx
勘误表（Errata）	SPRZxxx
应用手册（Application Notes）	SPRAxxx
用户指南（User Guides）	SPRUxxx
选择指南/解决方案指南（Selection/ Solution Guides）	SLYxxx
模型（Simulation Models）	SPRMxxx
白皮书（White Papers）	SPRYxxx

1.2.7　支持与培训

1.培训和视频

TI 提供了各种在线培训和支持，使用户可以获得使用 TI 公司的 DSP 进行成功开发所需的全部信息。这些视频信息可以在线浏览、学习。在线学习网址为 https://training.ti.com/。该网站的培训和视频分类为“应用与设计”“产品”“工具与软件”和“培训直播”等四类。

2.设计网络

TI 的开发商网络是由数百家提供支持 TI 公司的 DSP 产品和服务的独立公司组成的全球网络。客户可借助以下开发商网络的产品，简化产品开发并缩短上市时间。

（1）硬件工具——参考设计、开发板/EVM、生产编程工具、设计人员套件和适配器/支持组件。

（2）软件工具——应用软件、编译器/汇编器/链接器、实时操作系统和开源软件工具。

（3）咨询服务——全球咨询支持和服务。

TI 的部分重要设计网络合作伙伴有：

（1）Spectrum Digital：设计、开发、制造和销售用于 TI 公司的 DSP 的工具。产品包括仿真器、评估模块和特定应用的硬件。

（2）Blackhawk：率先为 TI 公司的 DSP 引入 USB JTAG 仿真器，是美国和外国客户的高级仿真产品、专业服务和专门产品提供商。

（3）D3 Engineering：为数字视频和分析、智能电源管理和精确运动控制的嵌入式产品开发提供领先的快速、低风险方案。

（4）Z3 Technology：提供 OEM 即时可用的硬件模块和特定应用的软件，包括其嵌入式多媒体播放器、多媒体录制器、流编码器和流接收器应用。

(5) Tronlong：国内著名的嵌入式一体化解决方案提供商。业务主要涵盖嵌入式解决方案、嵌入式开发套件、嵌入式培训等服务。专注于 DSP、ARM、FPGA 行业方案开发。

3.社区

TI 公司的 Wiki 社区提供了嵌入式处理器的技术文档、培训资料、开发包 SDK 等，从而获取技术开发信息。网站 http://processors.wiki.ti.com 又分为六类 Wiki:C66x DSP Wiki、C64x 多核 DSP Wiki、C6000 单核 DSP Wiki、OMAP-L1x Wiki、C5000 DSP Wiki、DaVinci 视频处理器 Wiki。

4.论坛

在 http://e2echina.ti.com 上，DSP 用户与同行工程师，包括初学者用户以及 TI 的官方工程师可进行交流，咨询问题、共享知识和解决问题。特别提醒的是，用户需注册 myTI 账户，并认证通过后，方可下载软件、SDK，并就关心的问题发表提问。

1.3 DSP 的技术优势

30 多年来，TI 公司已经将 DSP 从单核处理器演化到多核处理单元，并继续拓展其应用领域。DSP 软件开发工具越来越丰富，可以适应不同层次的程序开发人员。从诸如语音/图像识别的小型化、低功耗的智能化设备，到执行实时数据分析的多核高性能计算平台，TI 公司对 DSP 低功耗处理的追求从未停止过。TI 公司的 DSP 能让普通程序员像信号处理专家一样轻松且有效地快速开发他们所需的代码，这主要得益于一套相对独特的工具套件的演变。这些工具套件为 DSP 用户在一个高效、易用的开发环境中，为达到 DSP 架构所能提供的高性能目标提供了保障。

1.3.1 DSP 的价值

最初的 DSP 开发用于处理音频，随后很快被工程师用于各种各样的应用。使用 TI 公司的独立处理器还是作为片上系统 SoC 的一部分，DSP 都能提供完整的软件可编程性，以及基于软件产品的所有优点。尽管在 DSP 上处理的每种算法或功能基本上都可以在通用处理器上实现，但 DSP 通过设计后，算法能够更加高效地执行。数字信号处理功能可以在 FPGA 和 ASIC 中实现，这些设备最适用于处理数据流的应用程序。相反，与基于硬件实现方式相比，当在 DSP 上运行算法时，以循环处理为核心的应用程序在尺寸、功耗和性能方面都要好得多。简而言之，TI 公司的 DSP 与其他软件可编程处理器相比具有更高的效率，特别是对于包含计算密集型应用的处理任务。无论是机器视觉还是生物识别分析、视频监控、音频处理或数据分析等，在能找到智能自动化系统的任何地方，都能在其中找到 DSP 的身影。

1.3.2　性能优先

DSP 的 CPU 体系结构是专为高性能数字信号处理而设计，包括并行数据集的实时数学计算。TI 的 TMS320C6000 平台采用超长指令集(VLIW，Very Long Instruction Word)体系结构实现高速性能，与超标量体系结构相比，VLIW 结构空间和功耗都更低。经验丰富的软件工程师都知道，实际运算中 CPU 所表现出的最大性能可能达不到标称的理论值。在一个应用程序中能否获得给定处理器的全部性能极限，是判断一个 CPU 性能高低的关键因素。TI 提供了 DSP 处理器性能授权，而 TI 的芯片/软件设计策略是其中的核心部分。

1.处理过程

TI 公司是首批设计 DSP 芯片和 DSP 软件开发编译器的半导体制造商之一。TI 公司的 CPU 硬件架构师、编译器设计人员和应用系统专家，在设计初始阶段到产品制造过程中协同工作，实现了 CPU 的迭代开发。系统的团队成员以及其他的 TI 业务专家为处理器选择潜在的应用程序和处理算法。使用 TI 编译器技术编译这些应用程序和算法，并由团队分析结果，以确定对 ISA 和内存系统进行修改和改进的位置。

图 1.17 描述了这个原型的开发周期，并不断重复进行，直到整个体系结构的性能和效率尽可能达到最优。编译器可以通过 C 和 C++实现性能和效率优化。结合快速重定位和先进的编译器优化选项，DSP 编译器能够更加有效地利用 C 和 C++。编译器优化在 TI 公司的 DSP 开发的整个周期中开发出多代产品奠定了基础，因此 TI 的开发者将编译器视为开发过程中的重要工具。

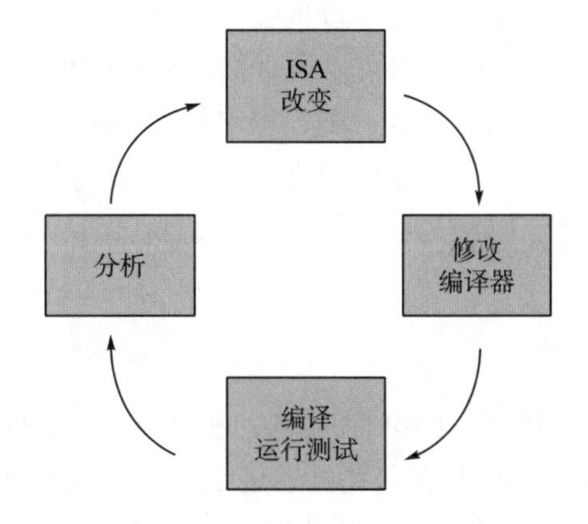

图 1.17　TI 硅片、软件及工具协同设计流程

2.软件流水

TI 的 VLIW DSP 架构的指令级并行对处理实时性至关重要，因此，软件流水线是用于优化 CPU 体系结构和 ISA 性能极限的重要工具。在 DSP 上执行的应用程序通常会花费大量时间在执行循环操作，因此，循环性能对整个 DSP 处理性能至关重要。TI 的 DSP 编译器能够通过重叠循环来创建指令级并行，从而实现软件流水线，如图 1.18 所示，这一

操作优化了 CPU 功能单元的使用，提高了性能。

从图 1.18 中可以看出，在没有软件流水线的情况下循环被调度，迭代 i 在迭代 i+1 开始之前已经完成。因此，只要保持正确性，并通过软件流水线，迭代 i+1 就可以在上一次迭代完成之前开始。这样就可以使软件流水线比非软件流水线调度技术实现更高的机器资源利用率。在软件流水线循环中，即使单个循环迭代可能需要 s 个周期完成，但每两个周期就可以启动一个新的迭代。TI 的 DSP 具有多个功能单元，并包含一系列单指令多数据(SIMD, Single Instruction Multiple Data)指令。这些功能使得 DSP 能够提高每个周期的吞吐量，从而 DSP 编译器就可以充分利用这些功能，编译出高度并行的程序。

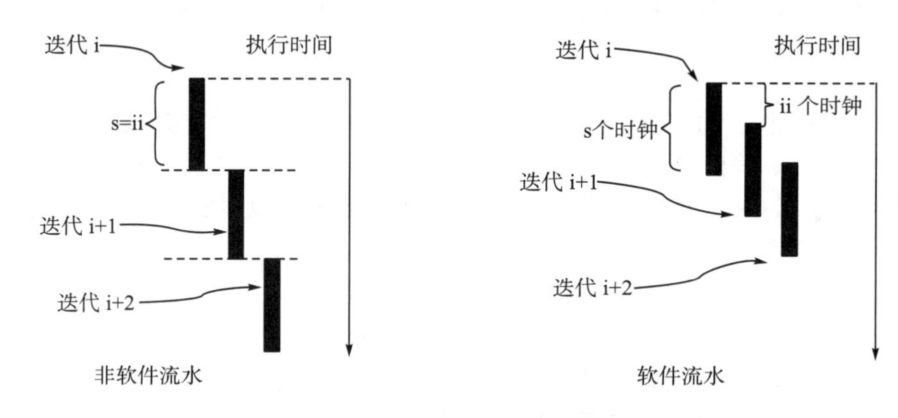

图 1.18 非软件流水与软件流水执行时间对比

为了使 C6000 系列 DSP 上的八个功能单元同时保持运行状态，编译器需要经常使用循环展开技术。循环展开复制循环主体，以便在分支回到循环的顶部之前执行多个迭代。当展开的代码满足编译条件时，编译器可以执行循环展开操作，执行多个迭代，增加八个功能单元的利用率，从而提高系统性能。编译器采用循环展开可以高效地利用 C6000 系列的 SIMD 指令。编译器展开一个循环来创建单指令、多数据情况，使得编译器可以使用 SIMD 指令。尽管在有些情况下这些操作并非总是可行，但是这些技术的使用可以使 DSP 性能逼近最佳状态。

3.应用示例

如前所述，随着时间的推移，DSP 应用的广度已经扩大。DSP 已经是无线基站架构的一个关键要素，随着无线标准发展到更低的延迟要求，软件架构师希望明白如何利用 DSP 低功耗和实时性能去承担更多的基站处理功能。传统的架构将 DSP 用于第 1 层，也就是物理层处理，基站软件架构师开始在 DSP 上实现一些第 2 层关于 LTE 解决方案的功能以完成低延迟的要求。第 2 层的处理包括大量不规则循环算法控制代码，不规则循环对于软件流水线来说可能会很困难，因为它们在循环和退出条件下都包含复杂的复合条件，具有未知的循环迭代次数，且包含复杂的存储器访问，这使得变量别名分析变得困难。DSP 编译器团队紧密联系客户的具体应用，增强编译器能力以实现高度不规则循环应用。

1.3.3 轻松实现 DSP 的性能

正如许多软件程序员认同的，期望的解决方案性能与实现该目标所花费的工作量、资源和时间存在悖论。高性能方案必然需要投入更多的精力、资源及时间，但我们总希望以较少的资源、精力使产品快速上市。在当今的软件程序开发环境中，这种性能与时间的权衡问题已经变得更加突出，电子产品设计团队的组成越来越多地以软件为主。产品时间和资源成本经常会影响产品决策。因此，处理器选型对于实现所期望性能和实际开发难度都是至关重要的。

如前所述，TI DSP 是由 CPU 架构师、编译器设计人员和系统工程师共同设计的，这三方的目标不仅是将 DSP 性能发挥至极限，还要使其通过软件开发人员熟悉的工具和语言，在现实的软件环境中将 DSP 性能发挥至极限。尽管历史上 DSP 已经拥有了汇编语言程序员，但是 TI 的 DSP 及其编译器已经被设计支持通用 C/C++语言。它支持标准化的编程语言，例如 C99、C++、GCC、OpenMP 和 OpenCL。TI DSP 编译器和 CCS 集成开发环境具有许多优异特性，使开发人员能够从 DSP 代码中实现高效性能，并为开发人员提供了最先进的开发工具、编程语言及其扩展。开发人员挑战的第二部分是如何在合理的时间内高效地实现这种应用程序。接下来，DSP 编程人员通过功能丰富的 C6000 编译器，结合 TI 的 CCS 集成开发环境，探索各种高性能开发工具和优化技术。

1.性能剖析

TI 的 CCS 支持程序性能分析功能，可提供函数调用的时间信息，以及每个函数执行的 CPU 总周期数和独占总周期数。CCS 可以使用硬件跟踪分析工具调用此功能，并且可以将其配置为对所有或特定地址范围内的性能进行剖析。性能分析可以在代码分析过程的早期阶段使用，以帮助确定优化区域，提高运行速度。图 1.19 展示了 CCS 函数的性能剖析运行示例汇总图。性能剖析器详细地展示了函数 RecurseFunc 为主要耗时模块，从而提示开发人员应集中优化此模块。

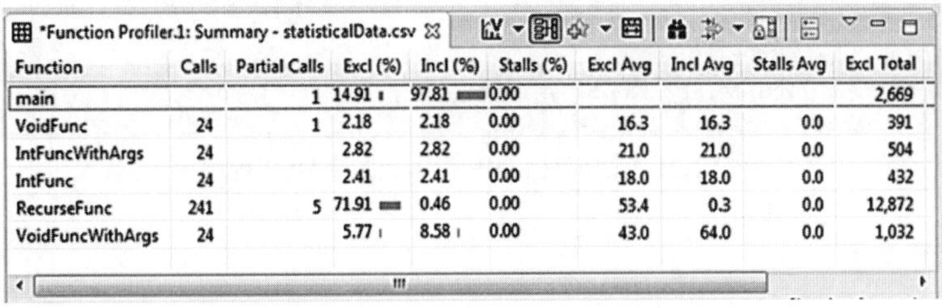

*Function Profiler.1: Summary - statisticalData.csv

Function	Calls	Partial Calls	Excl (%)	Incl (%)	Stalls (%)	Excl Avg	Incl Avg	Stalls Avg	Excl Total
main		1	14.91	97.81	0.00				2,669
VoidFunc	24	1	2.18	2.18	0.00	16.3	16.3	0.0	391
IntFuncWithArgs	24		2.82	2.82	0.00	21.0	21.0	0.0	504
IntFunc	24		2.41	2.41	0.00	18.0	18.0	0.0	432
RecurseFunc	241	5	71.91	0.46	0.00	53.4	0.3	0.0	12,872
VoidFuncWithArgs	24		5.77	8.58	0.00	43.0	64.0	0.0	1,032

图 1.19 函数 CPU 资源占用剖析器

2.关键字 pragma 与 restrict

编译器从编译指令中获取关键信息以及使用 restrict 关键字的功能，可进一步增强 TI 的 DSP 程序的运行性能。正如之前所述，执行软件流水对于优化代码性能至关重要。图 1.20 展示了一个常用的编译指示“MUST_ITERATE”的例子，它向编译器传递了循环计数的下限。另外，程序性能增强工具“restrict”关键字被 DSP 程序员大量使用，它可以向编译器传递内存独立信息，从而可显著地提高编译器进行软件流水循环的能力。

```
for(y=2; y<yCnt; y += 2)
{
    unsigned char *restrict jdarkRow0 = pDark + (y+0)*wid;//
    unsigned char *restrict jdarkRow1 = pDark + (y+1)*wid;
    #pragma MUST_ITERATE(80,80,80)              // inner loop : min max and factor are all 80
    for (x=0; x<wid; x += 8){
        long long im0_76543210 = _amem8_const((void *)&jdarkRow0[x]);
        long long im1_76543210 = _amem8_const((void *)&jdarkRow1[x]);
        unsigned int im0_7654 = _hill(im0_76543210);
        unsigned int im0_3210 = _loll(im0_76543210);
        unsigned int im1_7654 = _hill(im1_76543210);
        unsigned int im1_3210 = _loll(im1_76543210);
        unsigned int im0_cm = _maxu4(im0_7654,im0_3210);
        unsigned int im1_cm = _maxu4(im1_7654,im1_3210);
        unsigned int im_0_1 = _maxu4(im0_cm,im1_cm);
        unsigned int cm_a_4 = _maxu4(a_4,   im_0_1);
        unsigned int cm_a4_lo = _unpklu4(cm_a_4);
        unsigned int cm_a4_hi = _unpkhu4(cm_a_4);
        unsigned int cm_hi_lo = _max2(cm_a4_hi, cm_a4_lo);
        unsigned int lo = _extu(cm_hi_lo,16,16);
        unsigned int hi = cm_hi_lo>>16;

        a = lo;
        if (hi>lo) lo = hi;
        unsigned int lo_lo = _spack2(lo,lo);
        a_4 = _spacku4(lo_lo, lo_lo);

    } ?  end for x=0;x<wid;x+=8 ?
}
```

图 1.20　MUST_ITERAET 应用示例

3.性能建议

需要注意的是，不熟悉 DSP CPU 架构的软件编程人员不应该害怕使用 TI DSP 开发解决方案。TI 的编译器不仅支持如上所述所有通用语言扩展，而且还以性能建议的形式提供编程帮助。在编译时通过启用性能评估，进一步为代码剖析和优化提供反馈和信息。如果程序员启用了性能评估，可能会收到警告消息，指出编译器无法完全优化某循环，例如有可能无法确定两个指针是否指向内存中的同一个对象。但是，如果程序员采取下面的性能建议，那么这个循环可以被编译器进一步优化。图 1.21 描述了从性能建议发出的一些用于改善 DSP 程序性能的引导。

—命令行选项(command-line options)：应使用-O3，而不是-g
—函数调用、分支语句等，在循环中会打断流水，所以不要使用！
—强烈推荐使用 restrict 关键字
—强烈推荐使用 MUST_ITERATE、_nassert()关键字

图 1.21　性能建议引导用户改善 DSP 程序

4.内建向量类型

C66x 编译器的另一项性能特点是支持内建指针类型。比如本地指针类型 int4 或者 float2，int4 代表的是 4 个内建整型指针，float2 代表的是 2 个内建浮点型指针。这样建立的内建指针可被用于执行加法或乘法操作。内建指针允许 C/C++程序在算法中更自然地实现数据泄露防护和单指令多数据流的操作。这就减轻了对特定 C 内联函数和汇编的需求。图 1.22、图 1.23 分别展示了原始代码与 DSP 内建向量类型的程序代码。从图 1.23 可以看出，虽然代码量显著减少了，但 CPU 指令消耗并没有增多，即性能并没有降低。

```
Void VECSUM_once(void*in1, void *in2, void out)
{
    unit64_t *restrict data1;
    unit64_t *restrict data2;
    unit64_t *restrict out1;
    int i;
    data1 = (unit64_t * )in1;
    data2 = (unit64_t * )in2;
    out1 =(uint64_t * )out;
#pragma MUST ITERATE(1)
    for(i = 0; i < SIZE_VECSUM_IN; i+=4)
    {
      double data1A, data2A;
      double data1B, data2B;
      data1A = _amemd8(data1++);
      data1B = _amemd8(data1++);
      data2A = _amemd8(data2++);
      data2B = _amemd8(data2++);
      _amemd8(out1++)= _daddsp(data1A,
       data2A);
      _amemd8(out1++)= _daddsp(data1B,
       data2B);
    }
}
```

图 1.22　原始代码

```
void VECSUM_newvec (float2 *restrict data1,
                    float2 *restrict data2,
                    float2 *restrict out1)
{
     int i;




  #pragma MUST ITERATE(1)
     for (i = 0;  i < SIZE_VECSUM_IN;  i+=4)
     {
     *out1 ++ =(*data1++)+ (*data2++);
     *out1 ++ =(*data1++)+ (*data2++);

     }
}
```

图 1.23　内建向量类型的程序代码

5.内存占用与性能

软件的性能优化不仅仅体现在运行速度和延迟时间，对于一些工程而言还包括物理内存占用大小、功耗以及内存限制。甚至某些工程会为了尽可能减少整体代码数量而牺牲掉一些运行性能。TI 的 DSP 编译器支持 0～3 四个级别的代码空间性能优化。为了减少内存消耗，采用减少代码数量的方式能够有效地避免由于内存缺失和缓存冲突造成的性能损失。编译器提供的优先级选项极大地减少了冗余代码量，有效地提高了高速缓存的利用效率，让代码更适合高速缓存的运行方式，减小了与已经存在于高速缓存中代码的冲突概率。

6.内联函数

性能优化技术作为 C6000 系列编译器的衍生产品，一直在持续改进和提升。在大多数情况下，这种方式已经能够满足对于性能优化的要求，但是 C6000 系列还是提供了一种可以使优化性能达到极限的方式，即 Intrinsic 内联函数。作为 C6000 系列的特色功能，通过使用 C 语言，对 DSP 系列有一定掌握的工程师即可以熟练地将内联函数应用于自己的工程项目中。通过内联函数，工程师可以非常简捷地实现一些原本冗长复杂的 C 语言代码。

1.3.4　稳定的 DSP 工具组件

关于 DSP C6000 系列，特别重要的一点是，脱离处理器编译器的正确性而对处理器本身性能进行评价是一种片面的评价方式。能够正确地执行程序代码是考量处理器及编译器优越性的重要因素。当工程师想要编写一段重要且复杂的汇编语言代码的时，系统的稳定性就越发显得重要。TI 公司的 DSP 系列编译器就能够保证代码以多种方式稳定地执行。

从开发之初，DSP 编译器和 TI 公司的其他正式产品一样，保持了 TI 公司产品的严谨和卓越。工业级别的性能来源于强大的功能、合理的设计，以及对源代码的反复评估、检测以及专业级别的软件配置系统管理，并且还采用根源性的分析方法用于缺陷检测。在被发布之前，TI 的 DSP 编译器的每个版本都经过内部的内核评估、应用程序、回归、功能测试、单元测试以及所有市售测试套件的全面验证。

DSP 编译器开发过程包括自动夜间验证和自动发布验证过程，这两个过程都运行在一个强大的服务器上，利用数千个处理器执行大量的测试。由于编译团队与 TI 的终端设备和系统团队密切合作，回归流程包含了大量的应用程序类型代码。这为编译器提供了一个充分稳定的运行保障，并为程序员编写代码提供了更多的保证。TI 公司开发的编译器基础架构，经过近 30 年 DSP 芯片产品的应用，已被数十种不同的 TI 的 DSP 架构所验证。编译器必须支持应用程序和体系结构的种类多样性，重用和可重定目标的策略会产生更强大的编译器，从而编译器具有代码高重用性和高覆盖率。纵观近 30 年的 DSP 产品，编译器性能持续地改进和提升代表了 TI 公司背后的大量研发投入和支持。

1.3.5 DSP 势不可挡

DSP 不再只是一个独立的设备，它的产品功能在不断发展，应用领域在不断扩充。作为异构 SoC 的一部分，DSP 正在作为功能加速器，广泛应用于视频监控，高性能计算以及任何需要分析算法的应用程序中。DSP 架构的低功耗，成本和尺寸效率以及其完整的软件可编程性能使 DSP 成为数学密集型应用的理想选择。TI 的 DSP 开发工具支持标准化编程语言和扩展，使各种软件编程人员能够利用 DSP 的性能效率，同时享受快速有效地将此类产品推向市场的便捷性。TI 的 DSP 编译器作为整个 TI 的 DSP 产品线的一部分，致力于提供一个完整的功能集和高性能的编译水平。基于 TI 的 DSP 的成百上千客户已经成功地将差异化产品投放市场。

1.4 DSP 的结构特点

DSP 是一种典型的嵌入式处理器，它的产生根源于软件的实时信号处理任务，这些需求包括：

(1)嵌入式运行：产品无界面、体积小、功耗低；

(2)外围电路简单：DSP 集成了多种外设，可迅速开发各种专用系统；

(3)高速运算能力：DSP 具有支持适用于数字信号处理典型乘加运算的硬件单元；

(4)处理时间可预测：针对典型信号处理算法运行时间可预测的目的，DSP 能保证任何环境下的确定性实时处理；

(5)高速 IO 吞吐：DSP 的高速运算需要与之配套的高速数据吞吐，从而保证高速 IO 与 CPU 运算能力相匹配(计算机重在计算、处理器重在“流动”)；

(6)无需高级软件功能：数字信号处理通常不需要频繁的人机交互，从而不需要高级软件功能。

1.4.1　DSP 的内核特征

为了适应上述需要，DSP 处理器采用了一些特定的结构，使 DSP 从通用处理器中分离出来，成为一类独立的微处理器。DSP 的 CPU 内核相比其他处理器内核有其显著的特征：

(1)完成任务时间精确可预测；

(2)支持单周期内 MAC 乘加运算；

(3)支持多总线的哈佛结构；

(4)专用寻址寄存器支持快速寻址；

(5)硬件循环控制器支持零开销循环；

(6)片内集成多级存储器和缓存。

1.4.2　适于数字信号处理的特点

1.算术单元

1)硬件乘法器

通用微处理器 GPCPU(General Purpose CPU)通过程序代码实现的乘法操作往往需要几十甚至上百个时钟周期，非常费时。而 DSP 在 CPU 内部设有专门的硬件乘法器，从而可实现单周期的 MAC 运算。

2)多功能单元

为进一步提高速度，TI 的 DSP 在 CPU 内设置了多个并行操作的功能单元(算术逻辑单元 ALU、乘法器和地址产生器等)。如 C6000 系列的 CPU 内部有 8 个功能单元(L1/2，S1/2，M1/2，D1/2)，每个单元执行不同类型的操作指令，从而在理论上可以达到单指令周期，具有并行执行 8 条指令的能力。针对 MAC 乘加运算，多数 DSP 的乘法和加法都支持在单个时钟周期内同时完成一次乘法和加法操作。

2.多总线结构

处理器的存储器总线结构分为两大类：冯·诺依曼结构和哈佛结构。通用处理器广泛采用第一种结构，该结构的特点是只有一个存储器空间、一套地址总线和一套数据总线，程序和数据共用总线，如图 1.24 所示。这种结构在执行程序和数据读写时，只能是顺序执行，指令之间无法并行。

在冯·诺依曼结构中，CPU 读程序及读或写数据必须分时完成，因此指令的执行过程是串行的，如图 1.25 所示。这里的指令分为了取指令、译码和执行三个子过程。

哈佛结构是将程序和数据空间分开，如图 1.26 所示，且有多套地址总线和数据总线。CPU 可以同时读程序、读写数据，实现了指令并行的可能。CPU 读取程序指令的同时可以读写数据。从具体指令执行过程来看，指令的不同阶段可以并行执行，从而大大提高了CPU 的执行效率。哈佛结构下的指令执行时序如图 1.27 所示。

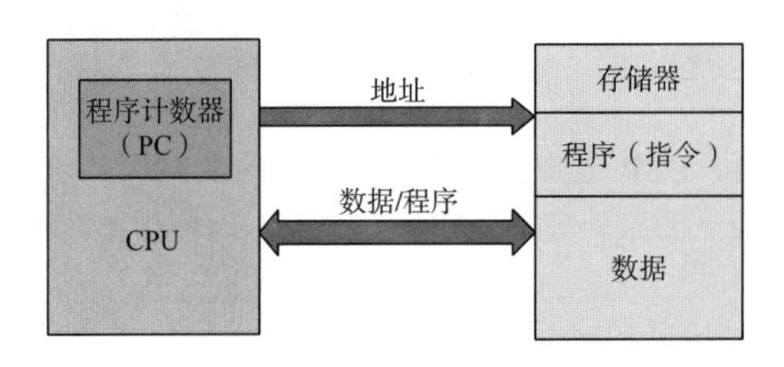

图 1.24　冯·诺依曼结构示意图

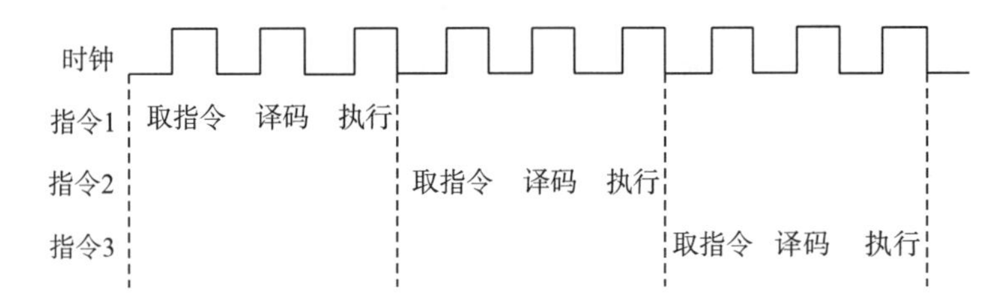

图 1.25　冯·诺依曼结构下的指令执行过程示意图

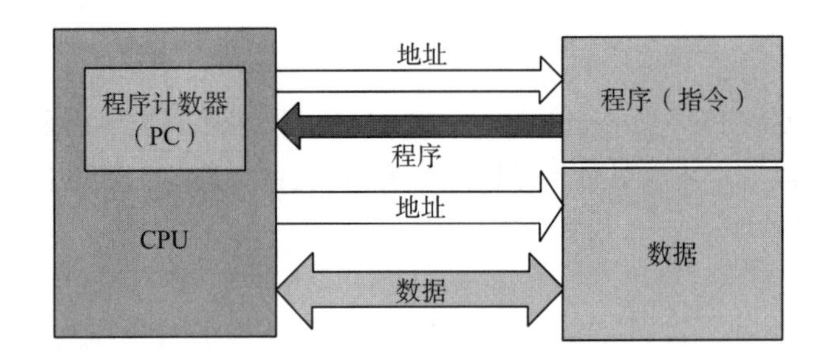

图 1.26　哈佛结构示意图

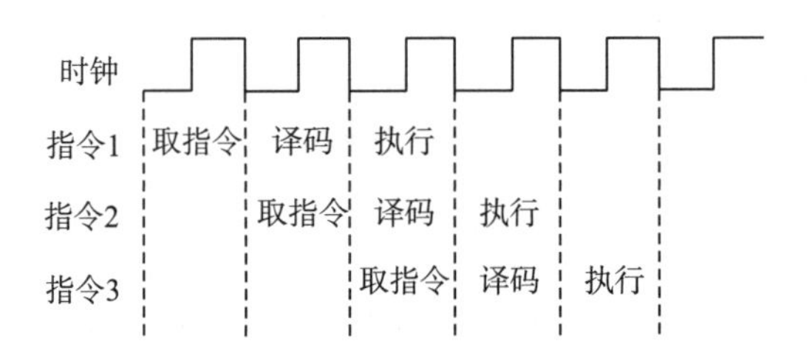

图 1.27　哈佛结构下的指令执行时序

3.专用寻址单元

DSP 面向的是数据密集型应用，伴随着频繁的数据访问，数据地址的计算时间也在线性增长。DSP 用专门的地址产生器支持地址运算，地址计算不需要额外占用 CPU 时间。如装载指令“LDW *A_src0++[pitch]，img_3210”，该指令表示以 A_src0 的值作为地址指向的空间读取四个字节装载到寄存器 img_3210，然后将 A_src0+pitch*4 赋值给 A_src0，从而将数据装载和地址修改在一条指令中实现。

4.不断引入的技术

1) 流水线

DSP 为了提高 CPU 执行指令的效率，将一条指令分解为多个阶段，从而多条不同指令的不同阶段可以同时执行，即流水线越来越长。C6000 系列 DSP 最高可以达到 8 级流水线。

2) 缓存 Cache 结构

缓存 Cache 是高级 CPU 才有的结构，TI 的 DSP 在 C6000 系列中引入了 L1 和 L2 的多级内存结构，这些片上存储器既可以作为普通的 SRAM，也可以配置为高速 Cache，从而极大地提高了程序执行速度。当 CPU 启用了 Cache 功能时，用户需要用相关的 Cache 指令去干预其操作，从而保证存储器的数据有效性或一致性。

3) 超长指令结构 VLIW

超长指令字 VLIW 一种非常长的指令组合，它把许多条指令连在一起，提高了运算的速度。VLIW 是指令级并行，超线程(Hyper-Threading)是线程级并行，而多内核则是芯片级并行。这三种方式都是提高并行计算性能的有效途径。

4) 单指令多数据 SIMD

SIMD 全称 Single Instruction Multiple Data，即单指令多数据，能够复制多个操作数，并把它们打包在大型寄存器的一组指令集。

5) 多指令数据流 MIMD

MIMD 全称 Multiple Instruction Multiple Data，即多指令流多数据流，显然比 SIMD 的效率更高。

5.高效的特殊指令

DSP 指令集设计了一些特殊指令用于专门信号处理操作。如图像运动估计处理算法中的运算，AVG4 指令用于四对像素取平均值，ABS4 指令用于四个结果取绝对值。

6.片内存储器

高性能的 DSP 处理器内部一般都集成有高速缓存，但是片内一般不配置大型存储器 RAM。DSP 提供了 L1、L2 片上内存，可以充分地利用这些 RAM 提高算法的执行速度。DSP 算法的特点就是执行大量的简单运算，相应地其程序代码也比较短小。若将某些关键的程序和数据存放在 DSP 的片上内存，可以显著地减少 CPU 读写时间。

7.丰富的片内外设

根据 DSP 应用领域的不同，TI 公司将众多类型的硬件设备集成到了片内。串口设备包括 SPI、I^2C、McASP、McBSP、UART 等，连接设备包括：USB、EMAC、SATA、uPP、HPI、EDMA 等，存储设备包括：MMC/SD、mDDR、DDR2/3、FLASH 等，测试接口包括 JTAG、定时器等。这些外设提高了数据处理速度和吞吐能力，大大简化了接口设计，同时降低了系统功耗、节约了电路板空间大小。

1.5 本书主要内容

DSP 技术开发通常包括硬件设计和软件编程。硬件工程师根据 EVM 参考，设计出满足产品需求的电路板，建立数据通路实现驱动开发。根据笔者主持的 DSP 工程课题项目总结来看，硬件电路设计的难点在于电磁干扰。因此参考 TI 官方 EVM 开发板是硬件设计的常用方式。当然，不同需求也会存在个别差异化问题，但由于不同硬件的共性问题较少，同时在整个 DSP 产品研发的过程中，硬件开发所占的精力和时间相比软件开发要少得多。所以，本书主要以软件开发为重点，兼顾初学者和高级工程师，在简述 DSP 硬件结构及开发工具后，详细介绍 CCS 软件开发、DSP 算法优化、系统软件开发和项目开发实践等技术。图 1.28 展示了本著作的知识逻辑关系。

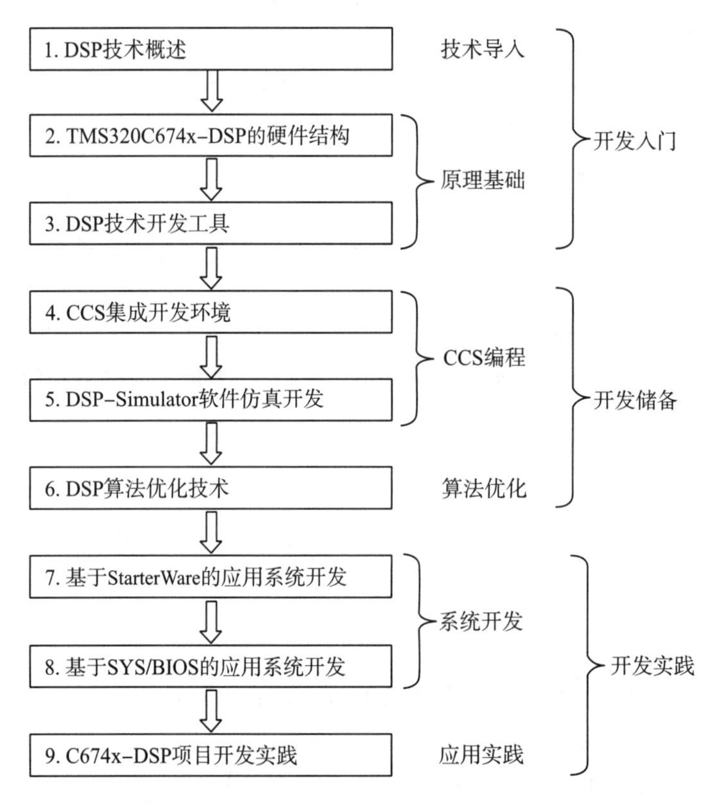

图 1.28 《C674x-DSP 嵌入式开发与实践》知识逻辑图

1.第 1 章 DSP 技术概述

主要讲解 TI 的 DSP 发展历史以及应用现状；TI 公司在 DSP 产业方面提供了从简单应用到复杂系统的 DSP 系列产品线，以及全面的配套服务，开发工具和技术文档也极为丰富；DSP 以高性价比、性能优先、低功耗等方面具有天生的技术优势，其解决方案适于控制、通信和信号等多方面的应用需求。

2.第 2 章　TMS320C674x-DSP 的硬件结构

主要讲解 TI 的 C6000 系列 DSP 产品，C674x-DSP 的功能模块、CPU 内核架构，存储映射以及 C674x-DSP 的片上外设等。

3.第 3 章　DSP 技术开发工具

主要讲解硬件开发与调试工具，包括 EVM 和仿真器；软件开发工具与调试工具，包括 CCS 集成开发环境和 SDK 软件开发包；DSP 应用系统开发过程。

4.第 4 章　CCS 集成开发环境

主要讲解 CCS 集成开发环境的安装、功能简介，工程创建、工程配置，CCS 程序调试等。

5.第 5 章　DSP-Simulator 软件仿真开发

主要讲解 CCS 的软件仿真开发，创建静态算法库程序、可执行应用程序、链接器命令文件及目标配置文件等，软件仿真调试中的断点功能、内存的图像化显示等。

6.第 6 章　DSP 算法优化技术

主要讲解 DSP 优化目标与策略，CCS 编译器优化，算法 C 语言级优化，算法 Intrinsic 指令优化，算法线性汇编优化，使用第三方优化库等。

7.第 7 章　基于 StarterWare 的应用系统开发

主要讲解使用 StarterWare 作为用户访问硬件的 SDK 开发出系统级程序；讲解 StarterWare 的构成以及如何使用，以视频回环案例详细说明该技术的设计、调试和优化等。基于 StarterWare 可开发出自我完成调度的应用程序。

8.第 8 章　基于 SYS/BIOS 的应用系统开发

主要讲解了 SYS/BIOS 工程实例的创建与修改，配置 SYS/BIOS 应用程序，线程调度，线程同步，内存管理，硬件抽象层。基于 SYS/BIOS 可开发出嵌入式操作系统完成任务调度的应用程序。

9.第 9 章　C674x-DSP 项目开发实践

主要讲解基于 C674x-DSP 开展图像通信开发实践，包括 DSP 端的视频编码、网络编程，PC 端的网络编程、码流解码与图像显示等。

第 2 章 TMS320C674x-DSP 的硬件结构

TMS320C674x 是 TI 公司研制的一款性价比超高的 C6000 系列数字信号处理器 DSP 内核，低功耗、定浮点是其主要特征。TMS320C674x 将定点和浮点指令集于一个 CPU 设备。具有多寄存器文件、多功能单元、多级存储器结构以及丰富的片上外设，继承了 C6000 系列 DSP 的硬件资源特点。

2.1 C674x 系列处理器

TMS320C674x 内核并不是双核 CPU，它是一个组合了 TMS320C67x+浮点内核功能和 TMS320C64x+定点内核功能的单核处理器 CPU。这就意味着 C674x 的指令集是 C64x+和 C67x+指令集的超集。在每一个指令周期，C674x 可以同时或单独执行 C64x+内核支持的高级定点指令、C67x+内核支持的高级浮点指令。图 2.1 展示了 C6000 系列 DSP 内核发展路线图。

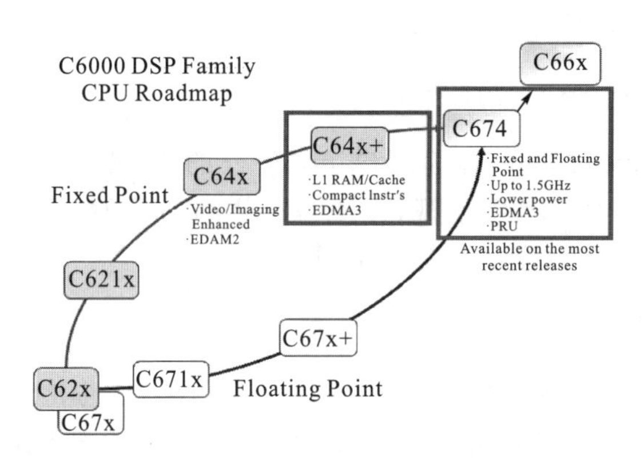

图 2.1 C6000 系列 DSP 内核路线图

基于 C674x 内核的处理器芯片添加了精心选择的一些外设以满足各种终端应用。具体的 DSP 型号有 TMS320C6742、TMS320C6743、TMS320C6745、TMS320C6746、TMS320C6747 和 TMS320C6748 纯 DSP 处理器，OMAP-L137 和 OMAP-L138 ARM+DSP 处理器，TMS320DM812x/814x/816x 达芬奇数字视频处理器等。TMS320C6748 DSP 集成了如通用并行口(uPP)、串行 ATA(SATA)、视频接口 VPIF、10/100M 网络 MAC、USB 2.0/1.1、UART 等连接类型设备，还包括用于数据存储的 MMC/SD、NAND 和 USB 等存储接口。这种设备成为一种高度集成化的开发平台，大大减少了外设数量，从而加速了软件开发周期且显著降低产品成本。图 2.2 展示了典型 C674x-DSP 的 TMS320C6748 功能结构框图。

基于 C674x 内核的处理器兼容所有 TMS320C6000 定点和浮点设备。C674x 内核提供节省成本和开发时间的硬件特征，器件性能更是得到了显著提高。这些特征包括：

(1) 支持 IEEE 754 单精度和双精度浮点格式；

(2) 支持高级的软件流水循环缓冲；

(3) 支持包括异常处理的增强系统事件机制；

(4) 支持改进的缓存一致性机制；

(5) 具有管理员和用户模式的两级特权程序执行系统；

(6) 片内 DMA 控制器。

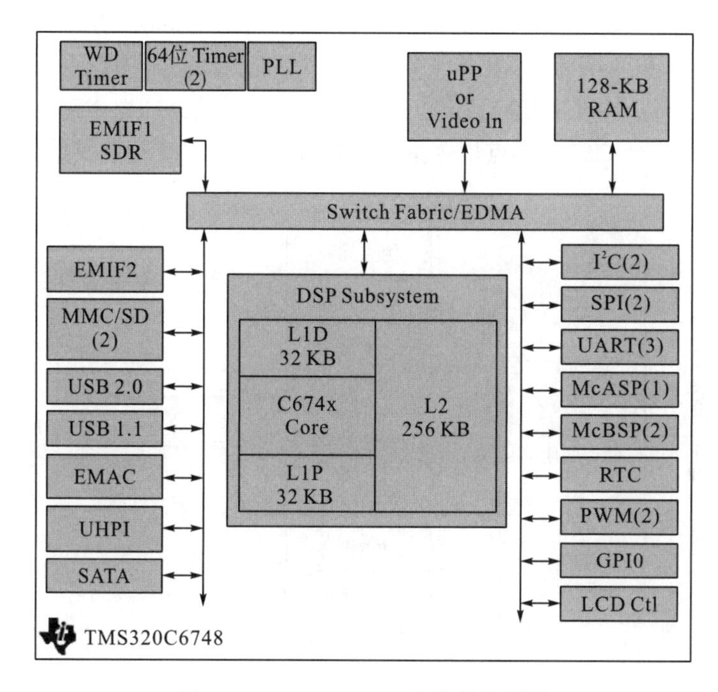

图 2.2　TMS320C6748 芯片结构框图

1.性能增强

C674x 的定浮点数据处理能力大大扩充了算法开发人员的思维空间，通过选择高级定点指令集和浮点指令集，开发人员能够获得算法显著改善的性能。融合了浮点指令支持的高级定点指令集，增强了语音编解码的质量和系统性能。如在数字影院系统的 HD 音频编解码中，C674x 内核比 C67x+内核的处理能力提高了 20%～30%。这些改进释放了处理带宽，从而使 C674x 处理器可用于机顶盒、便携式医疗诊断、公共安全无线电、电源保护系统等更多的创新应用。

为优化浮点性能，C674x 内核实现了对 IEEE 754 单精度和双精度指令的支持。除了满足 IEEE 标准，混合精度的指令集可满足高性能的语音算法，从而输出最高质量的语音数据。定点性能也能通过 C674x 指令集得到显著加强，其中包括在每个时钟周期内对下述操作的支持：两个 32×32 乘法，四个 16×16 乘法或八个 8×8 位乘法。新增加的指令集支持复数乘法，从而允许可达每个时钟八个 16 位乘、加或减运算。

为取得最佳测试性能，存储器的有效应用通常扮演了非常重要的角色。同时架构的灵活性对优化存储器应用起着关键性的作用。C674x 内核实现了多级存储器结构，其中片上内存 L1/L2 为开发的灵活性及易用性而配置为高速缓存 Cache，或者为更好地控制、改善性能配置为普通内存 RAM。这两种配置也可以动态地改变，从而为 DSP 编程提供更多灵活性。CPU 增强内核为仅需单核信号处理的各种应用带来了性能改善，如电源保护、软件无线电和家庭影院等。例如，对于单精度浮点复数 FFT 运算，C674x 内核相比 C67x+内核大约提高了 20%的性能。

对于定点架构来说，高级定点指令集对于改善 CPU 性能有显著帮助。TI 提供的 IQMath 数学库允许程序代码以 Q 格式控制最优执行，从而更适合 C64x+架构。C67x+的 CPU 原生支持浮点（单精度和双精度）和混合精度的指令，需要高动态范围浮点运算精度的程序代码来实现高性能运行。图 2.3 展示了定点与浮点处理代码及处理器类型的优势对比。融合了 C64x+定点指令集及 C67x+浮点指令集的 C674x 内核取得了超过其他处理器的性能。

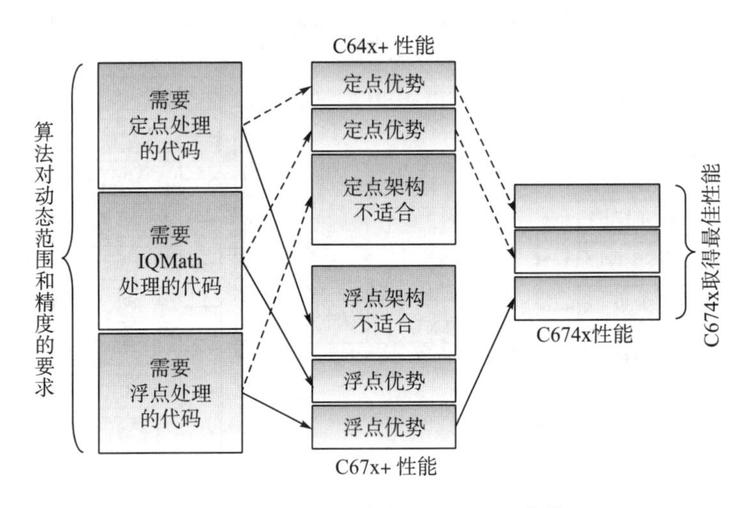

图 2.3 定点与浮点代码及处理器优势

2.代码空间更小

DSP 的软件流水充分利用了 C674x CPU 的八个功能单元，一个循环可调度多条指令，从而达到多个指令的并行方式循环执行。C674x 内核包含一个软件流水缓冲区，可以在硬件中实现软件流水。

软件流水循环 SPLOOP（Software Pipeline Loop）有多个优势，如实施软件流水通常需要填充（准备循环的指令数）和排空（在循环结束时需要清空循环的指令数），在 C674x 以前，填充和排空都需要插入额外的指令代码。而有了 SPLOOP 的硬件支持，填充和排空的额外代码就不再需要了，从而代码占用内存显著降低。

通过用 16 位紧凑指令代替 32 位指令，代码尺寸可进一步减小。而该特征对芯片的功能和速度都没有带来负面影响。并且代码产生工具 CGT（Code Generation Tool）会自动地均衡 C674x 内核的串行、并行指令打包，从而提供功能相同的小体量程序。这样既减小了代码尺寸，又加速了程序读取，减少了功率消耗。图 2.4 展示了 C674x 内核演变的过程。

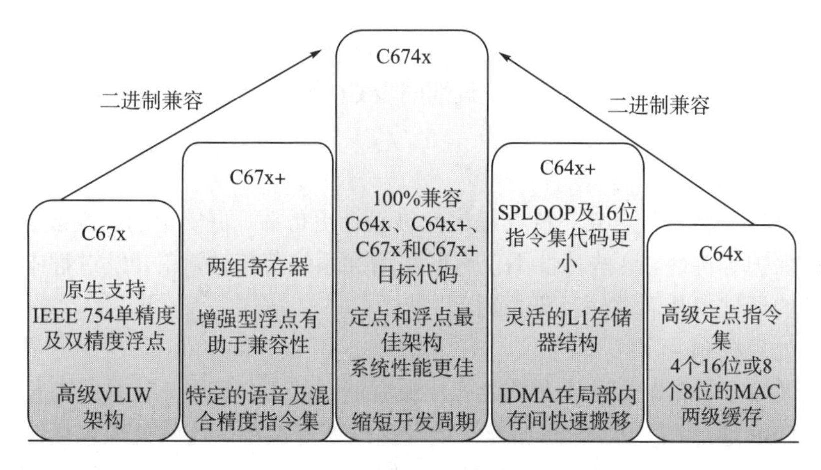

图 2.4　C674x 内核演变的过程

3.简化代码开发

通常情况下，信号处理算法首先在主机平台进行调试与开发，因为主机上能够运行可视化编程工具。这些开发平台产生的代码通常采用了浮点运算，但考虑到成本、性能等因素，当系统研发人员将主机下的代码移植到嵌入式平台时，又受到只能选择定点 DSP 处理器的限制。而这样做的弊端就是需要花费很大的精力将浮点程序转换为定点程序。这样就带来维护两种代码的困难处境，有时程序员应该尽量避免这种额外代价。融合定点和浮点的 C674x-DSP 原生支持工业标准浮点格式，使得这种嵌入式移植对算法人员来说是透明的，无须再纠结浮点程序的定点化实现。

图 2.5 展示了定浮点程序在嵌入式设备的开发过程对比。C674x 定浮点处理器大大降低了算法实现难度，无须考虑数据截尾操作、不损失细节、编程初始不考虑额外的步骤。从而不必维护算法的两个版本。

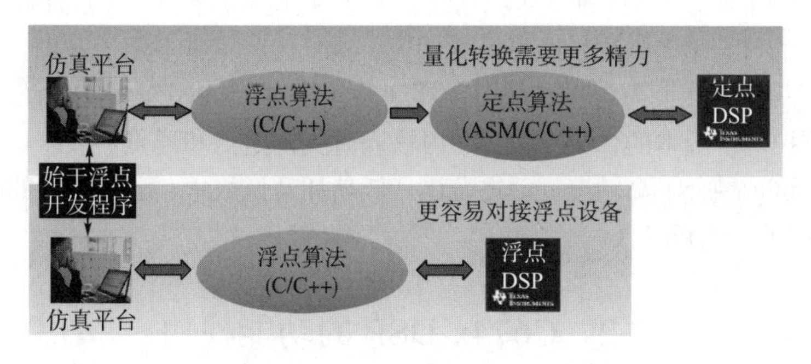

图 2.5　定浮点程序开发过程对比

4.缩短开发时间

设计人员借助 C674x-DSP 平台的显著特征如缓存一致性、特权程序执行、内部 DMA 控制器、非对齐内存访问等，使得开发应用系统更加容易，从而缩短开发时间。

1) 两级缓存结构

C674x 支持两级缓存结构。缓存一致性同步 C674x 核上的内部缓存和两级缓存，提高了系统整体性能。

2) 程序特权执行

C674x CPU 支持系统异常，特权程序允许设计更鲁棒、更安全的终端装置，并且更容易实现内存保护等特性。这些特性不仅有助于增加系统鲁棒性，在开发过程中还有助于复杂系统问题的调试，从而缩短了开发时间。

3) 异常处理机制

当系统发生了异常时，设计人员让芯片最后能做的工作就是，让系统在某个状态时结束。C674x-DSP 通过在 CPU 中添加异常处理提供恢复机制。这些处理包括错误检测，以及紧跟着的重定向错误处理程序。异常处理能够节约设计人员为调试故障所付出的时间和资源。

4) 片内 DMA 支持

片内 DMA (Internal DMA，IDMA) 控制器是一个针对 CPU 的特定 DMA 引擎。在 IDMA 架构中 CPU 无须参与其中，就可以处理在 L2 和 L1D 之间的数据搬移。由于它是运行在 CPU 处理的背后，因此减少了延时以及由于缓存响应迟缓而造成的堵塞。另外，IDMA 控制器还提供了一种快速将数据段映射到任意存储器区的方式。

5) 非对齐读写支持

数据的有效访问对优化处理器性能也是至关重要的。所有处理器 32 位、64 位对齐式访问是一种高效的读写方式。但是，对于非对齐数据访问，系统性能将大打折扣。因为非对齐通常需要多次的存取操作。C674x 内核增加了非对齐数据访问方式。这种特性除了能够提高性能外，还能由于不再需要多次存取操作而显著减少程序代码。

现如今，面对一些复杂应用，系统设计人员仍然在浮点和定点架构的优势上权衡、抉择。通常定点设备便宜、功耗低，但不能满足数学精度和浮点的动态范围。随着基于 PC 算法开发工具的日渐增多，这种选择尤为困难。鉴于这些工具多用于开发浮点算法，系统开发人员必须将浮点转换为定点，从而能够运行在定点 DSP 上，这样在产品升级和更新时，就需要维护两个版本的代码。C674x 内核同时支持定点和浮点，从而解决了长久以来的设计窘境。这种融合了高精度、动态范围、低功耗及低成本、配备高效的外设连接等特征的 DSP 开创了一个新时代。

2.2 C674x-DSP 的功能模块

从功能上来分，C674x-DSP 的功能模块包含 CPU 内核、相关硬件组件及其功能组件。从结构上来分，C674x-DSP 的结构模块主要包含以下几个部分：C674x CPU、一级程序 (L1P) 内存控制器、一级数据 (L1D) 内存控制器、二级 (L2) 内存控制器、内部 DMA、带宽管理器、中断控制器、掉电控制器和一个外部存储器控制器。C674x-DSP 的功能与结构在这里实际上是统一的。图 2.6 展示了 TMS320C674x DSP 结构功能框图，图中矩形框阴影部分为本节要讲解的功能结构。

1.C674x CPU

C674x CPU 支持 C64x+ DSP 和 C67x+ DSP 的指令集。C674x 芯片完全兼容运行在 C64x+和 C67x+器件上的代码。C674x CPU 包含 A 和 B 两套寄存器数据文件，每套各 32 个，每个寄存器 32 位，同时两个 32 位寄存器对可以构成 64 位寄存器变量。A 和 B 每边都包含了执行不同类型指令的四个功能单元。汇编程序就是对这些寄存器的操作和使用。

2.一级程序(L1P)内存控制器

L1P 内存控制器用于连接 CPU 取指流水线到 L1P 内存。用户可以配置 L1P 内存的一部分为一路组相联缓存 Cache。缓存大小支持 4KB、8KB、16KB 或 32KB。L1P 支持带宽管理、内存保护和掉电模式。CPU 在复位后，L1P 内存总是全部初始化为普通的内存 SRAM 或最大容量的缓存 Cache，这种特征对于不同的 C674x 器件又有所区别。通常的用法是将 L1P 配置缓存 Cache，配置为 SRAM 情况较少。

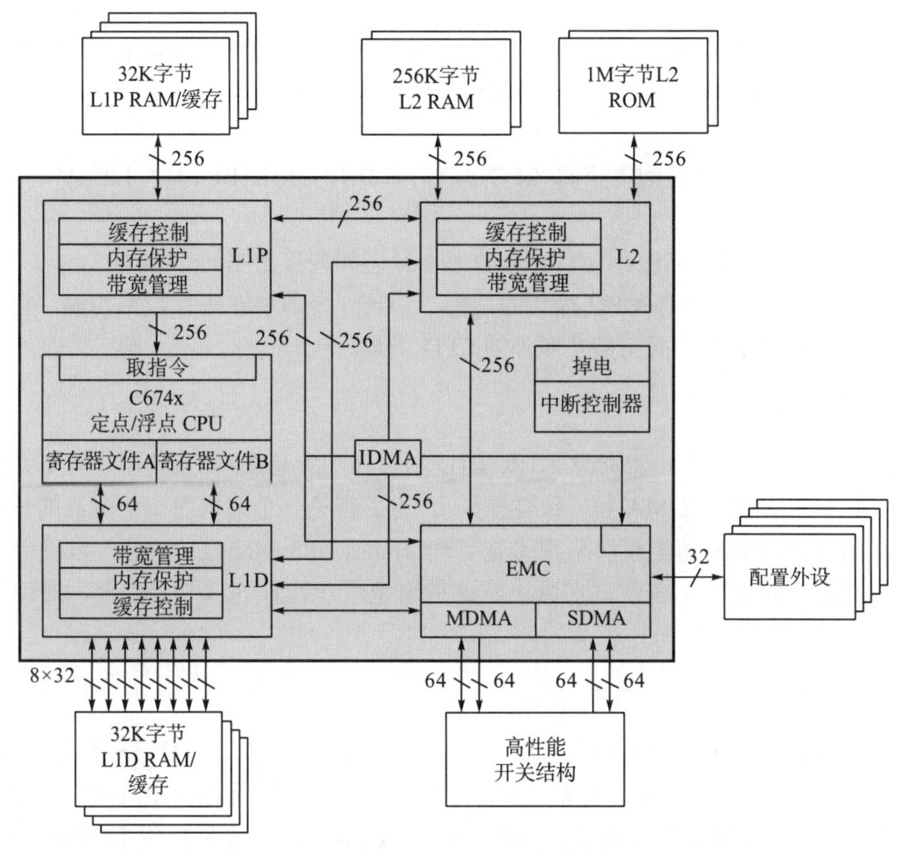

图 2.6　TMS320C674x DSP 结构功能框图

3.一级数据(L1D)内存控制器

L1D 内存控制器连接 CPU 数据通道到 L1D 内存。L1D 内存的一部分可以配置为两路组相联缓存。缓存大小支持 4KB、8KB、16KB 或 32KB。L1D 支持带宽管理、内存保护和掉电模式。CPU 在复位后 L1D 内存全部被初始化为 SRAM 或最大容量的缓存，该特征取决于具体的 C674x 芯片。

4.二级(L2)内存控制器

L2 内存控制器连接 L1 内存到 L2 内存。L2 内存的一部分可以配置为四路组相联缓存。缓存大小支持 32KB、64KB、128KB 或 256KB。L2 支持带宽管理、内存保护和掉电模式。CPU 复位后 L2 内存全部初始化为 SRAM。

如果用户想初始化为缓存模式，必须在器件运行过程中编程进行配置。如果要配置 L2 一部分内存为缓存 Cache，则 L2 控制器提供一种回写方式更改其内容，或使缓存的内容全部无效，这些操作可以基于全部或部分内存块来实现。用户可以指定对这些内存执行一致性操作，目的是使缓存的信息与原来内存位置的内容保持连贯。在 Cache 控制器的作用下缓存的运行回写和无效操作自动发生，这种行为通常又称为一致性操作。

5.内部 DMA(IDMA)

内部 DMA(IDMA，Internal DMA)是功能模块的局部 DMA。也就是说，它只在模块内部(L1P、L1D、L2 和 CFG)之间提供数据搬移操作。C674x 有两个 IDMA，即通道 0 和通道 1。

(1)通道 0 允许在外设配置空间(CFG)与任何局部内存(L1P、L1D、L2)之间进行数据搬移。

(2)通道 1 允许在局部内存(L1P、L1D 和 L2)之间搬移数据。

IDMA 数据搬移发生在 CPU 操作的后台。一旦一个通道在进行数据传输，它可以同 CPU 其他工作同时进行，而不需要额外的 CPU 干预。

6.带宽管理(BWM)

C674x 功能模块包括一套资源(L1P、L1D、L2 和配置总线)以及使用这些资源的一组请求者(CPU、SDMA、IDMA 和一致性操作)。为了避免一个请求对一个资源的长时间访问而造成阻塞，C674x 功能模块采用带宽管理(Bandwidth Management)，以确保所有请求者都能获得一定的带宽资源。实际上，这种带宽管理操作在 CPU 后台，对编程人员是透明的。

7.中断控制器(INTC)

C674x CPU 提供了两种类型的异步事件服务：中断与异常。当出现外部或内部硬件事件时，可能会产生中断，中断使正常的程序流发生重定向。异常在程序流重定向方面与中断是类似的，但异常通常与系统错误条件相关联。C674x CPU 能够接收 12 个可屏蔽/可配置的中断，1 个可屏蔽异常和 1 个不可屏蔽中断/异常。

CPU 能够响应各种各样的内部异常。中断控制器(INTC，Interrupt Controller)模块，允许 124 个系统事件路由到 CPU 的中断/异常输入。这 124 个事件可单独或多个分组后连接到可屏蔽中断。这种不同的路由选择机制能够更加灵活地处理事件。例如，当一个中断通知给 CPU，而同时这个中断已经有一个悬挂标志，这时会产生错误事件。除了路由事件外，中断控制器会检测到 CPU 遗漏一个中断。当 CPU 遗漏一个实时事件时，用户可以用这个错误事件通知 CPU。同时，中断控制器硬件将丢失中断的中断号保存在一个寄存器中，以便采取纠正措施。

8.内存保护架构(MPA)

C674x 的内存保护架构(MPA，Memory Protection Architecture)对局部内存(L1P，L1D 和 L2)提供内存保护。系统级内存保护是某些器件所特有的，并不是所有器件都支持该功能。内存保护定义在全局，但实现在局部。因此总的保护机制是为整个 C674x 功能结构模块定义的，但是每个硬件资源可以实现自我保护。这种分布式的内存保护方式意味着用户只需要掌握一种内存保护方式就可以了。同时 C674x 仍保留足够的灵活性以支持未来可能的外设和内存。为实现内存保护机制，内存映射被划分为多页，并且每页都有一相关联的权限。无效访问将发出一个异常通知并报告给系统内存错误寄存器。另外，内存保护架构还支持权限模式(管理员和用户)和内存锁功能。

9.掉电控制器(PDC)

掉电控制器(PDC，Power-Down Controller)允许软件对 C674x 的各模块实施掉电管理。CPU 通过执行线程，或响应来自主机或全局控制器的外部激励，实现 C674x 全部或部分模块的掉电管理。

10.外部存储器控制器(EMC)

外部存储器控制器(EMC，External Memory Controller)是连接各功能模块与其他设备的桥梁。EMC 包括三个端口：

1)配置寄存器(CFG，Configuration Registers)

这个端口提供对存储映射寄存器的访问，这些寄存器可以控制 C674x 各种各样的外设和资源。

2)主机 DMA(MDMA，Master DMA)

主机 DMA 提供对功能模块外部资源的访问，传输操作由功能模块发起(在访问中该模块是传输的主机)。主机 DMA 通常用于 CPU 或缓存访问 L2 以外的内存空间。此类访问形式包括缓存线分配、缓存回写，以及不可缓存的系统内存加载与存储。

3)从机 DMA(SDMA，Slave DMA)

从机 DMA 提供对功能模块内部资源的访问，发起者在功能模块的外部，比如 DMA 控制器、HPI 等。也就是说，功能模块的外部设备发起传输操作(即作为主机)，而 C674x 的功能模块在传输中属于从机。

CFG 总线为 32 位，应该通过 32 位加载/存取指令或 IDMA 使用 32 位值进行访问。MDMA 和 SDMA 的端口宽度可以是 32、64 或 128 位。它们实际的宽度对于每个器件又是不同的，这需要参考特定的设备参数手册。

2.3　C674x-CPU 的内核

TMS320C674x 是高性能的定浮点 DSP，是一种将 C67x+ DSP 和 C64x+ DSP 指令集架构集成的新内核。C674x CPU 内核决定了具体 DSP 芯片的性能，同系列 DSP 的二进制程序又是完全兼容的。对于 DSP 算法优化工作人员来说，熟练掌握 CPU 内核结构对于开展高效的 C 语言级优化、线性汇编优化等软件编程有着重要作用。

2.3.1　C674x-CPU 的特征

C6000 设备每个周期执行多达八条 32 位指令。C674x CPU 由 64 个通用 32 位寄存器和八个功能单元组成。这八个功能单元包含两个乘法器和六个算术逻辑单元 ALU。

C6000 设备具有一整套代码优化开发工具，包括高效的 C 编译器，用于简化汇编语言编程和调度的汇编优化器，以及基于 Windows 或 Linux 操作系统的用于查看源代码执行特性的 JTAG 调试器/仿真器。DSP 编程人员借助与 XDS100、XDS200、XDS510、XDS560、XDS560v2 仿真器接口兼容的 EVM 开发板来调试及验证应用程序或算法系统。常用的 JTAG 接口类型符合 IEEE 标准 1149.1-1990 协议，可实现端口访问和边界扫描。

1.C6000 设备特点

1）高级 VLIW 结构 CPU

具有八个功能单元的高级 VLIW 结构 CPU，包括两个乘法器和六个算术单元。

（1）每个周期最多可执行八条指令，最高可达十倍于普通 DSP 的性能。

（2）允许设计人员在短时间内快速开发出高效的类 RISC 代码。

2）指令打包

（1）支持八个串行或并行执行指令的等同大小代码。

（2）减少了代码大小，减少了程序读次数及 CPU 功耗。

3）大部分指令为条件指令

（1）减少分支的 CPU 消耗。

（2）增加并行度以提高系统性能。

4）高效执行独立功能单元上的代码

（1）配有基于 DSP 基准套件的业界最高效 C 编译器。

（2）业界第一个用于快速开发和改进并行化的汇编优化器。

5）丰富的数据类型

支持 8/16/32 位数据，为各种应用提供高效的内存支持。

6）更高的数据精度

40 位运算选项为语音编码器和其他计算密集型应用程序增加了额外的精度支持。

7）支持饱和与标准化

为关键的算术运算提供饱和与标准化支持。

8) 支持位操作

位域操作与指令包括提取、设置、清空与位计数等，支持在控制和数据处理中的常见应用。

2.C674x 器件性能

(1) 每个乘法器可以在每个时钟周期执行两次 16×16 位或四次 8×8 位乘法。

(2) 数据流操作支持四路 8 位和双路 16 位指令集扩展。

(3) 支持非对齐的 32 位(字)和 64 位(双字)内存访问。

(4) 增加了特定的通信指令来解决纠错码中的常见操作。

(5) 位计数和旋转的硬件扩展支持位级算法。

(6) 精简指令：使用具有 16 位版本通用指令(AND，ADD，LD，MPY)以精减代码大小。

(7) 保护模式操作：在两级系统执行特权程序，支持更高性能的操作系统和内存保护等系统功能。

(8) 支持对异常错误检测和程序重定向，保证代码可靠执行。

(9) 硬件支持循环操作以减少代码大小。

(10) 每个乘法器可以执行 32×32 位乘法。

(11) 支持复数乘法操作，其附加指令允许每个时钟周期最多八个 16 位数的乘法/加法/减法运算。

3.C674x 代码大小与浮点性能

C674x-DSP 设备经过增强，可提高代码浮点性能并优化代码大小，这些附加功能包括：

(1) 硬件支持单精度(32 位)和双精度(64 位)IEEE 标准浮点运算。

(2) 支持包操作，可跨接取包。

(3) 寄存器文件大小增加到 64 个(每个数据通路 32 个)。

(4) 支持.S 单元中的浮点数据加减法。

(5) 混合精度乘法指令。

(6) 32×32 位整数乘法，结果为 32 位或 64 位。

4.VelociTI 架构

C6000 平台使用 VelociTI 架构，使其成为第一个使用先进 VLIW 以通过提高指令级并行性来实现高性能的 DSP。传统的 VLIW 体系结构在单个时钟周期内由多个执行单元并行执行多条指令。并行性是 DSP 获得极高性能的关键，C6000 DSP 超越了传统的基于超标量设计的 DSP 性能。VelociTI 是一个高度确定性的体系结构，对如何或何时取指令以及执行或存储的限制都很少。正是这种灵活性架构使得 TMS320C6000 优化编译器能够突破普通 DSP 的效率水平。VelociTI 的先进功能包括：

(1) 指令打包：减少代码大小。

(2) 绝大部分指令都可以有条件地运行：代码使用更灵活。

(3) 可变宽度指令：数据类型更灵活。

(4) 全流水线分支：分支零开销。

2.3.2 C674x-CPU 的结构

图 2.7 展示了 TMS320C674x CPU 结构框图。C6000 系列设备配备了程序存储器，某些设备上的该部分内存可被用作程序缓存。C6000 系列设备也有各种规格大小的数据存储器。CPU 内部外设包括 DMA 控制器、掉电逻辑、外部存储器扩展接口 EMIF。而其他外设如串口和主机接口仅仅在特定DSP上配备。可以通过检查芯片数据手册确定用户器件的特定外设配置。

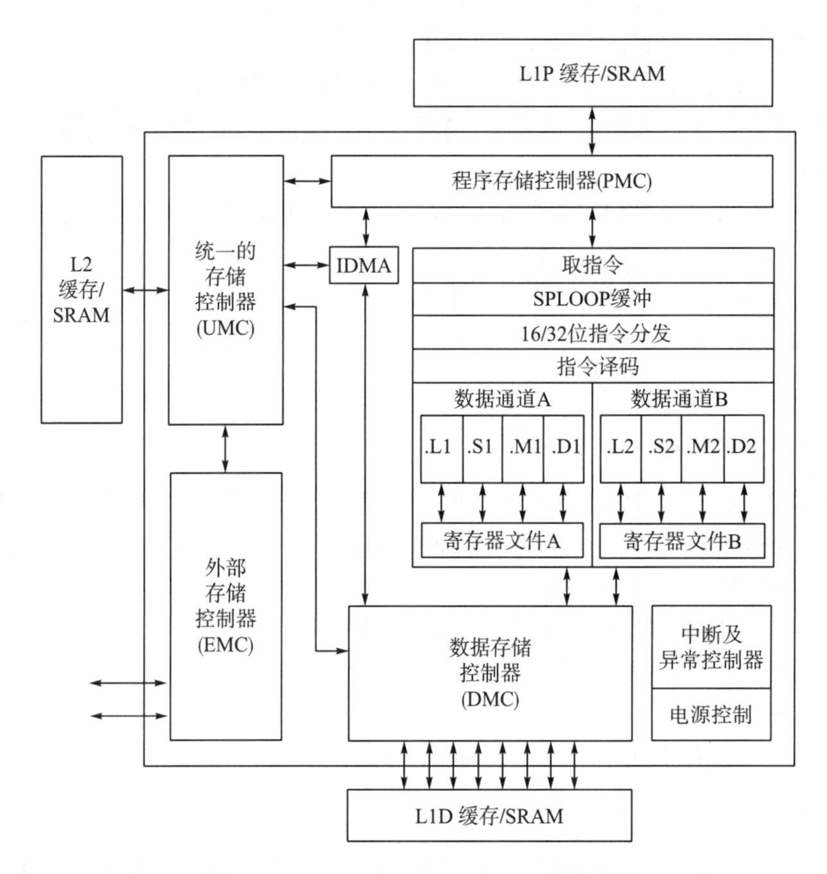

图 2.7 TMS320C674x DSP CPU 结构框图

图 2.7 中的 CPU 内核包括：

(1) 取指令单元。

(2) 软件流水循环缓冲单元。

(3) 16/32 位指令分发单元，高级指令打包。

(4) 指令译码单元。

(5) 两个数据通路，每一个通路包括四个功能单元。

(6) 64 个 32 位寄存器。

(7) 控制寄存器。

(8) 控制逻辑。

(9) 测试、仿真或中断逻辑。

(10) 内部 DMA 用于内部存储器之间的数据搬移。

程序取指令、指令分发、指令译码等单元能在每一个 CPU 指令周期内传送高达八个 32 位指令到对应的功能单元。指令在两个数据通路(A/B)的每一路当中被处理。每个通路又包含四个功能单元(.L，.S，.M，.D)和 32 个 32 位通用寄存器，控制寄存器提供了多种方式的配置和控制寄存器操作。

2.3.3　存储器映射

C674x-DSP 的地址空间为 32 位字节寻址。片上的内部存储器被组织为独立的数据和程序空间。当使用了片外空间时，DSP 的片上空间通过 EMIF 又被统一组织为单个内存空间。DSP 有一个 256 位的读端口用于访问片内程序空间，两个 256 位的读写端口用于访问片内数据空间。

C674x-DSP 的片上内存通常分为两级，个别设备也有例外，如 C6748 DSP 的片上内存分为三级。片外内存包括 SDRAM、DDR 及 FLASH 等。表 2.1 给出了 C6748 DSP 存储器的类型及大小。L1P 和 L1D 均为 32KB，L2 为 256KB。其中 Async 表示用于存储离线代码的 FLASH，CPU 最初执行的程序或用户特定数据均被存储在 FLASH 中。CPU 通过芯片上的 EMIFA 接口与 FLASH 通信。DDR2 是 CPU 上电后读写程序或数据的地方，掉电即丢失，C6748 片外 DDR 内存最大支持 512MB。DSP 的第三级内存 L3 为普通的 128KB SRAM，与其他内存统一编址，用来存放程序或者数据。在访问速度上 L3 比 DDR2 快，而比 L2 慢。

图 2.8 展示了 C6748 DSP 的内存架构。在 CPU 的缓存功能开启后(通常应开启)，CPU 运行过程中的程序和数据直接来自 L1P/L1D，如果没有命中则再读取 L2 内存，若仍然没有获得数据，则最后访问 DDR2。所以对存放在 DDR 上数据的读写速度是最慢的。为此，用户应充分利用片内空间以提高算法执行速度。或者利用 DMA 提前将 CPU 待处理的数据从 DDR 拷贝到 L2 上，处理完毕后再“踢回”到 DDR 内。或者将 CPU 的数据结果空间直接映射在片内。从而保证 CPU 的数据读空间与数据写空间均映射在片上，这样可显著提高算法的执行效率。

表 2.1　C6748 DSP 存储器

设备	片内	片外
C6748	L1P：32 KB L1D：32 KB L2：256 KB L3：128 KB	DDR2：512MB（x16bit） Async：128MB（x16bit）

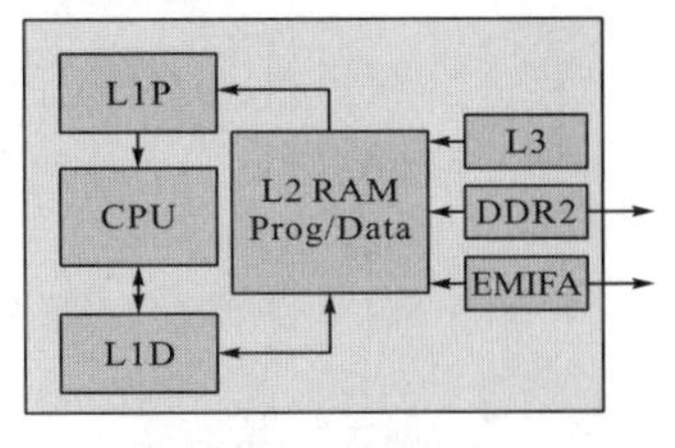

图 2.8　内存架构

图 2.9 展示了 C6748 的内存映射。L1P 起始地址为 0x11E0 0000，L1D 起始地址为 0x11F0 0000，L2 RAM 起始地址为 0x1180 0000，L3 RAM 起始地址为 0x8000 0000，DDR2

起始地址为 0xC000 0000。连接 FLASH 的 EMIFA 被映射为四个区，每个区 32MB，最大 128MB。片选 CSx 信号对应地使能某个区。

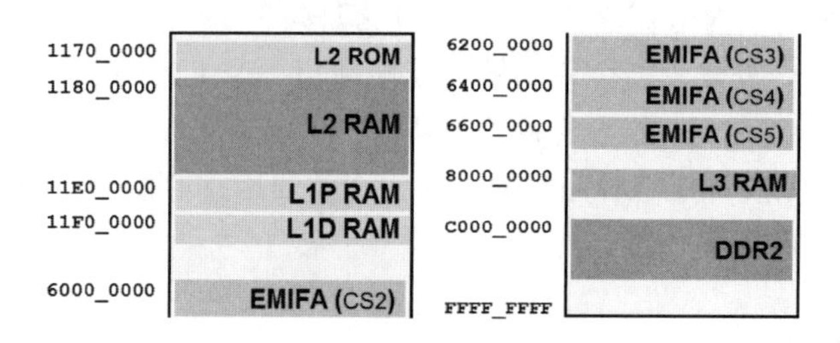

图 2.9 TMS320C6748 内存映射

2.3.4 CPU 的数据通路

1.CPU 通路组件

图 2.10 中 CPU 数据通路组件主要包括：
(1)两套通用寄存器文件 A 和 B。
(2)八个功能单元(.L1，.L2，.S1，.S2，.M1，.M2，.D1，.D2)。
(3)两个内存装载数据通路(LD1，LD2)。
(4)两个内存保存数据通路(ST1，ST2)。
(5)两个数据地址通路(DA1，DA2)。
(6)两个寄存器文件数据交叉通路(1x，2x)。

2.通用寄存器文件

在 CPU 数据通路中，有两套通用寄存器文件 A 和 B。每一边包含 32 个 32 位寄存器，文件 A 的 A0～A31，文件 B 的 B0～B31，见表 2.2 所示。这些通用寄存器可以用来存储数据、数据地址指针或当作条件寄存器。

表 2.2 40、64 位寄存器对

寄存器文件	
A	B
A1：A0	B1：B0
A3：A2	B3：B2
A5：A4	B5：B4
…	…
A29：A28	B29：B28
A31：A30	B31：B30

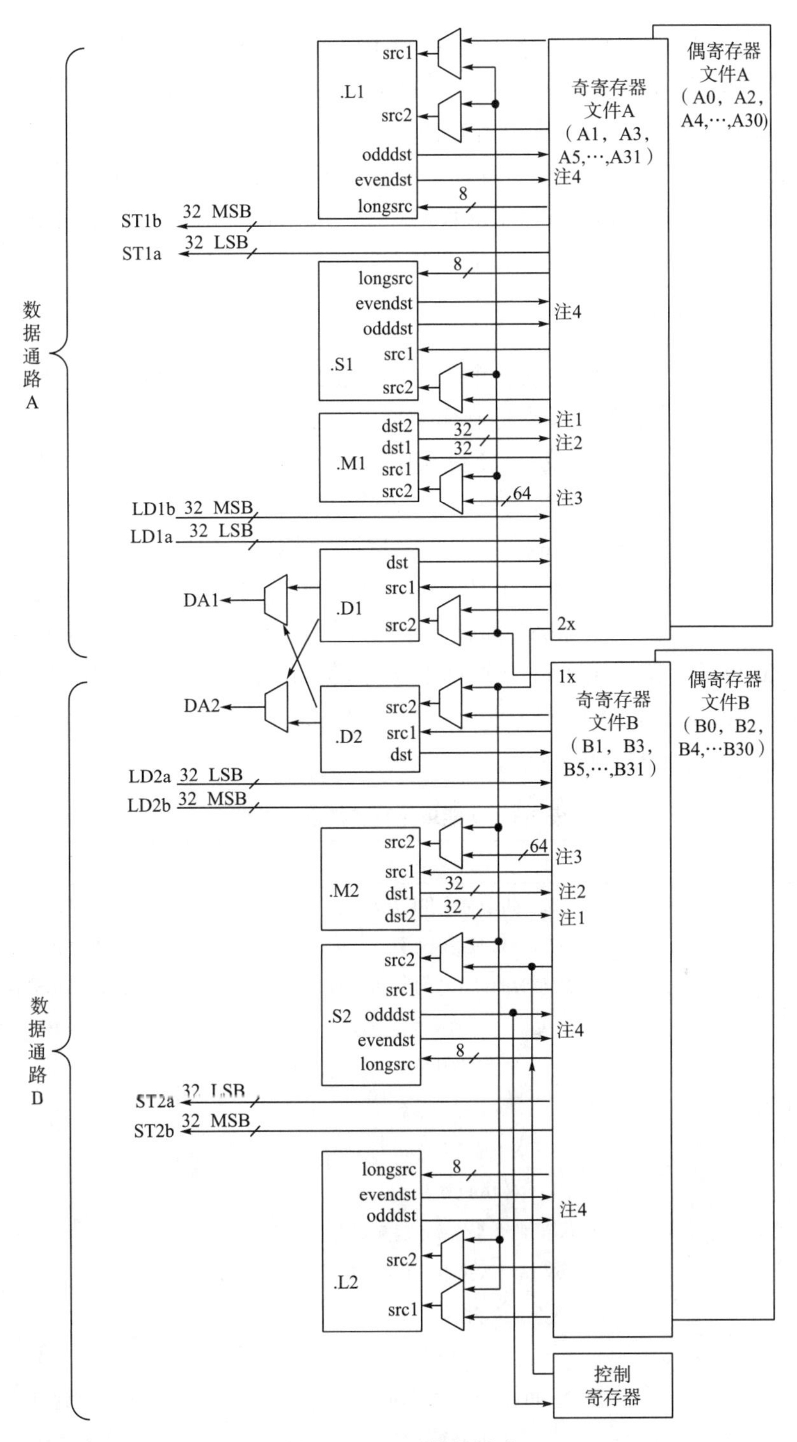

图 2.10　CPU 数据通路

注 1：在.M 单元中，dst2 是 32 位的 MSB。

注 2：在.M 单元中，dst1 是 32 位的 MSB。

注 3：在.M 单元中，src2 是 64 位。

注 4：在.L 和.S 单元中，奇 dst 连接到奇寄存器文件，偶 dst 连接到偶寄存器文件。

这些通用寄存器文件能够支持从 8 位到 64 位可变的定点数据。超过 32 位的大数据如 40、64 位数值则存储在寄存器对中。数据的 32 位低有效位(LSB)放在偶寄存器，而剩余的 8 或 32 位高有效位(MSB)放在奇寄存器。打包类型数据在一个 32 位寄存器中存储四个 8 位、两个 16 位，或在一个 64 位寄存器对中存储四个 16 位。在 DSP 内核中，有 32 个有效的寄存器对，用于保存 40 位和 64 位数据。在汇编语言中，寄存器名字间的冒号表明寄存器对，并且奇寄存器在前，偶寄存器在后。

3.功能单元

C6000 系列设备数据通路中的八个功能单元被分成两组，每组四个。两组功能单元执行的指令类型相同。功能单元及支持操作类型见表 2.3 所示。

CPU 中流动的大部分数据支持 32 位操作，有一些还支持长字 40 位、双字 64 位操作。每个功能单元都有自己的 32 位写端口，因此八个功能单元在每个 CPU 周期内可以以并行方式使用。所有以 1 结尾的功能单元(如.L1)都写到寄存器文件 A，2 结尾的功能单元(如.L2)都写到寄存器文件 B。每一个功能单元都有两个 32 位读端口对应源操作数 src1 和 src2。功能单元.L1、.L2、.S1 和.S2 都有一个额外的 8 位宽端口对应 40 位长字写，以及 8 位输入对应 40 位长字读。由于每一个 DSP 乘法都会产生高达 64 位的结果，所以从乘法器到寄存器文件都增加了一个额外的写端口。从图 2.10 中的 A/B 功能单元分布及相连的寄存器数量印证了上述的分析。

表 2.3 功能单元及支持操作类型

功能单元	定点运算	浮点运算
.L 单元(.L1，.L2)	32、40 位算术和比较运算	算术运算
	32 位逻辑运算	DP->SP 转换操作
	32 位数的最左边的 1、0 计数	INT->DP 转换操作
	32、40 位的标准化计数	INT->SP 转换操作
	字节移位	
	数据打包/解包	
	生成 5 位常量	
	双 16 位算术运算	
	四个 8 位算术运算	
	双 16 位求最小、最大运算	
	四个 8 位求最小、最大运算	
.S 单元(.S1，.S2)	32 位算数运算	比较
	32、40 位移位，32 位的位运算	倒数，倒数平方根运算
	32 位逻辑运算	绝对值运算
	跳转	SP->DP 转换操作
	产生常量	SP 与 DP 的加、减
	寄存器与控制寄存器相互搬移(仅.S2)	SP 与 DP 逆向减(src2-src1)
	字节移位	

续表

功能单元	定点运算	浮点运算
	数据打包与解包 双 16 位比较运算 四个 8 位比较运算 双 16 位移位运算 双 16 位饱和算术运算 四个 8 位饱和算术运算	
.M 单元(.M1，.M2)	32 位×32 位乘法 16 位×16 位乘法 16 位×32 位 四个 8 位×8 位乘法 两个 16 位×16 位乘法 两个 16×16 带加、减的乘法 四个 8×8 带加、减的乘法 位扩展 位交织与反交织 可变移位运算 旋转 伽罗华域乘法	浮点乘法 混合精度乘法
.D 单元(.D1，.D2)	32 位加、减、线性和循环地址计算 带 5 位常量偏移的装载与保存 带 15 位常量偏移的装载与保存(仅.D2) 带 5 位常量偏移的装载与保存双字 装载和保存非对齐的字和双字 产生 5 位常量 32 位逻辑运算	用五位常量偏移来装载双字

4.寄存器交叉通路

每一个功能单元用自己的数据通路直接读写到寄存器文件。详细来看，.L1、.S1、.M1、.D1 功能单元写到寄存器文件A，而.L2、.S2、.M2、.D2 功能单元写到寄存器文件 B。通过 1x 或 2x 交叉通路将寄存器连接到对面寄存器文件的功能单元。交叉通路允许功能单元从一条数据通路来访问对面寄存器文件的 32 位操作数。1x 交叉通路允许数据通路 A 的功能单元从寄存器文件 B 读数据源，2x 交叉通路允许数据通路 B 的功能单元从寄存器文件 A 读数据源。

在 DSP 上，所有的八个功能单元都可以借助交叉通路访问对面的寄存器文件。.M1、.M2、.S1、.S2、.D1、.D2 单元的 src2 输入可以在交叉通路及同名的寄存器文件中选择。.L1、.L2 的两个输入 src1 和 src2 可以在交叉通路及同名的寄存器文件中选择。

C6000 系列设备的架构中只有两个交叉通路 1x 和 2x。所以在每个时钟内，只能有一个从对面数据通路寄存器读源操作数，或者每个时钟有两个交叉通路读源操作数。在DSP上，在一边的两个功能单元可以同时读同一个交叉通路的数据源。

在 DSP 的 CPU 上，当任何一条指令尝试读一个已经更新内容的交叉通路寄存器时，通常会插入一个延时时钟，这就是所谓的交叉通路堵塞。这个延时是通过硬件自动插入的，而不需要 nop 指令。必须指出的是，如果正在读取的寄存器是 LDx 指令发出的数据的目的地，则不会引入堵塞。

5.内存装载与保存通路

DSP 支持双字装载和存储。从内存装载数据到寄存器，有四个 32 位通路。对 A 边来说，装载通路 LD1a 用于装载 32 位 LSBs，LD1b 用于装载 32 位 MSBs。对 B 边来说，装载通路 LD2a 用于装载 32 位的 LSBs，LD2b 用于装载 32 位 MSBs。对于每一边的寄存器文件，共有四个 32 位通路用于将寄存器内容保存到内存。对 A 边来说，保存通路 ST1a 用于保存 32 位 LSBs，ST1b 用于保存 32 位 MSBs。对 B 边来说，保存通路 ST2a 用于保存 32 位 LSBs，ST2b 用于保存 32 位 MSBs。

在 C6000 架构中，对于长字或双字操作码来说，在功能单元间有一些端口是共享的。单个数据通路的长字或双字操作码在同一个执行包内被调度时，CPU 会添加一个约束。

6.数据地址通路

数据地址通路 DA1 和 DA2 被分别连接到数据通路 A/B 的.D 功能单元中。因此就可以允许任一边通路产生的数据地址，来访问任何寄存器的数据读写。

DA1、DA2 资源和它们相关联的数据通路分别用 T1、T2 来指明。T1 包括 DA1 地址通路和 LD1、ST1 数据通路。对于 DSP 来说，LD1 由 LD1a 和 LD1b 来支持 64 位装载。ST1 由 ST1a 和 ST1b 来支持 64 位保存。类似的，T2 包括 DA1 地址通路和 LD2、ST2 数据通路。对 DSP 来说，LD2 由 LD2a 和 LD2b 来支持 64 位装载。ST2 由 ST2a 和 ST2b 来支持 64 位保存。

T1 和 T2 符号出现在功能单元域，用于表明装载或保存的指令类型。例如，装载数据指令“LDW .D1T2 *A0[3]，B1”，用.D1 单元产生地址，但是使用来自 DA2 的 LD2 通路资源装载数据到 B 寄存器。符号 T2 表明指令使用了 DA2 资源。

2.4 C674x-DSP 的片上外设

1.DDR2/mDDR 内存控制器

DDR2/mDDR 内存控制器用于对接与 JESD79D-2 标准兼容的 DDR2 SDRAM 和标准的移动 DDR(MDDR)SDRAM 器件。但不支持 DDR1 SDRAM、SDR SDRAM、SBSRAM 和异步存储器等内存类型。DDR2/mDDR 是用来存储程序和数据的主要内存位置。DDR2/mDDR 内存控制器支持下述特征：

(1) JESD79-2 标准兼容的 DDR2 SDRAM、mDDR。
(2) 16 位数据总线宽度。
(3) CAS 延时：DDR2-2，3，4，5；mDDR-2，3。
(4) 内部 bank 数：DDR2-1，2，4，8；mDDR-1，2，4。
(5) 突发：8 位长度，顺序类型。
(6) 1 个 CS 信号。
(7) 分页大小：256，512，1024，2048。
(8) SDRAM 自动初始化。
(9) 自刷新模式。
(10) 部分数组自刷新(mDDR)。
(11) 掉电模式。
(12) 优先刷新。
(13) 可编程刷新率和积压计数器。
(14) 可编程定时参数。
(15) 小端模式。

2.增强型捕获模块 eCAP

增强型捕获 eCAP(Enhanced Capture)模块的用途包括：
(1) 测量音频输入采样率。
(2) 测量旋转机械速度（通过霍尔传感器检测齿形链轮）。
(3) 测量位置传感器脉冲之间的时间差。
(4) 测量脉冲串信号的周期和占空比。
(5) 从编码电流/电压传感器的占空比中，解码其电流或电压幅度。

3.EDMA3 控制器

增强型直接存储器访问 EDMA3(Enhanced Direct Memory Access)控制器的主要目的是保证用户能够在两个内存设备上通过编程实现数据传输。典型的应用包括但不限于：
(1) 用于软件驱动的分页传输(如从片外内存到片上内存)。
(2) 用于事件驱动的外设(如串口)传输。
(3) 执行排序或各种数据结构的子帧式提取。
(4) 减轻主要设备 CPU 或 DSP 的数据搬移。
EDMA3 控制器包括两个主要模块：
1) EDMA3 通道控制器 EDMA3CC
EDMA3 通道控制器(EDMA3CC)作为 EDMA3 控制器的用户接口。EDMA3CC 包含参数 RAM(PaRAM)、通道控制寄存器和中断控制寄存器。EDMA3CC 用于优先处理软件请求或外设事件，并向 EDMA3 传输控制器提交传输请求(TR)。

2）EDMA3 传输控制器 EDMA3TC

EDMA3 传输控制器（EDMA3TC）负责数据搬移。EDMA3CC 提交的传输请求包（TRP）包含传输上下文，传输控制器根据该传输上下文向给定的源地址和目标地址发布读/写命令。

4.增强型高分辨率脉宽调制器 eHRPWM

增强型高分辨率脉宽调制器 eHRPWM（Enhanced High-Resolution Pulse-Width Modulator）支持下述特征：

（1）周期和频率控制的专用 16 位时基计数器。

（2）输出两个 PWM（EPWMxA 和 EPWMxB）。

（3）通过软件对 PWM 信号进行异步优先控制。

（4）相位可编程以控制相对于某 EPWM 模块的滞后或超前操作。

（5）支持周期对周期的硬件锁相位同步。

（6）能够生成独立上升沿和下降沿延时控制的死区。

（7）跳闸配置可编程，用于故障状态下一次往返和一次跳闸。

（8）强制 PWM 输出高、低或高阻抗状态的逻辑电平，作为跳闸条件。

（9）预分频可编程用来减少中断事件的 CPU 占用。

（10）基于高频载波信号的 PWM 斩波技术，可用于脉冲变压器门极驱动。

C674x-DSP 的 eHRPWM 扩展了传统数字 PWM 的时间分辨率能力。HRPWM 常用于当 PWM 分辨率在 9～10 位时的场景，HRPWM 的主要特征是：

（1）扩展时间分辨率能力。

（2）可应用于占空比控制和相移控制。

（3）使用比较寄存器和相位扩展寄存器，实现更精细的时间粒度控制或边沿定位。

（4）PWM 的 A 信号路径实现 EPWMxA 输出；EPWMxB 输出传统 PWM。

（5）自检诊断软件模式，用于检查微边沿定位器（MEP）的逻辑是否处于最佳运行状态。

5.增强型正交编码器脉冲 eQEP

增强型正交编码器脉冲 eQEP（Enhanced Quadrature Encoder Pulse）模块包含下述主要功能单元：

（1）可编程控制每个引脚的输入（GPIO mux 部分）。

（2）正交解码单元 QDU。

（3）用于位置测量的位置计数控制单元 PCCU。

（4）用于低速测量的正交边缘捕获单元 QCAP。

（5）用于测量速度和频率的单位时间基 UTIME。

（6）用于检测宕机的看门狗定时器。

6.以太网媒体访问控制器 EMAC/MDIO

以太网媒体控制器 EMAC（Ethernet Media Access Controller），又称管理数据输入输出 MDIO（Management Data Input/Output）模块。该模块用于在 C674x 设备和被连接在符合网

络协议的同一网段内的主机之间搬移数据，EMAC/MDIO 外设的主要功能模块包含 EMAC 控制模块、MDIO 模块和 EMAC 模块。

EMAC 控制模块是 C674x 内核处理器连接 EMAC、MDIO 的主要接口。EMAC 控制模块用于控制设备中断，并结合了一个 8K 字节的内部 RAM 以保存 EMAC 缓冲区描述符（又称为 CPPI RAM）。

MDIO 模块通过使用共享双总线，实现了 IEEE 802.3 串行管理协议来查询、控制多达 32 个连接装置的以太网物理层 PHY。主机软件用 MDIO 模块来配置每一个连接到 EMAC 的 PHY 自适应参数，获取协议结果，并配置 EMAC 模块用于纠错的所需参数。该模块允许 MDIO 接口几乎透明式的操作，从而内核处理器几乎无须参与维护。

EMAC 模块为处理器和网络之间提供了一个有效接口。C674x 设备上的 EMAC 支持 10Mb/s、100Mb/s、半双工及全双工模式，并支持硬件流控和 QoS 保证。

7.外部存储器接口 EMIF A/B

外部存储器接口 A EMIFA（External Memory Interface A）借助其 16 位数据总线，兼容 JESD21-C SDR SDRAM 内存。EMIFA 主要是为 CPU 提供连接各种外部设备：包括单数据率（SDR）SDRAM，异步设备如 NOR Flash、NAND Flash 和 SRAM。EMIFA 经常用于同时连接闪存设备和 SDRAM 设备。

EMIFB 控制器借助其 32 位和 16 位数据总线，兼容 JESD21-C SDR SDRAM 内存。EMIFB 提供用于 CPU 连接各种外部设备如 SDR SDRAM 和移动 SDR SDRAM。

8.通用输入输出 GPIO

通用输入输出 GPIO（General-Purpose Input/Output）引脚，通过编程可配置为输入或输出模式。当配置为输出时，用户通过写一个内部寄存器，控制输出引脚的驱动状态；当配置为输入时，用户通过读内部寄存器，检测输入引脚的驱动状态。

GPIO 外设包括下述特征：

（1）通过单独的数据设置寄存器和清除寄存器实现对应的设置与清除功能，允许多个软件程序无须临界区保护即可实现控制 GPIO 信号。

（2）支持通过写入单个输出数据寄存器来实现设置/清除功能。

（3）可读取输出寄存器以检查输出驱动器状态。

（4）可读取输入寄存器以检查输入引脚状态。

（5）所有 GPIO 信号通过配置边沿检测来作为中断源。

（6）所有 GPIO 信号可用于生成 EDMA 事件。

9.I^2C 总线

I^2C（Inter-Integrated Circuit）外设提供了 C674x 设备和其他兼容 I^2C 总线规范设备之间的接口，并通过 I^2C 总线连接。连接到这两线串行总线的外部组件可以通过 I^2C 外围设备传输和接收高达八位的数据。I^2C 外设有下述特征：

（1）兼容飞利浦半导体的 I^2C 总线规范（v2.1）。

(2) 2～8 位的格式传输。

(3) 自由数据格式模式。

(4) 供 DMA 使用的 DMA 读取事件和 DMA 写入事件。

(5) 有七个 CPU 可用中断。

(6) 支持外设启用/禁用功能。

10.内部 DMA 控制器

TMS320C674x 功能模块上的内部直接存储器访问 IDMA(Internal Direct Memory Access)控制器允许在所有局部内存间开启快速的数据搬移。IDMA 提供了一种将代码和数据段分页到任何映射内存的快速方法。IDMA 控制器的主要优势是允许在慢速内存(L2)和快速内存(L1D/L1P)之间搬移数据。由于传输发生在 CPU 的后台，IDMA 控制器能够提供比缓存控制器更低的延时，从而减少由缓冲造成的宕机。

此外，IDMA 控制器方便对外设配置寄存器进行快速编程，通过外部配置空间 CFG 来访问 C674x 的功能模块端口。在 IDMA 来看，外设空间访问单位为 32 位字并且允许独立访问这些 32 位字的寄存器。

11.液晶显示控制器 LCDC

液晶显示控制器 LCDC(Liquid Crystal Display Controller)具有支持异步 LCD(内存映射)接口和同步 LCD(光栅模式)接口的功能。LCDC 有两个独立的控制器，即光栅控制器和 LCD 接口显示驱动 LIDD(LCD Interface Display Driver)控制器。每个控制器独立于另一个控制器，在任何时候只有一个控制器处于活动状态。

光栅控制器处理同步 LCD 接口，它为恒定图形刷新提供被动显示。该控制器通过使用可编程定时控制、内置调色板和灰度序列化器，支持单色及全彩显示类型及不同尺寸大小幅面。图形数据被处理后存储在帧缓冲区中，而帧缓冲区是系统中的一个连续内存块。内置的 DMA 引擎首先将图形数据提供给光栅引擎，然后输出到外部的 LCD 设备。

LIDD 控制器支持异步 LCD 接口。它提供了完整的可编程定时控制信号(CS，WE，OE，ALE)及输出数据。

12.多通道语音串口 McASP

多通道语音串口 McASP(Multichannel Audio Serial Port)用作针对多通道语音应用需求而优化的通用语音串行口。McASP 支持时分复用 TDM 流、I^2S 协议和组件间数字音频接口传输。

McASP 包括传输和接收两部分。这两部分既可同步操作，也可以使用分离的主时钟、位时钟和帧同步进行完全的独立操作，并且基于不同的位流格式应用于不同的传输模式。McASP 模块包括 16 个串行器，可用于独立地发送或接收。另外，McASP 所有引脚可配置为 GPIO 引脚。

13.多通道缓冲串口 McBSP

多通道缓冲串口 McBSP(Multichannel Buffered Serial Port)主要用于与语音编解码器

CODEC 相连。支持的基本语音模式为 AC97 和 I^2S。除了基本的语音模式外，McBSP 还能通过编程用于支持其他串行格式，但是不能用于高速接口。McBSP 提供下述特征：

(1) 全双工通信。

(2) 双缓冲数据寄存器以允许连续数据流。

(3) 接收操作和传输操作分别有其独立的帧信号与时钟信号。

(4) 可与工业标准 CODEC、模拟接口芯片 AICs、其他串行化连接的 AD/DA 设备等直接对接。

(5) 提供外部移位时钟以及用于数据传输的内部可编程频移时钟。

此外，McBSP 还有如下能力：

1) 直接接口

(1) T1/E1 编帧器。

(2) 兼容 MVIP 交换及 ST-BUS 总线的设备。

(3) 兼容 IOM-2 设备。

(4) 兼容 AC97 设备(提供了必要的多相位帧同步能力)。

(5) 兼容 I^2S 设备。

(6) 用作 SPI 设备。

2) 多达 128 个传输和接收通道

3) 数据大小选择更灵活，支持 8、12、16、20、24、32 位

4) μ-率、A-率压扩

5) 8 位数据传输支持首传 LSB 或 MSB 选项

6) 帧同步和数据时钟的极性可编程

7) 支持内部时钟和帧生成的高度可编程

8) 额外的 McBSP 缓冲区 FIFO(BFIFO)

(1) 提供额外的数据缓冲。

(2) 提供对主机 DMA 控制器响应时间不定的容忍能力。

(3) 可作为一个 DMA 事件发起者。

(4) 独立的读写 FIFO。

(5) 每个 FIFO 有 256 字节的 RAM。

(6) 支持选择独立的旁路写 FIFO 和/或读 FIFO。

14. 多媒体存储卡 MMC/SD 控制器

许多应用程序使用多媒体/安全数字卡 MMC/SD(Multimedia Card/Secure Digital Card)进行可移动的数据存储。MMC/SD 卡控制器为外部 MMC 和 SD 卡提供接口连接。MMC/SD 卡控制器与对应存储卡之间的通信是根据 MMC/SD 协议进行的。

MMC/SD 卡控制器具有以下功能：

(1) 支持多媒体卡接口(MMC)、安全数字(SD)存储卡接口。

(2) 可使用 MMC/SD 协议和安全数字输入输出(SDIO)协议。

(3) 在 MMC/SD 控制器和存储卡间可编程时钟频率控制定时传输。

(4)512 位读写 FIFO 以降低系统开销。
(5)信令支持 EDMA 从式设备传输。
(6)MMC 最大时钟 20MHz(规范 v4.0)。
(7)SD 最大时钟 25MHz(规范 v1.1)。

15.锁相循环控制器 PLLC

锁相循环控制器 PLLC(Phase-Locked Loop Controller)通过各种时钟分频器为设备大部分组件提供时钟信号。PLLC 提供下述特征：
(1)当时钟设置发生改变时，实现无毛刺时钟转换。
(2)域时钟校准。
(3)门控时钟。
(4)PLL 掉电。

16.掉电控制器 PDC

C674x 结构功能模块包括一个掉电控制器 PDC(Power-Down Controller)。PDC 可以关闭 C674x 模块的下述组件，以及 DSP 子系统内部的存储器单元。
(1)C674x CPU。
(2)程序存储器控制器 PMC。
(3)数据存储器控制器 DMC。
(4)统一存储器控制器 UMC。
(5)外部存储器控制器 EMC。
(6)内部直接存储器访问控制器 IDMA。
(7)L1P/L1D/L2P 存储器。

17.供电切换 PSC

PSC(Power and Sleep Controller)模块负责管理系统电源开关、时钟开关、复位(设备级或模块级)等之间的转换。主要用于为片上设备模块(外设和 CPU)提供细粒度电源控制。PSC 模块包括全局 PSC(GPSC)和一系列局部 PSC(LPSCs)。GPSC 又包含存储器映射寄存器、PSC 中断和外设模块控制状态机。对用户(软件)来说 PSC 的很多操作是透明的，例如设备上电和复位控制。但是，PSC 模块也提供给用户接口以控制几个重要的电源、时钟和复位操作。PSC 包含下述特征：
1)管理芯片电源开关
2)提供软件接口
(1)控制模块使能与禁止。
(2)控制模块复位。
(3)控制 CPU 局部复位。
3)管理片上 RAM(L1/L2/L3)的睡眠模式
4)支持电源、时钟和复位的在线 ICEPick 仿真

18.可编程实时单元 PRUSS

可编程实时单元子系统 PRUSS(Programmable Real-Time Unit Subsystem)包括：

(1)两个可编程的实时单元 PRU0 和 PRU1，以及各自关联的内存。

(2)中断控制器 INTC 用于处理系统中断事件。INTC 也支持抛出事件返回到设备级主机 CPU。

(3)转换中央资源 SCR(Switched Central Resources)用于连接各种内部与外部主设备到 PRUSS 资源。

这两个可编程的实时单元 PRU 可以完全独立操作或者相互协作。PRU 也能够与设备级主机 CPU 协作工作。上述行为由被装载到 PRU 内存程序自身所决定。在两个 PRU 和设备级主机 CPU 之间，可应用几种不同信令机制。

优化后的 PRU 能够更好地执行嵌入式任务，这些嵌入式任务包括：操作打包了的内存映射数据结构，处理需要严格时间约束的系统事件，以及对接外部设备系统等。

19.实时时钟 RTC

实时时钟 RTC(Real-Time Clock)能够为运行在 C674x 设备上的应用提供时间参考。系统当前日期及时间被一系列计数寄存器所监测，并且这些寄存器每秒都在更新。RTC 的时间进制用 12 或 24 小时。RTC 在读写期间，日期和时间寄存器的内容首先被缓冲，以保证更新时不影响时间和日期的精度。

闹钟可以在设定时间或周期性时间内中断 CPU，比如每分钟一次或每天一次。此外，在每次更新日历、时间寄存器时，或者编程修改间隔周期时，RTC 都会中断 CPU。RTC 提供下述特征：

(1)一百年日历 (xx00 至 xx99)。

(2)可以计数秒、分、时，星期、日、月、年，并提供闰年补偿。

(3)二-十进制(BCD)码表示时间、日期和闹钟。

(4)12 小时模式(AM/PM)，24 小时模式。

(5)闹钟中断。

(6)周期中断。

(7)CPU 单个中断。

(8)支持外部 32.768kHz 晶振，或相同频率的外部时钟源。

(9)独立的隔离电源。

20.串行 ATA 控制器 SATA

串行 ATA 控制器 SATA(Serial Advanced Technology Attachment)是并行 ATA/ATAPI 控制器的后继者。SATA 常被用于以 1.5Gb/s 和 3Gb/s 的速度连接数据存储设备。SATA 设备有一个内嵌控制器，同时配有工作在高级主机控制接口模式(AHCI)的 HBA 端口。

SATA 控制器的主要特征有：

(1)支持串行 ATA 的 1.5Gb/s 和 3Gb/s 速度内核。

(2)支持 AHCI 控制器规范 1.1。
(3)集成了 TI 串行和解串物理设备。
(4)集成了 Rx 和 Tx 数据缓冲区。
(5)支持所有的 SATA 电源管理功能。
(6)每个端口支持内部 DMA 引擎。
(7)硬件辅助的原生命令队列(NCQ)多达 32 项。
(8)32 位寻址。
(9)支持基于命令切换的端口乘法器。
(10)支持活动 LED 指示。
(11)机械控制开关。
(12)不开机检测。

21.串行外设接口 SPI

串行外设接口 SPI(Serial Peripheral Interface)是一个高速同步串行输入/输出端口。SPI 允许一个串行位流(2～16 位)被移入和移出设备。其传输速率可编程控制。正常情况下 SPI 用于 C674x 设备与外设之间的通信。典型应用是对接外部 I/O 和外设扩展,如移位寄存器、显示驱动、SPI EPROMS 及模数转换器等。

SPI 有下述特征:
(1)16 位移位寄存器。
(2)16 位接收缓冲寄存器,16 位接收缓冲区模拟别名寄存器。
(3)16 位传输数据寄存器,16 位传输数据和格式选择寄存器。
(4)8 位波特率时钟产生器。
(5)可编程 SPI 时钟频率范围。
(6)可编程字符长度(2～16 位)。
(7)可编程时钟相位(延时与非延时)。
(8)可编程时钟极性(高与低)。
(9)具有中断能力。
(10)支持 DMA(读写同步事件)。

22.系统配置模块 SCM

系统配置 SYSCFG(System Configuration)模块是一个系统级的模块,该模块包含设备必需的状态逻辑、最高层的控制逻辑。系统配置模块包括一系列 CPU 可访问的存储器映射状态寄存器、控制寄存器,用以支持系统特征和多种功能操作:
1)设备识别
2)设备配置
3)主权限控制
4)仿真控制
5)特定的外设状态和控制

(1) PLL 锁定控制设置。

(2) 配置 EDMA3 传输控制器突发缺省大小。

(3) 选择 eCAP 外设输入捕获的事件源。

(4) 选择 McASP 的 AMUTEIN，清空 AMUTE。

(5) 控制 USB 物理层。

(6) 选择 EMIFA 和 EMIFB 的时钟源。

(7) 控制 HPI。

系统配置模块 SCM 控制 C674x 设备的多个全局操作，从而能够保护对存储器映射寄存器的非法访问，防止出错。这种保护机制发生在下述情况：

(1) 特定关键序列需要写入系统配置模块寄存器时，从而允许将其写入到该模块的其他寄存器中。

(2) CPU 在特权模式下请求读写访问时，该模块的几个寄存器才能被访问。

23.64 位定时器

“64 位定时器+”(64-bit Timer Plus) 支持四种基本操作模式：64 位 GP 通用定时器，两个独立 32 位通用定时器，两个关联 32 位定时器，一个看门狗定时器。GP 通用定时器用于产生周期中断和 DMA 同步事件。当错误事件发生时(如不存在的循环代码)，看门狗定时器模式会给设备提供恢复机制。

“64 位定时器+”相比其他定时器，支持下述额外的特征：

(1) 外部时钟/事件输入。

(2) 周期重装载。

(3) 外部事件捕获模式。

(4) 定时器计数寄存器读复位模式。

(5) 定时器计数捕获寄存器。

(6) 中断/DMA 生成控制和状态寄存器。

24.通用异步收发器 UART

通用异步收发器 UART (Universal Asynchronous Receiver Transmitter) 外设是基于工业标准 TL16C550 异步通信单元而设计。TL16C550 是 TL16C450 的功能升级版本。与 TL16C450 上电功能类似(单字符或 TL16C450 模式)，UART 能够用 FIFO (TL16C550) 来替代。UART 在发送和接收字符时采取缓冲方式，从而能够缓解 CPU 的过多软件负载。接收器和发送器 FIFO 存储长度为 16 字节，其中对接收器 FIFO 来说，每字节包含三个额外的错误状态位。

从外设接收数据时，UART 执行从串行转换到并行；从 CPU 接收数据时，UART 执行从并行转换到串行。CPU 在任何时候都能够读取 UART 的状态，UART 模块具有控制能力且支持处理器中断。该中断系统支持定制和裁剪，从而最大限度地减少通信链路的软件管理。

25.通用并行端口 uPP

通用并行端口 uPP(Universal Parallel Port)外设是一个多通道且以专用数据线和最小控制信号工作的高速并行接口。该外设通常与高速模数转换器 ADC 或数模转换器 DAC 相连接，每个通道数据宽度 16 位。uPP 可以与 FPGA 或其他 uPP 等设备相连接，实现高速数据传输。uPP 支持接收、发送和双工三种工作模式，双工模式下各通道操作方向相反。

uPP 外设有内部 DMA 控制器，满足高速数据传输，从而减小 CPU 负载。所有的 uPP 交换操作都使用内部 DMA，用来填充数据或从 IO 通道读取数据。uPP 的 DMA 控制器包括两个 DMA 控制通道，通常服务于独立的 IO 通道。uPP 外设还支持数据交织模式，此时所有 DMA 资源服务于一个 IO 通道，在这种模式下，只能使用一个 IO 通道。

26.USB 1.1/2.0

1)USB 1.1 控制器

通用串行总线开放主机接口 USB OHCI(Universal Serial Bus Open Host Control Interface)是一个独立的端口控制器。该接口在低速 1.5Mb/s、全速 12Mb/s 数据率上，与 USB 设备通信。控制器兼容 USB 2.0 和 OHCI USB 1.0a。

USB 主机控制器包含一个寄存器集，并使用满足 OHCI USB 规范定义的内存数据结构。原理上，这些寄存器和数据结构是一种工作机制。在这种机制下，USB 主机控制器驱动软件包能够控制 USB 主机控制器。USB 的 OHCI 规范也定义了 USB 主机控制器如何操作这些寄存器和数据结构。

为了减少处理器软件和中断开销，USB 主机控制器根据存储在系统内存中的数据结构和数据缓冲区生成 USB 通信量。USB 主机控制器通过总线主端口访问那些没有被处理器直接干预的数据，这些数据结构和数据缓冲区被存放于内部或外部的系统 RAM 中。

2)USB 2.0 控制器

USB 2.0 控制器支持标准的高速、全速功能，以及低速、全速、高速受限的主机模式操作。USB 控制器还支持用以点对点通信的会话请求、主机协商协议，这些协议补充了 USB 2.0 规范对 OTG-USB 的支持。同时，该控制器也支持在 USB 2.0 规范中描述的四种高速操作测试模式。USB 2.0 控制器也允许用户以调试为目的，在多种模式之间做选择，包括强制设置为全速、高速和主机模式等。

USB 控制器为消费类便携式设备提供了一个低成本连接方案，从而在 USB 设备之间通过数据传输机制，实现一个高达 480Mb/s 的数据传输。USB 2.0 控制器支持双重角色功能，支持作为主机或外设操作。

27.视频接口 VPIF

视频接口 VPIF(Video Port Interface)是一个视频数据接收和发送器。VPIF 有两个输入通道(用以接收视频流字节数据)和两个输出通道(用以发送视频流字节数据)。通道 0 和 1 有相同的结构，用于输入；通道 2 和 3 有相同的结构，用于输出从而允许用户切换每一个通道的任务。

VPIF 支持下述特征(要注意的是某些设备设计可能由于系统层的性能局限会减少某些功能)：

(1) ITU-BT.656 格式。

(2) ITU-BT.1120 和 SMTPE 296 种格式。

(3) RAW 数据捕获。

(4) VBI 数据存储。

(5) 裁剪输出数据(剔除 0xFF 和 0x00 值)。

第 3 章　DSP 技术开发工具

任何人的程序通常都不是自编写完毕就能够稳定、高效地运行，反复的修改、调试、跟踪程序都是必不可少的过程。DSP 技术开发以 C 语言为最主要的编程语言，借助相关的软件和硬件开发工具来加速编程人员开发出正确、稳定运行的程序代码。软件开发工具包括集多功能于一体的窗口式集成开发环境 CCS 以及相关的软件开发包 SDK。硬件开发工具包括仿真器 Emulator 和开发评估板 EVM。本章详细介绍用户在 DSP 技术开发过程中涉及的硬件工具和软件工具。

3.1　硬件开发与调试工具

DSP 应用系统是一种嵌入式产品，具有体积小、功耗低、环境适应性强的特性。设计 DSP 产品方案的第一步是芯片选型、绘制电路原理图。一旦选定 DSP 方案，硬件开发工具仿真器和 DSP 评估板 EVM 就必不可少。EVM 评估板是设计 DSP 个性产品的最佳参考原型，在稳定性、易用性，以及电路驱动等方面均有良好的支撑。通常 EVM 实现了既定 DSP 芯片的大部分外设功能，所以用户的 DSP 应用产品的电路板通常是 EVM 简化版。仿真器是连接目标板或 EVM 评估板与电脑的中间件，用户通过 CCS 可以下载 DSP 程序、跟踪调试源代码。研发人员没有仿真器是无法实现 DSP 产品设计与开发的。

3.1.1　EVM 评估板

EVM 评估板是针对某 DSP 芯片的全面硬件评估开发套件，一般分为 TI 公司原装和国内制造两种。从功能上来看两者几乎没有差别，主要区别可能是在某些个小型元器件上；软件开发包几乎完全相同。EVM 开发套件提供了硬件电路原理图、PCB 图等硬件源代码，以及硬件驱动、功能演示版软件源代码等资料。EVM 为二次开发或设计 DSP 个性产品提供了原型方案参考。表 3.1 列出了 TI 官方的 DSP 开发套件与 EVM 评估板。

表 3.1　TI 官方 DSP 开发套件与 EVM 评估板

DSP 内核	可用的 EVM
C55x	TMDXEVM5515、TMDX5515eZDSP、TMDSEVM5517、TMDX5535eZDSP
C674x	TMDSLCDK6748、TMDXLCDK6748
C66x	TMDSEVM6678、TMDSEVM6657LS
OMAP-L1x	TMDSLCDK138
66AK2x	XEVMK2EX、EVMK2G、EVMK2H、XEVMK2LX

TI 公司的芯片从实验版本到成品设备均有一个演变过程。

(1) TMX：实验版本，不一定代表设备的最终电气规格。

(2) TMP：最终的硅封装版本，符合设备电气规范，但没有完善质量和可靠性验证。

(3) TMS：完善的成品设备。

TI 官方认证的开发套件或支持工具的演进过程如下：

(1) TMDX：开发支持产品，还没有通过 TI 内部质量测试。

(2) TMDS：完善的开发支持产品。

TI 公司规定对于 TMX 和 TMP 芯片，TMDX 开发套件或工具，这些用于开发的产品仅用于内部评估。TMS 芯片和 TMDS 开发套件或工具的质量和性能均得到了充分的验证，设备的完善性、质量和可靠性均有保证。TI 公司已明确告知，原型芯片(X 或 P 标注)比标准生产芯片有更高的故障率，原型芯片不要用于任何产品系统。

1.C55x 开发工具

1) C5515 EVM 评估板

TMS320C5515 DSP EVM 是一种低成本、多功能的开发平台，旨在加快 TI 公司新推出的三款最低功耗 C55x-DSP 系列(TMS320C5505/5515/5535)的评估过程。DSP 初级或熟练设计人员都可以使用该 EVM 的全功能 CCS 和 eXpress DSP 软件(包含 DSP/BIOS 内核)开始着手创新的产品设计。

2) C5515-eZDSP USB 记录棒开发工具

TMDX5515-eZDSP 是一种由 USB 供电的小型低成本 DSP 开发工具，它包含了评估超低功耗 16 位 TMS320C5515 DSP 所需的所有硬件和软件资源。USB 端口可提供充足的电能来运行超低功耗 DSP，因此无须连接外部电源。此工具可快速简单地评估 C5515、C5514、C5505A 和 C5504A 芯片的大部分功能。

3) C5517 EVM 评估板

TMDSEVM5517 是一个通用 EVM 评估板，包含了评估 C5517 DSP 所需的所有硬件和软件。C5517 是一种芯片简单封装高度集成解决方案，旨在降低系统成本和缩短产品开发周期。此解决方案比上一代超低功耗 DSP 器件提高了近乎一倍的性能，同时优化了的功耗，能够实现更长的电池寿命，同时该套件具有 XDS100 板载仿真器，能够提供完整的调试功能。

4) C5535-eZDSP USB 记录棒开发套件

TMDX5535-eZDSP 是一种由 USB 供电且成本极低的小型 DSP 开发套件，包含评估 C553x 系列 DSP 所需的所有硬件和软件。它是业界成本最低且功耗最低的 16 位 DSP。此超低成本套件可快速简单地评估 C5532、C5533、C5534 和 C5535 处理器的高级功能。该套件具有 XDS100 板载仿真器，能够提供完整的调试功能。

2.C674x 评估板

TMS320C6748 DSP 开发套件(LCDK，L138/C6748 Development Kit)是一个可扩展平台，打破了嵌入式分析与实时信号处理应用发展的障碍，包括生物分析、通信和音频等。低成本的 LCDK 能够加速用户实时 DSP 应用开发。LCDK 开发板减少了原理图和设计文件的设计工作，这些资料可以免费下载并复制。LCDK 提供的各种标准接口的设备连接和数据存储，能使开发者基于该平台轻松地开发音频、视频和其他信号的应用。TMDXLCDK6748 与 TMDSLCDK6748 在性能、价格与特征等方面是完全相同的。

3.C66x 评估板

1) TMDSEVM6678L 评估板

TMS320C6678 Lite 简易评估板(EVM)是一套易于使用、经济高效的开发工具，可帮助开发人员使用 C6678、C6674 或 C6672 多核 DSP 快速开展产品设计。EVM 包括单个板载 C6678 处理器和功能强大的连接选项，使客户可以在各种系统中使用支持 AMC 接口的插卡。

随附软件包括 CCS v5、板级支持包(BSP)、多核软件开发套件(MCSDK)、芯片支持库(CSL)、加电自检测(POST)、网络开发套件(NDK)、TI-RTOS 操作系统 SYS/BIOS 和开箱即用(OOB)演示软件。

2) TMDSEVM6657LS

TMS320C6657 Lite 评估板(EVM)也是一套易于使用、经济高效的开发工具，可帮助开发人员使用 C6657、C6655 或 C6654 系列 DSP 快速进行产品设计。EVM 包括具有强大连接选项的单个板载 C6657 处理器，使客户可以在各种系统中使用此 AMC 封装卡。随附的软件同 TMDSEVM6678L 评估板。

AMC 转 PCIe 适配卡是一种被动卡，它允许将具有 AMC 接头的 TI EVM 转换为一个 PCIe 4 通道边缘连接器，以便将其插入到台式 PC 或任何使用 PCIe 接头的地方。TMS320C6678/6657 EVM 均可使用这种 AMC 转 PCIe 适配卡。

4.OMPA-L1x 开发套件

TMDSLCDK138 是 OMAP-L138 DSP+ARM 开发套件，基于该 EVM 可实现快速且容易用的 Linux 软件和硬件开发。该平台将简化和加速日常应用的软硬件开发，这些应用通常需要实时信号处理与控制功能，包括工业控制、医疗诊断和通信等。TMDSLCDK138 工具价格低廉，且能完全地免费下载、复制其原理图及设计文件，大大减少了 DSP 技术人员的设计工作。各种各样的连接和存储标准接口允许开发者能够轻松地将音频、视频和其他信号应用到该板卡上。

5.66AK2x 开发工具

1) XEVMK2EX

XEVMK2EX EVM 是一种全功能开发工具，适用于基于 66AK2Exx 和 AM5K2Exx 的 SoC 处理器。该评估板为 AMC 双宽度外形，板上带有一个 66AK2E05 处理器(单核 C66x-DSP 和四核 ARM Cortex-A15)。66AK2E05 可应用于主流工业、任务关键型和网络应用的通用嵌入式计算系统。

2) EVMK2G

EVMK2G EVM 可以用于评估 66AK2Gx 处理器，并加速音频、工业电机控制、智能电网保护和其他高可靠性实时计算密集型应用的开发。此架构能够最大限度地提高软件灵活性。

3）EVMK2H

EVMK2H 是一个强大的全功能开发工具，适于嵌入式高性能计算系统。低于 1000 美元的板卡包括新硬件特性和高度优化的软件。EVM 上的主芯片 66AK2H14 系统带有 LCD 显示，能够帮助开发者快速设计基于该处理器的车载仿真。66AK2H14 支持四个 ARM A15 和八个 C66x DSP 内核。

4）XEVMK2LX

XEVMK2LX 是一个全功能评价和开发 66AK2Lx Keystone II 的工具。可用于高速数据的生成和采集，应用领域包括航空和国防、测试与测量、医疗、声呐和成像等应用。XEVMK2LX 评估板具有一个 66AK2L06 处理器，内嵌了四核 C66x DSP 和双核 ARM Cortex-A15，以及满足 JESD204B 协议的数字前端。

3.1.2　仿真器

TI 器件调试技术为用户检查 DSP 内部细节提供了可能，能够借助硬件设备仿真器 Emulator 来帮助用户开发产品。调试技术在保持对设备控制的同时，提供与最终产品最接近的场景。这些调试技术允许用户权衡设备的功能、速度、接口类型和成本等。

DSP 技术开发人员借助仿真器访问 CPU 寄存器、片上及片外存储器，能够在不打断程序中断服务的情况下，实时调试源代码。多核调试可实现同步运行、单步执行及终止执行，以及核间相互激活与终止等操作。在选中设备上实施高级事件激活机制 AET，从而允许用户终止当前 CPU 或根据复杂事件激活其他 CPU 或事件。使用仿真器可以在入侵方式下测量 CPU 性能及统计系统事件。

集成开发环境 CCS 提供了所有 DSP 处理器的跟踪方法，从而可以帮助用户查找代码层面复杂而不可见的实时问题。

（1）跟踪可以检测那些确实不易发现的程序漏洞，如事件之间条件追踪、堆栈溢出、代码跑飞或没有终止处理器的错误中断等。

（2）跟踪可以调试代码性能和复杂场景缓存优化。

（3）跟踪程序、数据或时序的输出。

TI 仿真器 Emulator 型号根据其下载速度、适于 CCS 版本和成本等因素，主要分为 XDS100、XDS200、XDS510、XDS560 四种。这些仿真器接口均符合 JTAG 协议（边界扫描）。表 3.2 给出了这些仿真器的应用情况对比。

不同仿真器因其下载速度及较大的价格差异，DSP 技术人员需要根据自己的项目需要以及可接受成本等因素来综合选择合适的仿真器。

在不考虑仿真器成本时，通常其程序装载速度或数据读写速度是用户人员最为关注的指标。下面详细展示了 XDS100v1/v2、XDS200、XDS560v2、XDS560v2 54MHz 快时钟模式等四种仿真器，分别对 C6678-DSP、C6748-DSP 设备的程序下载、数据读写、控制台输出和跟踪调试等方面进行性能测试。

表 3.2 各种仿真器应用情况对比

仿真器		CCS 版本	DSP 型号	接口	速度	价格[①]	备注
XDS100	v1	v3.3 及更高	C28x、C674x	USB	最慢	$20.00	淘汰
	v2	v4.0 及更高	C28x，C54x，C55x，C64x+，C674x，C66x	USB	较慢	$99.00	用得多
	v3	v5.1 及更高	C28x，C54x，C55x，C64x+，C674x，C66x	USB	较慢	$139.00	用得多
XDS200	200 220	v5.2 及更高	全系列	USB 或网络	较快	$529.00	用得多
XDS510		v3.3 及更高	C28x，C54x，C55x，C64x	USB	很慢	$1049.00	淘汰
XDS560	560	v3.3 及更高	全系列	USB 或 PCI	很快	$1025.00	淘汰
	560v2	v4.2 及更高	全系列	USB 或网络	最快	$1569.00	用得多

①本价格来源于 http: // www.spectrumdigital.com/

1.吞吐测试

1)程序装载

本测试任务是将 ELF 格式的可执行程序装载到目标设备程序存储器中。通常可执行程序包含了大型数组，数组大小随设备的变化而有所区别。

(1)C6600 设备结果。

图 3.1 展示了在 C6678 EVM 上装载*.out 文件到 DDR 的速度对比。XDS560v2 54MHz TCLK 是快时钟模式，其下载速度近 800KB/s。XDS100v1 下载速度只有 30 KB/s 左右。

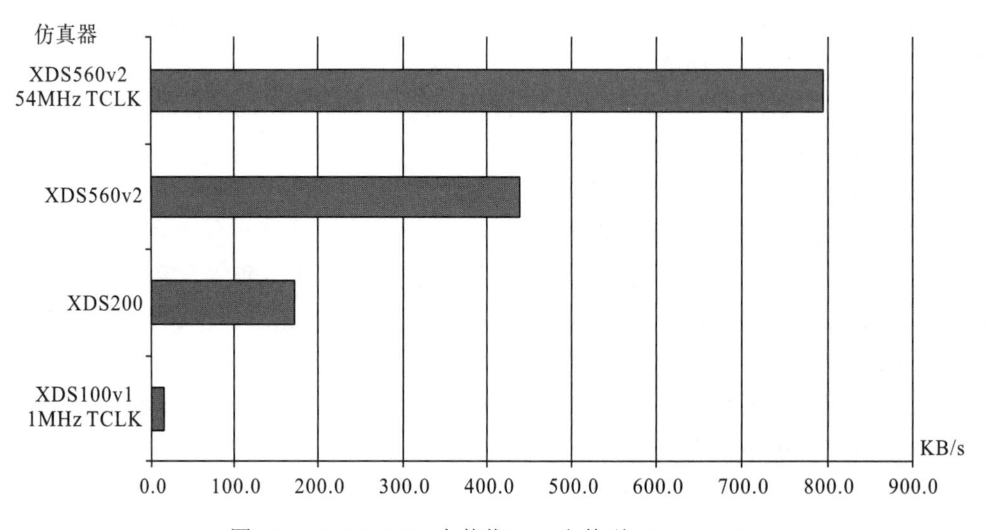

图 3.1 C6678 EVM 上装载*.out 文件到 DDR(KB/s)

XDS560v2 54MHz TCLK 模式比 XDS560v2 快了近 1 倍。这对视频图像可执行程序的逐句调试提供了便利，为快速验证修改后程序的功能提供了可能。

(2) C6740 设备结果。

图 3.2 展示了在 C6748 EVM 上装载*.out 文件到 DDR 的速度对比。XDS560v2 54MHz TCLK 模式，下载速度约 450KB/s。XDS100v2 下载速度只有 30 KB/s。XDS560v2 和 XDS560v2 54MHz TCLK 模式的程序装载速度相当。

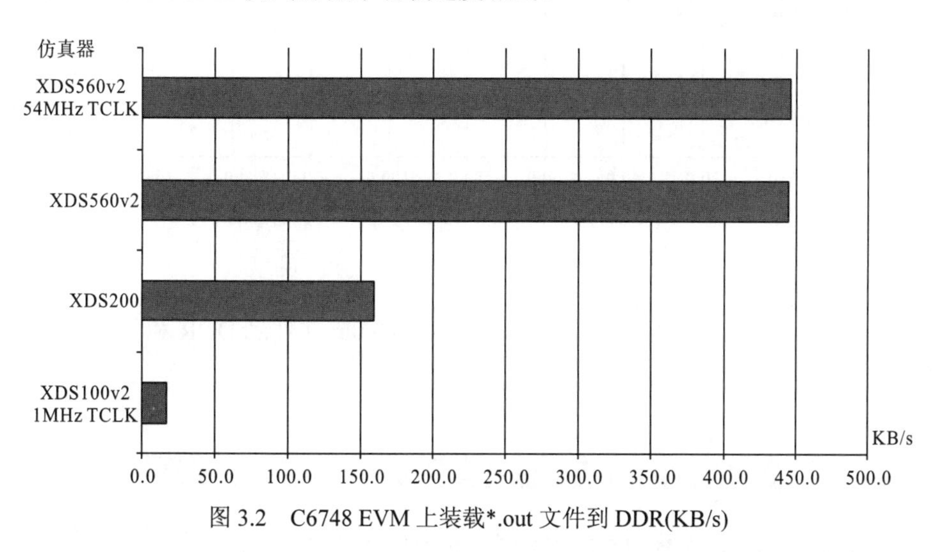

图 3.2 C6748 EVM 上装载*.out 文件到 DDR(KB/s)

2) 数据读写

借助仿真器，DSP 用户可直接实现目标板上的存储器数据读写。存储器存储的格式通常是二进制数据，所以可借助于 tiobj2bin 应用程序进行格式转换。现在使用该程序将*.out 文件转为 bin 格式文件，测试其下载速度。

(1) C6600 设备结果。

图 3.3、图 3.4 分别展示了在 C6678 EVM 上装载*.bin 文件到 DDR 和从 DDR 读取*.bin 文件的速度对比。从这两个图可以看出，bin 格式数据的读取速度比装载速度慢不少。

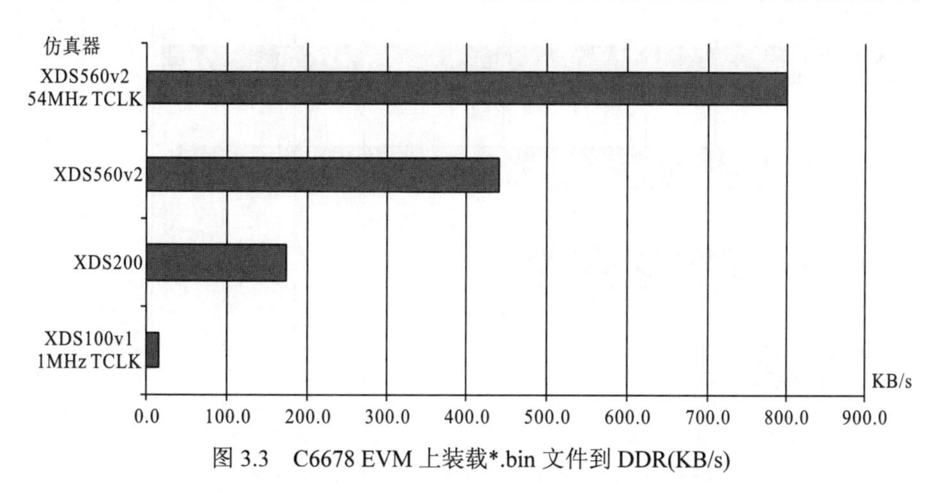

图 3.3 C6678 EVM 上装载*.bin 文件到 DDR(KB/s)

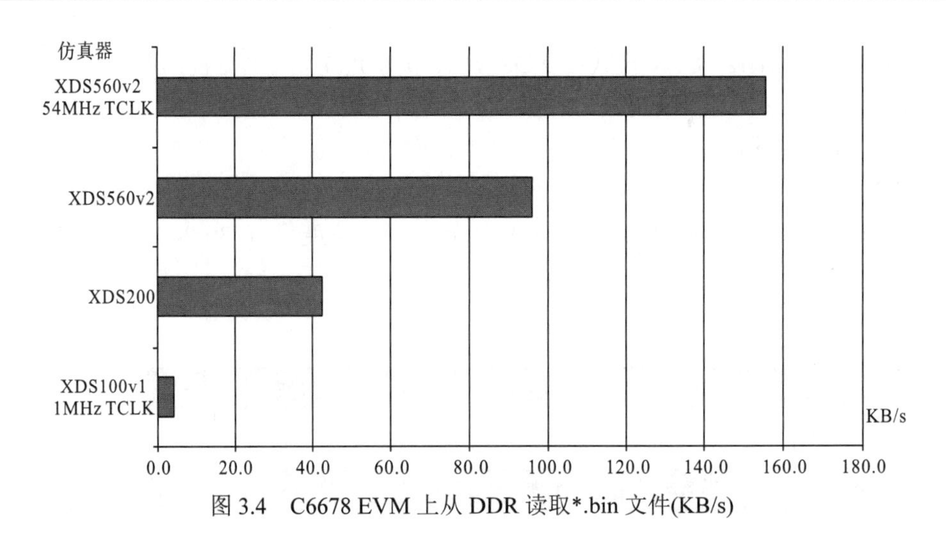

图 3.4 C6678 EVM 上从 DDR 读取*.bin 文件(KB/s)

(2) C6740 设备结果。

图 3.5、图 3.6 分别展示了在 C6748 EVM 上装载*.bin 文件到 DDR 和从 DDR 读取*.bin 文件的速度对比。

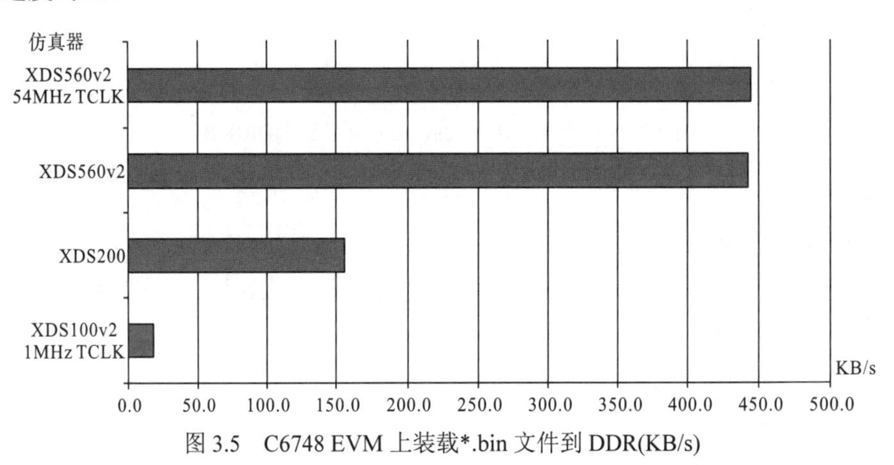

图 3.5 C6748 EVM 上装载*.bin 文件到 DDR(KB/s)

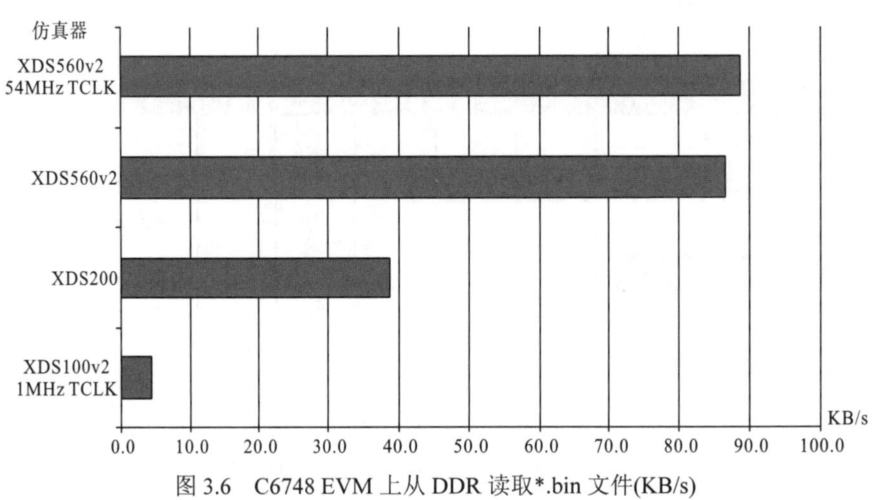

图 3.6 C6748 EVM 上从 DDR 读取*.bin 文件(KB/s)

2.交互测试

在调试程序时，DSP 软件开发人员总喜欢将一些关键变量打印输出到控制台来观察程序是否正确执行。这种情况下，输出字符的速度就成了考量仿真器性能的一个重要指标。另外，逐句、逐行的跟踪程序也是调试中经常使用的基本功能，逐步跟踪的时间是衡量仿真器性能的另一个重要指标。这两种调试统称为交互式程序调试。

1)控制台 I/O

本测试使用有名的汉诺塔游戏，用 printf 输出递归程序的运行过程。当搬移 9 个盘子时，在搬移过程中会产生 511 个信息输出，因为这种输出时间依赖于 RTS 实施时间和设备本身性能，所以这种测试对比较调试探点速度有很大作用。性能评测单位为每字符消耗时间 ms/char。

(1)C6600 设备结果。

C6678 EVM 设备上，程序调试的输出函数 printf 每输出一个字符 char 的消耗时间情况见图 3.7。XDS560v2 仿真器约 0.8ms，XDS100v1 约 3.5ms。

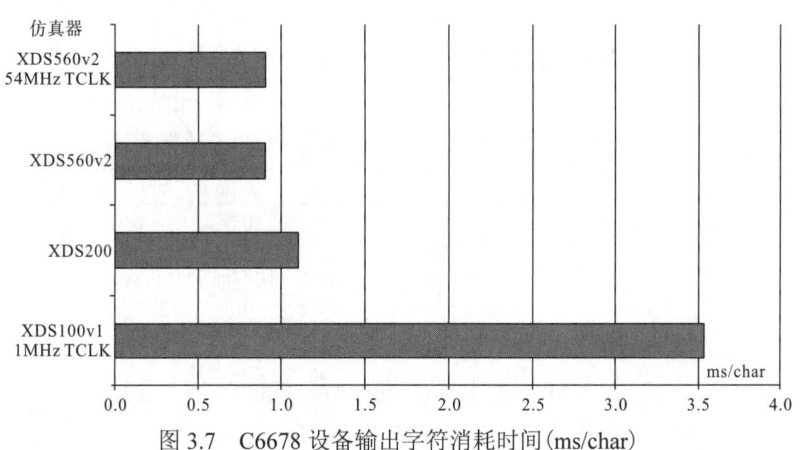

图 3.7　C6678 设备输出字符消耗时间(ms/char)

(2)C6740 设备结果。

C6748 设备上输出单字符所消耗的时间情况见图 3.8 所示。从图中可以看出，C6748 的时间消耗情况与 C6678 设备相当。

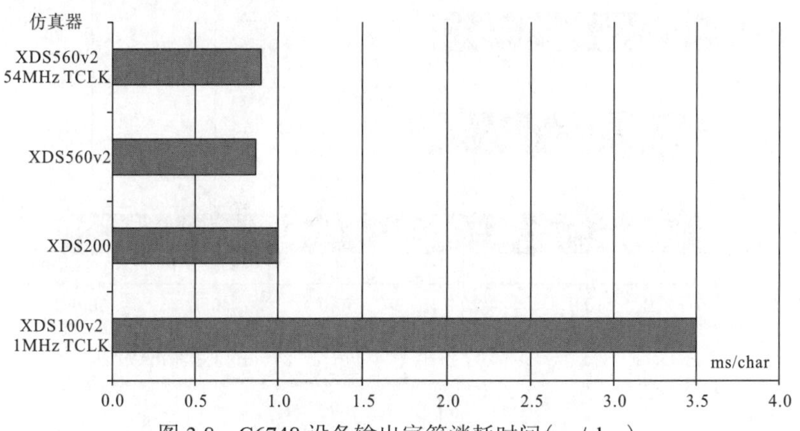

图 3.8　C6748 设备输出字符消耗时间(ms/char)

2）逐步跟踪

将可执行程序装载到目标设备程序存储器中，然后逐行运行 500 行汇编程序，测试执行一步的平均时间并进行对比。

（1）C6600 设备结果。

图 3.9 展示了 C6678 EVM 设备上单步执行所消耗的时间。从图中可以看出，XDS100v1 仿真器执行单步约 65ms，而 XDS560v2 54MHz TCLK 每执行一步约 20ms。XDS200 与 XDS560v2 性能相当。

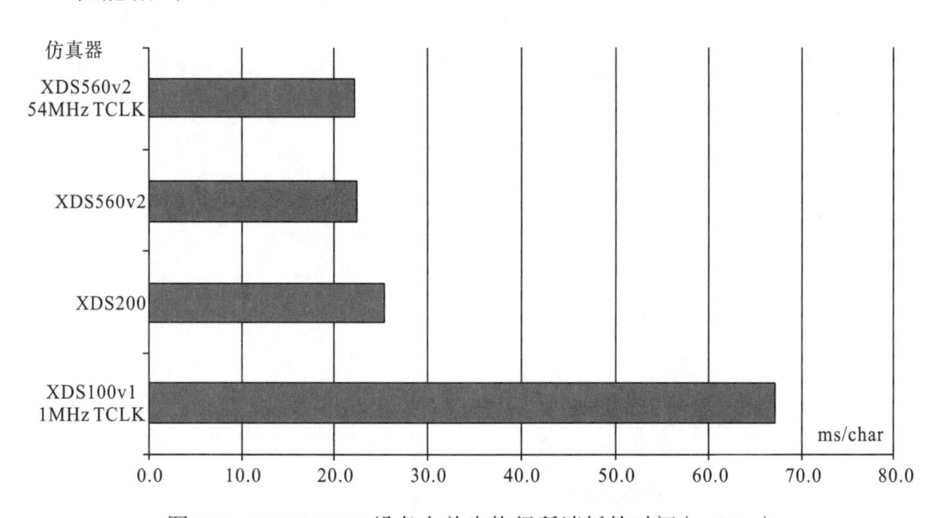

图 3.9 C6678 EVM 设备上单步执行所消耗的时间（ms/char）

（2）C6740 设备结果。

图 3.10 展示了 C6748 EVM 设备上单步执行所消耗的时间。通过与图 3.9 对比可以看出，在单步执行时间上，C6748 EVM 与 C6678 EVM 相当。

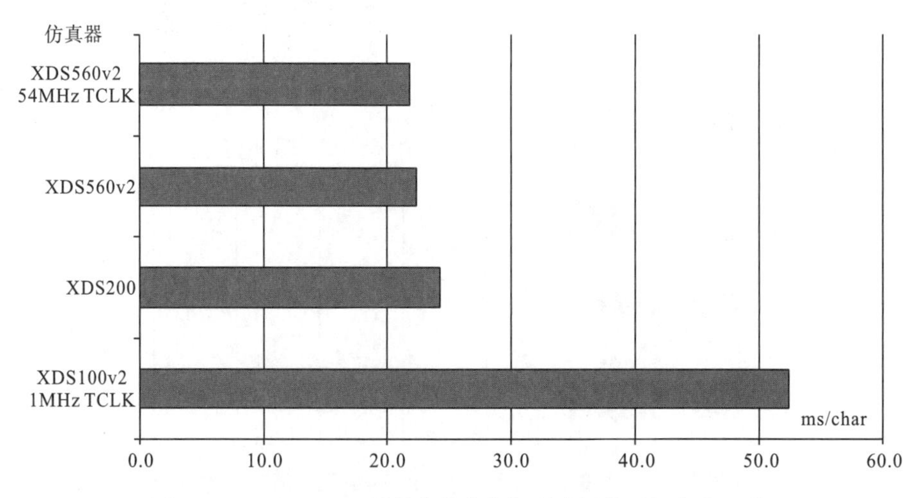

图 3.10 C6748 EVM 设备上单步执行所消耗的时间（ms/char）

3.仿真器接口

仿真器连接目标板或 EVM 板的接口通常是 JTAG 的 14 引脚。JTAG 是成立于 1985 年的联合测试行为组织(Joint Test Action Group)的简写，由几家主要电子制造商发起制订的 PCB 和 IC 测试标准。JTAG 建议于 1990 年被 IEEE 批准为测试访问端口和边界扫描结构标准，标准号为 IEEE1149.1-1990。该标准规定了进行边界扫描所需要的硬件和软件。后来形成了现在使用较多的 IEEE1149.1a-1993 和 IEEE1149.1b-1994 标准。

JTAG 主要应用于电路边界扫描测试和可编程芯片在线编程。现在大部分高级处理器均支持 JTAG 协议，如 DSP、FPGA 器件等。标准 JTAG 接口有 4 条线：模式选择 TMS、时钟 TCK、数据输入 TDI、数据输出 TDO。相关 JTAG 引脚的定义为：TMS 为测试模式选择，用来设置 JTAG 接口处于某种特定的测试模式；TCK 为测试时钟输入，由仿真器提供给芯片；TDI 为测试数据输入，数据通过 TDI 引脚由仿真器提供给芯片；TDO 为测试数据输出，数据通过 TDO 引脚从 JTAG 接口输出给仿真器。实际应用中 JTAG 接口还增加了 TRST，用于测试复位，低电平有效，引脚输入。

TI 公司的 14 引脚 JTAG 接口在标准 JTAG 接口的基础上添加了一些 TI 公司的私有引脚：PD(Vcc)、TCK_RET、EMU0 以及 EMU1，其功能分别是：检测目标板是否连好、TCK 时钟返回、仿真模式选择。在实际的 14 引脚 JTAG 接口中，为防止插错，通常将目标板上的引脚 6 取掉或者直接固定在仿真器的 JTAG 接口内。图 3.11 展示了 14 引脚 JTAG 的信号定义及某公司仿真器的 JTAG 接口实物图。

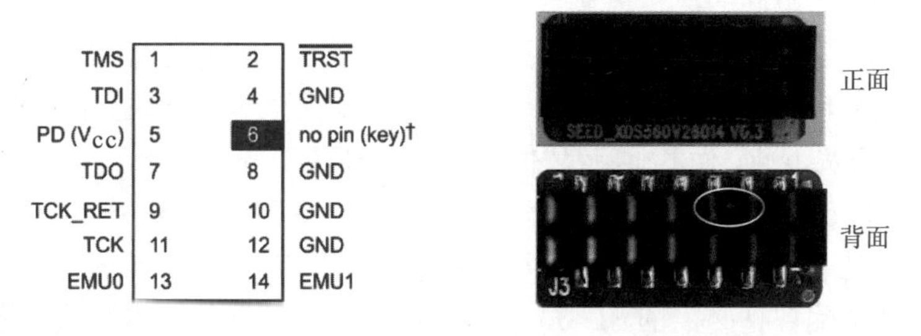

图 3.11　14 引脚 JTAG 信号定义及实物

某些厂家的仿真器还提供 20 引脚的 JTAG 接口，实际上对 DSP 来说，14 引脚的 JTAG 接口已经够用。

仿真器生产商比较有名的包括：国外的 Spectrum Digital、Blackhawk 等公司，国内的 SEED、Wintech、Tronlong 等公司。根据粗略统计结果，DSP 开发人员使用 SEED-XDS560 v2plus 仿真器的居多。

仿真器连接目标板或 EVM 采用 JTAG 接口，仿真器连接电脑则有并口、PCI、USB 和网口等几种类型。比较经典的 PCI 接口仿真器是 XDS560，其下载程序、读写图像的速度非常快，基本在 5s 内。后来随着 USB 接口逐渐普及和流行，常使用 USB 接口，该接口类型的仿真器具有易用、支持热插拔等优点。

3.2 软件开发与调试工具

DSP 技术开发的重点和难点是软件开发及调试。TI 公司在最初的控制台命令行调试工具的基础上，发展到了现在主流的可视化集成开发环境。DSP 用户基于开发环境可以实现程序的编辑、优化、调试与分析等。借助 TI 的多种软件开发包 SDK，能够快速实现通用信号处理任务。

3.2.1 集成开发环境(Code Composer Studio，CCS)

CCS 是一个桌面式集成开发环境 IDE，它包含了一套用于开发、编译、调试和分析嵌入式应用的工具或插件。基于 Eclipse 开源开发环境，新版 CCS 可与大量其他工具集成。CCS 包含了优化的 C/C++编译器、源代码编辑器、项目构建、调试器、性能评测工具等其他功能。CCS 提供单一用户界面，可帮助 DSP 开发人员完成应用开发流程的每个步骤，熟悉的工具和界面使用户能够快速入门。用于 DSP 技术开发的各种工具包括软件 SDK、优化库、TI-RTOS、仿真器配置与链接等，这些都需要在 CCS 开发环境下进行设置与开发。

CCS 软件版本从最早的 2.0、2.2 到稳定的 3.3，以及后来的 4.0、5.0、6.0、7.0、8.0 等主要分为两大系列。v3.3 是个分水岭，v3.3 及之前的版本其开发风格是相同的，而 v4.0 及之后的版本是完全不同的一种风格。

目前，TI 不再提供 3.3 及以前的旧版本。新版 CCS 均提供了 Windows 和 Linux 两种操作系统下的安装包，并且自 CCS v6.1.1 之后，还提供了 MacOS 操作系统支持。另外，自 7.0 开始提供免费下载，而其他新版本 CCS 均需要注册 myTI 个人账户后才可以免费下载。新版本 CCS 支持 TI 的全系列处理器，包括 DSP 系列、ARM 系列、MSP430 及其他 MCU 设备等。在实际 DSP 应用开发过程中要尽量选择 TI EVM 推荐使用的 CCS 版本，从而能够更好地搭配各种必需的 SDK，避免一些不必要的软件版本冲突问题。

网址 http://processors.wiki.ti.com/index.php/Download_CCS 提供了可用的 CCS 版本下载地址。CCS 软件的简单安装及快速使用将在后续的第 4 章进行详细阐述。

3.2.2 算法软件开发支持包

软件开发包 SDK 是 TI 公司为减少 DSP 程序人员工作量、缩短产品上市周期而提供的通用信号处理功能库。这些库包括基础数学库、信号处理库、音视频编解码库和视觉分析等算法库。

TI 公司提供了多种 SDK，并随附实用例程，能够帮助 DSP 用户缩短开发时间。用户可以在其解决方案中直接使用这些例程，或者作为参考样板，用于优化 C6000 系列器件的系统程序。软件开发包能满足 DSP 最终产品的大部分需求，包括基础数学和信号处理库、图像和视频处理库、电信库、医学库等。TI 的大部分库提供免费下载和开源许可，有些则需要 TI 的商业许可。

(1) 大多数 SDK 库都提供了源代码，其目的是允许客户定制或修改以满足特定需求。SDK 开源代码类型包括了 C 语言源代码以及面向处理器优化的线性汇编代码。但是，有一些 SDK 库仅提供二进制目标代码。

(2) SDK 库提供了测试平台和示例，并提供了使用实例和正确性验证。

1.数学基础和信号处理库

1) MathLIB

TI 公司的数学函数库 MathLIB (Math Library) 是针对 C 语言程序员使用 TI C6000 系列浮点器件的浮点数学函数库。这些库通常用于执行速度至关重要且计算密集型实时应用程序，通过使用这些函数库可以在不重写现有代码的情况下大大加快程序执行的速度。该数学库包含了当前运行时支持库中提供的所有浮点数学函数，因此可以使用当前运行支持库名称或数学库中包含的新名称来调用这些新函数。

2) IQMath 库

IQMath 库是高度优化的高精度定点数学函数集合，支持 Q 可变格式。该库包括各种算术、三角函数和数学函数等。IQMath 通常用于计算密集型的实时应用程序，其中执行速度和高精度至关重要。通过使用这些例程，可以实现比使用标准 ANSI C 语言编写的等效代码快得多的执行速度。此外，IQMath 库通过提供现成的高精度函数，可显著缩短 DSP 应用开发时间。

3) FastRTS 库

FastRTS (Fast Run-Time Support) 库是针对定点设备 (如 C64x，C64x+) 高度优化的浮点运算软件仿真库。FastRTS 库允许用功能上等价的 FastRTS 例程替换标准运行时支持库的例程。新版库还包含实现 C 代码，作为 FastRTS 库的一部分功能。C 代码允许用户内联这些功能并获得更高的系统性能。

4) DSPLIB 库

数字信号处理库 DSPLIB (Digital Signal Processing Library) 包含了常用的数字信号处理程序，用于各种信号处理应用程序的构建。这些 SDK 库经过了深度优化，能够提供快速执行 C6000 系列设备的功能模块。由于最新的 C6000 系列处理器可同时支持定点和浮点计算，因此 DSPLIB 也包括了定点和浮点两种版本。提供的源代码允许用户定制函数库满足客户特定需求。

DSPLIB 支持的数字信号处理类型包括：

(1) 自适应滤波。

(2) 相关。

(3) 快速傅里叶变换。

(4) 滤波和卷积。

(5) 矩阵计算。

2.图像和视频处理库

1)IMGLIB

图像和视频处理库 IMGLIB(Image Library)是 70 多个函数内核的集合，可用于图像和视频处理应用。IMGLIB 提供了 C 语言级、线性汇编以及内联函数式的源代码。一方面，用户可以在自己的工程中直接应用；另一方面，用户可以模仿学习开源代码的优化技术。包含在 IMGLIB 中的丰富的软件例程执行图像处理功能，其中包括：

(1)压缩和解压缩。

①正向和反向 DCT。

②运动估计。

③量化。

④小波变换。

(2)图像分析。

①边缘的检测与估计。

②形态学操作。

③图像直方图。

④图像阈值。

(3)图像滤波和格式转换。

①图像卷积。

②图像相关。

③中值滤波。

④色彩空间转换。

⑤误差扩散。

⑥像素扩展。

附录 1.IMGLIB Modules v3.2.0.1 列出了 IMGLIB 的各个模块名称及对应的功能，以便于读者查询。

2)视觉库 VLIB

VLIB(Video Analytics & Vision Library)是 TI 提供的超过 40 个免版税的视频分析与视觉软件库。VLIB 可加速视频分析的应用开发，并将视觉处理性能提高了近 10 倍。VLIB 是一个可扩展的库，针对 C6000 DSP 内核进行了优化。这些视觉处理内核库集合可执行下述功能：

①背景建模和减法。

②目标特征提取。

③跟踪与识别。

④低级像素处理。

VLIB 为以下应用程序提供了扩展基础：

①视频分析。

②视频监控。

③汽车视觉。

④嵌入式视觉。

⑤游戏场景。

⑥机器视觉。

⑦消费类电子产品。

附录 2.VLIB Modules v3.3.0.3 中列出了 VLIB 的各个模块名称及对应的功能，以便于读者查询。

3) VICP 信号处理库

VICP (Video Image Co-processor) 是用于 DM644x 和 DM64x 数字媒体处理器上的视频及图像协处理器。VICP 信号处理库通过提供各种随时可用的信号处理功能，缩短了用户开发时间。通过将像素处理密集型操作(如图像数据解包、颜色空间转换、中值滤波和 alpha 混合)集成到 VICP，极大地丰富了 DSP 开发资源。

3.电信库

1) VoLIB

VoLIB (Voice Library) 组件可以促进语音 IP 应用(如基础设施、企业、住宅网关和 IP 电话)中信号处理链的发展。再加上 TI 单独提供的 ITU-T 语音编解码器，VoLIB 组件能够满足开发完整的 VoIP 信号处理链所需的大部分功能模块。VoLIB 包含了一系列独立的语音处理组件，可提供以下功能：

①线路回声消除。

②单音和多音的检测及生成。

③语音活动检测。

④噪声生成。

⑤数据包丢失隐藏。

⑥来电显示生成及检测。

⑦高级别补偿。

⑧信号及噪声水平估计。

⑨语音质量增强。

2) FaxLIB

传真库 (Fax Library) 提供的组件允许 DSP 开发团队通过传真中继处理系统的主要构件来缩短上市时间。G3 传真中继处理由两个模块组成：传真调制解调器 (FM) 和传真接口单元 (FIU)。FM 实现 v.21，v.27ter，v.29，v.17 和 v.33 的调制/解调，以及 HDLC 组帧/解帧功能。FIU 实现了 T.30 协议和分组网络传真处理，并通过延迟、抖动和数据包丢失等技术补偿网络中丢失的数据。

3) AER/AEC

AER/AEC (Acoustic Echo Removal/Cancellation) 用于消除和最小化电话或其他类似设备系统中的回声影响。声学回声是由同一设备或系统的扬声器和麦克风之间的耦合而产生的。当系统以免提模式运行时，声学回声可能非常强烈，甚至可能比由近端讲话者产生的话音功率还要高。

4.医学成像库

TI 医疗成像软件工具包（Software Toolkit for Medical Imaging， STK-MED）是适于在 TI C6000 架构上运行的几种标准超声和光学相干断层扫描（OCT）算法的集合。STK-MED 展示了如何利用 C6000 架构实现医疗成像的高性能和低功耗处理。STK-MED 的目标是通过提供常用的经过优化处理的模块，来缩短用户医疗成像系统的开发时间。STK-MED 中的源代码可以很容易地被扩展或修改，从而开发出功能差异化的模块。STK-MED 包含以下模块：

①B 超数据处理。

②多普勒处理支持超声一维彩色血流，二维彩色血流，壁面滤波和功率估计。

③射频解调及超声波抽取。

④超声波扫描转换。

⑤OCT 三次样条插值。

⑥OCT 的 FFT 和 IFFT。

⑦OCT 的幅值计算。

⑧OCT 对数计算。

⑨优化的数学工具。

5.编解码库

TI 公司提供了一系列针对 DSP 处理器优化了的语音、音频、图像和视频编解码库 CODEC（Code and Decode）。这些编解码库包括：语音编解码器 G.711、G.722、G.726、G.728；视频编解码器 MPEG2、MPEG4、H.264、H.265；图像编解码器 JPEG；音频编解码器 AAC、MP3、WMA。上述 CODEC 库没有提供源代码，只有二进制的目标代码。

6.库目标文件格式

上述软件库的文件格式分为两种：COFF 和 ELF。COFF 是早期的目标文件及可执行文件格式。目前代码生成工具 CGT（Code Generation Tools）v8.0 和更高版本不再支持 COFF，但是已经发布的某些库仍有可能会使用旧版本 CGT，所以某些已发行 SDK 库中的 CCS 工程可能仍然包含 COFF 格式的工程创建实例。如果使用 CGT 8.x 来创建这些工程，那么在构建这些 COFF 目标时将会报错。解决方法是从 CCS 项目中删除这些 COFF 格式目标文件，重新编译直到 CGT 8.x 的新版本库可用。另外，需特别注意的是，COFF 和 ELF 不能混用，即链接到 CCS 工程项目中的各种库或者目标文件格式必须统一。

网址 http://processors.wiki.ti.com/index.php/Software_libraries 列出了可用的软件库及其下载地址。

3.2.3 系统软件开发支持包

DSP 的 CPU 寄存器数量多、种类多，片上外设更是非常丰富，用户虽然也能直接访问寄存器或者片上外设，但短时间内编写出稳定且正确的应用程序通常仍是一件很有挑战性的任务。实际上，对这些硬件的访问并不需要复杂算法或者说变数空间很小。因此为了减少工程师在硬件细节上的编程开发，而将更多的精力投入到个性化算法的研发中，TI 公司提供了各种不同层次的控制硬件 SDK。这些系统硬件开发支持包针对不同系列的 DSP 有相对应的版本，而同一 CPU 系列的硬件 SDK 是通用的。这些系统硬件 SDK 包括芯片级的支持库、网络开发包、多核软件开发包、处理器开发包、初始固件包、嵌入式操作系统等。有时 TI 公司会将几个开发包放在一个 SDK 中，如处理器 SDK 是 TI 公司最近提出的开发支持包，包含了 TI 公司近乎所有的 SDK。

1.芯片支持库 CSL

芯片支持库 CSL(Chip Support Library)是 TI 提供用于配置和控制 DSP 片上外设的应用程序编程的接口(API)。基于 CSL 开发应用程序不要求必须使用 DSP/BIOS(或后来的 SYS/BIOS)，即与 DSP/BIOS 独立使用。CSL 分为两种类型：注册 CSL 和功能 CSL。注册 CSL(CSLR 或 RCSL)实质上是一些宏定义、硬件的结构体功能定义，功能 CSL(FCSL)实质上是一些可被 C 语言调用的库函数。

早期的 CSL 是单独的 SDK，后来 TI 将 CSL 集成到了 SYS/BIOS 中，通常位于 BIOS 安装目录下的“/.../bios/lib”库文件路径和“/.../bios/include”头文件路径中。CSL 文件类型包括*.h、*.lib、*.src 等。

2.网络开发套件 NDK

网络开发套件 NDK(Network Develop Kits)用于在 TI 公司的处理器上开发出支持网络的应用程序，该应用程序必须是基于 SYS/BIOS。NDK 包括演示软件、功能库和相应的头文件，以及展示各种网络应用的案例。NDK 可作为网络和数据包处理应用程序开发的快速原型平台，或将网络功能添加到通信、控制和信号处理应用程序中。基于 NDK 组件，开发人员可以快速地从开发概念转向网络实际工作的编程实现。

对于 C674x-DSP 来说，NDK 被集成到了 NSP(Network Support Packages)中，而 NSP、StarterWare、BIOS 组件又集成到了 PDK(Programmers Develop Kits)中。

NDK 必须与 TI-RTOS 嵌入式实时操作系统一起工作。NDK 兼容 IPv6 和 IPv4 的 TCP/IP 协议栈，协议栈提供了协议中第 3、4 层堆栈服务以及其他更高级的网络应用程序，如 HTTP 服务器和 DHCP。

NDK 本身不包含任何平台或特定设备的软件，NDK 已经将传输接口——网络接口管理单元 NIMU(Network Interface Management Unit)连接到 PDK 以及操作所需的平台软件中。NIMU 提供了在堆栈与驱动程序之间的接口，通过该接口，堆栈可以同时与不同设备驱动程序的多个实例之间进行通信。

3.C6000 软件开发包 C6SDK

用户基于 TMS320C6748 BIOS-C6SDK，可在短时间内完成简单的开箱演示，并迅速开始实用工程开发。SDK 为所有最新版本关键软件 SDK 提供了单一下载，其中包括 SYS/BIOS 6.3.33 实时内核和 StarterWare 初始固件包。StarterWare 是一个基于 C 语言的低级库，包含各种实用程序，可以帮助 DSP 用户在无 RTOS 下访问硬件资源，快速实现 DSP 应用系统的开发。StarterWare 的各种测试基准和应用示例能够帮助用户加速完成工程项目开发。BIOS-C6SDK 软件可以运行在 OMAP-L138/C6748 EVM 套件或 L138/C6748 开发套件（LCDK），bios_c6sdk_02_00_00_00_setupwin32.exe 为本书所使用的 C6000 软件开发包。

C6000 软件开发包 BIOS-C6SDK 包含以下组件：

（1）人脸检测演示程序。

（2）SYS/BIOS 6.3.33。

（3）代码产生工具 CGT 7.3.1。

（4）C64x+（定点）和 C674x（浮点）DSP 库（DSPLIB）。

（5）C64x+ DSP 图像库（IMGLIB）。

（6）C67x 快速运行时支持库 FastMath。

（7）C6000 测试基准。

（8）网络开发工具包（NDK）。

（9）平台开发工具包（PDK）：BIOS 驱动程序、StarterWare 及 CSL。

（10）EDMA 低级驱动程序。

（11）Flash 工具。

（12）XDC 工具。

4.多核软件开发包 MCSDK

BIOS 多核软件开发套件 MCSDK（Multi-core SDK）提供了核心构建模块，有助于在多核 DSP 上实现高性能的应用软件开发。最新的发布版本为 BIOS-MCSDK 2.1.2，可支持 TI 的 C6657、C6670、C6678 等型号 DSP 处理器。BIOS-MCSDK 的组件构成及应用系统组成关系见图 3.12。

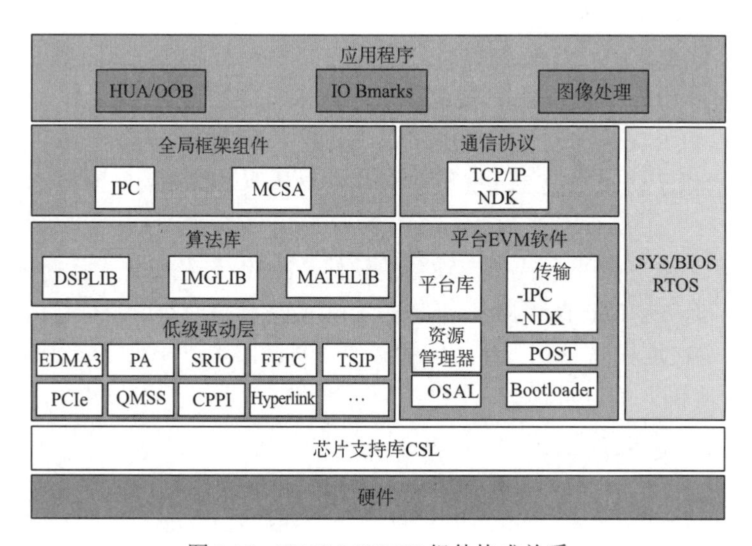

图 3.12 BIOS-MCSDK 组件构成关系

TI 为便于维护，统一将该开发包升级为处理器开发包 processor SDK。BIOS-MCSDK 基本组件包括：

(1) 适于 TI 器件的轻量级实时嵌入式操作系统 SYS/BIOS。

(2) 芯片支持库、驱动程序和基本平台实用程序。

(3) 支持 OpenMP、OpenEM 运行时库。

(4) 处理器间通信 IPC 用于内核间通信。

(5) 基本的网络堆栈和协议。

(6) 优化后的特定应用程序和非特定算法库。

(7) 调试和监视组件。

(8) 系统引导程序 boot 和引导实用程序。

(9) 演示和应用示例。

图 3.12 中关键词缩写全称及意义见表 3.3 所示。

表 3.3　缩写及全称意义

缩写	全称意义
HUA	高性能应用程序(High Performance Digital Signal Processor Utility Application)
OOB	开箱即用演示程序(Out-of-box)
IO Bmarks	输入输出测试基准(Input and output benchmarks)
IPC	核间通信(Inner-processor communication)
MCSA	多核系统分析器(Multicore System Analyzer)
POST	上电自检(Power-On Self-Test)
OSAL	操作系统自适应层(Operating System Adaptation Layer)
CPPI	包式 DMA(Packet DMA)

5.处理器开发包 processor SDK

TI 公司将支持 ARM、DSP 及 DSP+ARM 处理器的各种开发包 SDK 和操作系统软件 RTOS 统一做了打包，简称为处理器开发包 processor SDK，主要有 Linux processor SDK、RTOS processor SDK 和 Android processor SDK。其中 RTOS processor SDK 是针对 TI 嵌入式处理器的软件开发包，最新版本为 4.02(2017 年 12 月发布)。RTOS processor SDK 支持的器件包括：66AK2Ex、66AK2Gx、66AK2Hx、66AK2Lx、AM335x、AM437x、AM57x、AMIC110、C665x、C667x、C6747、C6748、OMAP-L13x。

RTOS processor SDK 包含了强大的实时 TI-RTOS 内核，其中包括 TCP/IP 网络堆栈，以及与 POSIX 线程兼容的 API。RTOS processor SDK 可以与 TI-RTOS 一起使用，或者与没有 RTOS 内核的驱动程序库配套使用。RTOS processor SDK 免费下载且开源使用。

6.初始固件包 StarterWare

StarterWare 是一个免费的软件开发包，为 TI 公司的 ARM 和 DSP 处理器提供无操作系统 OS 平台支持的硬件访问。StarterWare 包括设备抽象层(DAL)库和演示 TI 公司处理器外设功能的示例应用程序。StarterWare 还提供预先编译好的二进制文件，以便快速评估目标。StarterWare 可以独立使用或与 RTOS 一起使用，实现对硬件的快速访问和任务资源调度。C6748 StarterWare 包含如下组件：

(1)将*.out 转换为*.ais 的 AISgen 工具。

(2)API 参考指南、发行说明和用户指南。

(3)展示设备抽象层(DAL)和外设功能应用的演示示例。

(4)引导加载程序和烧写程序。

(5)大部分外设的设备抽象层。

(6)从闪存启动的开箱即用演示程序。

(7)Pnmtoc 工具将 PNM 图像转换为 C 语言的数组。

(8)GEL 文件。

(9)基于 Wiki 的用户指南，提供了详细的指令列表和有用的编程技巧。

(10)bmp2c 工具将 BMP 图像转换为 C 语言的数组。

(11)由瑞典计算机科学研究院提供的免费 TCP/IP 协议栈 lwIP。

(12)创建可引导的应用程序映像工具 out2rprc。

7.操作系统 SYS/BIOS

SYS/BIOS(以前称 DSP/BIOS)是 TI 公司提供的高级嵌入式实时开源操作系统，是一个可扩展的实时内核。SYS/BIOS 用于各种 DSP、ARM 和 MCU 等处理器的应用软件开发，设计用于需要实时调度与同步、实时分析的嵌入式应用程序。SYS/BIOS 提供了广泛的系统服务，例如抢先式多线程、硬件抽象、内存管理、配置工具和实时分析等功能。SYS/BIOS 能够帮助目标设备实现最小化的内存使用和 CPU 运算。

SYS/BIOS 的许多优点，使其成为在 TI 的 DSP、ARM 和 MCU 等处理器上运行的嵌入式应用程序中使用的优秀操作系统。如果读者以前使用过旧版本的 DSP/BIOS，则需要下载 DSP/BIOS 5.x，而 SYS/BIOS 6.x 则是一个差别较大的新版本。

在提及 SYS/BIOS 时，有时会用 TI-RTOS 来标明。RTOS 是一个为 TI 的设备而存在的一个可扩展、一站式的嵌入式工具系统。TI 的 RTOS 是一个完整的 RTOS 解决方案，包含了实时多任务内核(SYS/BIOS)、中间件以及设备驱动等，同时还提供了经过测试的基本软件组件，从而帮助编程人员专注于具体应用程序的开发。SYS/BIOS 是 TI-RTOS 产品的“TI-RTOS 内核”组件之一，读者可能会在其他文档和 TI 网站上看到“TI-RTOS 内核”，这两个名字有时是指相同内容。

1)实时调度

SYS/BIOS 可在 C 语言环境下支持实现强大的实时应用。在 CCS 环境中，SYS/BIOS 提供了许多方便的项目模板，可作为应用程序的起点。用户编写正常 C 代码调用 SYS/BIOS API 以实现线程调度、线程同步、内存管理和错误处理等。许多嵌入式应用程序需要同时执行各种功能，但频率又有不同。SYS/BIOS 可以让用户借助硬件中断 Hwi、软件中断 Swi、任务线程和后台线程来处理调度和同步问题。DSP 用户还可以设置线程优先级，用信号量、邮箱等来保护系统资源的正常访问。图 3.13 展示了一个线程调度例程，通过信号量 sem、swi 来控制与其他模块的握手通信。

```
/*
 *  ======== timerFunc ========
 *  Runs every PERIOD ms in the Hwi thread context.
 */
Void  timerFunc(UArg arg)
{
      /* Make Swi load thread ready to run */
      Swi_post(swi);
      /* Make Task load thread ready to run */
      Semaphore_post(sem);
      /* Do Hwi thread load now */
      hwiLoad();
}
```

图 3.13　线程调度例程

2) 可视化配置

SYS/BIOS 用友好式编辑器来配置用户应用程序。CCS 中的图形化配置工具可使用 SYS/BIOS 的静态配置。用户自己选择要包含哪些软件模块，更改参数的默认值来调整应用程序的性能，同时创建 RTOS 对象(如线程和信号量)。对于更灵活的应用系统，用户也可以在 C 程序运行时，根据需要调用 API 函数来完成这些功能，而无须更改配置。图 3.14 展示了一个使用 SYS/BIOS 的可视化配置窗口案例。图中矩形框左下角的勾号表示当前应用程序启用了该模块。

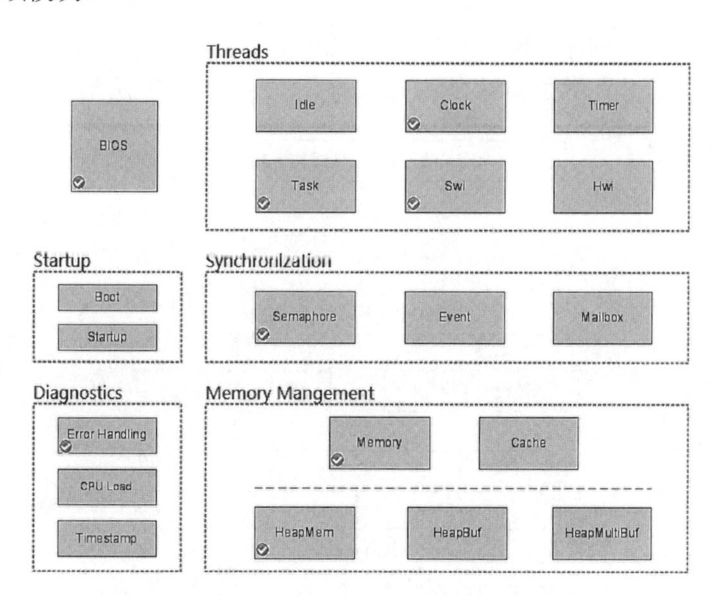

图 3.14　SYS/BIOS 可视化配置窗口

3) 调试工具

使用调试工具能够快速查找并修复程序运行时的可能问题。在构建和运行应用程序时，可以运行 CCS 中的工具来收集由 SYS/BIOS 记录的程序运行信息，以显示任务调度执行顺序、CPU 负载等时序图形。这些都极大地方便了用户调试和调整多任务应用程序，从而使系统应用程序更可靠、更稳定。图 3.15 展示了 SYS/BIOS 收集的任务执行顺序案例。

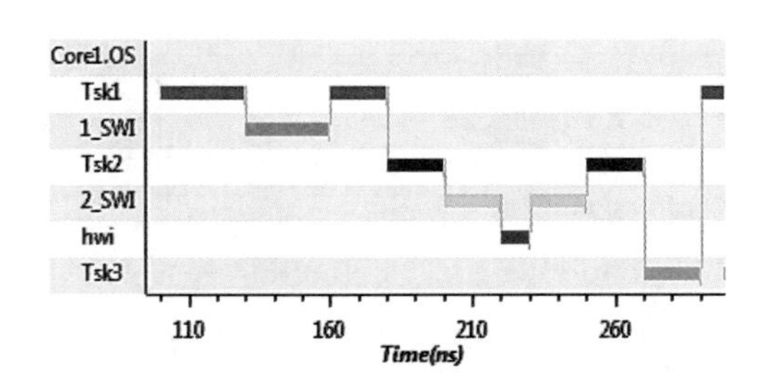

图 3.15　SYS/BIOS 收集的任务执行顺序案例

通常，将 DSP 上不含 SYS/BIOS 或 DSP/BIOS 的程序称为自我调度的裸程序，而借助嵌入式操作系统的程序称为任务调度程序。一般来讲，当应用系统中含有多个任务且对实时性切换与调度很严苛时，则需要使用 SYS/BIOS，如包含了视频采集、视频处理、网络通信等任务。如果应用系统含有很少的任务，则不需要操作系统，此时可以使用 StarterWare 实现对硬件的快捷访问。

3.3　DSP 应用系统开发过程

通常来讲，设计和开发一个实用 DSP 应用系统是一个较为复杂的过程，从需求分析、算法设计、方案选型到设计实现、功能调试及分析，都是环环相扣的。软件组和硬件组需要明确分工，协调工作。典型 DSP 应用系统开发过程如图 3.16 所示。

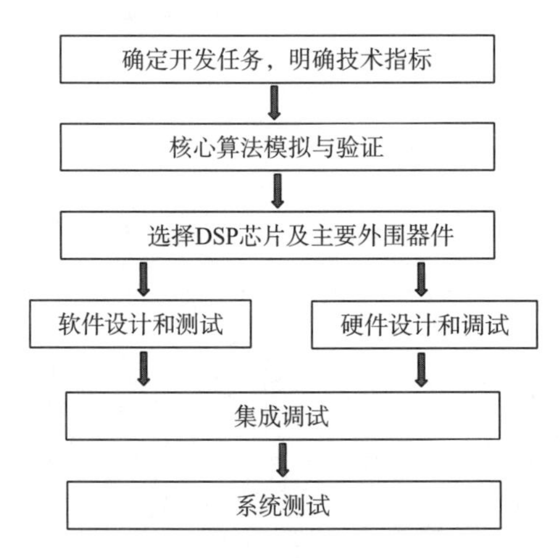

图 3.16　DSP 应用系统开发过程

1.确定开发任务，明确技术指标

根据产品或项目目标对系统进行任务划分，对采样率、信号通道数、数据吞吐量、延时要求、处理速度、程序大小等方面进行评估和确认。

2.核心算法模拟与验证

用VC++、VStudio或MATLAB等高级语言开发工具模拟待选的或拟定的信号处理核心算法，进行功能验证、性能评价和优化，确定最佳的信号处理算法。

3.选择DSP芯片及主要外围器件

选择性价比最高的DSP芯片是至关重要的，因为这不仅关系到系统的性能和成本，而且还决定着DDR存储器、数据接口、ADC、DAC、电平转换器、电源管理芯片等其他主要器件的选型。

DSP芯片的选型也颇具讲究，一方面CPU主频是关键因素，主频越高其处理能力越强，从而算法优化压力就越小，反之就越大。芯片定浮点支持情况也影响着算法移植和优化的工作量，同时支持定浮点的芯片是最佳选择。建议尽量选择TI公司主推的DSP芯片型号，不选TI已经不推荐使用的旧型号，如DM642。

4.硬件设计和调试

这部分主要是根据选定的主要元器件建立电路原理图、设计制作PCB、完成器件安装、上电调试。通常来说，参考选定DSP芯片的EVM可设计出稳定可靠的目标产品，从而设备驱动也易获取。

5.软件设计和调试

用C语言、线性汇编或内联指令等语言，或者混合编程的方法生成可执行程序。用DSP软件仿真器(Simulator)进行正确性、处理速度测试，或者用DSP硬件仿真器(Emulator)进行在线调测。

6.集成调试与系统测试

将软件集成到硬件系统中运行，通过使用DSP硬件仿真器等测试工具检查其运行是否正常、稳定，是否符合目标产品的功能需求。最后撰写测试文档和应用说明。

第4章　CCS集成开发环境

本章以CCS 5.5.0.00077版本为例，在Windows 7 64位中文专业版环境下，详细介绍CCS的简易安装、功能简介、CCS创建工程、CCS工程配置、CCS程序基本调试。

4.1　CCS v5安装

随着TI公司CCS v7的免费下载使用，其他CCS版本包括v4/v5/v6也相继免费，并且把激活序列号文件公布给用户下载安装使用。为方便读者下载本著作所使用的开发环境，链接 https://pan.baidu.com/s/1pBCKl627oyaR28Ju2ZP8VA，密码：ytms，提供了相关软件。由于CCS兼容了TI公司的所有可编程处理器，所以用户在安装过程中仅需选择自己所需处理器，尽量不要采用默认选项选择全部安装，否则会导致CCS占用过多的硬盘空间，而且安装过程也会很耗时。

4.1.1　安装准备

从TI官方网站或上述网址中下载安装包，放在无中文字符路径的目录下，以管理员权限登录电脑操作系统Windows 7，关闭杀毒软件和防火墙，安全起见暂时要从物理上断开网络，同时确认C盘有至少2GB可用硬盘空间。由于后续还有其他软件开发包SDK需要安装，所以建议安装前要预留硬盘空间不少于5GB。当然，CCS也可以安装在其他盘符下，TI给出的默认目录为C盘。除非特别说明，本书CCS软件安装在C：\Ti目录。

4.1.2　安装过程

1.开始安装

运行ccs_setup_5.5.0.00077.exe文件开始安装CCS。根据实际项目开发应用中的经验反馈，初次安装时会遇到如图4.1展示的问题，据TI工程师的回复，主要原因是由于安装目录含中文路径和杀毒软件未禁用。另有部分读者反馈，第一次安装成功，卸载后再安装时也会出现此类警告。根据实际应用可忽略该警告，安装完毕后CCS可正常使用。

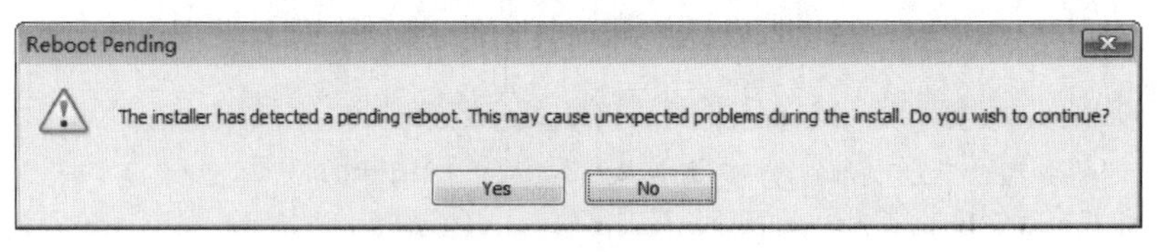

图4.1　安装警告提示

2.客户定制

在一系列询问并确定后，安装类型设置中请选择客户定制“Custom”，如图 4.2 所示。尽量不选择全部安装“Complete Feature Set”，否则 CCS 会将可支持 TI 的所有处理器全部安装。在实际工程中没必要安装所支持的全部处理器，需要开发哪个平台就选择对应的处理器。

本著作主要讲解 C674x DSP 处理器，所以在图 4.3 中的处理器支持中仅选择了“C6000 Single Core DSPs”。

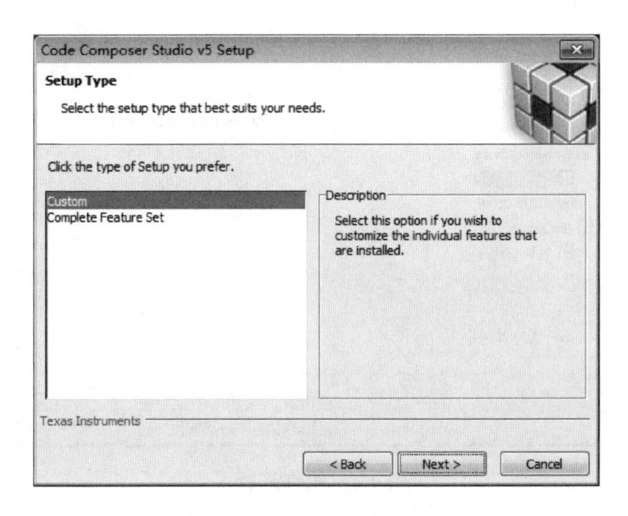

图 4.2　客户定制安装

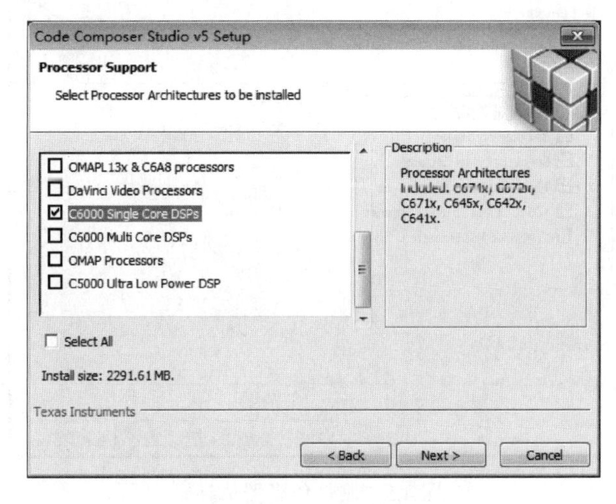

图 4.3　选择 C6000 单核 DSP

3.组件选择

在选择组件中的设备软件“Device Software”选项，“DSP/BIOS v5”是旧版操作系统，“SYS/BIOS v6”是新版操作系统。根据 TI 的建议，SYS/BIOS v6 不再支持 C54x、

C55x、C62x、C64x 和 C67x 等处理器。鉴于本书的选用平台 C674x DSP，选择 SYS/BIOS v6 操作系统。

CCS v5.5 是支持软件仿真 Simulator 的最后一个版本，后续版本都不再支持此功能。不过用户也可以参考 v5 等旧版本，自行修改 v6 等高版本的配置文件以支持软件仿真功能。软件仿真 Simulator 对 DSP 算法优化是非常有用的，无须硬件仿真器和 EVM 开发板，仅对文件进行读写，就可快速验证算法优化效率。图 4.4 给出了组件选择结果。

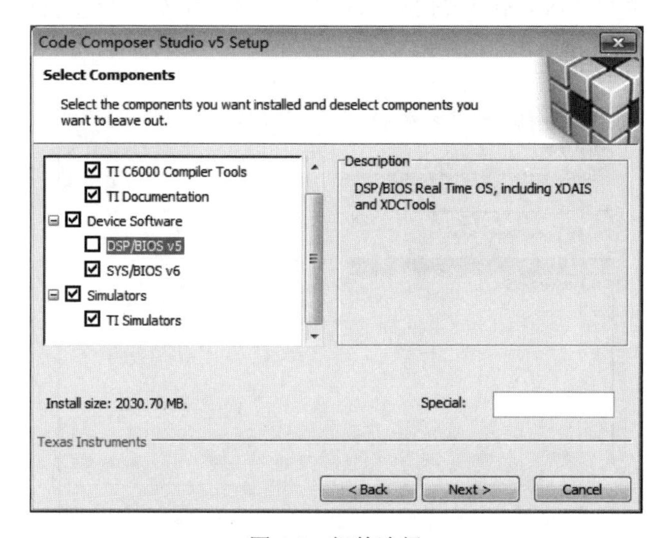

图 4.4 组件选择

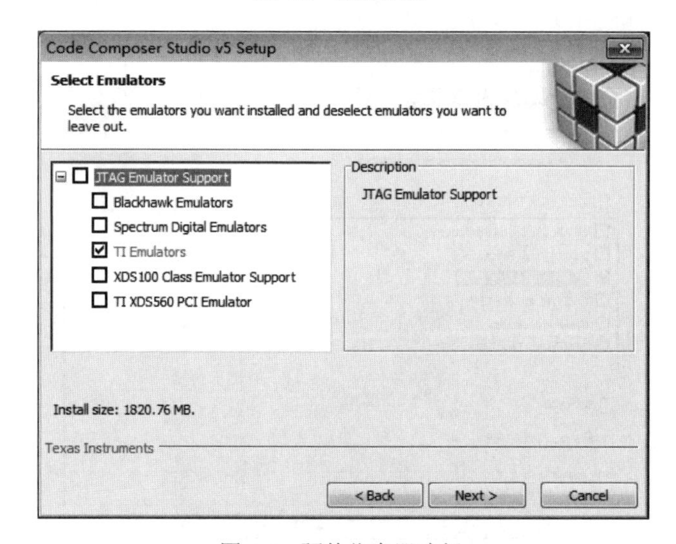

图 4.5 硬件仿真器选择

4.硬件仿真器选择

开发 DSP 嵌入式应用系统，硬件仿真器 Emulator 必不可少。CCS v5 安装包提供了经 TI 公司认证的 Blackhawk、Spectrum Digital、TI 等公司的仿真器驱动，如图 4.5 所示。此次安装仅选择 TI 公司的仿真器，后续再单独安装购置仿真器 SEED-XDS560v2PLUS 的驱动。

5.安装开始

经过一系列的设置，CCS v5 将开始自动安装。另外，需要说明的是，新版 CCS 基于 Eclipse 开发环境，因此 Windows 环境下需要支持 JAVA 运行时库，所以如果安装过程中提示用户安装 JAVA 支持，请允许安装。经过前面的设置与选择，CCS 安装选项如图 4.6 所示，点击“Next”后则执行如图 4.7 所示界面。经过大约二十多分钟的等待，CCS v5 安装完成并提示如图 4.8 所示，并确保选中两个创建快捷方式选项。如果在安装过程中出现其他问题，请根据提示信息定位和解决问题。

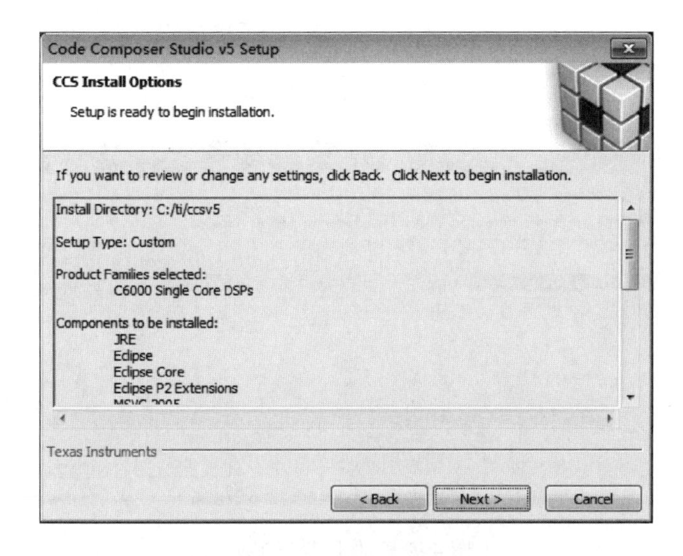

图 4.6　CCS 安装选项设置结果

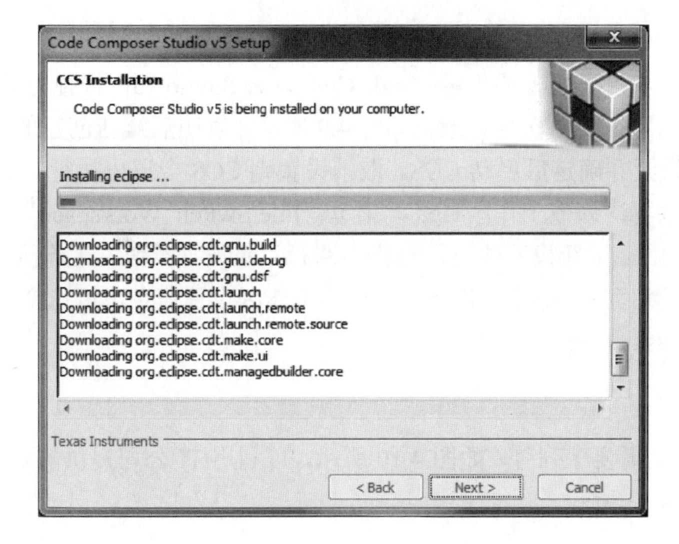

图 4.7　CCS 安装过程

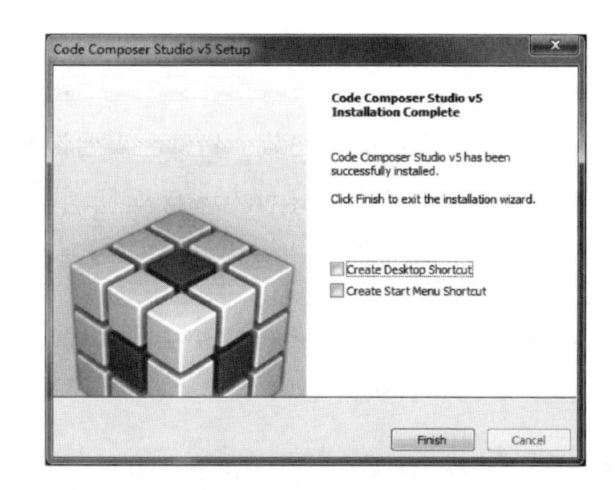

图 4.8 CCS 安装完成

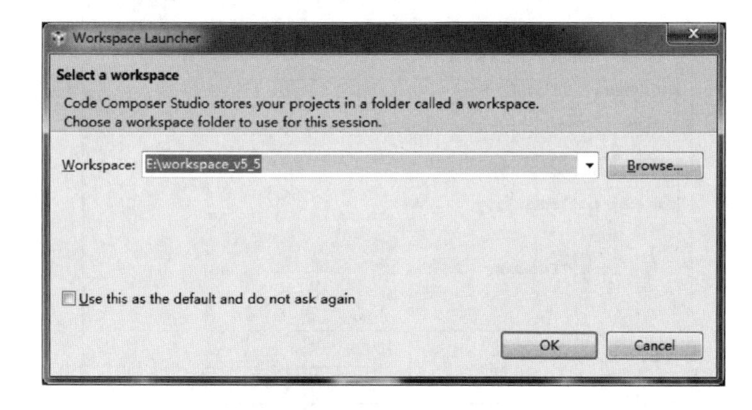

图 4.9 工作区设置提示

6.设置工作目录

安装完毕后，双击桌面上的“ Code Composer Studio v5”快捷方式。通常 CCS 每次启动都会提示用户设置工作区目录，如图 4.9 所示，表明后续新创建的所有工程都放置在这个目录下。设置并确定后启动 CCS，取消设置则 CCS 会退出执行。如果 CCS 已经在运行，此时还可以再次修改工作区目录，菜单“File/Switch Workspace”启动工作区配置对话框，类似图 4.9，重新设置即可。与安装路径目录设置类似，工作区路径也不能含有中文字符。在后续启动 CCS 时，若不想再提示工作区设置信息，可选中“Use this as the default and do not ask again”。

7.设置序列号

旧版的 CCS 仍需要序列号，如图 4.10 所示，可利用 TI 公司提供的 ccslicense.lic 文件激活 CCS，如图 4.11 所示。

8.开发环境 CCS

激活后的开发环境 CCS 就可以正常使用了，如图 4.12 所示。CCS 可以打开以前创建的工程，或者创建新的可执行工程或静态库工程。

License Setup Wizard
Select a license option
Select one of the following license options:
ACTIVATE
- Select this if you have an activation code, license file or license server
FREE LICENSE - for use with
- XDS100 JTAG emulators
- Onboard emulators on EVMs/DSKs/Stellaris/eZdsp/MAVRK development kits. Does not support eZ430.
- Linux/Android Application Development using GDB
- Simulators
CODE SIZE LIMITED (MSP430)
- Free 16KB code size limited tools for MSP430
< Back
Next >
Finish
Cancel

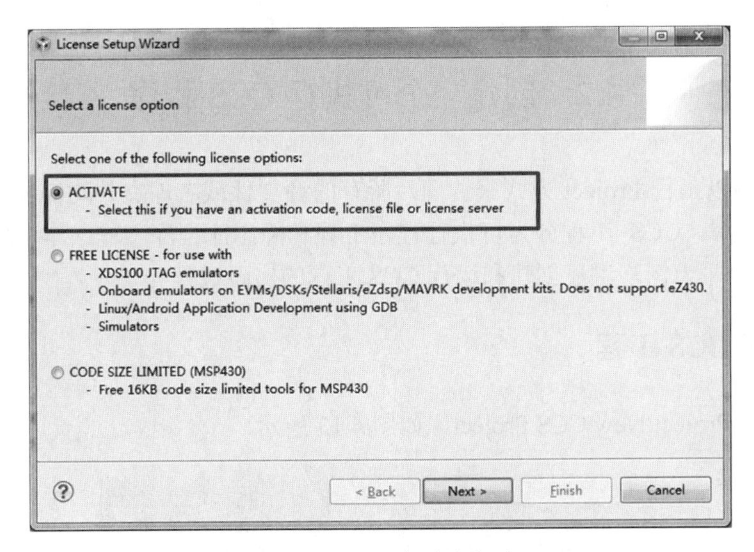

图 4.10　CCS 序列号选项

License Setup Wizard
Activate Code Composer Studio
Click "Register" to use an activation code to create a license file.
You will need a MAC address to associate your license with your computer.
The MAC addresses of this machine are listed below. If the web browser does not open automatically, please go to http://www.ti.com/activatesoftware.
e8b1fcf0f10d eab1fcf0f109 e8b1fcf0f109
54ee753851c4 005056c00001 005056c00008
Register
If you already have a license file or license server, select one of the following options:
Specify a license file
G:\tools\softwares\DSP\ccs\ccslicense\ccslicense.lic
Browse...
Specify a license server
Address:
Port:
< Back
Next >
Finish
Cancel

图 4.11　选择序列号文件

CCS Edit - Code Composer Studio
File Edit View Navigate Project Run Scripts Window Help
主菜单
工具栏
CCS Debug
Project Explorer
工程管理器
Console
Problems
No consoles to display at this time.
控制输出窗口
Licensed
0 items selected

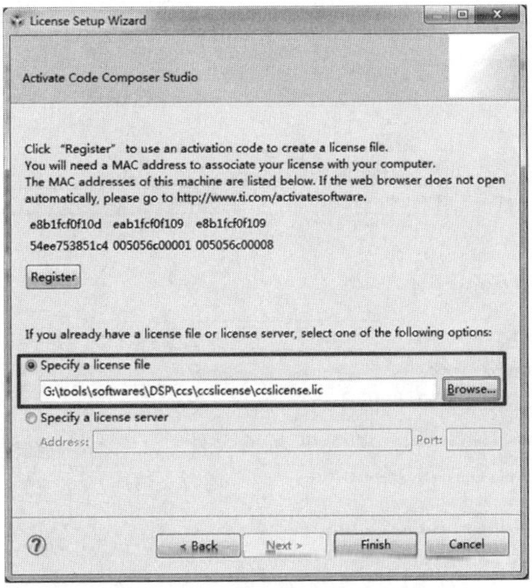

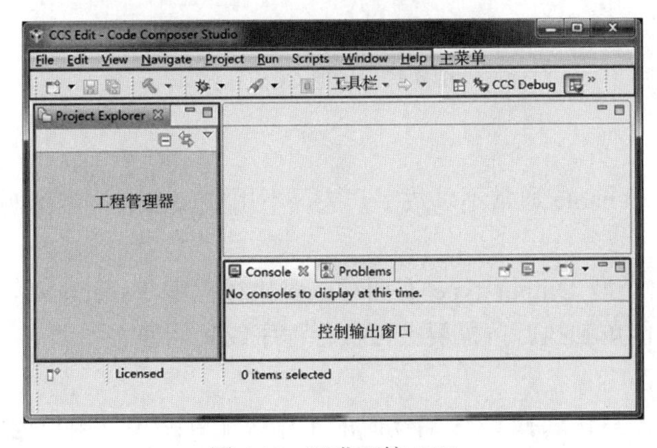

图 4.12　开发环境 CCS

4.2 创建一个可执行 CCS 程序

CCS 程序以工程 Project 方式来管理，所有的源文件或者库文件均需要添加到当前工程中才会起作用。CCS 工程分为可执行程序工程和静态库程序工程。本节以创建一个可执行的 CCS 程序为例，讲述创建和运行 CCS 工程的实践过程。

4.2.1 创建 CCS 工程

点击菜单 Project/New CCS Project，如图 4.13 所示。

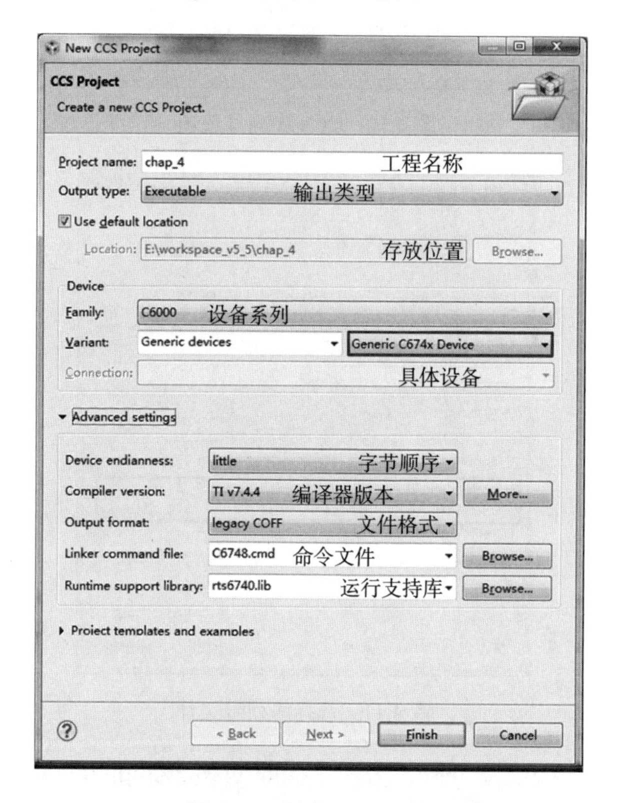

图 4.13 创建 CCS 工程

1) 工程名称

工程名字 Project name 通常不以数字开头，不用中文命名。本示例工程名为 chap_4。

2) 输出类型

CCS 工程输出类型 Output type 有两种：可执行程序 Executable，静态库程序 Static Library。静态库不能单独执行，需要被可执行程序或其他静态库调用。

3) 存放位置

工程存放位置，默认选择 CCS 启动时的工作区配置路径，用户也可以重新设置。

4) 设备类型

指当前工程运行在何种 DSP 设备下。选择 C6000 系列中的通用设备"Generic devices"系列。CCS 支持 C6000 系列的所有设备，这里选择通用 C674x 设备"Generic C674x Device"。

5) 高级选项设置 Advanced settings

(1) 设置字节顺序 Device endianness。选择小端 little，即数据高有效字节 MSB 保存在内存高地址，数据低有效字节 LSB 保存在内存低地址，而大端 big 与其相反。大部分算法中小端模式居多。

(2) 编译器版本 Compiler version。因为包含编译器程序的 CGT (Code Generation Tools) 与 CCS 位于一个安装包下，所以编译器版本与安装的 CCS 版本有关。用户也可以单独安装 CGT 软件以更新编译器版本。

(3) 输出格式 Output format。CGT 7.2.x 之前的版本支持 COFF (Common Object File Format) 格式，从 v7.2.x 开始，编译器增加了对 EABI (Embedded Application Binary Interface) 的支持。除了 C66x 默认为 EABI 格式外，其他处理器均默认 COFF，这里选择 legacy COFF。

(4) 链接器命令文件 Linker command file。该文件是对内存的具体划分和程序段的内存映射。该类文件通常以 TI 例程的命令文件为蓝本，通过简单修改以满足特定需求。

(5) 运行支持库 Runtime support library，指 C 语言编程中的常用库。通常有四种：COFF 格式的 rts6740.lib (小端)、rts6740e.lib (大端)，EABI 格式的 rts6740e_elf.lib (大端)、rts6740_elf.lib (小端)。用户应根据需要选择对应格式的支持库。

(6) 工程模板与例程 Project templates and examples。CCS 为方便用户建立相关工程提供了模板向导，如图 4.14 所示，以快速建立基本的程序框架，减少低级错误。工程模板提供了空工程 Empty Projects、基本例程 Basic Examples、系统 SYS/BIOS 和系统分析器 System Analyzer (UIA) 等四种应用程序类型，用户可根据需要选择程序构建向导。

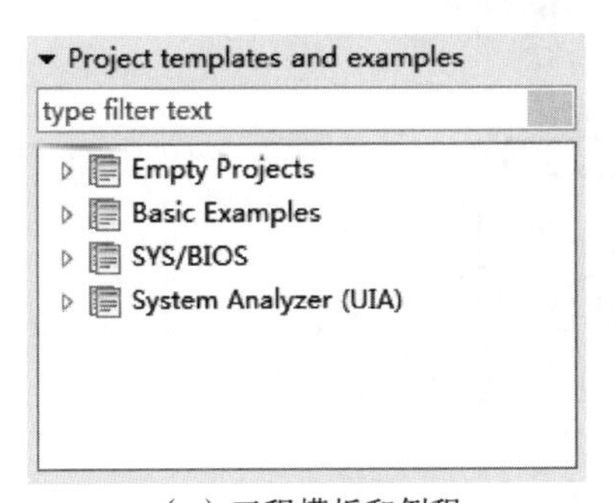

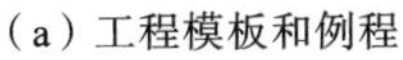
(a) 工程模板和例程

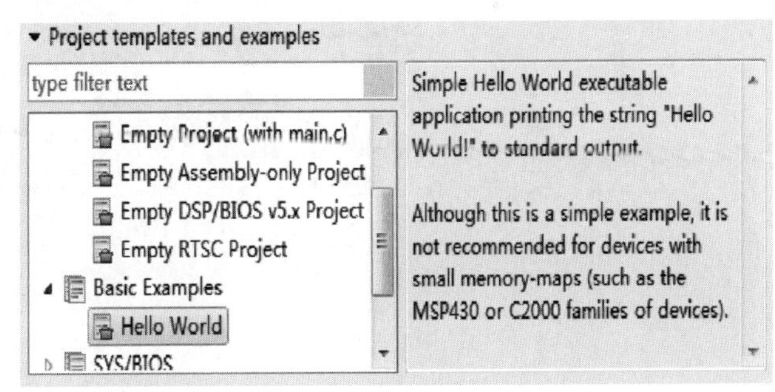

(b) Hello World例程

图 4.14 CCS 工程模板与例程

这里选择基本例程"Basic Examples"，以 Hello World 为例说明 CCS 的工程建立和调试过程。点击 Finish 完成后，CCS 进入了编辑透视图"CCS Edit perspective"，如图 4.15 所示。

CCS 有两个透视图，即编辑透视图"CCS Edit perspective"和调试透视图"CCS Debug perspective"。在编辑透视图下编程人员可以创建工程、创建源文件、编辑和删除源文件、构建工程、配置目标文件等。在调试透视图下编程人员可以装载程序、调试或跟踪程序、查看内存或变量、剖析代码性能等。接下来修改该工程使之能够运行和调试，并体会调试透视图功能。

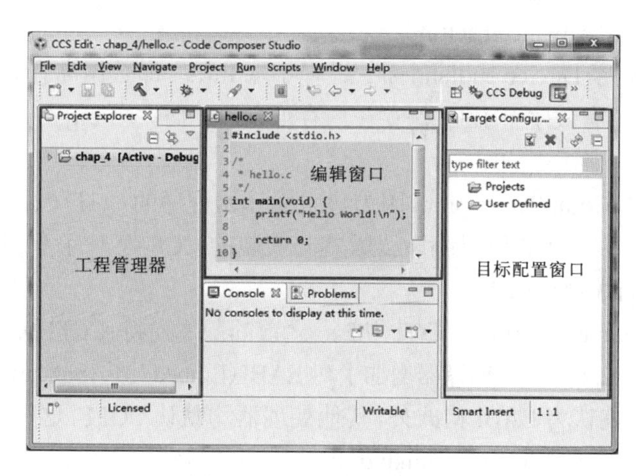

图 4.15 CCS 编辑透视图

4.2.2 运行 CCS 工程

1.创建目标配置

点击菜单 File/New/Target Configuration File，激活目标配置对话框，如图 4.16 所示。命名为 C674x_simulate.ccxml，并保存在当前工程所在目录/chap_4。目标配置指对 DSP 程序的仿真方式进行设置。DSP 程序的仿真模式包括软件仿真 Simulator 和硬件仿真 Emulator 两种。

图 4.16 CCS 创建目标配置文件

点击图 4.17 目标配置设置对话框中的“Connection”列表，选择对应的仿真类型。在启动 CCS 前如果正确安装了某种硬件仿真器的驱动，则在 Connection 列表中会显示相应仿真器的名称。用户也可以在“Device”中输入关键词，可缩小仿真器类型范围，以快速定位所需要的仿真器。这里选择“C674x CPU Cycle Accurate Simulator，Little Endian”，表示 CPU 时钟精准性的软件仿真、小端模式。最后保存当前配置文件并关闭该文件。

至此，一个简单 CCS 工程所必需的文件都已经创建、添加完毕。图 4.18 所示的工程管理器，展示了源文件类型及对应的文件夹。

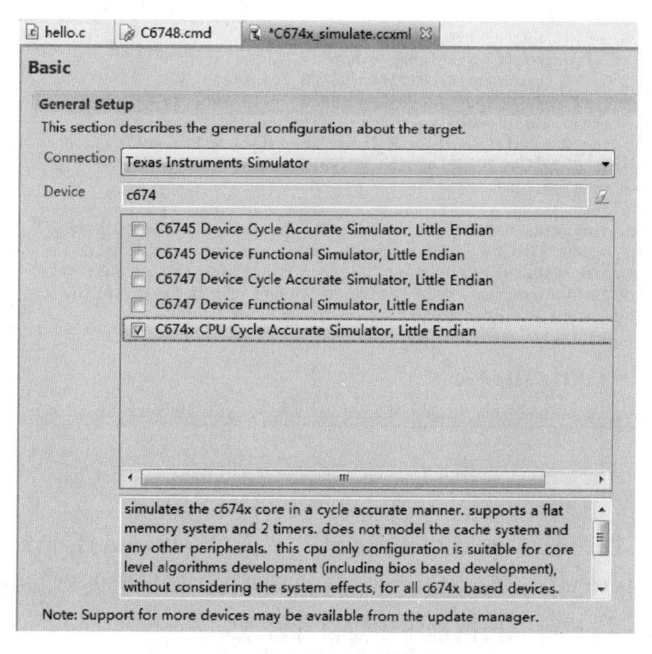

图 4.17　目标配置设置

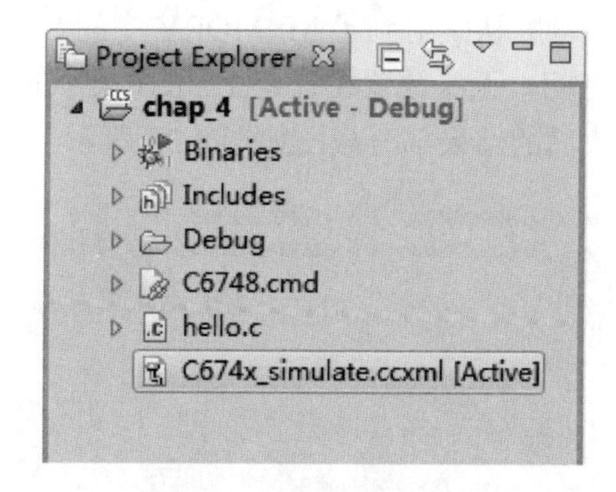

图 4.18　CCS 工程 chap_4

2.编译程序

1) 修改栈和堆

点击工具栏的　，构建程序(内含编译、链接)。无论成功还是失败，控制台输出窗口均会给出有关信息，如图 4.19 所示。chap_4 案例是一个简单的 CCS 应用程序。CCS 工程创建向导提供的 cmd 文件通常没有设置栈 stack 和堆 heap，所以在编译结果中给出了警告，即编译器分别以默认 0x400 字节大小创建了“.stack”段和“.system”段。

在原理上，栈 stack 用于函数调用时的参数传递、函数内部局部变量及数组的空间分配。堆 heap 用于动态内存申请、printf 函数等所需要的空间，在 cmd 文件中，栈 stack 对应“.stack”段，堆 heap 对应“.sysmem”段。

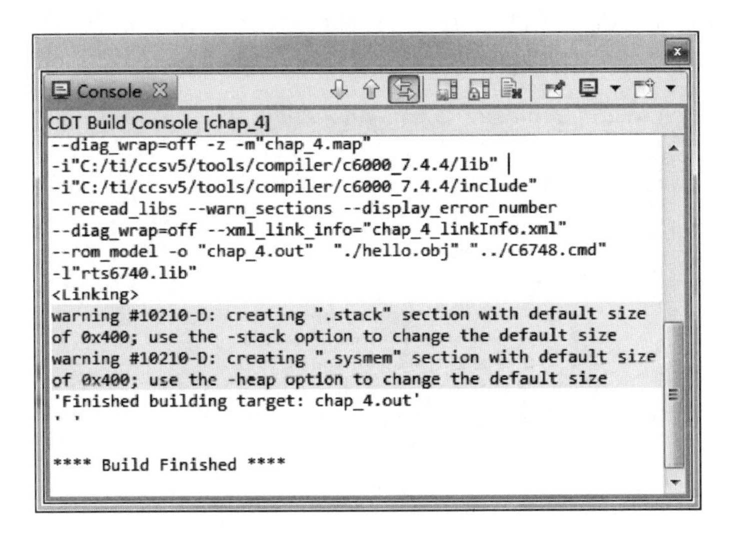

图 4.19　CCS 控制台输出窗口

在 CCS 界面工程管理器 Project Explorer 中，双击 C6748.cmd 打开该文件。在 MEMROY 的上方输入“-stack 1024”，修改栈大小为 1024 字节；换行输入“-heap 1024”，修改堆大小为 1024 字节。用户可以根据程序需要自行修改。

2) 修改段映射位置

C6748.cmd 文件中的段均默认映射到了 MEMORY 中的 SHRAM 内存，为了避免后续程序可能会使用大型内存空间，无法放置在只有 128KB 大小的 SHRAM 内，现将所有内存映射修改为 DDR2，修改后的结果部分截图如图 4.20 所示。

```
    SHRAM   o = 0x80000000  l = 0x00020000  /* 128kB Shared RAM */
    DDR2    o = 0xC0000000  l = 0x20000000  /* 512MB DDR2 Data */
}

SECTIONS
{
    .text           >  DDR2/*SHRAM*/
    .stack          >  DDR2/*SHRAM*/
    .bss            >  DDR2/*SHRAM*/
    .cio            >  DDR2/*SHRAM*/
    .const          >  DDR2/*SHRAM*/
    .data           >  DDR2/*SHRAM*/
    .switch         >  DDR2/*SHRAM*/
    .sysmem         >  DDR2/*SHRAM*/
    .far            >  DDR2/*SHRAM*/
    .args           >  DDR2/*SHRAM*/
    .ppinfo         >  DDR2/*SHRAM*/
    .ppdata         >  DDR2/*SHRAM*/
```

图 4.20　修改段映射内存位置

3) 成功编译程序

再次使用 构建 chap_4 工程，控制台 Console 再无其他警告，并给出可执行文件构建结果提示“Finished building target:chap_4.out”。

3.调试运行程序

1）启动调试

点击工具栏的虫子图标 ，启动 CCS 调试透视图，如图 4.21 所示，实现 chap_4.out 可执行程序的下载及执行。若运行正常，则程序会执行到本例程的 main 函数位置。

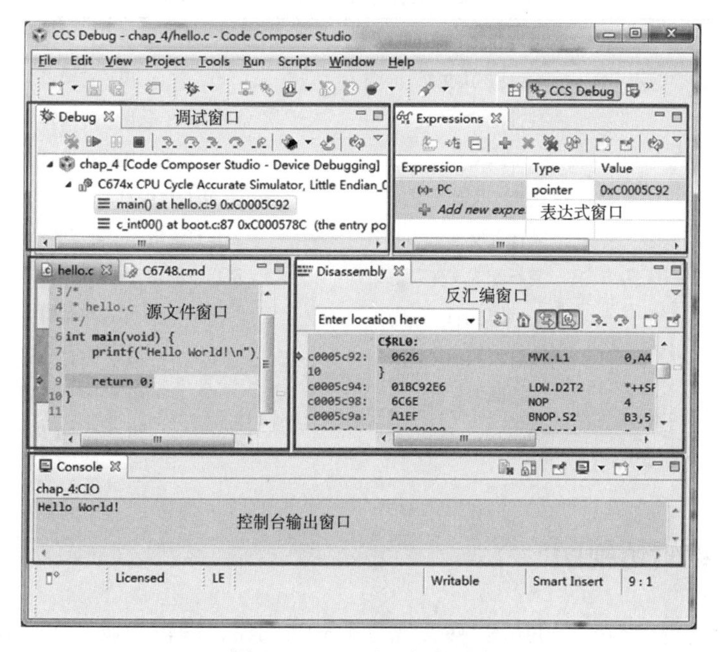

图 4.21　CCS 调试透视图

2）启动查看窗口

菜单 View/Expressions 打开和关闭 CCS 表达式窗口。菜单 View/Console 打开和关闭 CCS 控制台输出窗口。菜单 View/Disassembly 打开和关闭 CCS 反汇编窗口。图 4.21 中源文件窗口的左边箭头表明了程序运行的当前位置行，即程序计数器 Program Counter (PC)。在表达式窗口中编辑输入 PC，即可得知 PC 的值与反汇编窗口左边列展示的值是相同的。

3）调试程序

单击键盘“F6”单步执行该程序，当跳过 printf 函数所在行后，在 Console 窗口显示了运行结果“Hello World！”。单击键盘“F8”或者 CCS 工具栏的 ，全速运行程序。单击键盘“F5”进入函数内部执行。“Ctrl+F2”或单击工具栏的 按钮，结束程序调试。至此程序调试、运行完毕。

4.3　CCS 功能简介

CCS 是进行 DSP 应用系统开发的主战场。硬件平台的数据链路测试、硬件驱动开发、算法设计与优化、系统集成与联调等任务均是在 CCS 软件下开展的。CCS 编辑透视图主要实现工程的创建、源文件的修改、工程属性的设置(包括编译与链接)等。CCS 调试透视图主要负责程序下载、程序跟踪与调试、程序剖析、内存多方式查看等。因此 CCS 集成了编辑、编译、链接、调试、跟踪与查看等多功能于一体。

在 CCS 工程中，存在多种用户可编辑与不可编辑的文件类型。表 4.1 给出了工程中的常见文件类型及其作用。

表 4.1 CCS 工程中的文件类型及其作用

类型	作用	是否可编辑
.c；.h	源文件、头文件	用户可编辑
*.sa	线性汇编文件	用户可编辑
*.asm	汇编文件	用户可编辑
*.cmd	命令文件	用户可编辑，但有时不能编辑
*.cfg	配置文件	用户可编辑，也可用图形化窗口编辑
*.ccxml	目标配置文件	用户可编辑，建议用目标配置器编辑
*.gel	初始化函数	用户可编辑
.lib；.obj	库文件；目标文件	用户不可编辑
*.map	内存映射文件	用户不可编辑
*.out	可执行文件	用户不可编辑

4.3.1 CCS 编辑透视图

CCS 编辑透视图是静态的，能够实现对工程的创建、编辑与设置等操作。在此透视图下，CCS 菜单 File、Edit、View、Project、Window 起主要作用，其他菜单应用较少。File 可实现各种源文件或工程的创建、单个文件保存等功能；Edit 可实现当前源文件的编辑、查找与替换等；View 可实现各种窗口、资源或数据的查看；Project 可实现对工程的有关操作；Window 可实现有关窗口的属性设置与开关等。在编辑透视图中最常用菜单为 Project 和 View。

CCS 的各种功能操作既可以通过主菜单来实现，也可以在工具栏或通过鼠标右键的方式来实现，可根据个人习惯来选择。

1.Project 操作

与工程相关的操作包括创建工程、编译工程、添加文件及导入工程等。图 4.22 展示了菜单 Project 的工程操作。

1）创建工程

CCS 的工程除了分为可执行程序和静态库程序两种外，根据程序调度类型又分为自我调度的裸程序和操作系统调度的任务程序。子菜单 New CCS Project 可创建两种调度的 CCS 工程，而子菜单 CCS Example Projects 可打开 TI 资源浏览器。裸程序工程的创建已在 4.2 节讲述，操作系统调度的任务程序在第 8 章中讲述。

2）编译工程

编译工程指编译器将*.c 源文件生成*.obj 目标文件，然后链接生成*.out 可执行文件。CCS 有两种编译版本：Debug 和 Release。在确定某工程为激活 Active 状态下，单击菜单“Build

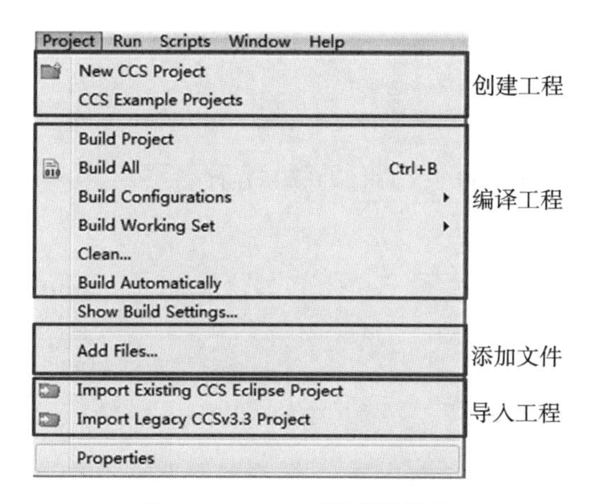

图 4.22　CCS 工程菜单操作

Configurations/Set Active”下的 Debug、Release 设置工程构建类型。Debug 版本下，CCS 对程序不做任何优化，生成的程序可以跟踪、调试。在 Release 版本下，CCS 对程序做深度优化，生成的程序不可跟踪、不可调试。Clean 操作会清除已生成的目标文件、可执行文件。

3) 添加文件

菜单 Add Files 可以将相关文件手动添加到当前工程中，以达到文件被工程所管理、编译链接到工程的目的。但需要注意的是，头文件*.h 无须添加，一般需要手工添加*.c、*.sa、*.cmd 等源文件或*.lib 库文件。

4) 导入工程

CCS v4 及以后的版本可支持旧版 CCS v3.3 生成的工程，通过菜单“Import Legacy CCSv3.3 Project”导入旧版 CCS 生成的工程。如图 4.23(a)所示，通过定位扩展名为*.pjt 的工程文件，导入 CCS 工程，通过菜单“Import CCS Eclipse Projects”导入新版本 CCS 生成的工程，如图 4.23(b)所示。定位工程所在文件夹目录，本目录下可用工程在“Discovered projects”中列出，用户可选择对应工程实现导入。

(a) 导入旧版本CCS工程

（b）导入新版本CCS工程

图 4.23　CCS 导入工程

这两种版本的工程导入都可以选择将工程拷贝到当前工作区或保持在原目录位置不变。

2.视图菜单

如图 4.24 所示的视图菜单 View，在 CCS 的两种透视图下均可见，只是实际起作用的时间不同。图 4.24(a)在 CCS 编辑透视图下可用。“Project Explorer”打开工程管理器窗口，“Problems”打开系统生成的信息窗口，“Console”打开控制台窗口，“Target Configurations”打开目标配置窗口。图 4.24(b)在 CCS 调试透视图下可用，将在后续的 4.3.2 节中详细讲解。

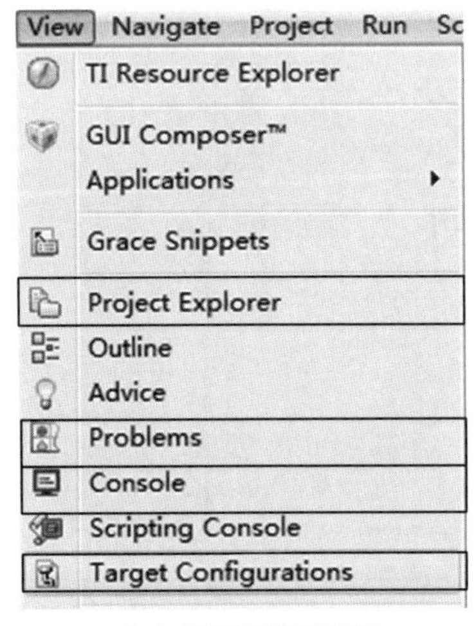

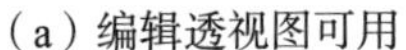

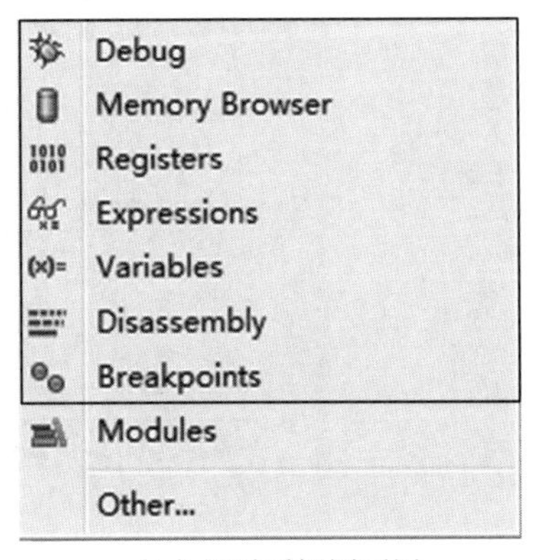

（a）编辑透视图可用　　（b）调试透视图可用

图 4.24　CCS 视图菜单 View

1) 工程管理器 Project Explorer

“View/Project Explorer”子菜单打开工程管理器窗口，该窗口列出了当前已导入的工程，但仅有一个工程为激活状态。鼠标点击对应的工程名称，如果加黑显示则表示已被激活、选中。在当前激活工程上点击鼠标右键，将会列出与该工程所有相关的工程操作，如图 4.25 所示。该菜单常用的操作包括：创建源文件、删除工程、工程构建、关闭工程和工程属性等。

图 4.25　工程右键菜单

(1) 创建源文件。

图 4.26 的“New”子菜单可以创建工程、普通文件、C++类、头文件*.h、C 或 C++源文件等，另外还可以创建目标配置文件。创建并保存后，CCS 会自动添加源文件到当前工程中。

(2) 删除工程。

“Delete”子菜单将实现把选中的工程从工程管理器或硬盘中删除的目的。如图 4.27 所示的工程删除确认，请谨慎选择图中的复选框。不选中该框，则仅仅从当前的管理器中删除，工程所有文件仍然保存在硬盘中。

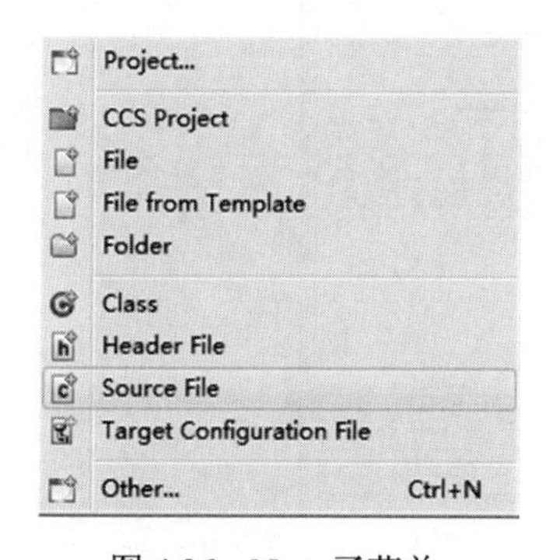

图 4.26　New 子菜单

图 4.27　工程删除确认

(3) 工程构建。

工程构建包括：展示构建设置(Show Build Settings)、构建工程(Build Project)、清除构建(Clean Project)、重新构建工程(Rebuild Project)等四个操作。

①展示构建设置(Show Build Settings)。

展示构建设置(Show Build Settings)与属性(Properties)的功能类似，实现对当前工程编译、链接等的属性设置，包括“General”和“Build”两大类。“General”对工程的通用属性进行设置，这与创建工程时的参数设置有些类似，但只有部分设置可修改，如图 4.28 所示。“Build”对工程构建器 Builder、行为 Behaviour、步骤 Steps、变量 Variable、环境变量 Environment、链接顺序 Link Order、工程依赖 Dependencies 等全局参数进行设置。“Build”又包含编译器“C6000 Compiler”和链接器“C6000 Linker”两个重要的工程构建程序，如图 4.29 所示。后面将详细介绍构建属性设置。

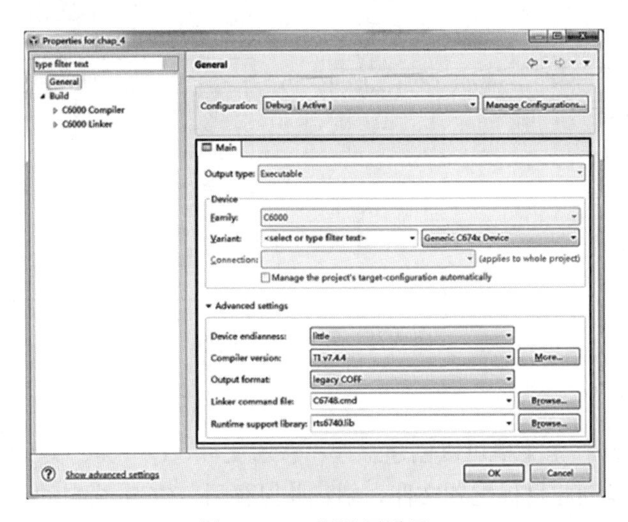

图 4.28 工程通用设置

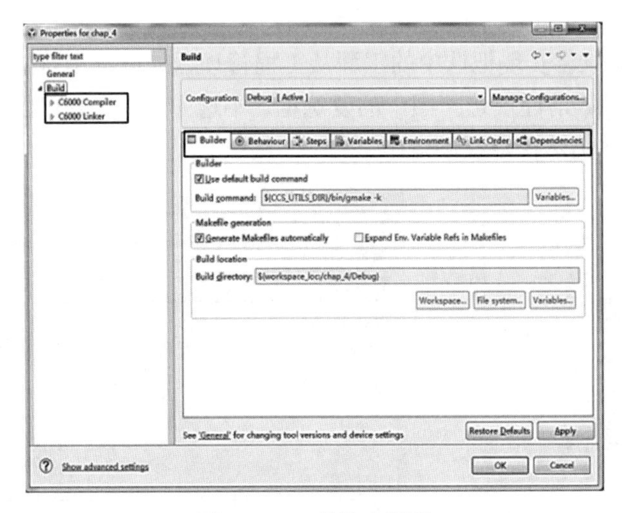

图 4.29 工程构建设置

②构建工程(Build Project)。

先编译当前活动工程中被修改了的源文件或无对应目标文件的源文件，然后链接工程中所有目标文件，最后生成可执行文件*.out。

③清除构建(Clean Project)。

删除当前活动工程中已生成的所有目标文件*.obj、可执行文件*.out 或者库文件*.lib。

④重新构建工程(Rebuild Project)。

先执行“Clean Project”功能，后执行“Build Project”功能。

(4)关闭工程。

子菜单“Close Project”是关闭选中的工程，但不删除工程、也不退出 CCS。工程关闭后，在工程管理器中仅显示其名称，而无法做任何的设置，包括编译等操作。当管理器中有多个工程时，关闭未被操作的工程，能够防止多个工程间的同名文件被同时打开，从而引发错误的编辑。在已关闭的工程名称上，鼠标右键“Open Project”将再次打开工程。

(5)工程属性。

子菜单“Properties”打开工程属性设置对话框。该设置包含了 CCS 的绝大部分功能，如 CCS 的编译与优化开关、头文件与库文件的设置与包含等均在这里完成，如图 4.30 所示。“Resource”展示了当前工程文件所在目录位置及最后的修改时间。“General”和“Build”已在图 4.28 和图 4.29 做了说明。“Debug”设置有关调试的属性信息。

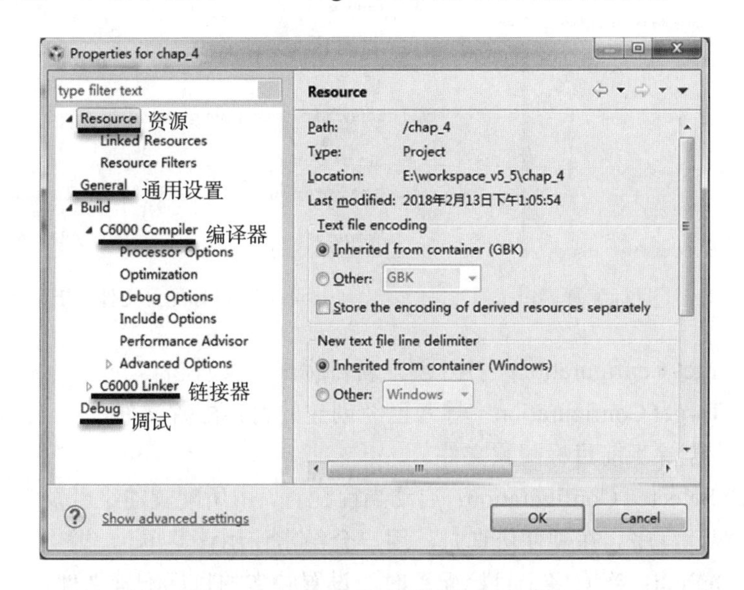

图 4.30　chap_4 工程属性设置对话框

2)问题信息窗口 Problems

子菜单“View/Problems”打开问题信息窗口。该窗口显示了 CCS 生成的错误、警告或与资源相关联的信息，这些信息通常由工程构建所产生，如图 4.31 所示。这些信息可以帮助 DSP 技术人员定位、分析并解决源代码或工程设置等问题，以便成功构建程序。

3)控制台窗口 Console

子菜单“View/Console”打开控制台窗口。该窗口输出工程编译过程及结果、程序的执行输出结果等。

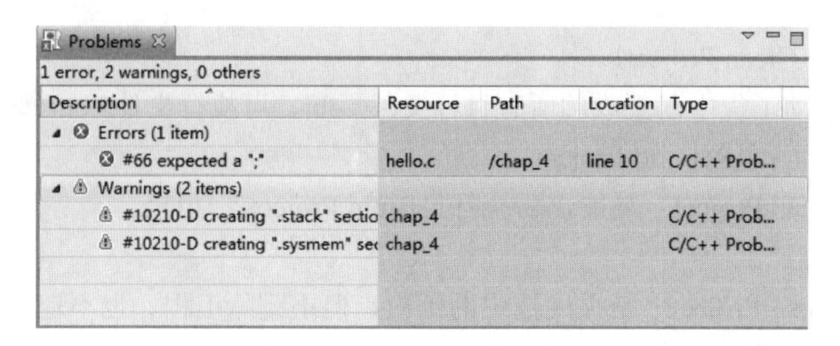

图 4.31 问题信息窗口

4) 目标配置 Target Configurations

子菜单“View/Target Configurations”打开目标配置窗口。图 4.32 展示了工程 chap_4 的目标配置文件，在该文件上点击鼠标右键，显示结果如图 4.33 所示。

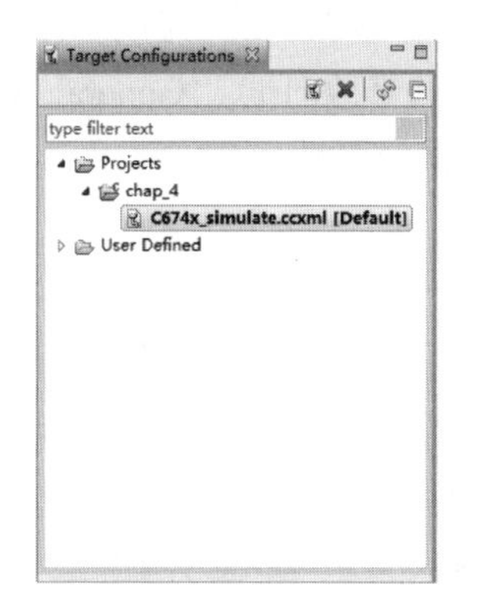

图 4.32 目标配置窗口

New Target Configuration
Import Target Configuration
Delete Delete
Rename F2
Refresh F5
Launch Selected Configuration
Set as Default
Link File To Project
Properties Alt+Enter

图 4.33 目标配置文件右键菜单

(1) New Target Configuration：打开创建新目标配置文件窗口。

(2) Import Target Configuration：导入已经创建的目标配置文件。

(3) Delete：删除当前目标配置文件。

(4) Launch Selected Configuration：启动当前配置，用所配置的平台及其仿真模式开始下载、调试和跟踪程序。在硬件仿真时，用户会经常使用该菜单。

(5) Set as Default：当有多个目标配置时，设置缺省的目标配置文件。

(6) Link File to Project：将当前的目标配置文件链接到相应的工程中。链接成功后，在工程管理器中会显示链接了的目标配置文件。

3. 目标配置

在 4.2.2 节中展示了软件仿真模式的目标配置过程，这里主要讲述硬件仿真模式的目标配置过程。在开始配置前，首先确认已经正确安装选用仿真器的驱动程序。

1) 启动目标配置

点击菜单 File/New/Target Configuration File，或者在工程管理器中点击活动工程的鼠标右键并选择 New/Target Configuration File，均可启动创建目标配置文件，如图 4.34 所示。键入文件名 C674x_emulator.ccxml，并将该文件保存在当前工程 chap_4 的目录下。

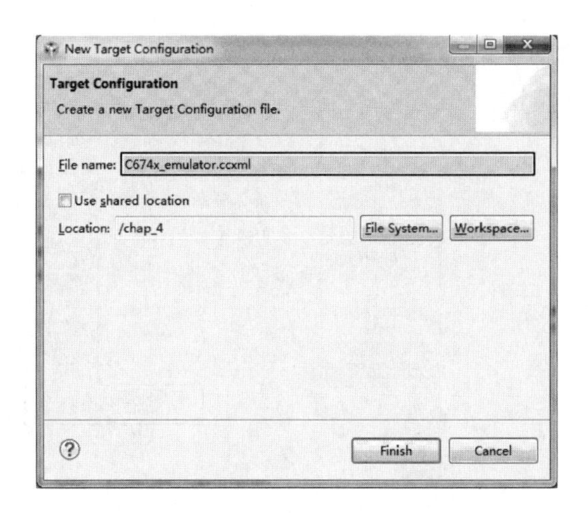

图 4.34 创建目标配置文件

2) 基本设置

在设置之前，用户首先需要根据已购买仿真器的安装说明，确定连接的仿真器驱动名称。这里以 TI 的 XDS560 仿真器为例说明设置过程，图 4.35 展示了目标配置的基本设置。

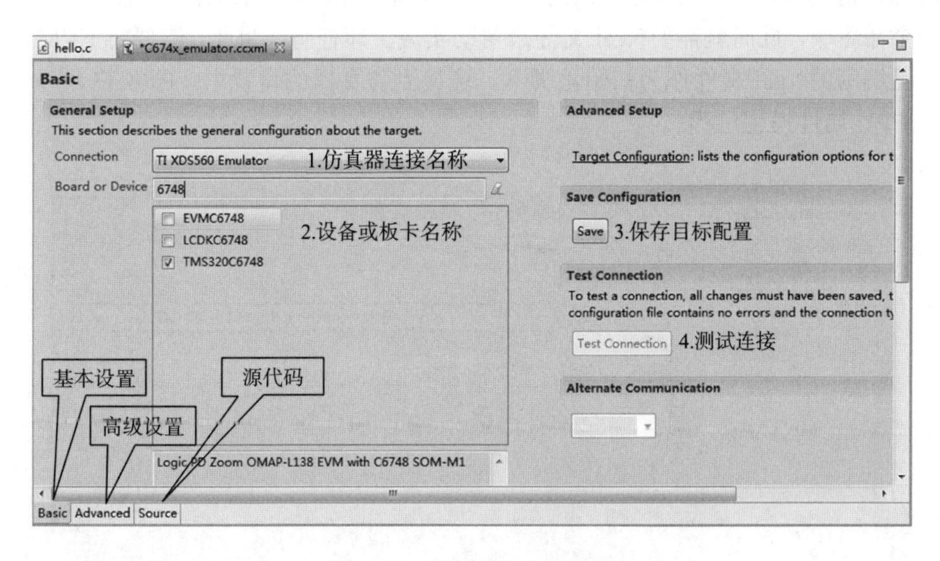

图 4.35 目标配置基本设置

在“Connection”的右边下拉选择待使用的仿真器名称，在“Board or Device”中键入设备的关键词如“6748”，系统给出了包含该关键词的设备或板卡名称。选中 DSP 芯片设备 TMS320C6748 或 EVM 板卡如 LCDK6748，选择“Save”保存当前基本设置。

3) 高级设置

高级设置主要对仿真器的连接属性、CPU 属性等进行设置。图 4.36 展示了对 TI XDS560 仿真器的连接属性的设置过程，该图中的“JTAG TCLK Frequency (MHz)”支持兼容速度 10.368MHz、快速 35.0MHz，可以通过选择仿真器工作频率改变仿真器的程序下载速度及其数据读写速度等。

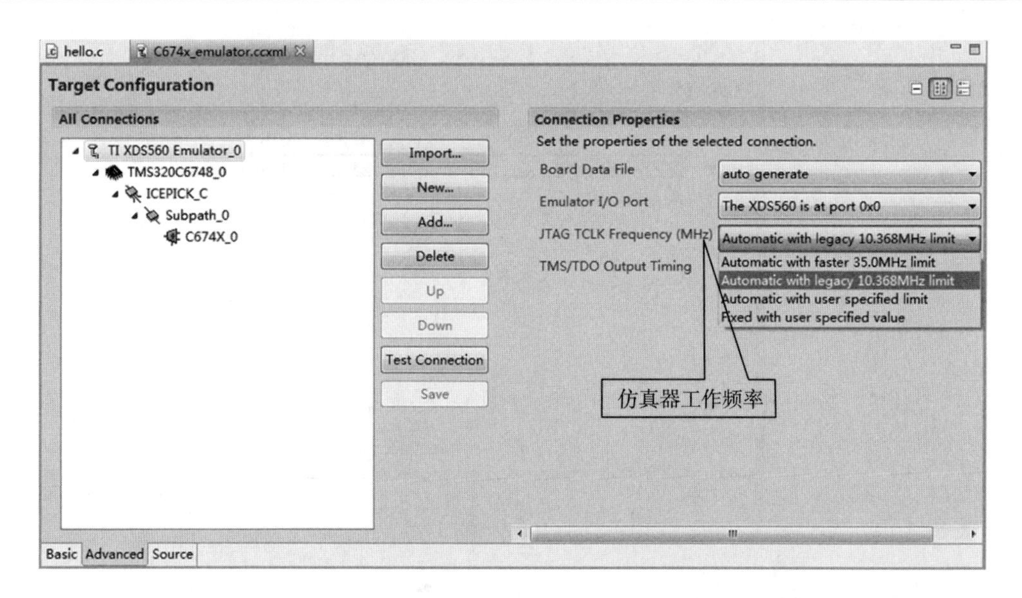

图 4.36 目标配置高级设置——连接属性

在硬件仿真过程中，在程序下载前通常需要对硬件做一些初始化，或者将多个操作放置于一个命令中，此时就需要*.gel 文件来帮助实现上述任务。为此，需要将 EVM 提供的或者自己编写的*.gel 文件作为初始化脚本，连接到仿真器的设置中。图 4.37 展示了高级设置中 CPU 属性设置过程。

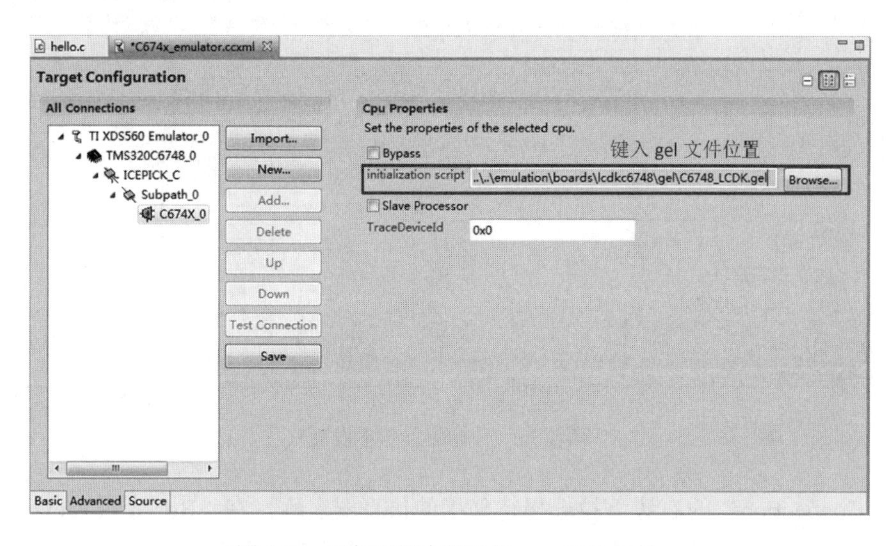

图 4.37 目标配置高级设置——CPU 属性

4) 测试连接

返回基本设置属性页，点击“Save”保存当前基本设置后，此时“Test Connection”按钮被使能。点击该按钮后，启动测试连接程序，如图 4.38 所示。如果测试连接失败，需要分析并解决问题，否则后续将无法正常使用仿真器。

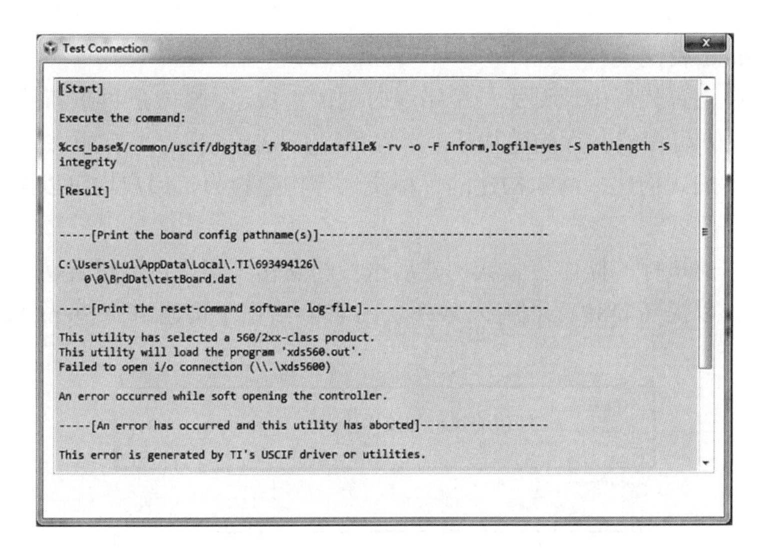

图 4.38　测试连接仿真器

4.构建属性

在图 4.29 中已简单介绍了工程构建属性的部分内容，这里详细讲解 DSP 工程开发过程中常用的构建属性参数设置，包括构建设置、C6000 编译器和 C6000 链接器。

1）构建设置

在当前活动工程被选中、激活的状态下，在工程管理器的当前工程上点击鼠标右键并选择“Show Build Settings”，或者主菜单“Project/Show Build Settings”，均可打开当前工程的构建设置对话框，如图 4.39 所示。下面介绍常用属性页。

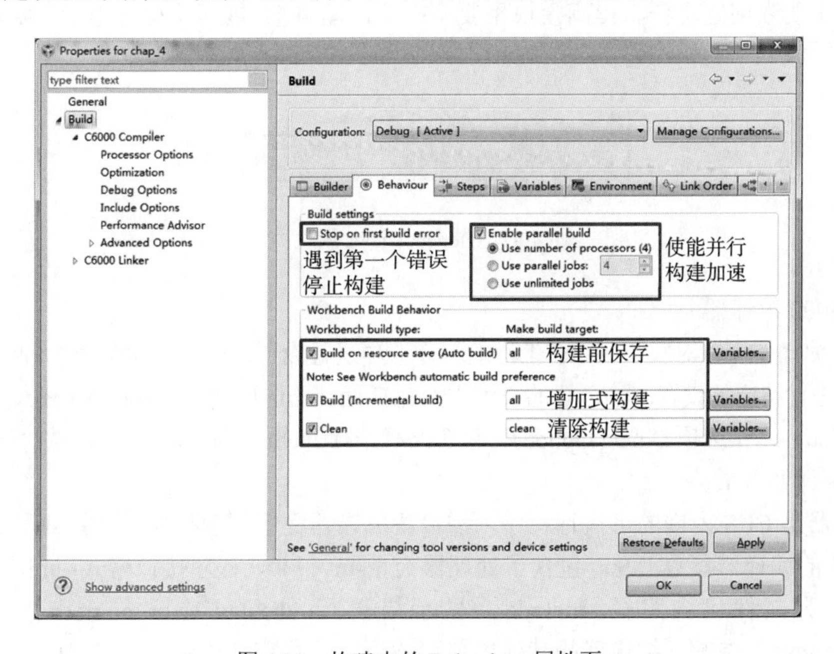

图 4.39　构建中的 Behaviour 属性页

(1) Behaviour 属性页。

用户可选择当源代码中遇到第一个错误时则停止构建，修改后再重新构建。当工程含有巨大代码量时，可使能并行构建加速。工程代码在构建前保存所有源文件、仅构建修改的源文件，即增加式构建、清除构建的目标文件等构建行为，用户均可以选择设置。

(2) Steps 属性页。

工程在构建前执行的操作步骤或构建后执行的操作步骤均可以设置，如将某些文件拷贝到某个目录，以提高 DSP 工程开发效率。图 4.40 给出了构建中的 Steps 属性页设置。

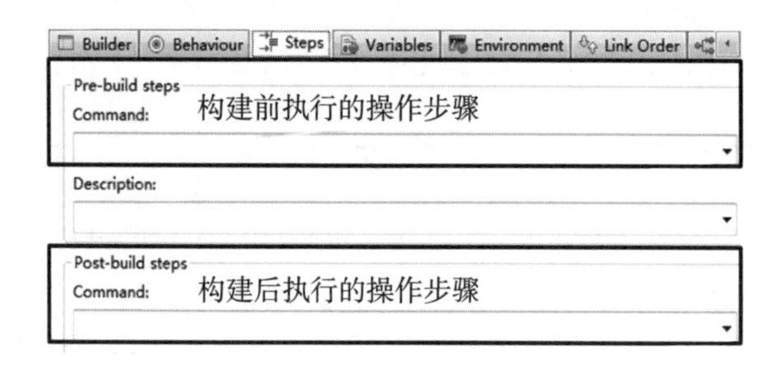

图 4.40 构建中的 Steps 属性页

(3) Dependencies 属性页。

工程管理器通常管理多个工程，而工程之间可能存在依赖性，如可执行程序依赖于静态库程序。如果将两个工程关联起来，就能够减少不必要的文件拷贝或路径设置等操作。

当前正在编排或优化静态库程序，直接构建可执行程序时 CCS 首先将构建静态库程序再构建可执行程序。三个或更多的工程都可以建立依赖性，从而可以减少模块间的耦合度，有助于明晰问题责任、提高模块重复利用率。图 4.41 展示了构建中的 Dependencies 属性页。

图 4.41 Dependencies 属性页

2) C6000 编译器

DSP 编译器可以对整个 CCS 工程的编译选项进行设置，也可以对某个单独的*.c、*.sa 等源文件进行特定的设置。编译器的设置主要包括处理器选项 Processor Options、优化选项 Optimization、调试选项 Debug Options、包含路径选项 Include Options 及高级选项等参数。

(1) 编译器参数。

编译器是 CCS 内嵌的可执行程序，需设置编译器程序的运行参数。图 4.42 展示了工程 chap_4 的编译器参数汇总，包含了处理器类型-mv6740，程序接口格式--abi，程序调试模式-g，头文件包含路径--include，显示错误行--display_error_number，警告等级--diag_warning 等参数，编译器的其他参数更改设置最终都汇总到图 4.42 中。

(2) 处理器选项。

处理器的版本有多种，编译器对不同处理器的支持略有差别。为此，用户需要设置编译器的处理器硅芯版本“-mv”参数，图 4.43 展示了处理器选项。图中的程序接口格式在这里无法修改，可以在工程通用设置 General 中进行修改。

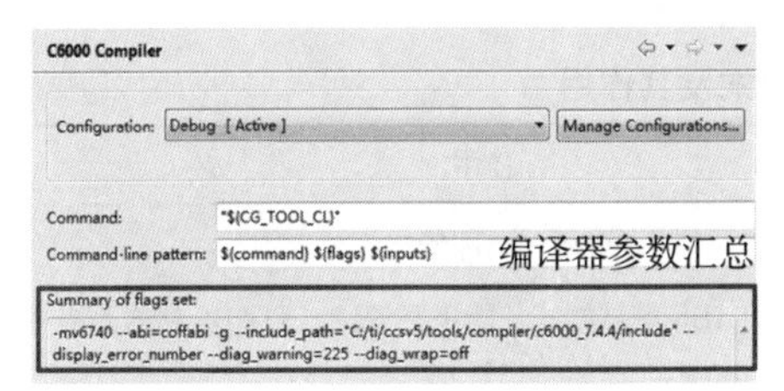

图 4.42 chap_4 工程编译器参数汇总

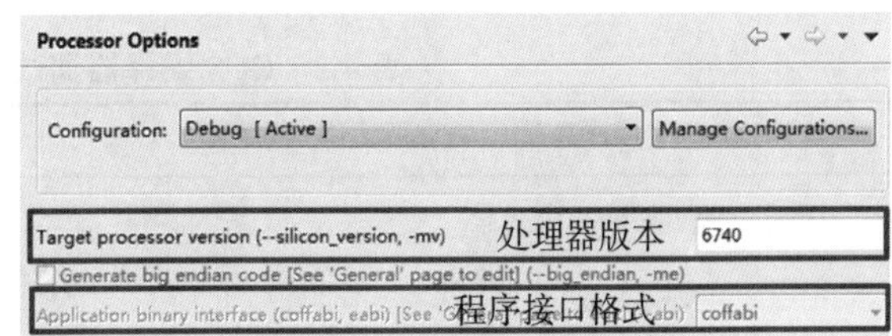

图 4.43 处理器选项

(3) 优化选项。

CCS 编译器的最强大之处是优化选项。CCS 工程或源代码是否开启优化选项或选择低级别的优化，会使最终程序执行效率差别高达五十多倍。优化选项包括程序优化速度和代码优化大小，每种优化都有不同等级水平的优化能力，等级越高优化强度越大，反之就越低。图 4.44 展示了编译器的优化选项。

优化水平--opt_level 共分为五级：-off、-0/1/2/3。高一级优化都是在前低一级的基础上继续增强优化能力。off 不做任何优化；寄存器级优化属于 0 级水平；在 0 级基础上增加局部优化属于 1 级水平；在 1 级基础上增加全局优化属于 2 级水平；在 2 级基础上增加过程间优化属于 3 级水平，也是最高级优化。

优化大小--opt_for_space 共分为四级：-0/1/2/3。水平等级越高，其优化后代码占用空间越小。由于现在大部分的处理器提供了充足的片上或片外内存，此类优化在实际开发应用中较少。

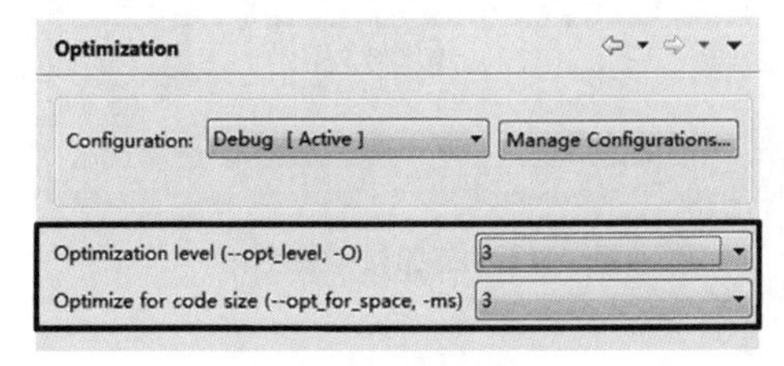

图 4.44 编译器优化选项

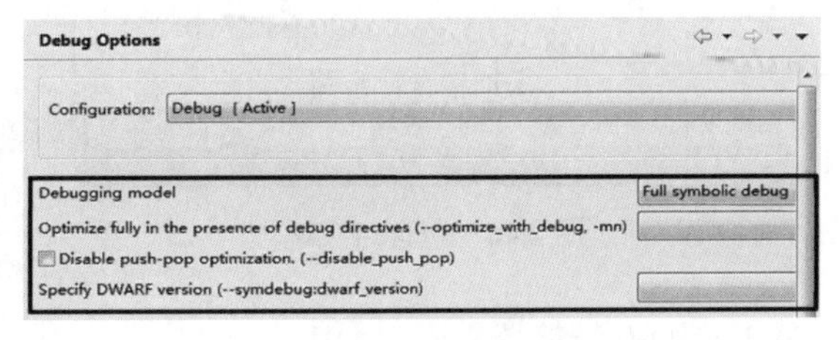

图 4.45 编译器调试选项

(4) 调试选项。

编写的程序如果能够直接运行而永远不需要调试，这将多么美好，然而在实际中是不现实的。在成功之前，程序的开发周期通常包括：编写、编译、执行，而后是烦琐的、灾难般的调试。重复上述步骤，直到程序正常工作。因此，调试器的易用性就显得非常重要。使用一个源代码级的调试器将会非常方便，它允许用户单步执行程序源代码，设置断点，打印变量值等。

图 4.45 展示了 CCS 编译器的调试选项，表 4.2 给出了可支持调试模式选项及其作用。

图 4.45 中的 optimize_with_debug 选项可以实现使用字符调试编译而仍然产生充分优化代码的目的。该选项能够恢复被 symdebug：dwarf、symdebug：coff 禁止的优化操作。但是使用 optimize_with_debug 选项时，调试器的功能可能不再可靠。

表 4.2 CCS 编译器调试模式及其作用

选项	别名	作用
--symdebug：dwarf	-g	使能字符调试，部分优化被关闭
--symdebug：coff		可以选择用 STABS 调试格式使能字符调试。STABS 格式不支持 C64+/C674x，以及 ELF
--symdebug：none		关闭所有字符调试
--symdebug：profile_coff		在--symdebug：coff 的基础上，程序可剖析
--symdebug：skeletal		使能最小的字符调试，不阻碍优化(默认行为)
--disable_push_pop		禁止 push-pop 优化
--optimize_with_debug	-mn	恢复被--symdebug：dwarf 禁止的优化
--symdebug：dwarf_version=2|3		指定 DWARF 的格式版本

(5)包含选项。

一个工程可能需要其他工程或系统目录的头文件，这些文件定义了一些变量或者类型。此时就需要将包含这些文件的路径设置到编译器选项中。图 4.46 给出了设置包含路径的过程，点击图中的加号，弹出图 4.47 的添加目录路径对话框，选择工作区 Workspace 或文件系统 File system 所在目录。

图 4.46 包含路径选项

图 4.47 添加目录路径

3)C6000 链接器

链接器是将目标文件*.obj 或库文件*.lib，根据命令文件*.cmd 或配置文件*.cfg 的段映射设置链接生成一个可执行文件。链接器选项主要包括基本选项和文件搜索路径。

(1)链接器参数。

链接器是 CCS 内嵌的可执行程序，用户需设置链接器程序的参数。图 4.48 展示了工程 chap_4 的链接器参数汇总，包含了硅芯版本、程序接口格式、内存映射文件、输入库文件路径等参数。链接器其他参数的更改设置最终都汇总到图 4.48 中。

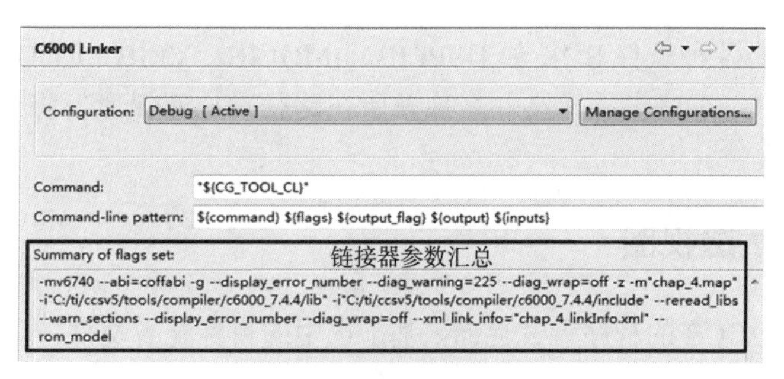

图 4.48　链接器参数汇总

(2) 基本选项。

基本选项包括可执行文件、内存映射文件的命名，栈 stack 和堆 heap 的大小设置。图 4.49 给出了链接器的基本参数选项。输出的可执行文件名字通常以工程名字为主文件名。内存映射 map 文件也是如此。栈 stack 大小和堆 heap 大小除了在这里可以设置外，在*.cmd 文件中也可以直接编程修改。

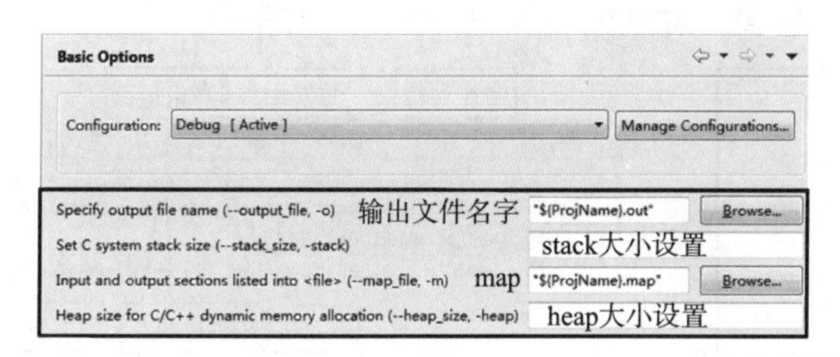

图 4.49　链接器基本选项

(3) 文件搜索路径。

当前工程可能会依赖其他库文件或者目标文件，如运行支持库 rts6740.lib，则 DSP 编程人员需要将包含该库的所在路径以及库的名称添加到 CCS 环境设置中。图 4.50 展示了文件搜索路径选项设置。根据图中提示，分别添加库文件名称、添加库搜索路径。

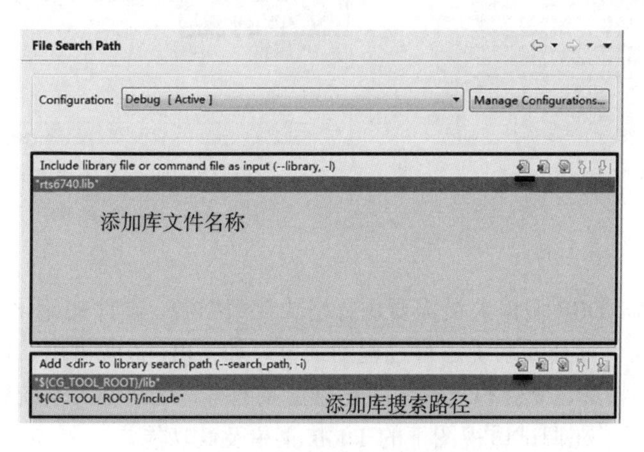

图 4.50　文件搜索路径选项

TI 公司提供的各种软件 SDK 如 DSPLIB、IMGLIB、VLIB、CODEC 等均需要在文件搜索路径选项中，正确设置库文件名称及所在路径，从而保证当前工程能够使用对应的库文件或目标文件。

4.3.2 CCS 调试透视图

调试透视图是 CCS 的程序调试界面，基于选中的目标配置文件，用户可启动 CCS 的调试透视图。

1.视图窗口

菜单 View 在编辑透视图和调试透视图均可见，只是真正起作用的部分不同而已。图 4.51 给出了在调试透视图下 View 菜单起作用的部分，这些子菜单用于打开和关闭功能窗口。Debug 打开和关闭如图 4.52 所示的调试窗口；Memory Browser 打开和关闭如图 4.53 所示的内存查看器；Expressions 打开和关闭如图 4.54 所示的表达式窗口。Disassembly 打开或关闭反汇编窗口；Breakpoints 打开和关闭断点管理窗口。

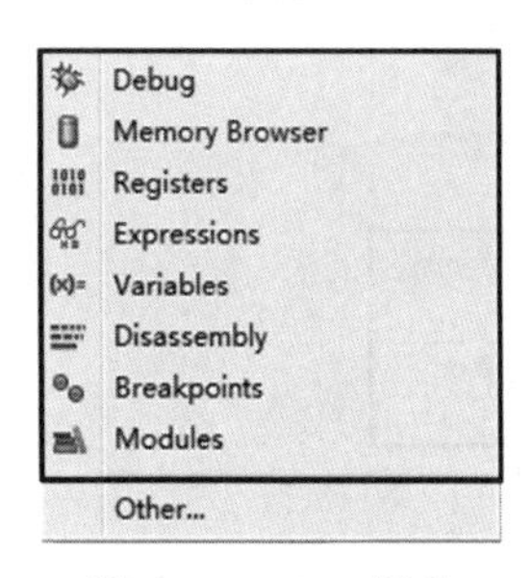

图 4.51 View 部分

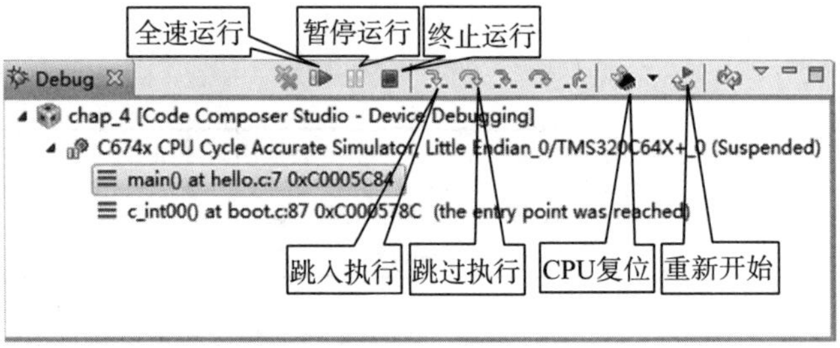

图 4.52 Debug 调试窗口

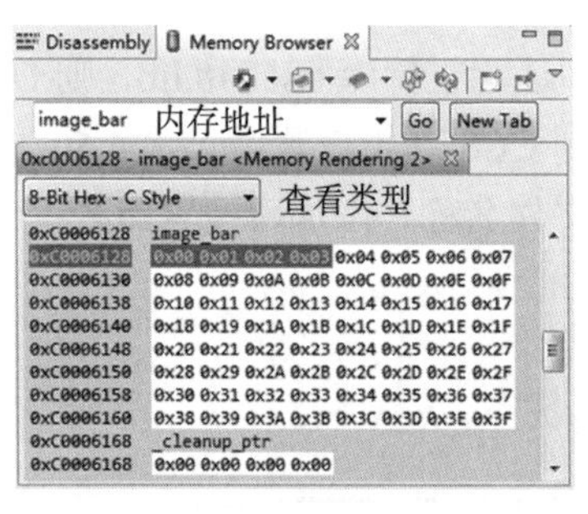

图 4.53 内存查看器

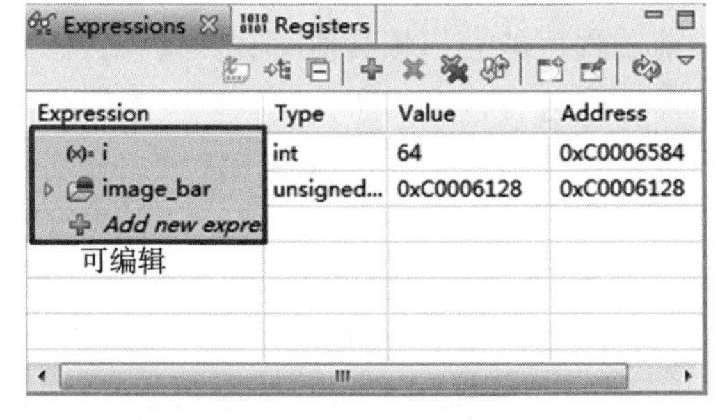

图 4.54 表达式查看窗口

2.Tools 工具

在调试开始前，DSP 编程人员需要进行格式化数据源、硬件初始化等准备工作。在调试过程中，编程人员可查看系统运行过程的细节，如 CPU 资源占用、图形或图像式查看内存数据、调试器收集、分析和统计程序运行结果数据，这些都为系统优化与再设计提供依据。图 4.55 展示了在调试透视图下的 Tools 菜单及其功能。

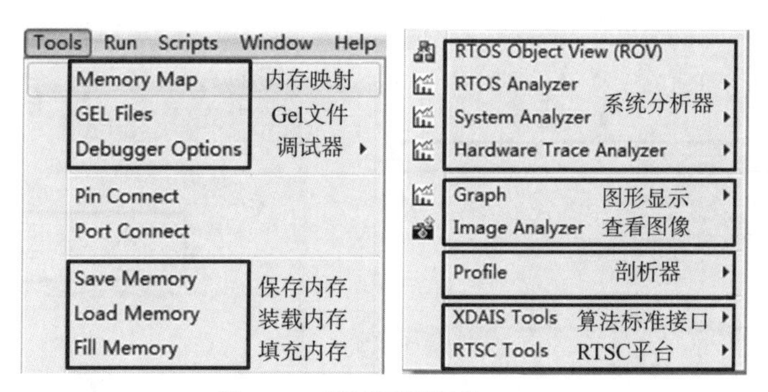

图4.55　调试透视图的Tools

1) 杂项工具

子菜单“Memory Map”用于显示和查看选中目标器件的内存映射情况，如果想修改则需要在GEL文件中来指定内存映射。

子菜单“GEL Files”用于显示当前的GEL文件，可以手动添加、删除此类文件。为方便调试，通常不在这里添加GEL文件，而是在目标配置文件中设置。如果GEL文件添加成功，则CCS会在主菜单栏添加菜单“Scripts”，并下拉对应的子菜单。GEL是通用扩展语言的简称，通常用于将用户的一系列操作归类为一个菜单，这样能够加快用户调试程序的速度。

子菜单“Debugger Options”下的“Program/Memory Load Options”用于设置程序或内存的装载设置，即仿真器从PC装载程序到目标设备时的功能设置；“Debugger Options”下的“Auto Run and Launch Options”用于设置仿真器装载程序后自动运行、启动程序选项。该功能也可在工程管理器中当前活动工程上点击右键选择“Properties”内的“Debug”类来设置。

2) 内存操作

子菜单“Save Memory”用于将DSP目标设备上某地址的内存数据保存到PC主机，进行分析或查看数据。图4.56设置保存内存路径及文件，图4.57设置保存内存格式、地址及长度。

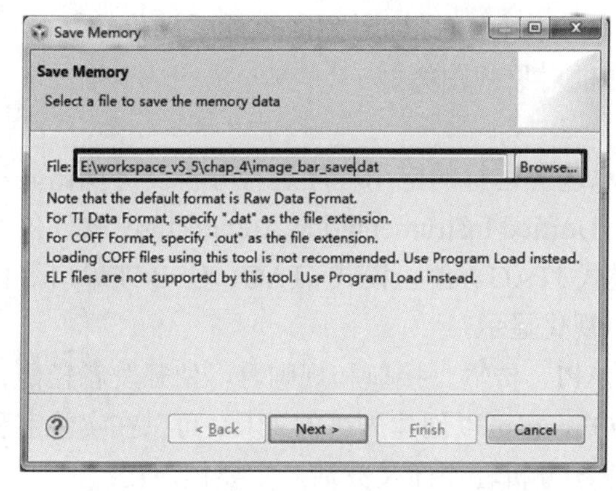

图4.56　保存内存路径及文件设置

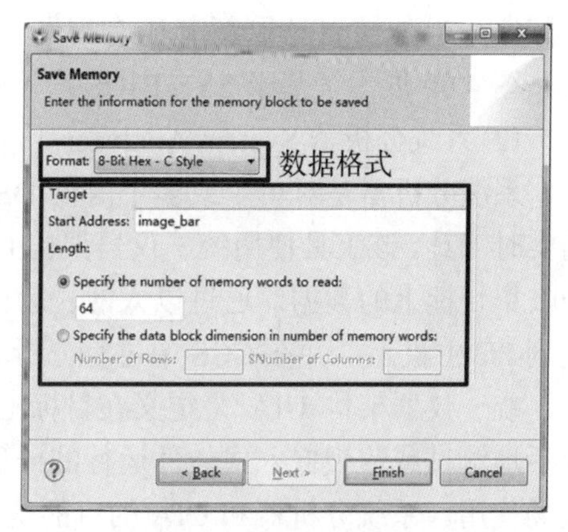

图4.57　保存内存设置

子菜单“Load Memory”用于将PC主机的数据文件装载到DSP目标设备的内存上。图4.58设置装载内存路径及文件，图4.59设置装载内存地址及长度。其装载格式会根据文件的第一行参数自动确认。

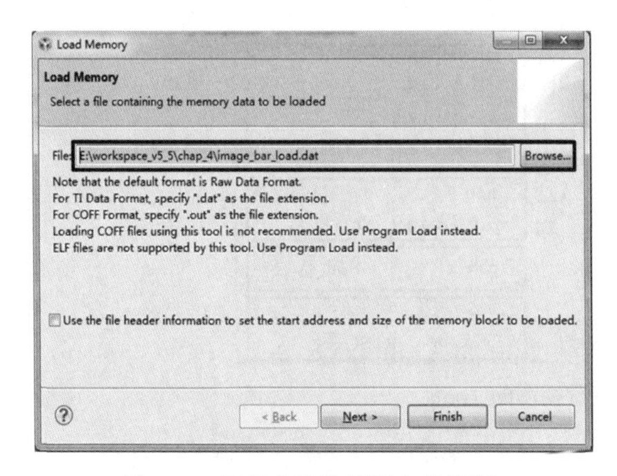

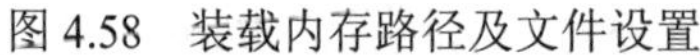
图 4.58　装载内存路径及文件设置

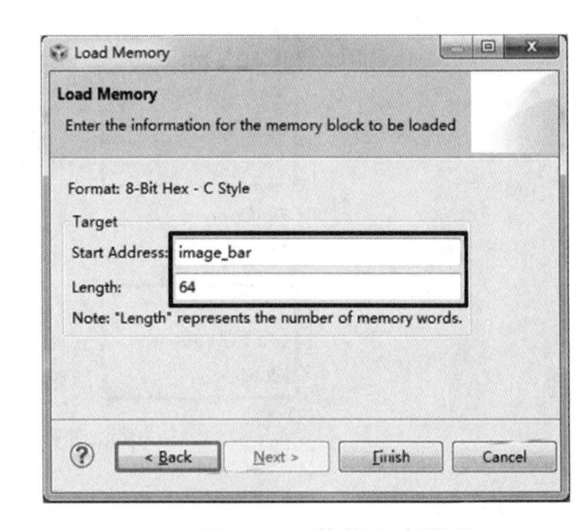

图 4.59　装载内存设置

子菜单“Fill Memory”是对 DSP 目标设备上某个内存填充特定的数据。在进行填充时，需要设置起始地址、长度、数据值以及数据类型。

3) 系统分析器

程序在运行过程中，用户如果能清晰地掌握系统中组件运行占用情况、CPU 执行情况、各种线程执行情况等，则将对优化整个 DSP 应用系统具有重要的帮助作用。嵌入式系统对实时性具有很高的要求，为此 TI 的新版 CCS 吸收了业界普遍应用的组件目标分析器、操作系统分析器。CCS 分析器主要是对嵌入式实时操作系统 RTOS 运行时进行各种信息的收集与图形化显示，因此只有当 CCS 应用程序基于 SYS/BIOS 或 DSP/BIOS 构建时，才能开启或使用本节的系统分析器。

(1) RTOS Object View (ROV)。

运行时对象视图(ROV)提供的工具能够让开发人员快速地以可视化方式呈现嵌入式应用的状态。ROV 能够读取目标内存并智能化显示内存数据，而不干扰目标应用程序运行时的行为(当使用 JTAG 连接时)。ROV 还可以从运行的目标中读取当前内存，即使目标停止也能够自动刷新其所有视图，如单步执行、目标遇到断点或手动停止目标执行。图 4.60 展示了基于 SYS/BIOS 应用程序的对象视图案例。

(2) 系统分析器 System Analyzer。

系统分析器是对单个或多个内核 DSP 系统上运行的应用程序进行分析及可视化显示的实时工具。该工具使用统一仪器架构 UIA (Unified Instrumentation Architecture) 软件仪器来收集目标上的数据，通过以太网、运行模式 JTAG、停止模式 JTAG、USB 或串口等传输到 PC 主机上，并在 CCS 中进行分析和可视化显示。

统一仪器架构 UIA 是定义在目标上的 API、传输、接口和规则等，使开发者轻便、灵活地测试或监视嵌入式软件运行的一种方式，它可以创建先进的工具，可以在实验室和现场使用。系统分析器和 UIA 的目的是使系统分析轻便而又灵活，主要体现在：

①独立于 ISA：UIA 可以在 TI 各种平台、单核设备及多核设备中广泛应用。

②独立于 O/S：UIA 不依赖于任何特定的操作系统。

③传输独立：UIA 可以不必更改源代码，就可以以各种不同的传输方式将软件事件从目标设备上传到主机。

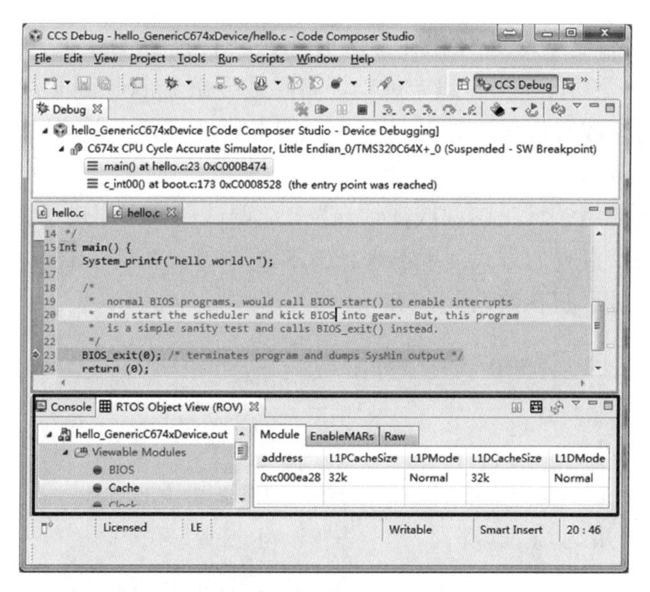

图 4.60　基于 SYS/BIOS 应用程序的对象视图案例

④平台独立：主机端可以在 Windows 和 Linux 平台上工作。

⑤IDE 独立：主机端工具无缝支持 CCS 或其他 IDE 上的独立操作。

网址 http://processors.wiki.ti.com/index.php/Multicore_System_Analyzer 展示了系统分析器的使用向导及有关文档。另外的技术细节也可参照 TI 的手册 SYS/BIOS(TI-RTOS Kernel) User' s Guide(SPRUEX3T)以及 System Analyzer User' s Guide(SPRUH43F)。

4) 图形图像显示

(1) 一维数据显示。

CCS 提供了内存数据的图形化直观显示，包括单曲线、双曲线、FFT 模式等显示方式。单曲线与双曲线均为时域的数据显示，图 4.61、图 4.62 分别展示了这两种显示方式的参数设置。

图 4.61　单曲线图形设置

图 4.62　双曲线图形设置

每次调试程序都要填写这些配置参数并不是一件简单的事情，为此 CCS 提供了“Export”“Import”功能。一旦设定成功，将参数导出 Export 到文件中，下次使用图形显示时，将导出的参数文件再次导入 Import 到图形属性设置中即可。

(2)二维数据显示。

DSP 最主要的应用领域是图像或视频开发。在调试图像程序过程中，很有必要对数据源或中间处理结果以直观的方式展现出来。CCS 的图像分析器 Image Analyzer 如图 4.63 所示，展示了图像显示的参数设置。

Console | Properties | Image

Property	Value	
◢ General		
Title	Image 显示标题	
Background color	RGB {255, 255, 255}	
Image format	RGB 图像格式：	RGB/YUV
◢ RGB		
Number of pixels per line	0 图像宽度	
Number of lines	0 图像高度	
Data format	Packed 数据格式：	平面或交织
Pixel stride (bytes)	0 像素跨度	
Red mask	0x00000000	R分量掩模
Green mask	0x00000000	G分量掩模
Blue mask	0x00000000	B分量掩模
Alpha mask (if any)	0x00000000	
Line stride (bytes)	0	行跨度
Image source	Connected Device	图像源:设备或文件
Start address		起始地址
Read data as	8 bit data	数据大小

图 4.63 图像显示参数设置

显示图像格式常用的色彩空间为 RGB 和 YUV 空间，YUV 空间又包括 4∶4∶4、4∶2∶2、4∶2∶0 三种格式。数据格式分为平面或交织。分量掩模表示对应分量的量化或映射。待显示的图像可来源于连接的设备或文件。

网址 http://processors.wiki.ti.com/index.php/Image_Analyzer 展示了图像分析器的详细使用过程。

5)性能剖析

在开展 DSP 程序优化前，需要掌握整个工程的 CPU 指令消耗情况和代码执行覆盖情况等。为此 CCS 的性能剖析能够收集代码覆盖情况、剖析数据读写状态，并剖析所有函数的 CPU 时钟占用情况，为用户的优化提供依据和结果信息。网址 http://processors.wiki.ti.com/index.php/Profiler 展示了性能剖析器的详细使用过程。

6)xDAIS 工具

eXpress DSP 算法互操作性标准 xDAIS(eXpress DSP Algorithm Interoperability Standard)和 eXpress DSP 数字媒体标准 xDM(eXpress Digital Media)充分利用了 DSP 在单个设备上执行各种多媒体处理的能力，并通过遵守这些标准来实现 eXpress DSP 的规范性。为了提供基于 DSP 的多功能应用，系统制造商必须经常从多个来源获取算法，然后将它们整合到一个整体系统中。不同厂家的算法接口是多样化的，稳定且快速地将这些不同的算法集成到一起，往往需要花费很多额外的精力。

xDAIS 和 xDM 标准提供了一组编程约定和应用程序编程接口的 API，使算法能够更快地被集成到应用程序中。xDAIS 消除了与其他算法共享的系统资源冲突的问题。xDM 为应用程序指定了一个标准 API 来调用特定的算法种类，使得集成商能够在需要不同功能或性能时，快速切换到不同来源的算法。在 xDM 标准中，将视频 Video、图像 Image、语音 Speech 和音频 Audio 等统一定义 VISA API。

TI 算法提供商和系统集成商都可以从 TI 的 DSP 算法标准中受益。由于使用 TI 的 DSP 和软件框架的原始设备制造商可以很容易地将来自第三方的算法集成在一起，因此第三方算法市场也在增加。为帮助开发人员生成兼容算法，TI 公司提供了用于创建和测试标准算法的工具和框架。利用工具向导 GenAlg，可以快速地建立符合 xDAIS、xDM 标准的规范性算法框架，并利用 QualiTI 验证某段代码(如编解码器库)的 xDAIS 合规性。

网址 http://processors.wiki.ti.com/index.php/Category:xDAIS 展示了有关算法标准 xDAIS 及 xDM 的文档、应用示例、常用问答等资源。

网址 http://processors.wiki.ti.com/index.php/QualiTI 展示了 QualiTI 的详细技术内容。

7) RTSC 工具

实时系统组件 RTSC 提供了两个工具，分别为现有系统组件列表工具、平台编辑及创建工具。菜单 Tools/RTSC Tools/Path，激活如图 4.64 所示组件包的仓库路径浏览器。根据这些显示内容在 CCS 中设置有关的头包含路径和库包含路径。

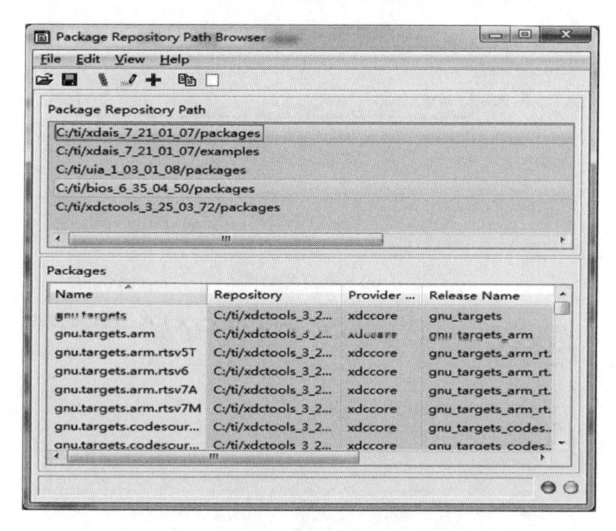

图 4.64　组件包的仓库路径浏览器

平台 Platforms 包含了 DSP 设备平台属性的编辑、查看或创建。其中属性信息又包括主频、设备内存、片外内存以及内存段的映射等参数。菜单 Tools/RTSC Tools/Platform/Edit 激活如图 4.65 展示的平台编辑与查看设置。浏览目录定位 c:\ti\xdctools_3_25_03_72\packages，下拉菜单选择包名称为 sim64Pxx 的平台。

用户也可以根据 DSP 系统的实际硬件设备指标，创建属于自己特定的平台。图 4.66 展示了新建平台参数的设置过程，包括设定包名、平台包目录、设备系列以及设备名称。设定片上和片外内存地址、长度、内容以及访问属性，代码、数据以及栈的映射位置等。

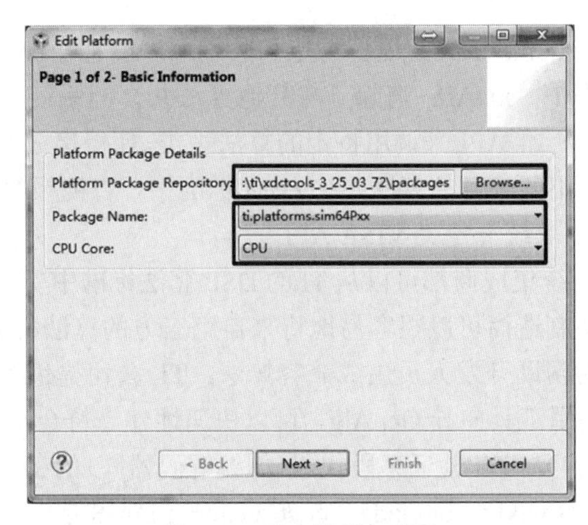

图 4.65 平台编辑与查看

(a)基本信息配置

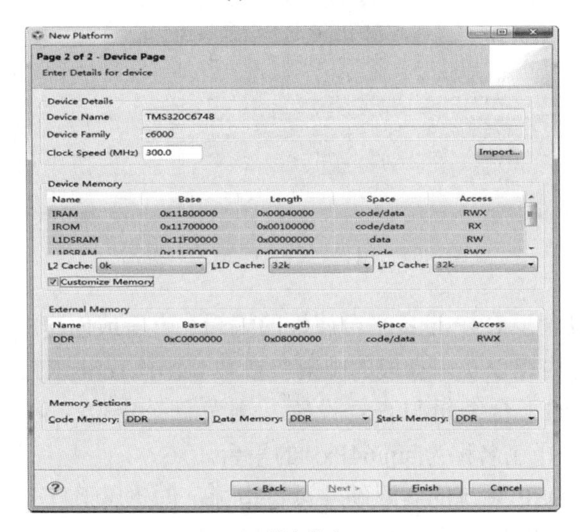

(b)设备信息

图 4.66 新建平台参数的设置过程

3.运行 Run

在调试透视图下，Run 菜单实现了仿真器与目标板的连接、程序加载、调试与跟踪等功能。图 4.67 展示了运行 Run 菜单功能，图 4.68 展示了部分运行菜单示例。

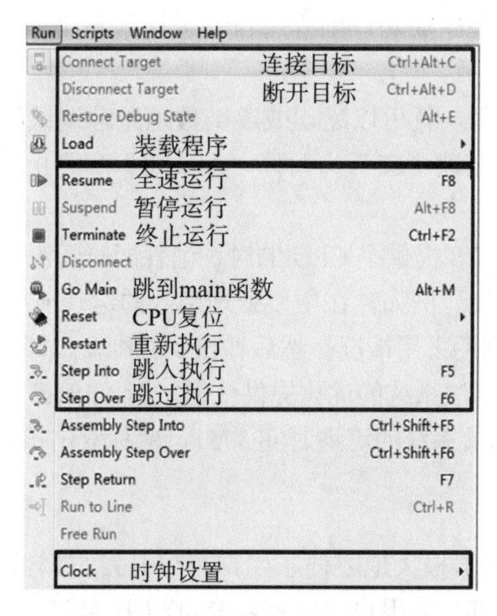

图 4.67　运行 Run 菜单功能

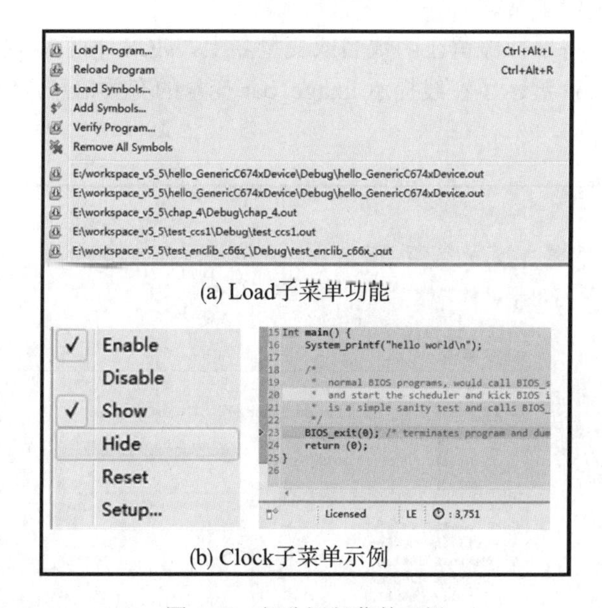

图 4.68　部分运行菜单示例

1) 目标连接与程序加载

当 CCS 配置为硬件仿真模式时，需要手动连接仿真器，此时的常用步骤如下：

(1) 确认仿真器驱动安装成功，确认目标板与仿真器上电正常。

(2) 在目标配置窗口中的硬件仿真文件上，右键并点击“Launch Selected Configuration”。

(3)在 Debug 窗口中，右键并点击“Connect Target”，等待仿真器成功连接目标板。

(4)菜单 Run/Reset/CPU Reset，复位 CPU。

(5)菜单 Run/Load/Load Program 实现程序装载，如图 4.68(a)所示的 Load 子菜单功能。浏览当前工程目录定位*.out 文件。

若启动、连接及加载程序成功，则程序自动运行到 main 函数位置。

2)程序调试与跟踪

一旦程序运行起来，用户就可以逐句或逐函数地跟踪调试程序。跳过执行“F6”，跳入执行“F5”。调试中可全速“F8”、暂停“Alt+F8”和终止运行“Ctrl+F2”。

3)时钟设置

程序在运行过程中，CCS 提供了 CPU 的时钟消耗即时间流逝情况。这对于统计程序运行时间分布有着重要的用途。例如，在主要处理函数的运行前后读取系统时间，其差值即为当前函数的 CPU 指令周期占用情况，然后输出到标准窗口即可掌握工程的 CPU 指令资源占用大致情况，从而为算法系统的优化提供依据。图 4.68(b)展示了 Clock 子菜单示例。在 CCS 的状态栏显示了当前系统的流逝时间 3751，鼠标双击该值可实现 Clock 值清零。

4.源代码调试

CCS 的源代码级调试器极大地方便了用户程序开发与调试。程序运行过程中具有变量或函数在线提示功能，可帮助用户实时查看变量结果、函数等相关信息。源代码窗口的右键丰富功能加快了程序调试。

在线提示功能指将鼠标停留在函数名或变量名上，CCS 稍后就提示当前的运行值或有关参数信息。图 4.69 展示了在线提示 image_bar 变量的有关信息，包括名称、类型、地址等。

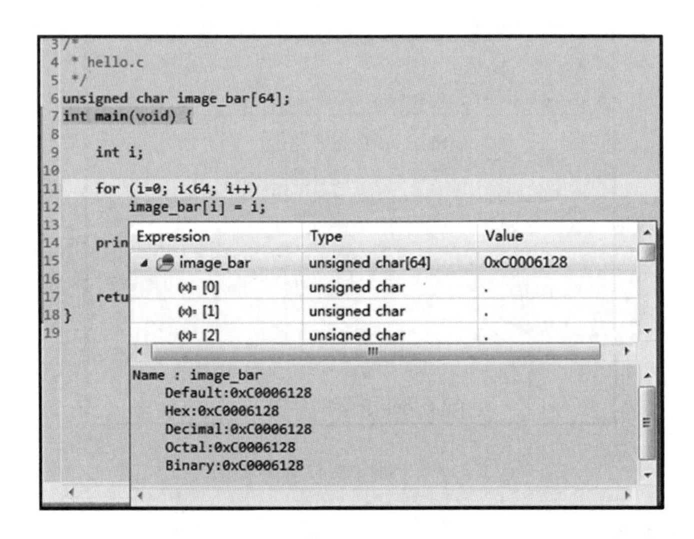

图 4.69 在线提示 image_bar 变量

源代码窗口的右键菜单功能如图 4.70 所示。在源代码窗口内，双击行序号可实现当前行的断点设置与清除。右键中的“Breakpoint”为设置程序断点，“Open Declaration”

为定位到变量、函数或文件的声明或实现位置。“Run to Line”为运行到光标当前行。“Add Watch Expression”为添加变量到观察窗口。“Preferences”为偏好设置，即设置通用的外观、文本编辑器，以及针对 C/C++语言的代码分析、代码风格、编辑器风格等。

图 4.70　源代码窗口的右键菜单

第 5 章　DSP-Simulator 软件仿真开发

与单片机 MCU 或处理器 ARM 技术开发相比，DSP 嵌入式开发与实践是一个较为复杂的过程，而软件编程则是整个开发周期中最耗时的环节。同时，算法软件设计、优化和验证是 DSP 应用系统的技术核心。在开发过程中，强大的仿真工具可以帮助技术人员实现系统原型设计、算法系统优化、程序调试与烧写等。TI 提供的软件仿真器 Simulator 是一种无需 DSP 设备和硬件的工具，可实现对 CPU 内核或部分外设进行开发或仿真。Simulator 随 CCS 集成开发环境一起发布，可以实现在 DSP、ARM 等器件上应用程序或算法程序的开发。

5.1　软件仿真概述

软件仿真器 Simulator 又称为指令集仿真器，是用于开发 DSP 应用程序、算法程序的软件工具。Simulator 应用简单、方便，是一个优秀的程序开发平台，它为应用程序、算法程序的执行过程提供了强大的可见性。仿真器对于应用程序的开发至关重要，其特性还包括仿真速度、仿真精度以及运行完整应用程序的能力。

作为集成开发环境 CCS 的组成部分，指令集仿真器 Simulator 能够确保快速部署应用开发，加速终端系统的软硬件集成。内嵌 Simulator 的集成开发环境 CCS 提供了许多功能来加速应用程序编写、调试和优化等各个阶段的开发。CCS 支持完整的应用程序仿真，并且能够在软件仿真 Simulator 和硬件仿真 Emulator 环境之间轻松迁移，同时，CCS 还支持设备级软件仿真、操作系统 SYS/BIOS 和实时数据交换 RTDX（Real-time Data Exchange）等。

5.1.1　软件仿真优势

软件仿真 Simulator 为 DSP 技术开发人员提供了一个优秀的开发平台，能够帮助他们实现开发目标。该平台的优势如下：

1）可用时间更早

软件仿真的可用时间早于硬件仿真，因为后者需要 DSP 硬件平台支撑。

2）使用方便

软件仿真使用方便，仅仅需要主机 PC，不需要额外的外设支持。作为软件解决方案的仿真器易于分布、分配，并且价格低廉。

3）可重复性

软件仿真为用户提供了出色的可控制性和可重复性，Simulator 可以一次又一次地以相同的方式运行。而在硬件仿真中，中断、视频设备采集等外部事件的可重复性几乎无法完全保证。

4) 更加灵活

软件仿真比硬件仿真更加灵活。必要时它可以忽略某些方面如数据采集或输出，提供更适合于特定阶段的开发环境。例如，算法开发可以仅仅运行在 CPU 软件仿真平台上，忽略所有设备影响如内存延时，如果一个针对特定 CPU 架构的优化算法已经可用，则该算法也能够在物理设备上下文场景中优化内存布局。

5) 可视性

软件仿真器可以提供应用程序行为以及资源使用情况的可视性。软件仿真器提供的一些细节在硬件仿真器设备上很难获得，甚至会得到不稳定、不确定的情况。

但是软件仿真也有其局限性。它们不是真正的系统，只是模拟 CPU。因此软件仿真在硬件建模的程度上是有限制的，如软件仿真无法模拟网络、USB、SPI 等硬件连接。

5.1.2　软件仿真类型

TI 为技术开发人员提供了几种不同类型的软件仿真，可以根据仿真器的详细信息范围和硬件建模范围两种方式来区分。

1) 详细信息范围

根据软件仿真器的详细信息情况，软件仿真可分为功能性仿真 Functional Simulator 和时钟精准性仿真 Cycle Accurate Simulator。功能性仿真提供了硬件模型的编程员角度视图，时钟精准性仿真可建模完全的流水和延时。

2) 硬件建模范围

根据硬件建模范围情况，软件仿真可分为 CPU 内核仿真器、设备仿真器和系统 SoC 仿真器。CPU 内核仿真器只能建模 CPU 内核；设备仿真器可以建模 CPU、缓存、DMA 及外设；系统 SoC 仿真器建模多核处理器，如 ARM+DSP。

在应用程序或算法程序的不同开发阶段，编程人员可以使用不同类型的软件仿真器。表 5.1 展示了程序不同开发阶段与建议使用的仿真器类型对应表。

表 5.1　程序不同开发阶段与仿真器使用类型对应表

程序开发阶段	建议使用的软件仿真器类型
(a) 算法开发(功能实现) C 语言、线性汇编、汇编语言级的算法开发，用于功能纠错的算法测试	CPU 功能性仿真器 用于评估算法；对于应用程序功能来说，如果使用了某些外设，则功能性设备仿真器至关重要
(b) 算法开发(性能优化) 测量代码大小和性能；执行通用的算法优化；执行 ISA 特定优化(流水风险，并行性，存储块冲突等)	CPU 时钟精准性仿真器 通过剖析器或其他分析工具确定性能瓶颈。如果还需要执行缓存优化或者应用程序使用某些外设(如计时器)，则还可以使用设备功能仿真器
(c) 应用程序集成(功能实现) 集成各种算法；添加代码用于环境与设备之间传输数据；使用 DMA 在外设与算法之间或多个算法之间实现数据传输	设备功能性仿真器 允许使用设备级特征并提供最高速度仿真
(d) 应用程序集成(性能优化) 优化内存布局；缓存优化；DMA 优化	设备时钟精准性仿真器 在硬件或时钟精准性的设备仿真器上测量性能；设备时钟精准性仿真器用于确定性能瓶颈；剖析器和其他分析工具用于性能优化；此类仿真器提供深入的可视瓶颈源

5.1.3 软件仿真用法

1.调试应用程序

软件仿真器对应用程序的行为和资源使用情况提供了非常高的可视性。这种可视性对于快速开发出能够完全验证的应用程序具有非常大的帮助。这些调试辅助工具包括：

1)基本调试支持

基本的调试工具有：寄存器 register 和内存 memory 可视化工具，C 语言及汇编语言的源代码级调试器，断点 breakpoint 管理器，查看变量窗口，堆栈调用视图，中断延时检查器。

2)数据可视化辅助工具

这些工具提供了更好的数据可视化，以便能够加快调试进度。这些辅助工具可能是探针 Probe point，各种数据可视化辅助工具如眼图、设备查看器、一维图形及二维图像查看器、观察窗口等。

3)代码覆盖工具

该工具可以确保代码测试的充分性。如果测试不够充分，代码覆盖工具会帮助高亮提示那些没有被覆盖的代码，这种反馈机制将有助于程序进行更全面的测试，从而保证测试或验证的完整性。

2.运行完整的应用程序

如果仿真器不能运行完整的应用程序，则该仿真器的作用是有限的。解决方案完整性是决定被采纳的重要因素，而解决方案的完整性主要取决于 CPU 准确模拟其设备细节，从而可以在不做任何修改的情况下运行应用程序。该解决方案能够提供一些机制来将输入和输出建模到不被模拟的系统(即环境)中。另外，仿真器支持完整操作系统和其他软件框架的能力也是至关重要的。TI 的软件仿真器旨在使完整的应用程序无需修改即可运行。以下是软件仿真器支持的功能。

1)引脚连接

可以为中断和其他引脚定义输入。允许周期或非周期性的输入，以便程序能够捕获来自环境的实际输入。

2)端口连接

可以将某一范围的内存与文件连接起来。当连接进行读取时，内存范围内的所有读取都将从文件中执行；当连接进行写入时，所有写入都会记录到文件中。这种简单机制抽象了外部的设备系统、FIFO 或其他输入，从而可以将输出内容轻松地记录到文件中。

3)实时数据交换 RTDX

应用程序使用 RTDX 功能添加额外的可见性或控制功能，同时可以以相同的方式在软件仿真器上运行，此时只需要使用专用的仿真库即可。

3.优化应用程序

作为软件解决方案的仿真器，它可以提供对应用程序行为以及各种资源使用情况的高度可视化，这种可视化对于快速优化应用程序非常有用。仿真器中有关整体应用的周期数、程序大小或功耗等汇总信息，这些能够帮助评估系统的应用目标是否得到满足。越详细的信息可以帮助深入了解应用程序行为和资源使用情况。仿真器的优化工具如下。

1）剖析器

剖析器允许通过函数或者用户定义的剖析范围来分析任何事件。剖析器可执行独占式或非独占式。对于每一个范围，剖析器可以包含事件的最大计数或最小计数，剖析的数据可以存储到一个文本文件中以便后期处理。剖析器可以应用于 CCS 的各种目标配置类型。

2）多事件剖析器

通过集成开发环境 CCS 中的 ATK（Analysis Tool Kit）提供的多事件剖析器工具，DSP 程序员可以查看各种函数或源代码的剖析结果。并且能同时查看多个事件的非独占剖析。最后，剖析的数据能够以 Excel 电子表格形式进行查看和处理，从而为程序员提供了强大的分析和可视能力。

3）仿真器分析

仿真器分析插件能够以交互的方式，同时获取不同事件的计数。该工具也能够在事件发生时再使能程序断点，这对于定位事件发生时的精确状态非常有用。C6000 和 C5500 仿真平台均提供了此类仿真器分析工具。

4）流水分析工具

C5500 仿真器提供了流水分析工具，它可以观察处理器流水的每一条指令状态，并在 GUI 中可视化展示在用资源和堵塞资源，同时该工具还提供了重要事件如堵塞、指令等计数汇总。特别地，流水分析工具提供了理解 CPU 已用资源的详细信息，该信息可应用于优化汇编代码。

5）缓存分析工具

缓存分析工具提供了高速缓存访问结果的视图展示功能。缓存的数据“命中”与“缺失”行为可以通过基于时间或地址的模式来查看。分析缓存访问状态对于确定由缓存活动带来的性能损失源头非常有用，该工具提供了访问任何内存空间的源代码级信息。特别需要说明的是，分析工具能够展示哪些地址与给定地址可能发生了冲突，详细掌握访问状态以及缓存冲突将有助于优化内存布局，同时有助于掌握用户算法是如何使用高速缓存的。缓存分析工具也是通过 CCS 的 ATK 一起发布的。

CCS 开发环境从 v6 版本开始不再提供软件仿真器 Simulator。所以 DSP 用户如果想纯粹地研究或优化 DSP 算法，建议使用 CCS v5.5 及更早的版本。

5.2　创建源文件

软件仿真通常用于前期的算法编程、优化与验证等环节。该仿真模式无需目标评估板 EVM 或者硬件仿真器 Emulator，一台装有 CCS 的电脑即可开展 DSP 软件设计与编程等工作。Simulator 为 DSP 应用系统的快速成型与加速市场占有提供了重要的平台工具，同时，软件编程的层次化、模块化便于分清开发任务，明确各自责任。模块间的低耦合便于模块的重复使用。本节以对彩色图像做反色处理为任务载体，详细讲解在 DSP 软件开发中建立静态库程序、可执行应用程序、命令文件和目标配置等过程。

5.2.1 静态算法库程序

静态算法库程序是对数据源内存到目的内存的处理。算法是对数据的某种特定功能的处理，例如算法输出与输入具有相同格式数据，包括图像空间格式转换、图像恢复，即输入和输出均为图像。算法提取那些输入数据的特征如目标位置或计数等，即输入图像给算法程序，则算法输出目标位置或数量。DSP 软件开发有别于 VS、VC，无动态链接库*.dll 文件，只有静态库*.lib 文件。本节将实现一个对彩色图像做反色处理的静态算法库 DSP 程序。

1.图像位图文件

图像位图 BMP(Bitmap)是电脑中常见的图像文件格式。它是 Windows 操作系统中的标准图像文件格式。BMP 文件分为：设备相关位图(DDB)和设备无关位图(DIB)，其中后者使用更广泛。BMP 采用位映射存储格式，通常不采用任何压缩方式，所以 BMP 文件占用硬盘空间较大。BMP 文件的图像深度(即像素点的位表示长度)可为 1bit、4bit、8bit 或 24bit。BMP 文件在存储数据时，其扫描方式是按照从左到右、从下到上的顺序进行的。所以软件人员通过编程直接显示 BMP 文件时，其显示的图像是镜像颠倒的。由于 BMP 文件格式是 Windows 环境中与图像有关的一种数据标准，因此 Windows 环境中运行的图形图像软件都支持 BMP 图像格式。

典型的 BMP 图像文件由四部分组成，如图 5.1 所示。其中调色板非必需，仅对单色、16 色和 256 色图像文件所特有。

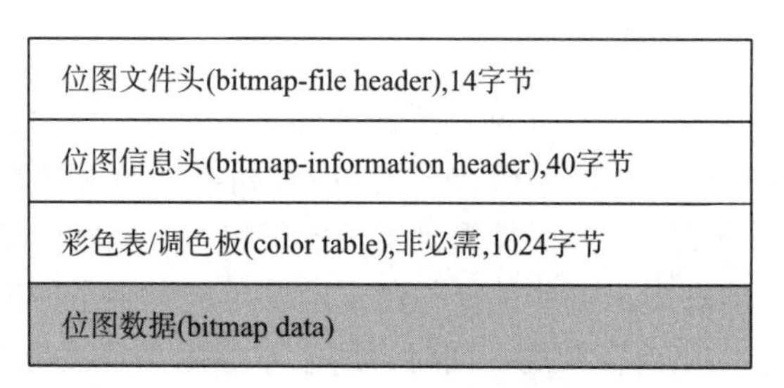

图 5.1 BMP 图像文件构成

1)位图文件头

该数据结构包含 BMP 图像文件的类型、文件大小和位图数据起始位置等信息。以下为该结构的字段定义。

BITMAPFILEHEADER 结构体实际大小为 14 字节。但是由于该结构体大小不是 4 的整倍数，因此某些特定平台在使用函数 sizeof(BITMAPFILEHEADER)求取结构体大小时可能是 16，而不是 14。

```
typedef unsigned short WORD;
typedef unsigned int DWORD;
typedef int LONG;
typedef unsigned char BYTE;
typedef struct tagBITMAPFILEHEADER {
  WORD  bfType; //位图文件的类型，必须为BM(第1～2字节)
  DWORD bfSize; //位图文件的大小，以字节为单位(第3～6字节，低位在前)
  WORD  bfReserved1; //位图文件保留字，必须为0(第7～8字节)
  WORD  bfReserved2; //位图文件保留字，必须为0(第9～10字节)
  DWORD bfOffBits;   //位图数据的起始位置，文件头偏移量(第11～14字节，低位在前)
}BITMAPFILEHEADER;
```

2)位图信息头

该数据结构包含 BMP 图像的宽度、高度、像素位深及压缩方法，以及定义颜色等信息。以下为该结构的字段定义。

```
typedef struct tagBITMAPINFOHEADER {
  DWORD  biSize;   //本结构体所占字节数(第15～18字节).
  LONG   biWidth;  //图像的宽度，以像素为单位(第19～22字节).
  LONG   biHeight; //图像的高度，以像素为单位(第23～26字节).
  WORD   biPlanes; //图像平面数，必须为1(第27～28字节).
  WORD   biBitCount; //每个像素所需的位数，1(双色)，4(16色)，8(256色)
                   //16(高彩色)，24(真彩色)(第29～30字节).
  DWORD  biCompression; //位图压缩类型，0(不压缩)，1(BI_RLE8压缩类型)
                         //2(BI_RLE4压缩类型)(第31～34字节).
  DWORD  biSizeImage;  //位图的大小(含添加的空字节)，以字节为单位(第35～38字节).
  LONG   biXPelsPerMeter; //位图水平分辨率，每米像素数(第39～42字节).
  LONG   biYPelsPerMeter; //位图垂直分辨率，每米像素数(第43～46字节).
  DWORD  biClrUsed;       //位图实际使用的颜色表中的颜色数(第47～50字节).
  DWORD  biClrImportant;  //位图显示过程中的重要颜色数(第51～54字节).
}BITMAPINFOHEADER;
```

BITMAPINFOHEADER 结构体大小为 40 字节。Windows 规定一个扫描行所占的字节数必须是 4 的倍数(即以 long 为单位)，不足的以 0 来填充。所以字段 biSizeImage 包含了为补齐一行像素数为 4 的倍数而添加的空字节，即用(biWidth*biBitCount+31)/32*4*biHeight 来计算 biSizeImage 的值。

3)调色板

调色板又称彩色表，这个部分是可选项。调色板是双色、16 色和 256 色图像文件所特有。其他位图如 16 位、24 位的 BMP 就不需要调色板。该结构的定义如下。

```
typedef struct tagRGBQUAD {
  BYTE  rgbBlue;  //蓝色的亮度(值范围为0～255)
  BYTE  rgbGreen; //绿色的亮度(值范围为0～255)
  BYTE  rgbRed;   //红色的亮度(值范围为0～255)
  BYTE  rgbReserved; //保留，必须为0
}RGBQUAD;
```

调色板用于说明位图中的颜色，它有若干个表项，每一个表项是一个 4 字节结构体定义的一种颜色，后续的位图数据是指向该调色板的索引值。

4) 位图数据

位图数据内容根据 BMP 位图使用的位数不同而不同。如果图像是双色、16 色和 256 色，则紧跟着调色板的是位图数据，而位图数据是指向调色板的索引序号。如果位图是 16 位色、24 位色和 32 位色，则图像文件中不保留调色板，即不存在调色板，图像的颜色值直接在位图数据中给出。16 位图像使用 2 字节保存颜色值，常见有 555 和 565 两种格式。555 格式只使用了 15 位，最后一位保留为 0；24 位图像使用 3 字节保存颜色值，每一个字节代表一种颜色，按照蓝 B、绿 G、红 R 排列；32 位图像使用 4 字节保存颜色值，每一个字节代表一种颜色，除了原来的蓝、绿、红，还有一个 Alpha 通道，即透明色。

图 5.2 展示了一幅 720×576 大小的 24 位真彩色图像十六进制 HEX 格式显示。位图的大小 bfSize=0x0012FC36，图像宽 biWidth=0x000002D0（即 720），图像高 biHeight=0x00000240（即 576），biPlanes=1，biBitCount=0x0018（即 24），biSizeImage=0x0012FC00。

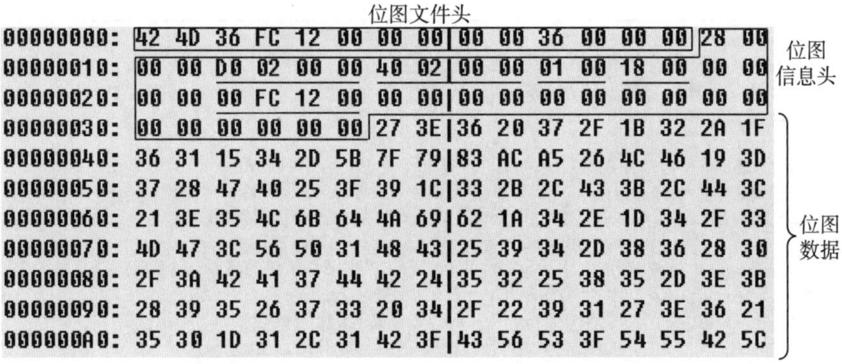

位图文件头

```
00000000: 42 4D 36 FC 12 00 00 00|00 00 36 00 00 00 28 00
00000010: 00 00 D0 02 00 00 40 02|00 00 01 00 18 00 00 00
00000020: 00 00 00 FC 12 00 00 00|00 00 00 00 00 00 00 00
00000030: 00 00 00 00 00 00 27 3E|36 20 37 2F 1B 32 2A 1F
00000040: 36 31 15 34 2D 5B 7F 79|83 AC A5 26 4C 46 19 3D
00000050: 37 28 47 40 25 3F 39 1C|33 2B 2C 43 3B 2C 44 3C
00000060: 21 3E 35 4C 6B 64 4A 69|62 1A 34 2E 1D 34 2F 33
00000070: 4D 47 3C 56 50 31 48 43|25 39 34 2D 38 36 28 30
00000080: 2F 3A 42 41 37 44 42 24|35 32 25 38 35 2D 3E 3B
00000090: 28 39 35 26 37 33 20 34|2F 22 39 31 27 3E 36 21
000000A0: 35 30 1D 31 2C 31 42 3F|43 56 53 3F 54 55 42 5C
```

位图信息头

位图数据

图 5.2　某 24 位 BMP 文件数据的 HEX 格式显示

chap_5_app/bmp_head_struct.h 中展示了有关 BMP 文件的上述数据结构定义。

2.算法的对外接口

本节介绍使用 CCS 创建静态库算法工程的过程。一般来说，算法包含创建 create、处理 process 和销毁 destroy 三个过程。创建与销毁相对应，即内存或算法实例的创建和释放。每帧图像或每个语音包数据调用一次算法处理。

1) 创建算法库工程

选择菜单 Project/New CCS Project 启动工程创建向导，如图 5.3 所示。命名库工程名称 chap_5_lib，输出类型为 Static Library，设备为 C6000 系列中的 C674x，输出文件格式为 legacy COFF，建立一个 Empty Project。

2) 创建头文件*.h 及源文件*.c

空工程不包含任何可编辑的源文件。可选择菜单 File/New/Header File、File/New/Source File 分别启动头文件和源文件的创建向导，如图 5.4、图 5.5 所示。在命名时，应同时输入扩展名，以便帮助 CCS 选择恰当的文件模板。

本算法的处理任务是将输入的交织格式 BGR 数据做反色处理，然后返回 BGR 反色结果。根据算法接口的功能，在 ImageInverse.h 中定义算法的三个操作 CREATE、DESTROY、

PROCESS 以及算法对外接口函数 image_inverse。应用层借助该接口函数使用不同的操作名称，可实现算法的不同处理。DSP_ALG_CREATE 表示算法创建，DSP_ALG_DESTROY 表示算法销毁，DSP_ALG_PROCESS 表示算法处理。

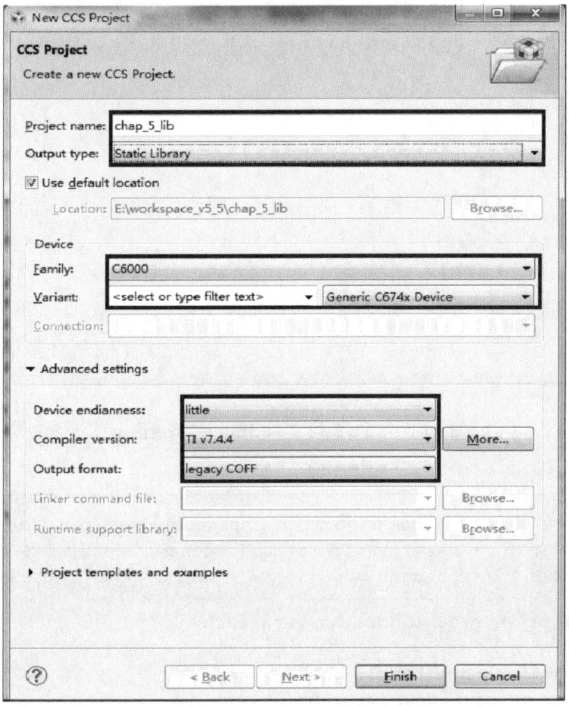

图 5.3　创建算法库工程向导

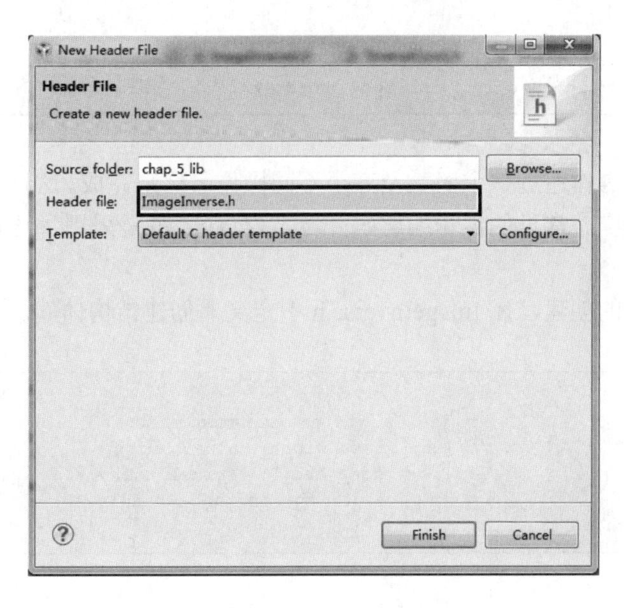

图 5.4　创建头文件 ImageInverse.h

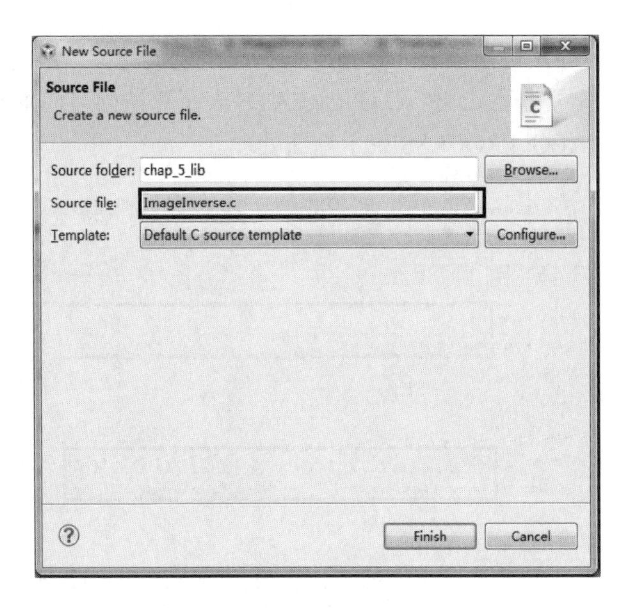

图 5.5 创建源文件 ImageInverse.c

```
#define DSP_ALG_CREATE  0 /* create algorithm instance; returns 0 on success */
#define DSP_ALG_DESTROY 1 /* destroy algorithm instance; returns 0 on success */
#define DSP_ALG_PROCESS 2 /* process algorithm; returns 0 on success */
/*------------------------------------------------------------------------
 * Description:   image inverse algorithm interface
 * Parameters:
 *  -handle: algorithm instance handle
 * -opt   : operation one of CREATE/DESTROY/PROCESS
 * -param1: parameter 1 pointer
 * -param2: parameter 2 pointer
 * Return value:
 *   =0: successful; <0: failed
 * ------------------------------------------------------------------------*/
int image_inverse(void *handle, int opt, void *param1, void *param2);
```

本算法的三个操作通过一个函数及三个不同操作名称来完成。这种算法构建方式简洁明了，非常值得推广。常见的视频编解码开源工程 Xvid 就是采用了这种单接口形式的库来实现的。

为了实现算法的创建，在 ImageInverse.h 中定义“创建结构体”。

```
typedef struct {
  int version;                /* [in] algorithm version */
  int width;                  /* [in] frame width, pixel units */
  int height;                 /* [in] frame height, pixel units */
  void *handle;               /* [out] algorithm instance handle */
} image_inverse_create_t;
```

为了将图像传入到算法，处理结果返回应用程序，在 ImageInverse.h 中定义“图像帧结构体”。

```
typedef  struct {
  int  formatImage;           /* [in] RGB or YUV, not used*/
  unsigned  char  *pInImage;  /* [in] packed image pointer*/
  unsigned  char  *pOutData;  /* [out] packed image pointer*/
  int   length;               /* [out] length of result */
} image_inverse_frame_t;
```

为了获取每次数据处理的状态，在 ImageInverse.h 中定义“状态结构体”。

```
typedef  struct {
int  width;                   /* [out] frame width,  pixel units */
int  height;                  /* [out] frame height,  pixel units */
int  RsvParam1; /* reserved parameter 1 */
int  RsvParam2; /* reserved parameter 2 */
} image_inverse_state_t;
```

至此，应用程序与算法程序的数据结构有了统一定义，接下来就是算法的对外接口 image_inverse()具体实现，其过程如下。

```
int  image_inverse(void  *handle,  int  opt,  void *param1,  void *param2)
{
     switch  (opt){
     case DSP_ALG_PROCESS:
          return  ljz_alg_process(
                       (C674x_inverse_t *)handle,
                       (image_inverse_frame_t *)param1,
                       (image_inverse_state_t *)param2);
     case DSP_ALG_CREATE:
          return  ljz_alg_create((image_inverse_create_t *)param1);
     case DSP_ALG_DESTROY:
          return  ljz_alg_destroy((C674x_inverse_t *)handle);
     default:
          return  C674X_ERR_FAIL;
     }
}
```

该接口函数是连接应用程序与算法核心的桥梁，算法实例根据传入的操作名称 opt 调用实际的功能模块。接下来是算法功能模块的实现。

3.算法的三个功能模块

1)算法功能模块定义

在实际的 DSP 应用系统中，有时算法的实例对象是多个，即一套算法代码，但是多个算法实例在运行，如多路视频图像编码，就需要将算法的所有内存或变量即上下文场景信息封装在一个结构体中，称之为“算法结构体”。首先创建头文件 InverseCore.h，并定义算法结构体 C674x_inverse_t，如下：

```
/*------------------------------------------------------------------------------
 * C674x inverse t structure definition
 * This structure used for internal algorithm
 *----------------------------------------------------------------------------*/
typedef struct C674x_inverse_t{
     unsigned char *pImgSrcR;   /*source image R, w*h */
     unsigned char *pImgSrcG;   /*source image G, w*h */
     unsigned char *pImgSrcB;   /*source image B, w*h */
     unsigned char *pImgDstR;   /*destination image R, w*h */
     unsigned char *pImgDstG;   /*destination image G, w*h */
     unsigned char *pImgDstB;   /*destination image B, w*h */
     int width;
     int height;
} C674x_inverse_t;
```

接下来在头文件中对算法的三个功能模块进行定义。在 InverseCore.h 中定义算法创建模块 ljz_alg_create()，如下：

```
/*------------------------------------------------------------------------------
 * Description:   create algorithm instance, and allocate memories
 * Parameters:
 *  -param1: create structimage_inverse_create_t
 * Return value:
*       0: successful;  -1: failed
* ----------------------------------------------------------------------------*/
int ljz_alg_create(image_inverse_create_t *param1);
```

在 InverseCore.h 中定义算法销毁模块 ljz_alg_destroy()，如下：

```
/*------------------------------------------------------------------------------
 * Description:  destroy algorithm, and free memories
 * Parameters:
 *    -handle:  algorithm structure C674x_inverse_t
 * Return value:
*       0: successful;  -1: failed
* ----------------------------------------------------------------------------*/
int ljz_alg_destroy(C674x_inverse_t *handle);
```

在 InverseCore.h 中定义算法处理模块 ljz_alg_process，如下：

```
/*------------------------------------------------------------------------------
 * Description  : process the input frame, output the resulting frame and state
 * Parameters:
 *   -handle: algorithm structure C674x_inverse_t
 *   -param1: frame structure image_inverse_frame_t
 *   -param2: state structure image_inverse_state_t
 * Return value:
 *     0: successful;  -1: failed
 * ----------------------------------------------------------------------------*/
int ljz_alg_process(C674x_inverse_t *handle,
          image_inverse_frame_t *param1,
          image_inverse_state_t *param2);
```

2) 算法功能模块实现

接下来是实现上述三个算法功能模块的过程。算法创建模块 ljz_alg_create() 负责创建算法实例，并申请三个内存空间保存待处理的图像，三个内存空间保存处理结果图像。在 InverseCore.c 中实现三个函数过程。

```
int  ljz_alg_create(image_inverse_create_t *param1){
     C674x_inverse_t *C674x_inverse;  //算法句柄
     int width = param1->width;  //图像的宽度
     int height= param1->height; //图像的高度
     C674x_inverse = (C674x_inverse_t *)malloc(sizeof(C674x_inverse_t)); //申请内存
     if (C674x_inverse==NULL)goto alloc_memory_err;
     memset(C674x_inverse, 0, sizeof(C674x_inverse_t));    //内存清零

     C674x_inverse->pImgSrcB = (unsigned char *)malloc(width*height); //申请内存
     C674x_inverse->pImgSrcG = (unsigned char *)malloc(width*height); //申请内存
     C674x_inverse->pImgSrcR = (unsigned char *)malloc(width*height); //申请内存
     if (C674x_inverse->pImgSrcB==NULL ||C674x_inverse->pImgSrcG==NULL ||
         C674x_inverse->pImgSrcR==NULL)
         goto alloc_memory_err;    //申请失败

     C674x_inverse->pImgDstB = (unsigned char *)malloc(width*height); //申请内存
     C674x_inverse->pImgDstG = (unsigned char *)malloc(width*height); //申请内存
     C674x_inverse->pImgDstR = (unsigned char *)malloc(width*height); //申请内存
     if (C674x_inverse->pImgDstB==NULL ||C674x_inverse->pImgDstG==NULL ||
        C674x_inverse->pImgDstR==NULL)
        goto alloc_memory_err;    //申请失败

     C674x_inverse->width = width; C674x_inverse->height= height;  //保存图像宽和高
     param1->handle = C674x_inverse; //保存算法句柄
     return 0;
alloc_memory_err:
     return C674X_ERR_MEMORY;  //内存出错，创建失败
}
```

上述模块首先创建算法的实例句柄，并将内存空间清零。申请的三个内存空间 (pImgSrcR, pImgSrcG, pImgSrcB) 分别存储了原始图像的 R、G、B 三个分量平面。稍后又申请三个内存空间 (pImgDstR, pImgDstG, pImgDstB) 来分别存储结果图像的 R、G、B 三个分量平面。将图像宽度和高度保存到算法实例中。最后保存算法句柄。

算法销毁模块 ljz_alg_destroy() 与算法创建模块相对应，释放有关内存空间。

```
int  ljz_alg_destroy(C674x_inverse_t *handle){
     C674x_inverse_t *C674x_inverse = handle;
     free(C674x_inverse->pImgDstR);
     free(C674x_inverse->pImgDstG);
     free(C674x_inverse->pImgDstB);
     free(C674x_inverse->pImgSrcR);
     free(C674x_inverse->pImgSrcG);
     free(C674x_inverse->pImgSrcB);
     free(C674x_inverse);      //释放算法实例句柄
     return 0;
}
```

算法处理模块 ljz_alg_process()负责将传入的一帧图像做反色处理，并将处理结果存储给目的内存空间，具体实现过程如下：

```
int ljz_alg_process(C674x_inverse_t *handle,
                    image_inverse_frame_t *param1, image_inverse_state_t *param2){
    C674x_inverse_t *C674x_inverse=handle;
    int i, j;
    int width = C674x_inverse->width;
    int height= C674x_inverse->height;
    /*1.************packed BGR to planar B, G and R ********************/
    pkRGB2plRGB(param1->pInImage,
              C674x_inverse->pImgSrcB, C674x_inverse->pImgSrcG, C674x_inverse->pImgSrcR,
              width, height);
    /*2.******************* process the pixels***********************/
    for (i=0; i<height; i++){
        unsigned char *pSrcRowB = C674x_inverse->pImgSrcB + i*width; //指向i行
        unsigned char *pSrcRowG = C674x_inverse->pImgSrcG + i*width;
        unsigned char *pSrcRowR = C674x_inverse->pImgSrcR + i*width;
        unsigned char *pDstRowB = C674x_inverse->pImgDstB + i*width; //指向i行
        unsigned char *pDstRowG = C674x_inverse->pImgDstG + i*width;
        unsigned char *pDstRowR = C674x_inverse->pImgDstR + i*width;
        for (j=0; j<width; j++){
            pDstRowB[j] = 255 - pSrcRowB[j];
            pDstRowG[j] = 255 - pSrcRowG[j];
            pDstRowR[j] = 255 - pSrcRowR[j];
        }
    }
    /*3.****************planar B, G and R to packed BGR*****************/
    plRGB2pkRGB(param1->pOutData,
              C674x_inverse->pImgDstB, C674x_inverse->pImgDstG, C674x_inverse->pImgDstR,
              width, height);
    param2->width = width; param2->height= height;
    return 0;
}
```

该模块首先将图像数据交织格式转换成平面格式，实现数据输入；接着是算法核心部分即反色处理，由于图像分量最大值为 255，所以反色处理后高亮度值变低，低亮度值变高。最后将反色图像的平面格式再转换成交织格式。

4.图像格式转换

图像格式的转换，指交织 RGB 与平面 RGB 的互换。24 位 BMP 位图文件的图像数据是以 BGR 顺序交织的。为了方便算法处理，通常将三个分量分离成独立的平面，反色处理完毕后再将独立的平面格式排列成交织格式。在当前工程中定义源文件 RGB2RGB.c 和头文件 RGB2RGB.h。

函数 pkRGB2plRGB 负责将一个交织 packed 的图像分离为三个平面 planar 的图像。

```
void pkRGB2plRGB(unsigned char *pSrcBGR, unsigned char *pDstB, unsigned char *pDstG,
                 unsigned char *pDstR, int width, int height){
    int i, j;
    for (i=0; i<height; i++){
        unsigned char *pDstRowB = pDstB + i*width; //待写入的B的行起始地址
```

```
        unsigned char *pDstRowG = pDstG + i*width;  //待写入的G的行起始地址
        unsigned char *pDstRowR = pDstR + i*width;  //待写入的R的行起始地址
        unsigned char *pRowBGR  = pSrcBGR + i*width*3; //待读取的BGR的行起始地址
        for (j=0; j<width; j++){
            pDstRowB[j] = pRowBGR[j*3+0];  //B 分量
            pDstRowG[j] = pRowBGR[j*3+1];  //G分量
            pDstRowR[j] = pRowBGR[j*3+2];  //R分量
        }
    }
}
```

每个像素点由三个分量组成，所以待读取 BGR 的行跨度为图像宽度(即一行像素个数)的 3 倍。特别注意的是，交织格式的像素分量排列顺序为 B、G、R 而不是 R、G、B。

```
void plRGB2pkRGB(unsigned char *pDstBGR, unsigned char *pSrcB, unsigned char *pSrcG,
        unsigned char *pSrcR, int width, int height){
    int i, j;
    for (i=0; i<height; i++){
        unsigned char *pSrcRowB = pSrcB + i*width; //待读取的B的行起始地址
        unsigned char *pSrcRowG = pSrcG + i*width; //待读取的G的行起始地址
        unsigned char *pSrcRowR = pSrcR + i*width; //待读取的R的行起始地址
        unsigned char *pRowBGR = pDstBGR + i*width*3; //待写入的BGR的行起始地址
        for (j=0; j<width; j++){
            pRowBGR[j*3+0] = pSrcRowB[j];  //B 分量
            pRowBGR[j*3+1] = pSrcRowG[j];  //G 分量
            pRowBGR[j*3+2] = pSrcRowR[j];  //R 分量
        }
    }
}
```

函数 plRGB2pkRGB 负责将三个平面 planar 的图像组合为一个交织 packed 的图像。

至此静态算法库工程及有关源文件创建完毕，所有工程文件见 chap_5_lib 目录。选择菜单 Project/Build Project 构建工程，生成 chap_5_lib.lib 静态库文件。静态库自身不能运行，需要被可执行应用程序或其他静态库调用。接下来讲解如何建立可执行应用程序及其必需文件。

5.2.2　可执行应用程序

图像反色处理算法静态库已经构建，后续的可执行应用程序首先创建算法实例，然后读取图像文件数据，将数据传给算法做处理，最后将处理结果保存到新的图像文件中，退出时销毁算法实例，关闭图像文件，释放有关内存。该应用程序的流程图如图 5.6 所示。图中阴影模块为算法静态库的调用过程。

1.创建工程

启动工程创建向导，如图 5.7 所示。定义工程名为chap_5_app，设备选择为C6000 系列的 C674x。字节大小端、编译器、输出格式、命令文件和运行支持库的设置如图中所示。创建工程模板采用带有 main.c 文件的空工程。

为实现应用程序调用库程序，需要将静态库的头文件所在路径添加到当前应用程序的环境参数配置中。在活动工程 chap_5_app 上点击鼠标右键“Properties”，激活如图 5.8 所示的添加包含路径向导。手动定位、添加 chap_5_lib 目录，从而使应用程序能够访问该目录下的头文件 ImageInverse.h。

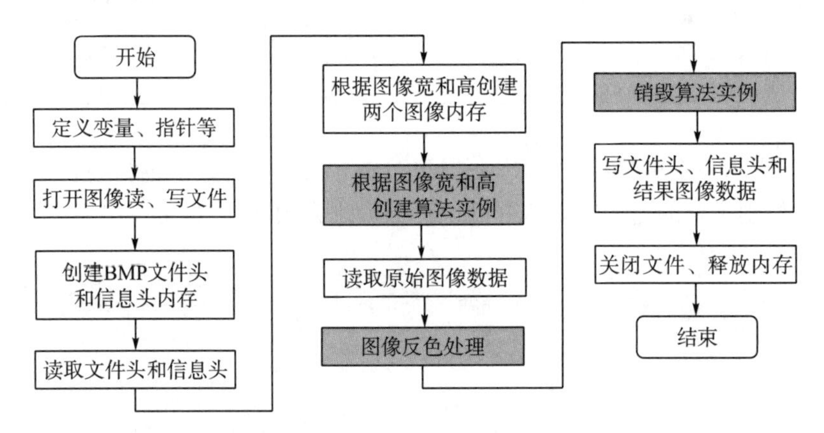

图 5.6　图像反色处理应用程序流程图

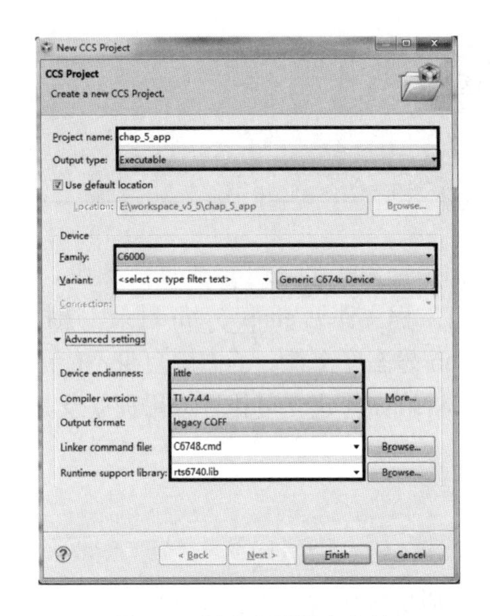

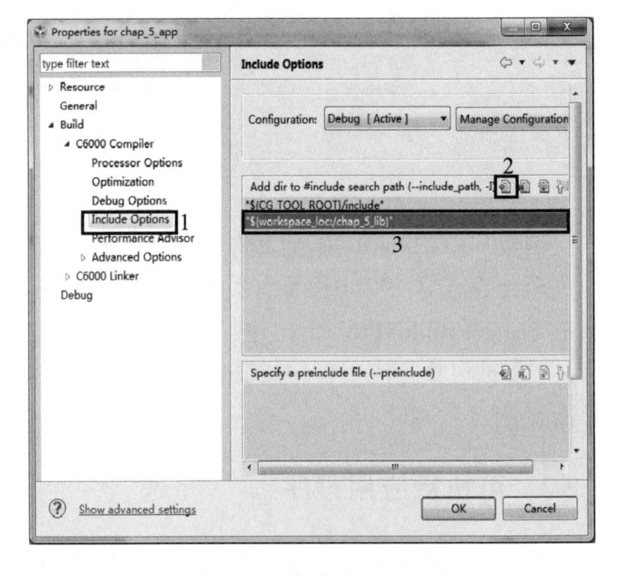

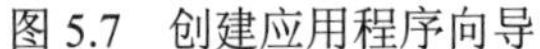
图 5.7　创建应用程序向导　　　　图 5.8　添加包含路径向导

2.创建应用主程序

在静态算法库的创建中，曾介绍过图像位图文件的有关数据结构，并定义在文件 bmp_head_struct.h 中。在头文件 ImageInverse.h 中对算法的数据结构做了定义，所以在应用主程序 main.c 中应包含这两个头文件，并定义位图结构和算法实例的全局变量。

```
#include <stdio.h>
#include <stdlib.h>
#include <string.h>
#include "ImageInverse.h"    //算法库头文件
#include "bmp_head_struct.h" //图像BMP文件数据结构头文件

image_inverse_create_t  inverse_create;  //算法库中的创建数据结构
image_inverse_frame_t   inverse_frame;   //算法库中的图像帧数据结构
image_inverse_state_t   inverse_state;   //算法库中的状态数据结构

BITMAPFILEHEADER *p_bmpFileHead;  //BMP文件头数据结构，14字节
BITMAPINFOHEADER *p_bmpInfoHead;  //BMP信息头数据结构，40字节
void  *handle;  //算法实例句柄
```

应用程序打开当前工程目录下的 bmps/nature.bmp 图像源文件，并创建 bmps/nature_inverse.bmp 图像处理后文件。

```
int  main(void){
     int  SizeImage;      //图像占用内存空间大小，以字节为单位
     int  width, height;   //图像宽度和高度
     FILE *file_src = NULL; //原始图像BMP文件
     FILE *file_dst = NULL; //目标图像BMP文件
     BYTE *p_src = NULL,  *p_dst = NULL; //分别存储原始图像和目标图像的内存
     file_src = fopen("..//bmps//nature.bmp", "rb");         //打开原始图像文件
     if (! file_src){
           printf("file_src open error! \n");
           return -1;
     }
     file_dst = fopen("..//bmps//nature_inverse.bmp", "wb"); //打开目标图像文件
     if (! file_dst){
           printf("file_dst open error! \n");
           return -1;
     }
     p_bmpFileHead = (BITMAPFILEHEADER *)malloc(14);  //位图文件头结构内存，14字节
     p_bmpInfoHead = (BITMAPINFOHEADER *)malloc(40);  //位图信息头结构内存，40字节
     fread(p_bmpFileHead, 1, 14, file_src);  //从图像文件读取14字节的文件头
     fread(p_bmpInfoHead, 1, 40, file_src);  //从图像文件读取40字节的信息头
     width = p_bmpInfoHead->biWidth;    //获取图像宽度
     height= p_bmpInfoHead->biHeight;  //获取图像高度
     SizeImage = width*height*3;  //计算图像占用内存空间大小
     p_src = (BYTE *)malloc(SizeImage); //原始图像内存
     p_dst = (BYTE *)malloc(SizeImage); //目标图像内存
     if ((! p_src)|| (! p_dst)){
           printf("error in malloc for image data! \n");
           return -1;
     }
     …
```

上述过程首先为 BMP 文件的文件头和信息头结构申请内存，然后从原始图像读取 14 字节的位图文件头，40 字节的位图信息头，最后根据图像大小为原始图像和目标图像的数据空间申请内存。

接下来依次实现创建算法实例，读取图像数据，调用反色处理算法和销毁算法实例。

```
//1.------------------------------------------------------------create
inverse_create.width = width;
inverse_create.height= height;
image_inverse(NULL, DSP_ALG_CREATE, &inverse_create, NULL);
handle = inverse_create.handle; //返回算法实例句柄

fread(p_src, 1, SizeImage, file_src); //读取原始图像数据

//2.------------------------------------------------------------inverse
printf("\n---Image Inverse Begin! ---\n");
inverse_frame.pInImage = p_src;
inverse_frame.pOutData = p_dst;
image_inverse(handle, DSP_ALG_PROCESS, &inverse_frame, &inverse_state);
printf("\n---Image Inverse End!  ---\n");

//3.------------------------------------------------------------destroy
image_inverse(handle, DSP_ALG_DESTROY, NULL, NULL);
```

上述过程是对单帧图像做反色处理。如果是对序列图像做处理，则需要循环读取文件、循环调用处理函数，处理完毕或退出程序时再调用销毁模块。

3.添加库文件

头文件 ImageInverse.h 对算法的数据结构和接口进行了定义，但是应用程序为了能够调用算法的函数体，还必须将对应的*.lib 库文件链接到当前应用程序中。向应用程序添加库文件有三种方式，用户任选一种均可实现添加库文件的目的。

1)直接添加文件

在工程管理器中，在活动工程上点击鼠标右键并选择“Add Files”，激活添加文件对话框。选择 chap_5_lib 目录下的 debug/chap_5_lib.lib 文件，确定后完成直接添加。该方式的特点是快速且简单。

2)在 CCS 构建环境中添加

在工程管理器中，在活动工程上点击鼠标右键并选择“Properties”，激活属性设置对话框，定位 Build/C6000 Linker/File Search Path 后，添加库文件 chap_5_lib.lib，以及库搜索路径"${workspace_loc:/chap_5_lib/Debug}"，设置过程如图 5.9 所示。在添加库名称时应注意双引号的格式。

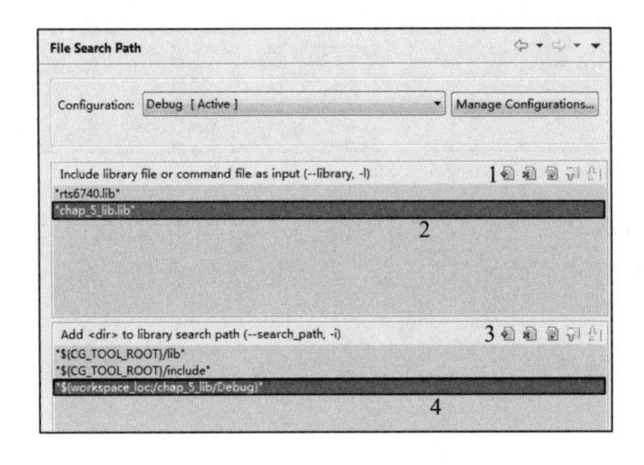

图 5.9 添加库文件搜索路径

3) 在命令文件中添加

将语句-l"..//..//chap_5_lib//Debug//chap_5_lib.lib"添加到*.cmd 命令文件中，旨在链接 chap_5_lib.lib 库文件到当前工程中。因为编辑的库搜索路径较为冗长，所以这种方式易出错。

5.2.3　链接器命令文件

链接器 Linker 的作用是将目标文件链接生成库文件，或者根据命令文件*.cmd 将目标文件链接生成可执行文件。命令文件是 DSP 开发裸程序(即自我调度程序)必不可少的文件。

1.命令文件*.cmd

命令文件主要负责说明程序的代码或数据在内存中如何放置。DSP 目标文件、可执行文件的格式有 COFF、EABI 两种，这与创建工程时的输出文件格式 Output Format 选项设置是关联的，这两种文件格式中的基本单位都是段 section。“.text”段存放代码，“.stack”段用于传递参数或存储局部变量，“.bss”段存放未初始化的全局变量，“.data”段存放数据，“.sysmem”段用于动态内存申请。表 5.2 给出了 DSP 程序文件中的段名及对应用途。

表 5.2　DSP 程序文件中的段名及对应用途

名称	初始化	用途
.text	是	可执行代码
.bss	否	全局未初始化变量
.cinit	是	用于初始化全局变量的表格
.data (COFF ABI)	是	初始化了的数据
.data (EABI)	是、否	汇编器初始化；被链接器更改后则未初始化
.stack	否	系统堆栈
.heap 或.sysmem	否	malloc 堆
.const	是	初始化的全局变量
.switch	是	用于特定的切换跳转表格
.init_array .pint	是	程序开始调用的 C++构造器表格
.cio	否	用于 stdio 函数的缓冲区

链接器的命令文件*.cmd 包括两个命令 MEMORY 和 SECTIONS。MEMORY 负责划分内存，DSP 编程人员根据需要在 DSP 内存中划分各个内存块，即定义内存名称、起始地址、长度和属性；SECTIONS 负责将程序中的某个段映射到 MEMORY 定义的内存空间上。下面给出了 TI 公司提供的 C6748 设备上的 C6748.cmd 文件实例，并根据需要做了修改。

```
-l "..//..//chap_5_lib//Debug//chap_5_lib.lib"
-stack 4096     /* 根据需要修改设定 */
-heap 0x800000  /* 根据需要修改设定 */

MEMORY
{
    SHDSPL2RAM   o = 0x11800000  l = 0x00040000   /* 256kB L2 Shared Internal RAM */
    SHDSPL1PRAM  o = 0x11E00000  l = 0x00008000   /* 32kB L1 Shared Internal Program RAM */
    SHDSPL1DRAM  o = 0x11F00000  l = 0x00008000   /* 32kB L1 Shared Internal Data RAM */
    EMIFACS2     o = 0x60000000  l = 0x02000000   /* 32MB Async Data (CS2)*/
    SHRAM        o = 0x80000000  l = 0x00020000   /* 128kB Shared RAM */
    DDR2         o = 0xC0000000  l = 0x20000000   /* 512MB DDR2 Data */
}

SECTIONS
{
   .text    > DDR2 /* SHRAM */
   .stack   > DDR2 /* SHRAM */
   .bss     > DDR2 /* SHRAM */
   .cio     > DDR2 /* SHRAM */
   .const   > DDR2 /* SHRAM */
   .data    > DDR2 /* SHRAM */
   .switch  > DDR2 /* SHRAM */
   .sysmem  > DDR2 /* SHRAM */
   .far     > DDR2 /* SHRAM */
   .args    > DDR2 /* SHRAM */
   .ppinfo  > DDR2 /* SHRAM */
   .ppdata  > DDR2 /* SHRAM */
   .pinit   > DDR2 /* SHRAM */
   .cinit   > DDR2 /* SHRAM */
}
```

在命令文件中可以将其他库文件或命令文件链接到当前工程中。在命令文件中还可以设置堆 heap 和栈 stack 的大小。由于 chap_5_app 应用程序需要动态分配图像空间，故安全起见使用“-heap”参数设置 0x800000 字节的堆大小。若程序有多层函数调用、函数内部有大型静态数组或多个局部变量，则应增加栈 stack 的大小；若栈不够大，在运行过程中栈会产生溢出，从而导致程序“跑飞”。本工程使用“-stack”参数设置栈的大小为 4096 字节。除了在命令文件中编程设置堆 heap 和栈 stack 的大小外，还可以在 CCS 软件的构建环境中设置，具体可参考第 4 章的 CCS 编辑透视图中的构建设置一节。

在 MEMORY 指令中，定义了各种内存块，包括片上和片外的内存空间。当具体到特定系统硬件资源时，应根据 DSP 设备或实际使用的内存空间定义有效的内存块。“o”表示内存的起始地址，“l”表示内存的长度，单位为字节。特别注意，各内存块之间不能有重叠，否则链接时会提示报错。

在 SECTIONS 指令中，将段映射到 MEMORY 定义的内存块，如果片上空间足够大，可以将所有代码或数据都映射在片上。从系统运行速度来说，这无疑是最佳的，然而，片上的 L1、L2 内存资源都是昂贵的，空间也较小，为此应充分利用片外 DDR2 的内存空间。所以，可以考虑将某些核心代码或数据放置在用户定义的段内，然后映射到 L1 或 L2 空间，不太重要或大型数据放置在 DDR2 上。如何定义用户段将在后续第 6 章的算法优化中进行详细讲解。

本例程将所有段都映射在了 DDR2 上，在软件仿真时这种映射是没问题的，但是对于硬件仿真 Emulator 来说，片外内存 DDR2 在能够读写之前还必须进行配置和初始化，否则程序代码不能下载、内存不能执行读写，从而无法调试程序。这些硬件的初始化和配置任务通常是放在 GEL 文件中来实现。

2.内存映射文件*.map

命令文件用以规划内存如何使用，而实际使用内存的结果则由内存映射文件*.map 来体现。不同目标文件中有相同名字的段，而链接器就是将这些相同段名的内容堆集在一起，根据命令文件的内存使用规则，将其存放于指定的内存位置。目标文件被链接生成可执行文件、内存映射文件的过程如图 5.10 所示。

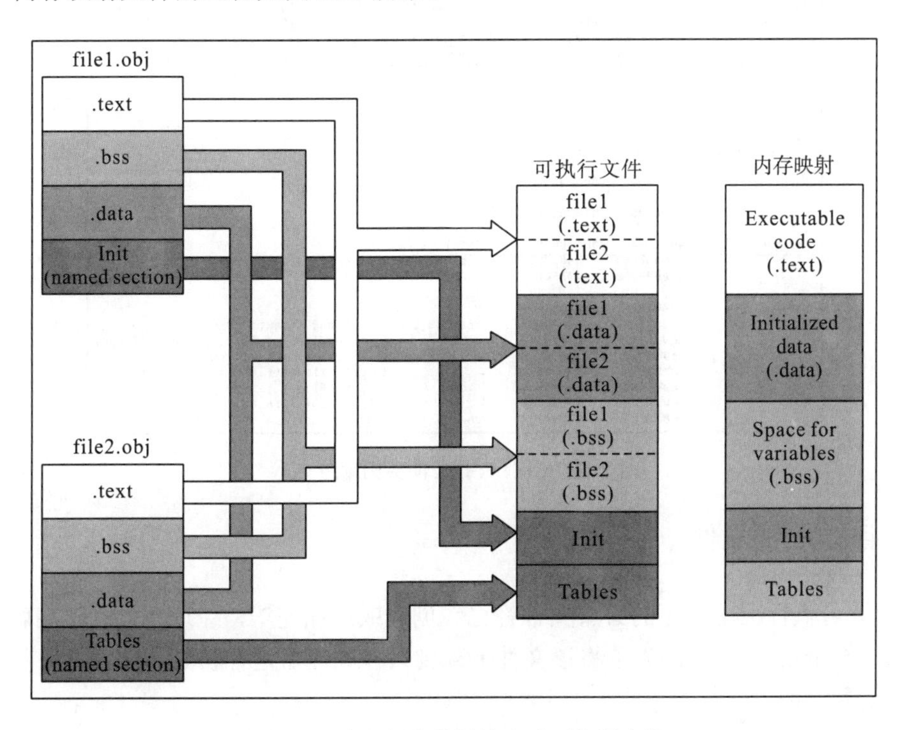

图 5.10　多目标文件链接生成可执行文件

图 5.11 展示了 chap_5_app 工程的映射文件 chap_5_app.map 的部分内容。因为重新构建、编译都会产生新的 map 文件，所以此类文件不应修改或编辑。

DSP 的 C 语言程序入口并不是 main 函数，而是 TI 的标准模块“_c_int00”，此模块实际上是一个中断服务程序，且中断优先级最高。在该模块内部调用主程序 main，执行“CALL _main”后再跳入用户程序。图 5.11 的“ENTRY POINT SYMBOL”就是程序入口标识。

图 5.11 中的存储器配置“MEMORY CONFIGURATION”给出了实际的内存使用情况。由于所有段都映射到了 DDR2 内存，所有的“已用”内存中只有 DDR2 内存空间大小非零，同时也给出了未用空间大小。属性 RWIX 表示该内存块可读、可写、可执行和可被初始化，当内存没有标识其属性时，默认支持这四个属性。“.sysmem”是堆 heap 所在段，内存函数 malloc 等申请的空间均来自该段。“.sysmem”的 length 值 0x800000 与 cmd 文件设置的 heap 大小是一致的。

```
******************************************************************************
              TMS320C6x Linker PC v7.4.4
******************************************************************************
>> Linked Wed Feb 21 09:44:37 2018

OUTPUT FILE NAME:   <chap_5_app.out>
ENTRY POINT SYMBOL: "_c_int00"  address: c0806dc0


MEMORY CONFIGURATION
                         起始地址  长度       已用      未用     属性   填充
         name            origin    length     used     unused   attr    fill
----------------------  --------  ---------  --------  --------  ----  --------
  SHDSPL2RAM             11800000  00040000  00000000  00040000  RWIX
  SHDSPL1PRAM            11e00000  00008000  00000000  00008000  RWIX
  SHDSPL1DRAM            11f00000  00008000  00000000  00008000  RWIX
  EMIFACS2               60000000  02000000  00000000  02000000  RWIX
  SHRAM                  80000000  00020000  00000000  00020000  RWIX
  DDR2                   c0000000  20000000  00808d7f  1f7f7281  RWIX


SECTION ALLOCATION MAP

 output                                  attributes/
section   page    origin      length       input sections
--------  ----  ----------  ----------   ----------------
.pinit     0    c0000000    00000000     UNINITIALIZED

.data      0    c0000000    00000000     UNINITIALIZED

.sysmem    0    c0000000    00800000     UNINITIALIZED
                  c0000000    00000008     rts6740.lib : memory.obj (.sysmem)
                  c0000008    007ffff8     --HOLE--

.text      0    c0800000    00007480
                  c0800000    000005a0     rts6740.lib : divd.obj (.text:__divd)
                  c08005a0    00000580                 : _printfi.obj (.text:__getarg_diouxp)
                  c0800b20    000004c0                 : fwrite.obj (.text:_fwrite)
                  c0800fe0    00000440                 : _printfi.obj (.text:__printfi)
                  c0801420    00000440                 : _printfi.obj (.text:__setfield)
                  c0801860    000003a0                 : fputs.obj (.text:_fputs)
                  c0801c00    00000380     chap 5 lib.lib : InverseCore.obj (.text)
```

图 5.11　内存映射文件实例部分内容

5.2.4　目标配置文件

至此，可执行应用程序的必备文件都已经创建或添加完毕，经过编译、链接后，构建生成 chap_5_app.out 文件。为了将该文件下载到目标处理器进行仿真、调试、跟踪，还需要目标配置文件。

软件仿真环境下的 C674x_simulate.ccxml 目标配置文件曾在前一章的 chap_4 工程中被创建。在 CCS 编辑透视图状态下，选择菜单 View/Target Configurations 打开目标配置窗口，如图 5.12 所示，图中列出了用户定义 User Defined 的可用目标配置文件。在文件 C674x_simulate.

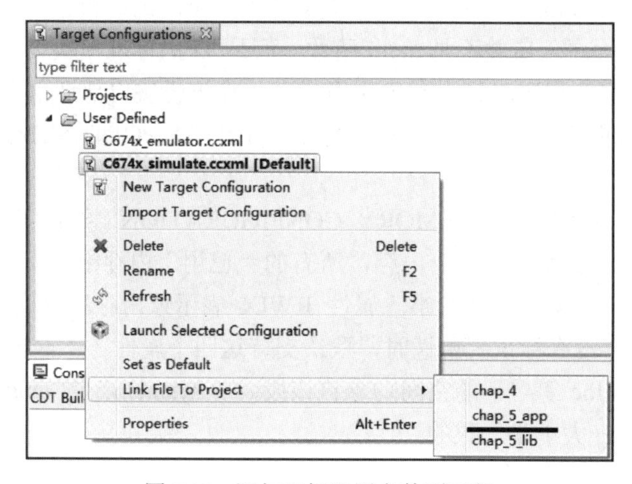

图 5.12　添加目标配置文件到工程

ccxml 上点击鼠标右键选择“Set as Default”可设置为默认的目标配置文件，再次点击右键“Link File To Project”，可将目标配置文件添加到工程 chap_5_app 中。源文件、命令文件、配置文件和添加完成的应用工程 chap_5_app 如图 5.13 所示。

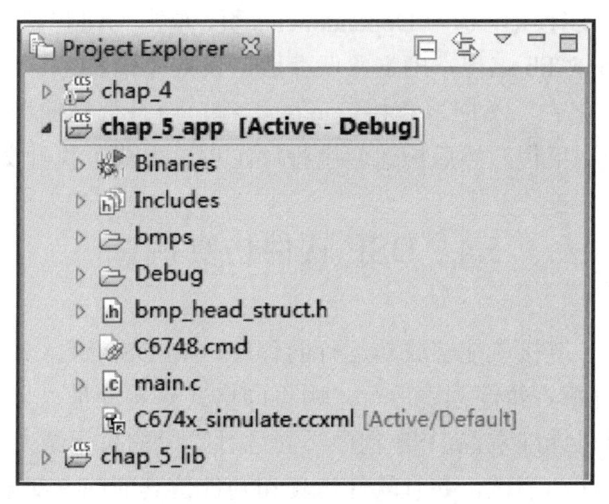

图 5.13　添加完成的应用工程

5.3　工程依赖性配置

应用工程 chap_5_app 的执行结果依赖于算法库工程 chap_5_lib 的功能。算法库通常需要多次编排、反复修改和优化，所以在编译应用工程前都需要重新生成算法库。为了方便调试、提高开发效率，CCS 提供了工程依赖性关联设置，这样在生成应用程序时，编译器会自动地先构建算法库工程然后再构建应用工程。

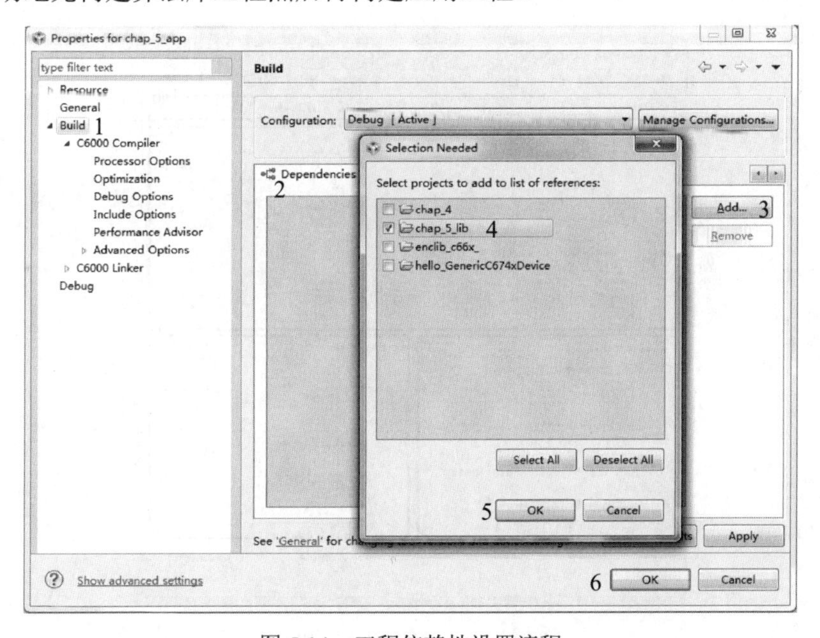

图 5.14　工程依赖性设置流程

本章的前两节分别创建了图像反色处理算法库工程 chap_5_lib 和可执行应用程序工程 chap_5_app，现将应用工程设置为依赖于库工程。在工程管理器中，在活动工程 chap_5_app 上点击鼠标右键，激活属性设置 Properties 对话框，设置流程如图 5.14 中的数字顺序所示。在 Build 属性中，选中 Dependencies 页，单击“Add”激活“Selection Needed”配置，确认选中 chap_5_lib 工程，确定并保存后，设置完毕。

在后续的算法优化中，不用再直接编译库工程，而是直接编译应用程序工程，CCS 会自动地先构建算法库工程，然后构建应用程序工程，生成可执行文件供下载、执行。

5.4 DSP 软件仿真调试

一次编写、编译、链接就能够成功运行的程序，对 DSP 嵌入式开发来说几乎是不可能的事情。CCS 通过断点暂停程序运行，用不同格式查看变量、显示内存，图像化显示内存数据等方式，可以详细掌握 DSP 程序不同运行阶段的执行结果。DSP 算法优化更是需要反复的修改、编译和调试，并且软件仿真和硬件仿真的绝大部分调试技术是相同的，熟练掌握调试方法和调试技术是 DSP 嵌入式开发与实践的重要内容。

点击菜单“Run/Debug”或快捷键“F11”，启动 chap_5_app 应用程序工程的调试模式，进入 CCS 的调试透视图，如图 5.15 所示。为了便于观察各种功能窗口，图中的工具栏已被隐藏，菜单“Window/Show Toolbar”显示工具栏，“Window/Hide Toolbar”隐藏工具栏。

chap_5_app 应用程序的功能是将 bmps 目录下的位图文件打开，根据图像宽度和高度申请内存空间，读取图像数据到内存，输入给算法 chap_5_lib 做反色处理，并将结果输出给应用程序，然后应用程序将反色的图像数据写入新创建的位图文件中。接下来本节以该应用程序为案例，详细讲述调试工具的使用过程和调试方法。

图 5.15 应用程序调试模式

5.4.1　断点设置与运行

当程序某一行设置了断点 breakpoint，则程序运行到该行代码时，CCS 会中断执行。此时 DSP 软件开发人员即可观察程序的变量、指针，并根据上下文场景信息判断程序运行结果与编程期望结果是否一致。在 main.c 中定位代码“height= p_bmpInfoHead->biHeight;”所在行，并在该行之前双击以设置、取消断点，或者在对应代码行，通过点击鼠标右键并选择“Breakpoint (Code Composer Studio)/Breakpoint”，也可实现设置取消断点的目的。

可使用快捷键“F8”全速运行程序，使程序中止在断点所在行，如图 5.16 所示。源代码窗口的左边箭头指示了当前程序计数器 PC 所在位置，断点窗口列出了当前工程中已设置的所有断点。

图 5.16　断点设置与程序调试

程序中止后，CCS 环境保留了已执行程序部分的上下文信息，此时将光标放在某变量上稍停片刻，则 CCS 实时在线提示变量或指针的类型和数值。图中的 width 变量，以十进制 Decimal、十六进制 Hex、八进制 Octal、二进制 Binary 等格式在线显示数值。变量类型及默认十进制格式均给出了数值结果。

在调试程序期间，调试窗口不能关闭，否则就不能继续调试程序。可使用“F6”单步逐句运行，“F5”跳入函数内部运行。断点的设置是为了在程序全速运行时中止，从而观测程序信息。实际上，单步逐句运行或者运行到任意光标所在行是一种非常有用的调试方式，在源代码调试窗口中，点击鼠标右键“Run to Line”或者使用快捷键“Ctrl+R”执行到光标处，都可以让程序快速运行到光标所在行。

5.4.2 查看变量与内存

1.添加变量到观察窗口

一旦程序中止执行，用户即可查看程序中的变量或者内存，确认程序执行结果是否正确。在源代码调试窗口中，选中指针变量 p_bmpFileHead，然后点击鼠标右键选择“Add Watch Expression…”，则可以激活表达式、变量观察窗口，如图 5.17 所示。在观察窗口中可以直接编辑输入变量如 height，确定后系统会展示其数值大小。

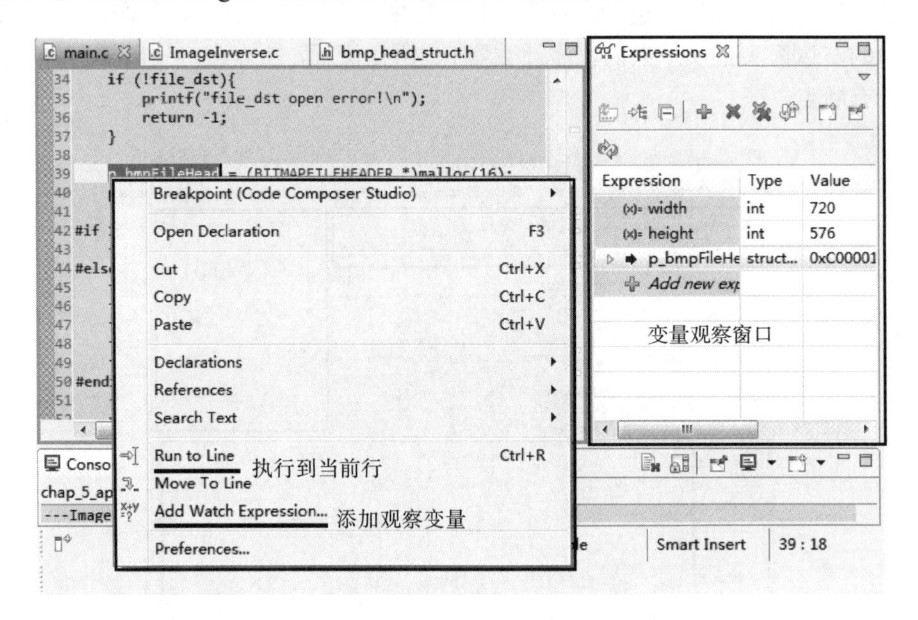

图 5.17 观察程序变量

2.变量多格式查看

变量通常以十六进制 Hex 或十进制 Decimal 的格式显示。对于结构体来说，可以设置所有字段或单个字段的显示格式。图 5.18 展示了变量格式查看方式选择。对于一维变量还可以选择使用 CCS 的内存图形显示功能。

3.查看内存

变量、指针或内存均存放在某个地址指向的空间中。单个的变量或者指针可以直接观察其数值，但是对于内存块来说，就需要专门的内存查看工具、多格式形式查看内存内容。通过选择菜单“View/Memory Browser”启动内存查看窗口，如图 5.19 所示。通过编辑输入内存地址，且以 8-bit Hex-TI 类型查看内存，图中给出了 p_bmpFileHead 内存的显示结果。

图 5.20 展示了内存窗口点击鼠标右键时的内存操作，包括主机文件装载到内存、保存内存到主机文件、用固定值填充内存或将内存可视内容打印为 pdf 文件等操作类型。

图 5.18　变量多格式查看

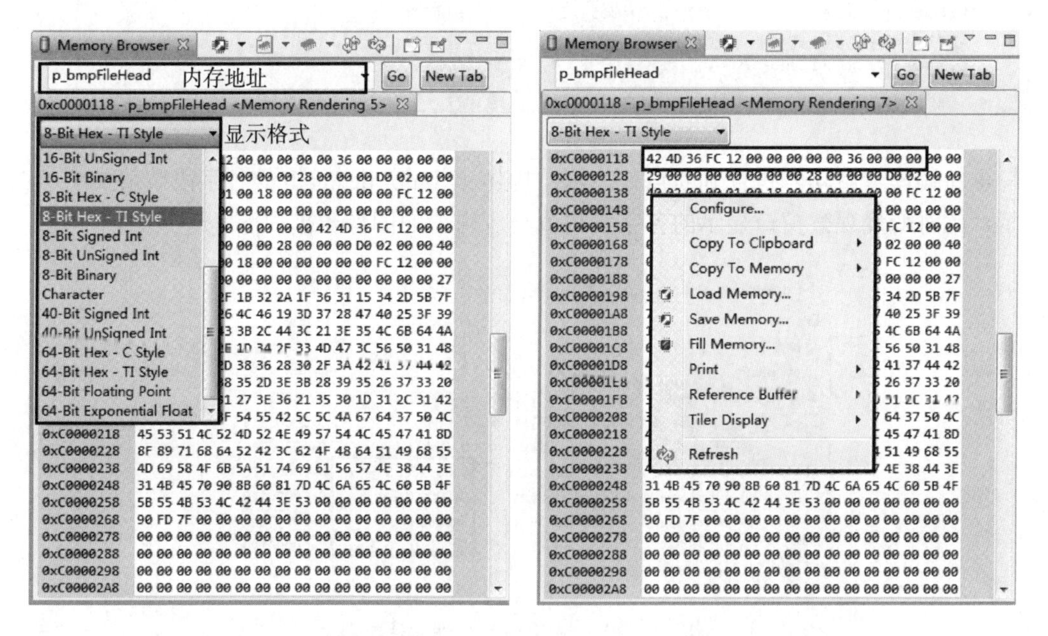

图 5.19　内存数据类型查看　　　　图 5.20　内存操作

通过观察图 5.19 可知，内存的数据内容与硬盘上图像文件的十六进制显示是相同的，但是在变量观察窗口显示的 p_bmpFileHead 结构体字段值却不尽相同。图 5.21 展示了该结构体各个字段的数值大小，观察可知 bfSize 为 0x00000012，bfReserved2 为 0x0036，bfOffBits 为 0x00000000。显然，这些值都是错误的，分析其原因，CCS 以 4 字节对齐显示变量或指针的内容，虽然结构体字段的内容显示是错误的，但内存数据却是正确的。

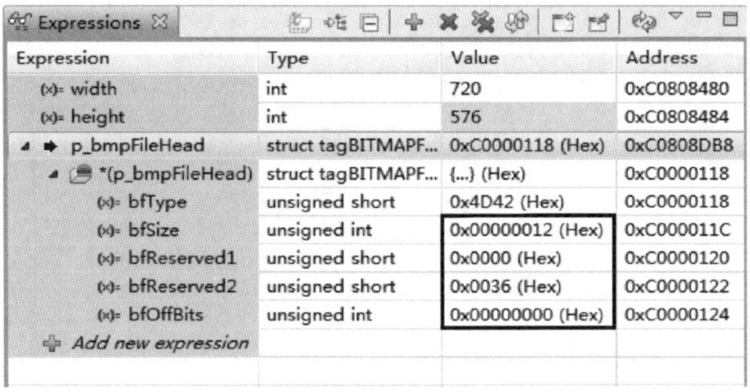

Expressions

Expression	Type	Value	Address
(x)= width	int	720	0xC0808480
(x)= height	int	576	0xC0808484
p_bmpFileHead	struct tagBITMAPF...	0xC0000118 (Hex)	0xC0808DB8
*(p_bmpFileHead)	struct tagBITMAPF...	{...} (Hex)	0xC0000118
(x)= bfType	unsigned short	0x4D42 (Hex)	0xC0000118
(x)= bfSize	unsigned int	0x00000012 (Hex)	0xC000011C
(x)= bfReserved1	unsigned short	0x0000 (Hex)	0xC0000120
(x)= bfReserved2	unsigned short	0x0036 (Hex)	0xC0000122
(x)= bfOffBits	unsigned int	0x00000000 (Hex)	0xC0000124
Add new expression			

图 5.21　表达式窗口观察结构体字段

为纠正上述显示错误，将程序中读取 BMP 文件头的功能代码进行修改，将一次读取结构体大小的代码更改为逐字段读取。过程如下：

```
#if 0 // 条件编译，关闭下述代码
      fread(p_bmpFileHead, 1, 14, file_src);
#else// 条件编译，启动下述代码
      fread(&p_bmpFileHead->bfType, 1, 2, file_src);
      fread(&p_bmpFileHead->bfSize, 1, 4, file_src);
      fread(&p_bmpFileHead->bfReserved1, 1, 2, file_src);
      fread(&p_bmpFileHead->bfReserved2, 1, 2, file_src);
      fread(&p_bmpFileHead->bfOffBits, 1, 4, file_src);
#endif
```

重新编译、启动、执行到断点处，则结构体 p_bmpFileHead 的各字段数值如图 5.22 所示，此时变量观察窗口显示的各字段数值与逻辑上的图像数据内容是一致的。

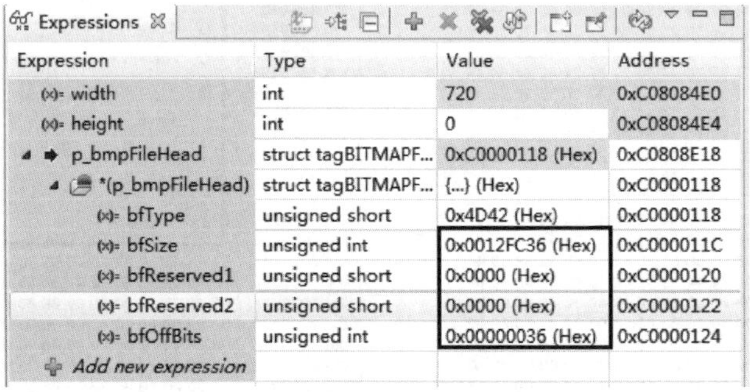

Expressions

Expression	Type	Value	Address
(x)= width	int	720	0xC08084E0
(x)= height	int	0	0xC08084E4
p_bmpFileHead	struct tagBITMAPF...	0xC0000118 (Hex)	0xC0808E18
*(p_bmpFileHead)	struct tagBITMAPF...	{...} (Hex)	0xC0000118
(x)= bfType	unsigned short	0x4D42 (Hex)	0xC0000118
(x)= bfSize	unsigned int	0x0012FC36 (Hex)	0xC000011C
(x)= bfReserved1	unsigned short	0x0000 (Hex)	0xC0000120
(x)= bfReserved2	unsigned short	0x0000 (Hex)	0xC0000122
(x)= bfOffBits	unsigned int	0x00000036 (Hex)	0xC0000124
Add new expression			

图 5.22　表达式窗口观察结构体字段

然而，此时 bmpFileHead 指针指向的内存数据却是错误的，即 0x4D42 后面多了两个字节的 0 值。所以，在调试含有结构体字段的 4 字节未对齐的程序时，要特别留意在使用变量观察窗口与内存显示窗口时的差别，尤其是单独访问 4 字节未对齐的结构体字段变量时，更应特别注意的是，数据的处理是在内存中进行的，所以为保证内存数据的正确性，读取图像文件头的功能代码可修改为：

```
#if 1 // 条件编译，启动下述代码
     fread(p_bmpFileHead, 1, 14, file_src);
#else // 条件编译，关闭下述代码
      fread(&p_bmpFileHead->bfType, 1, 2, file_src);
      fread(&p_bmpFileHead->bfSize, 1, 4, file_src);
      fread(&p_bmpFileHead->bfReserved1, 1, 2, file_src);
      fread(&p_bmpFileHead->bfReserved2, 1, 2, file_src);
      fread(&p_bmpFileHead->bfOffBits, 1, 4, file_src);
#endif
```

5.4.3　数据图像化显示

在调试图像处理应用程序时，通过内存查看判断处理结果的正确性是比较烦琐的，也不直观。如果能直接地以图像方式显示原始图像和结果图像，则能够极大地提高调试效率。CCS 提供的图像查看器 Image Analyzer 即可满足上述调试愿望。

单步执行程序直到“printf("\n---Image Inverse Begin！---\n")；”行，此时原始图像已经被程序读入到指针 p_src 指向的内存空间。菜单“Tools/Image Analyzer”启动图像查看器，交织 RGB 图像的显示参数设置如图 5.23 所示。交织 RGB 图像查看结果如图 5.24 所示。

Properties　Image

Property	Value
◢ General	
Title	
Background color	RGB {255, 255, 255}
Image format	RGB
◢ RGB	
Number of pixels per line	720
Number of lines	576
Data format	Packed
Pixel stride (bytes)	3
Red mask	0x0000FF
Green mask	0x00FF00
Blue mask	0xFF0000
Alpha mask (if any)	0x000000
Line stride (bytes)	2160
Image source	Connected Device
Start address	p_src
Read data as	8 bit data

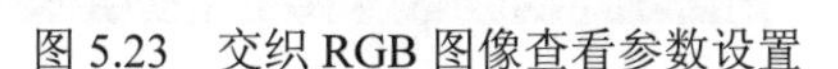
图 5.23　交织 RGB 图像查看参数设置

图 5.24　交织 RGB 图像查看结果

单击“F6”继续单步执行，直到 image_inverse 函数，然后单击“F5”跳入该函数内部，再单步执行，直到 pkRGB2plRGB 函数执行完毕，此时可以查看三个分量平面构成的图像内容。图 5.25 展示了平面 RGB 格式图像的显示参数设置。

为便于快速设置图像查看参数，可以将当前设置的属性信息导出 Export 到文件，或者将先前设置的参数信息文件导入 Import 到 CCS 的属性设置窗口中。图 5.26 展示了图像显示属性设置，其中“Refresh”重新刷新当前图像，“Properties”返回到如图 5.25 的参数设置窗口，图像查看器还可以显示独立分量 Red component、Green component、Blue component 和全分量 RGB 图像。

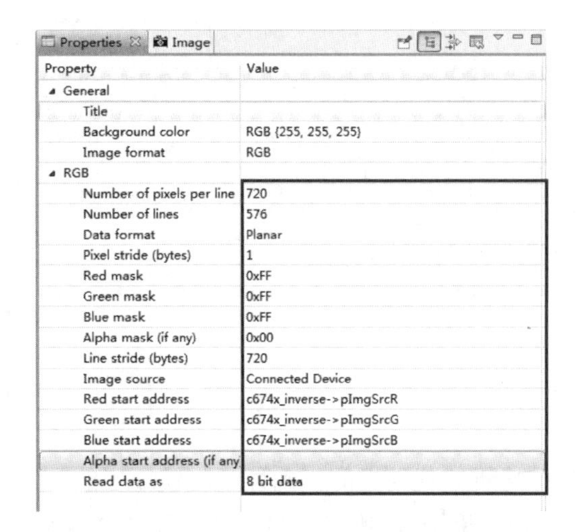

Property	Value
◢ General	
Title	
Background color	RGB {255, 255, 255}
Image format	RGB
◢ RGB	
Number of pixels per line	720
Number of lines	576
Data format	Planar
Pixel stride (bytes)	1
Red mask	0xFF
Green mask	0xFF
Blue mask	0xFF
Alpha mask (if any)	0x00
Line stride (bytes)	720
Image source	Connected Device
Red start address	c674x_inverse->pImgSrcR
Green start address	c674x_inverse->pImgSrcG
Blue start address	c674x_inverse->pImgSrcB
Alpha start address (if any	
Read data as	8 bit data

图 5.25 平面 RGB 图像查看参数设置

图 5.26 图像显示属性设置

算法执行了图像反色处理后查看结果图像。在如图 5.23 所示的参数设置中，仅仅将 Start address 的值修改为 p_dst，设置结果如图 5.27。在图像显示窗口中点击鼠标右键，刷新显示 Refresh，显示图像反色结果如图 5.28 所示。

Property	Value
◢ General	
Title	
Background color	RGB {255, 255, 255}
Image format	RGB
◢ RGB	
Number of pixels per line	720
Number of lines	576
Data format	Packed
Pixel stride (bytes)	3
Red mask	0x0000FF
Green mask	0x00FF00
Blue mask	0xFF0000
Alpha mask (if any)	0x000000
Line stride (bytes)	2160
Image source	Connected Device
Start address	p_dst
Read data as	8 bit data

图 5.27 交织 RGB 图像查看参数设置

图 5.28 交织 RGB 反色图像

第 6 章　DSP 算法优化技术

TI 公司提供了成套的软件编程工具支持 TMS320C6000 开发，该工具包括一个优化的 C/C++编译器、一个汇编优化器、一个汇编器、一个链接器及各种实用程序。算法优化是 DSP 软件开发的主要任务，其优化流程包括编写 C/C++语言代码、编排优化 C/C++程序、线性汇编优化、Intrinsic 指令优化。使用 TI 或第三方的特定 SDK 优化库可以起到事半功倍的优化效果。

6.1　DSP 优化概述

DSP 优化是软件开发的最重要工作。DSP 优化指通过技术途径减少 DSP 资源消耗、提高代码执行速度。具体来说，就是减少 CPU 指令周期数占用、降低程序内存空间占用。在开展算法 DSP 优化之前，我们需要先了解 DSP 软件开发流程。

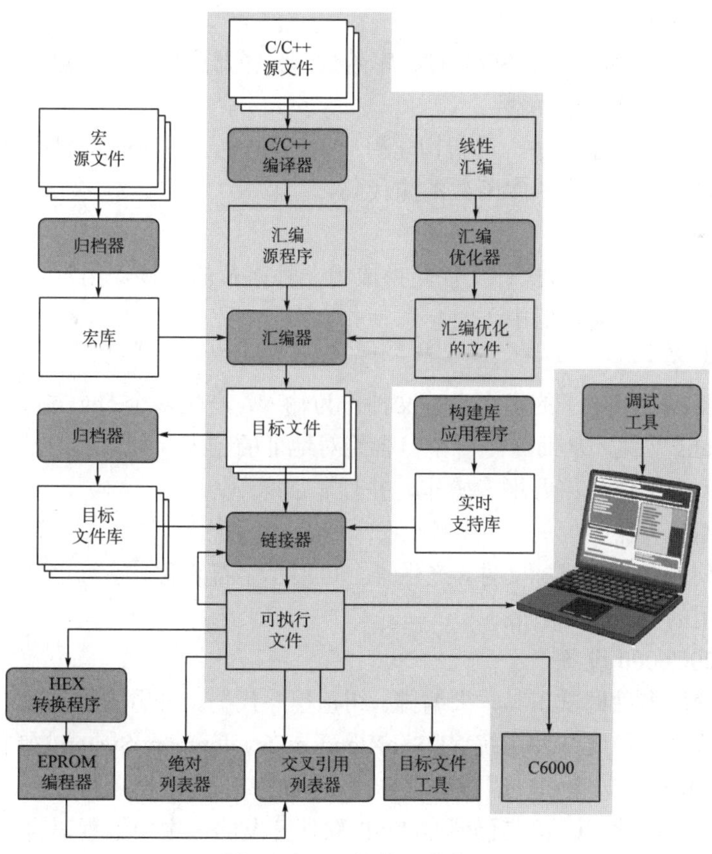

图 6.1　DSP 软件开发流程

图 6.1 展示了 DSP 软件开发流程。图中阴影部分突出了 C/C++语言编程最常见的软件开发过程，而其他部分则是增强该开发过程的外围工具。

1)汇编优化器

汇编优化器允许用户在编写线性汇编代码时，无须考虑流水结构、寄存器分配等。它接受的汇编代码中的寄存器还没有被分配，也没有被调度。汇编优化器能够将变量分配给寄存器，用循环优化将线性汇编代码转换成高度并行、充分利用软件流水技术的汇编代码。

2)编译器

编译器接受 C/C++源代码，从而产生 C6000 汇编源代码。

3)汇编器

汇编器将汇编语言文件转换成机器语言可重定位的目标文件。

4)链接器

链接器通过组合多个可重定位的目标文件为单个绝对可执行文件*.out 或不可执行库文件*.lib。正如它产生的可执行文件，链接器能够实施重定位并解决外部引用，接受可重定位的多个目标文件和多个目标库文件。

5)归档器

归档器允许用户收集一组文件到一个单一的档案文件(即库)，该工具允许用户通过删除、替换、提取或添加成员等来修改一个库。归档器最主要的应用是建立一个目标文件库。

6)运行时支持库

运行时支持库包含标准的 ISO C/C++库函数、编译器应用函数、浮点运算函数，以及编译器支持的 C 输入/输出库函数。

用户可以使用库构建程序，重新构建用户自己独特的运行时支持库。rtsc.zip 压缩包包含了标准 C/C++运行时支持库函数的源代码。

7)HEX 转换器

HEX 转换器是将一个可执行文件转换成另一种格式的文件，用户可以将转换了的结果文件下载到 EPROM 编程器中。

8)绝对列表器

绝对列表器接受链接了的多个目标文件作为输入，产生多个.abs 文件作为输出，用户可以汇编这些.abs 文件，从而产生一个包含绝对地址的列表。如果没有这个绝对列表器，产生诸如这种列表文件就需要很多操作，并且非常麻烦。

9)交叉引用列表器

交叉应用列表器基于目标文件，产生一个可展示字符名称、字符定义以及在链接的源文件中相互引用的交叉引用列表。

10)TMS320C6000 设备

用户可以使用多种调试工具，来编排、纠正程序代码。可用的工具有：时钟精准的软件仿真器和在线调试扩展开发系统 XDS(eXtended Development System)硬件仿真器。

虽然 TI 的编译器支持 C++语言编程开发，但是实际上根据项目经验，在工程研发过程中几乎不采用，因此，C 语言仍然是 DSP 软件开发的最主要编程语言。C 编译器程序的可选参数众多，然而对于普通开发用户甚至 DSP 算法优化来说，经常使用的编译参数并不多。线性汇编优化是 DSP 算法优化的最根本方法，类似 C 语言编程，它无须关心是否并行、无须指定具体寄存器等优势，使得汇编语言——这一“谈汇色变”的技术，变得平民化、简单化。

6.1.1　DSP 算法优化流程

DSP 算法优化是数字信号处理，特别是视频编码与解码、目标检测与跟踪、目标统计与报警、语音增强与识别等实时应用的核心任务。算法是对数据的多步骤运算处理，其中乘加是最主要运算类型。DSP 算法优化就是编排 C 代码或者使用线性汇编等优化工具，通过减少算法程序的 CPU 指令消耗数量，来缩短程序运行时间、提高算法执行速度。

1.优化目标

优化目标是有止境的，即在规定时间内算法程序处理完任何场景的数据，所消耗时间是确定的。通常来说，优化过程是漫长的，起初可能降低几倍甚至几十倍的 CPU 指令占用，后面再继续深入优化，工作进度会越来越慢、优化幅度越来越小。DSP 优化技术或方法有多种类型，有的简单，有的复杂，并不是说越复杂的优化技术就越好，只要优化目标能够达到即可。C 语言级优化是最先被采用的优化技术，充分利用这一级优化技术，有时也能满足算法处理速度要求。DSP 算法优化并没有要求必须采用汇编语言或线性汇编编程。无论采用何种优化，只要满足要求或目标即可终止优化。

对于视频监控中的视频图像编码应用来说，如果视频帧率为 25 帧/s，则 DSP 编码一帧图像所消耗时间最长就不能超过 40 毫秒。而对于一个 CPU 主频为 300MHz 的 DSP 设备来说，编码一帧图像所需 CPU 时钟周期数最多不能超过 12M(300×40/1000)个。因此，这对于任何场景，无论是帧内编码还是帧间编码，CPU 编码一帧图像所用时钟周期数都不能超过 12M 个，另外，由于 DSP 应用系统还包含数据采集、码流输出、线程调度等任务，算法编码每帧图像所占用 CPU 时钟周期数远少于 12M。通常情况下，分配 70%左右的 CPU 资源给算法相对比较合理，从而能够保证算法能够实时处理视频序列图像。

2.优化流程

图 6.2 给出了 DSP 算法优化流程，主要包括三个阶段。

1) 开发 C/C++代码

该过程不考虑任何 C6000 知识，采用 C/C++语言实现算法功能。使用软件仿真器并开启--opt_level=3 选项、禁用任何--debug 选项，剖析程序系统性能并确定代码最耗时部分。如果能够满足目标性能，算法优化工作完成，否则转向第二步的优化 C/C++代码。

2) 优化 C/C++代码

C/C++代码优化技术，包括应用 pragma 关键字、Intrinsic 指令优化、数据打包指令，使能编译器的各种优化选项。使用软件仿真器验证优化效果，如果已达到优化目标则终止，若没有满足目标，且还有其他优化技术未采用，则继续编排优化 C/C++代码，否则转向线性汇编优化。

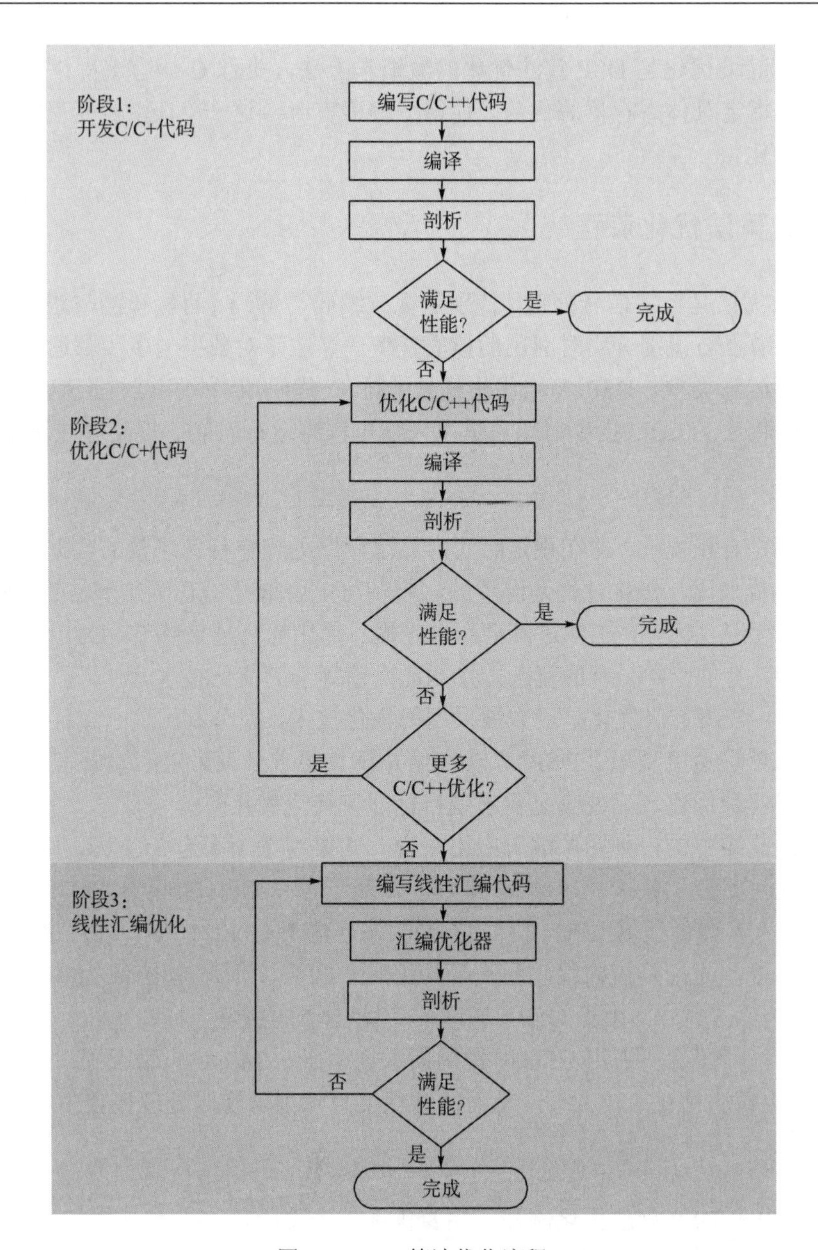

图 6.2 DSP 算法优化流程

3）线性汇编优化

如果在 C/C++级优化中没有其他更好的技术，则此时可以采取线性汇编优化方式。线性汇编编程无须关心指令并行、寄存器分配。算法经过线性汇编优化后再次剖析算法性能，如果程序性能够满足目标则优化结束，否则在线性汇编代码中添加更详细的信息，包括指定功能单元、均分 A/B 寄存器数量等。

第三阶段的线性汇编优化通常比第二阶段会花费更多的时间，所以在采用第三阶段优化技术前应充分地编排和优化代码。也就是说，整个算法系统中应该只有很少的函数模块使用线性汇编优化。图 6.2 是 DSP 算法优化的一般流程，在实际操作中，在任何阶段只要满足系统性能目标，就可以终止优化工作，这并不是说这三个阶段必须依次实施，如果算法经过深度线性汇编优化后，还没有满足指标，则就需要考虑替换算法或者升级 DSP 设备。

6.1.2　DSP 算法优化策略

DSP 算法优化面临的任务背景是，大量待实时处理数据存放在片外存储器 DDR 上。DSP 的 CPU 通常具有缓存 Cache 功能，片上内存具有多级且物理空间小而工作频率高等技术特征。片外 DDR 存储器的读写速度通常低于片上 L1/L2 内存，DDR 工作频率低于 CPU 主频。

DSP 算法优化策略可总结为两条：使 CPU 访问的数据空间靠近 CPU，这一级是系统级优化，其目的是提高数据吞吐速度；使核心代码建立软件流水，这一级是模块级优化，其目的是提高 CPU 时钟周期的利用率。为了实现上述两个优化策略，在系统级优化中，L1P/L1D 配置为缓存方式，一部分 L2 配置为 Cache，L2 剩余空间配置为普通 SRAM，片外的 DDR 与 L2 SRAM 双缓冲，使 CPU 访问的代码或数据均能靠近 CPU；在模块级优化中，将多条指令并行执行，在一个时钟周期内 CPU 有多达 8 条指令同时执行，模块级优化主要针对代码的循环部分。

1.系统级优化

1) 高速缓存

系统级优化影响算法系统的整体性能。算法中的数据空间通常映射于片外，而片外存储器的工作频率都要低于 CPU 及片上内存的工作频率。TI 公司的 DSP 设备内存结构是分级的，图 6.3 展示了平面内存与多级内存结构的示意图。

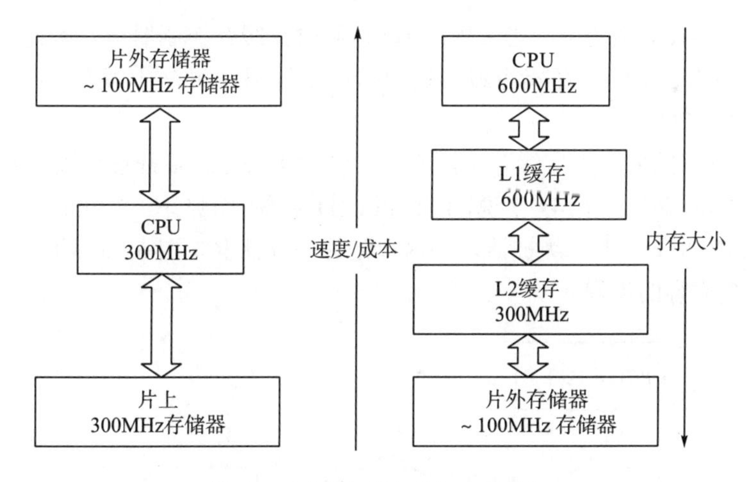

图 6.3　平面内存与多级内存结构

平面内存结构简单，只有片上与片外之分。多级内存结构的片上内存又分为多级，在速度、价格和大小上形成梯队。片上内存价格高、空间小；片外内存价格低、空间大。

C674x-DSP 设备的片上内存分为 L1、L2 和 L3，L1 又包括 32K 字节的 L1P 程序缓存、32K 字节的 L1D 数据缓存，分别配置为程序和数据的片上空间。尽管 L1 可以设置为用户可直接读写的 SRAM，然而缓存 Cache 模式更为常用。C674x-DSP 的 256K 字节的 L2 可统一配置为 SRAM 或 Cache，也可在 SRAM 与 Cache 模式之间组合。图 6.4 展示了 C674x 内存及缓存架构。

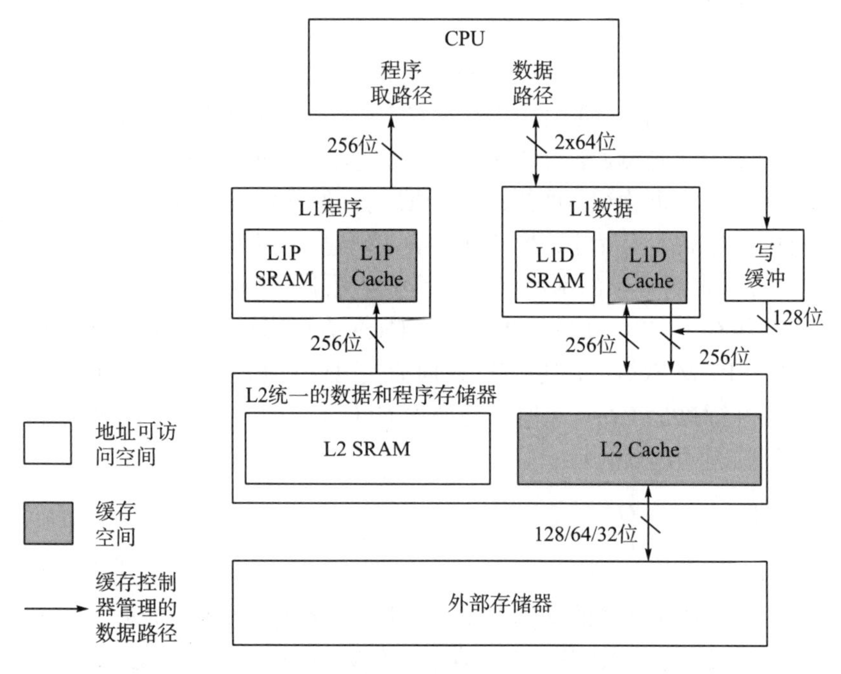

图 6.4 C674x 内存及缓存架构

在配有缓存方式的系统中，当 CPU 启动访问时，缓存控制器检查所请求的内容是否存在于缓存中。如果内容(一条指令或一块数据)在缓存中，并产生缓存命中 Cache hit，就会将内容发送给 CPU。

如果 CPU 请求的内容不在缓存中，则产生缓存丢失 Cache miss，缓存控制器再从下一级内存请求数据。对于 C674x 来说，L1P 和 L1D 未命中，则下一级被请求的内存是 L2。在 L2 未命中的情况下，下一级被请求的内存是片外存储器。图 6.5 展示了 C674x 的缓存获取程序或数据内容的流程。

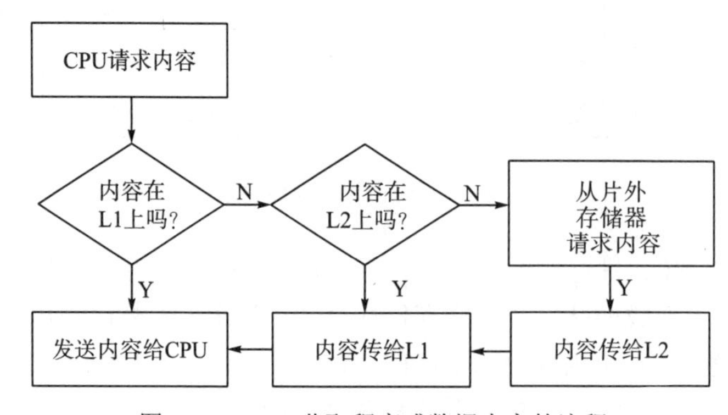

图 6.5 C674x 获取程序或数据内容的流程

当缓存未命中时，C674x CPU 等待直到程序或数据可用。如果该内容不在 L1P/L1D 而在 L2 上，则程序或数据会被复制到 L1P 和 L1D，然后发送到 CPU。如果该内容不在 L1D/L1P 上，也不在 L2 上，则程序或数据从外部存储器复制到 L2，然后再复制到 L1P 和 L1D，最后发送给 CPU。

2) DMA 双缓冲

根据图 6.5 CPU 获取内容的访问流程可知，DSP 编程员应该将数据尽可能放置于片上如 L2 空间中。L1 通常设置为 Cache，用户不能直接读写，L2 部分的 Cache 空间同样也不能直接读写，而是通过 Cache 控制器来干预数据。相比来说，CPU 读写片外 DDR 的速度是最慢的，而大量待处理的数据通常置于 DDR 存储器。所以，为了提高 CPU 的数据读写速度，用户可采取 DMA 方式，提前将待处理数据拷贝到片上 L2，处理完毕后，再将 L2 上的数据用 DMA 方式搬移到片外 DDR。图 6.6 展示了图像处理中典型的 DMA 双缓冲流程。

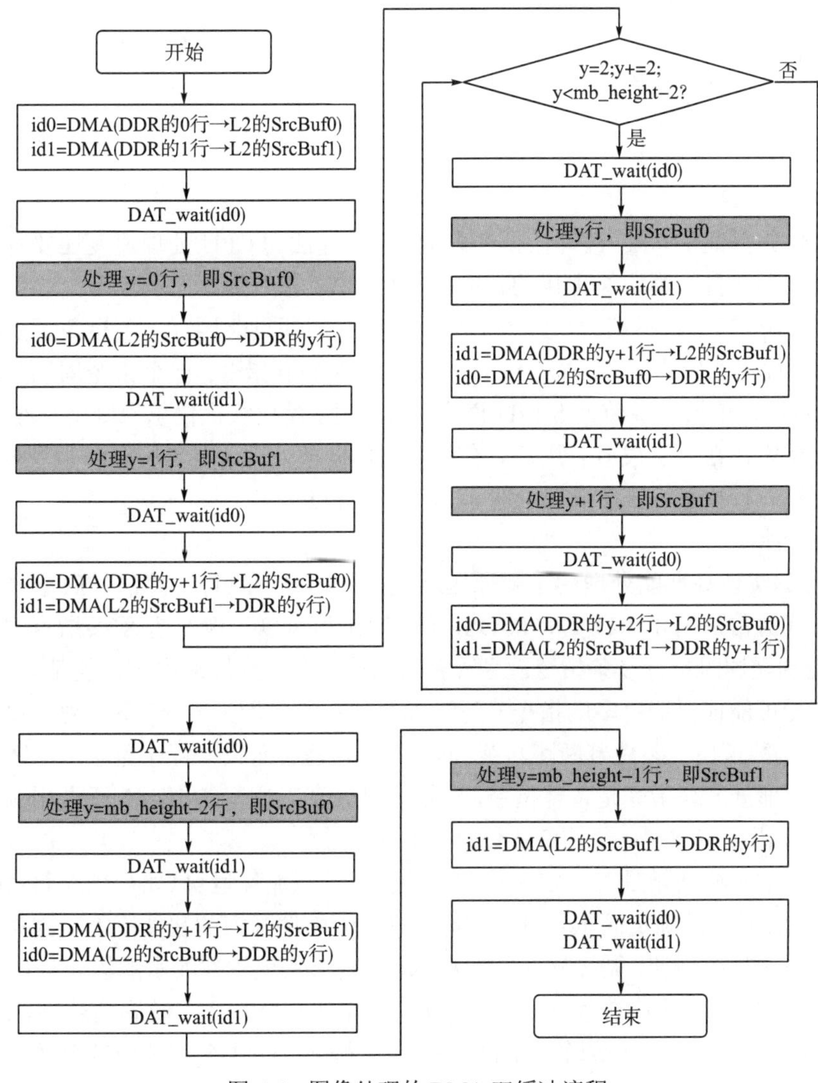

图 6.6　图像处理的 DMA 双缓冲流程

图 6.6 的乒乓双缓冲场景如下，在 L2 的 SRAM 上申请 SrcBuf0 和 SrcBuf1 两个缓冲区，其大小根据算法需要设定，如视频编码通常设定为一行或多行宏块(一行宏块 16 行像素点)图像，每次拷贝的数据量同样根据算法特点来设定，该实例循环次数 y 为行宏块索引。某些算法可能还有其他数据源待处理，则再分配 L2 缓冲区，或者算法需要目的空间，也同样应该映射在 L2 的 SRAM 上。因此总的原则是，CPU 的源数据空间和结果目的空间都映射在 L2 上，DMA 在 CPU 后台实现片上内存与片外内存的数据搬移。

分析图 6.6 的处理流程可知，双缓冲的另一个特点是，算法代码量变大了，总体来看核心处理代码增加了五倍。图中的阴影模块表示了算法的实际处理过程，其他模块为核心处理提供数据源或将结果导出到片外。

为提高 CPU 的数据吞吐速度，除了使能片上 L1/L2 的 Cache 外，片外 DDR 上的数据空间也经常通过配置内存属性寄存器 MAR(Memory Attribute Register)使能 Cache 配置。但是，如开启了 DDR 空间的 Cache 属性，则这些空间在参与 DMA 双缓冲时，可能会产生期望数据与实际数据不一致的问题，此时就需要编程人员使用 Cache 控制器的相关命令来干预，以保证数据的正确性和一致性。

2.模块级优化

1) 指令周期效率

系统级优化保证了 CPU 读写数据的存放位置，算法的 CPU 处理速度还要看算法模块占用的指令周期数目。模块级优化的目的是提高 CPU 指令周期的利用率。显然若指令中穿插了过多 nop 指令是不利的，此外如果一个指令周期只能运行一条指令显然也是低效的。经过高度优化的模块应该是很少或者根本不存在 nop 指令；一个指令周期并行运行了八条指令；数据在单指令多数据 SIMD 模式中被处理。模块级优化总原则就是在一个 CPU 指令周期内实实在在做了很多有用功，有更多的数据被处理、更多的汇编指令被执行。实现更多指令被并行执行的技术就是软件流水 Software Pipeline。

2) 软件流水

DSP 能够实现高性能处理的主要原因就是指令的并行执行。算法最底层的数据处理中，编程方式通常是循环，TI C674x-DSP 的 CPU 核可以实现多达 8 条指令的并行，即 CPU 单指令周期同时执行 8 条指令。尽管算法的每一个指令周期内不可能都是 8 条并行，但开发者应尽可能地保证更多的指令并行，如算法系统平均为 6～7 条。视频算法框架由于有 CALL 函数调用、条件判断跳转或 switch 查表等，而致使程序无法建立软件流水。C6000 的绝大部分汇编指令是条件指令，即指令是否真正执行的判断并不占用额外的指令周期，这对 C 语言中 if-else 语句的优化特别有用。

视频算法的核心通常是对一定大小图像块做像素点循环运算(如视频编码 16×16 的宏块)。CCS 针对这种确定性 for 循环语句提供了无硬件开销的软件流水，因为循环条件的判断不再占用指令周期。循环核在开始流水前，首先实现软件流水的填充(PIPED LOOP PROLOG)，然后是循环核迭代处理(PIPED LOOP KERNEL)，最后是软件流水的排空(PIPED LOOP EPILOG)，所以软件流水包括建立循环、使用循环和释放循环三个步骤。在循环嵌套中，只有最内层循环才能进行软件流水。在编译程序时，为了循环建立软件流水，需要注意以下几点：

(1) 软件流水循环可包含 intrinsic 指令，不能包含函数调用，但可包含 inline 函数。

(2) 循环体不可以使用条件终止、使循环提前退出的指令如 break。

(3) 循环必须是递减计数的形式，编译选项-O2 和-O3 能够把尽可能多的循环转换成递减计数的循环。

(4) 如果在循环体中修改循环计数，则这个循环就不能转换成递减循环。

(5) 不能在条件语句中增大循环控制变量，否则循环不能进行软件流水。

(6) 循环体代码尺寸不能太大。C674x-DSP 的 CPU 核有 64 个寄存器，尽管在使用线性汇编编程时可以定义远多于 64 个的变量名称，但循环体不能过于复杂，否则代码不能进行软件流水，可以简化循环或者将循环拆成几个小循环。

(7) 若循环体中要求一个寄存器的生命太长，则代码不能进行软件流水。

(8) 如果循环体内有复杂的条件代码，则超过 C674x 的 6 个条件寄存器，这个循环也不能够进行软件流水。

(9) 尽可能把循环的最大或最小迭代次数确定，以便编译器编译出充分并行的指令。

为了使循环体能够实现流水，用户可以根据编译器编译生成的汇编文件*.asm 的反馈提示，进行有针对性的修改。其中一个重要原则是：A 和 B 文件两边的寄存器使用数量均衡、循环迭代次数尽量少，这样建立的流水效率最高。

CCS 开发环境的编译选项除了能够对整个工程进行全局设置外，还可以对独立的源文件进行特定的编译选项设置。有时因为源文件的编写不规范或嵌套多层循环时，使用-O3 选项编译出的程序在运行时会出现出错、跑飞的情况，此时可采取将该源文件使能为较低的优化选项如-O2、-O1 的方式。另外，也可以设置和查看独立源文件的汇编编译结果。

下面是某线性汇编文件经过汇编优化器优化后，汇编文件中的软件流水信息。根据这些提示，DSP 技术人员可掌握程序的并行程度及寄存器的使用情况等。

```
; *----------------------------------------------------------------------------*
; *   SOFTWARE PIPELINE INFORMATION
; *
; *      Loop source line               : 23   ;
; *      Loop closing brace source line : 40   ;
; *      Known Minimum Trip Count       :  4    ; 已知的最小循环执行次数
; *      Known Maximum Trip Count       :  4    ; 已知的最大循环执行次数
; *      Known Max Trip Count Factor    :  4    ; 已知的循环次数的偶次分解，即最大迭代因子
; *      Loop Carried Dependency Bound(^):   1   ; 循环传递相关性界限
; *      Unpartitioned Resource Bound     :  3   ; 在不划分A/B两侧资源分配前，确定的资源边界
; *      Partitioned Resource Bound(*)    :  3   ; 在划分A/B两侧资源分配前，确定的资源边界
; *      Resource Partition:
; *                              A-side   B-side
; *      .L units                   0        0     ; L功能单元，两侧均没有使用
; *      .S units                   1        0     ; A侧使用了S功能单元
; *      .D units                   3*       3*    ; A/B均使用了D功能单元
; *      .M units                   0        0     ;
; *      .X cross paths             2        2     ; A/B均使用了X交叉路径
; *      .T address paths           3*       3*    ; A/B均使用了T地址路径
; *      Long read paths            0        0     ;
; *      Long write paths           0        0     ;
```

```
;*      Logical  ops (.LS)          4       4     (.L or .S unit)
;*      Addition ops (.LSD)        0       0     (.L or .S or .D unit)
;*      Bound(.L .S .LS)           3*      2
;*      Bound(.L .S .D .LS .LSD)   3*     3*
;*      ; 对循环流水编排反馈的信息，表示迭代
;*      Searching for software pipeline schedule at ...
           ; 间隔3进行软件流水编排成功。ii越小，循环执行的时间越少
;*         ii = 3  Schedule found with 4 iterations in parallel
;*      Done
;*      Epilog not removed                         ; 流水排空没有删除
;*      Collapsed epilog stages    :  0
;*
;*      Prolog not entirely removed                ; 流水填充没有全部删除
;*      Collapsed prolog stages    :  2
;*
;*      Minimum required memory pad :  0 bytes
;*
;*      Minimum safe trip count    :  3            ; 最小安全迭代次数为3
;*--------------------------------------------------------------------------*
```

对确定性的 for 循环(while 为非确定性)编程人员应充分编排使之能够软件流水，并检查流水状态以确保循环核 LOOP KERNEL 有尽可能多的指令并行，且最小迭代次数越小越好。软件流水是 DSP 算法优化的最重要方向。

6.2 CCS 编译器优化

6.2.1 CCS 编译选项

编译器是一个应用程序，该程序在执行时紧跟各种参数，不同参数表征了编译器的编译行为。不同参数类型对应特定的编译行为，参数的多种组合为调试、优化或反馈提供了多种选择。图 6.7 展示了 C6000 编译器的行为分类。

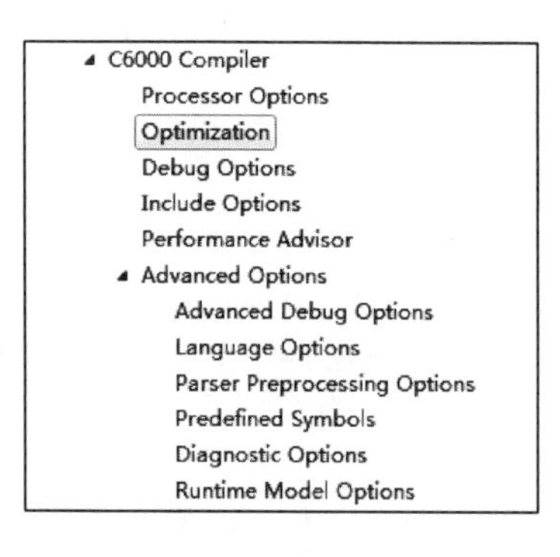

Advanced Optimizations
Entry/Exit Hook Options
Feedback Options
Library Function Assumptions
Assembler Options
File Type Specifier
Directory Specifier
Default File Extensions
Dynamic Linking Support Options
Command Files
MISRA-C:2004

图 6.7　C6000 编译器行为分类

根据统计，C6000 编译器的行为可分为 33 种，每种行为的作用详见参考手册《TMS320 C6000 Optimizing Compiler v7. 4 User's Guide》(SPRU187U)。表 6.1 列出了编译器常用的编译选项。

表 6.1　编译器常用的编译选项

选项名称	选项作用
--silicon_version	目标处理器版本
--opt_level，-O	优化等级
--opt_for_space，-ms	代码大小优化
--symdebug：dwarf/sketetal/coff/profile_coff/none	字符级调试类型
--optimize_with_debug，-mn	调试时也开启完全优化
--include_path，-I	#include 搜索路径
--advice：performance_file	给出性能建议
--program_level_compile，-pm	程序模式编译
--define，-D	预定义字符
--mem_model：data	数据访问模式：near，far，far_aggregates
--debug_software_pipeline，-mw	产生详细的软件流水信息
--openmp，-omp	使能支持 OpenMP3.0
--opt_for_speed， -mf	速度优化
--analyze	从剖析数据产生分析信息
--gen_profile_info	产生剖析反馈数据
--keep_asm， -k	保留产生的汇编文件(*.asm)

1.优化等级

C/C++编译器能执行不同深度的优化。优化器提供了高级优化功能，而代码产生器提供了低级优化和针对特定目标设备的优化。启用高级优化等级--pt_level=2 和--ope_level=3 可得到充分优化的代码。激活优化的最简单方法是在使用编译器编译程序时，在其命令行中声明优化等级--opt_level=n。也可以使用-On 来代替--opt_level 选项，其中 n(0，1，2，3)表示优化级别用于控制优化的类型和程度。

1)--opt_level=0 或 -O0

(1)执行控制流图简化。

(2)分配变量到寄存器。

(3)执行循环旋转。

(4)删除未用代码。

(5)简化表达式和语句。

(6)内联 inline 声明的函数。

2)--pt_level=1 或 -O1

执行所有--opt_level=0(-O0)的优化，再增加：

(1)执行局部拷贝或常量传递。

(2)删除未用的赋值语句。

(3)消除局部共有的表达式。

3）--opt_level=2 或 -O2

执行所有--opt_level=1（-O1）的优化，再增加：

（1）执行软件流水。

（2）执行循环优化。

（3）消除全局共有的子表达式。

（4）消除全局未用的赋值语句。

（5）将循环中的数组索引转换为递增式的指针形式。

（6）执行循环展开。

如果开启--opt_level（-O）而没有指定优化等级的话，则优化器默认使用--opt_level=2（-O2）。

4）--opt_level=3 或 -O3

执行所有--opt_level=2（-O2）的优化，再增加：

（1）删除从未被调用的函数。

（2）当函数的返回值没有使用时，简化函数返回形式。

（3）内联小的函数。

（4）重新对函数声明进行排序，这样优化代码时被调用函数的属性就是已知的。

（5）当所有调用都传递一个相同的参数时，把这个参数直接放到函数体中，不再通过寄存器的方式传递该参数。

（6）识别文件级变量特征。

上面描述的优化等级可以独立执行，代码产生器执行几个额外的优化，尤其是特定处理器的优化。

2.存储器模式

正如编译器工具 CGT 5.1.0，对于一个目标如果没有使用 near 或 far 关键字来界定，则编译器对 aggregate 聚集数据产生 far 访问，对其他所有数据产生 near 访问，这意味着结构体、联合体、C++的类、数组等不能用 DP（即 B14 寄存器）指针来访问。非 aggregate 数据默认放置在段.bss，并且使用基于 DP 指针的相对偏移来寻址，其中 DP 指向.bss 段的开始。使用 DP 指针寻址数据与用 far 数据访问机制相比，其速度更快且使用的指令也较短。如果打算用 near 来访问 aggregate 数据，则必须指定--mem_model：data=near 选项，或者用 near 关键字来界定数据。如果程序中有太多的 static 类型和外部数据，则不能使用选项--mem_model：data=near。如果有一个 DP 指针访问数据未成功，则链接器会发布一个错误信息，选项--mem_model：data=type 控制何种类型的数据被访问：

（1）mem_model：data=near 数据访问默认为 near 方式。

（2）mem_model：data=far 数据访问默认为 far 方式。

（3）mem_model：data=far_aggregate 访问 aggregate 数据默认为 far，非 aggregate 数据默认为 near。该选项为编译器缺省行为。

--mem_model：data 选项不会影响用 near 和 far 显著声明的目标访问。缺省情况下，运行时的所有数据都默认定义为 far。

3.保留产生的汇编文件

无论是 C 语言还是线性汇编编程，CPU 优化的主要方向是让核心模块的循环部分能够建立软件流水，并且使 CPU 的一个指令周期能够并行更多的指令。但是某个函数或模块流水情况、并行度情况等都需要 DSP 算法工程师反复的编排、修改、确认。CCS 编译器提供了保留中间汇编文件的功能，该文件是寄存器级的并行汇编程序，工程师可以根据该文件中循环核的填充、循环和排空标识来确认模块是否建立了流水，观察指令并行度高低。对整个工程或者某个源文件都可以设置--keep_asm 选项来保留产生的汇编文件。

6.2.2　执行的优化种类

TMS320C6000 C/C++编译器使用了各种优化技术来提高 C/C++程序的执行速度并减小其内存占用。

1.基于成本的寄存器分配

编译器在启用优化时根据其类型、用途和频率为用户变量和编译器临时值分配寄存器。循环中变量的权重优于其他位置的变量，并且那些使用不重叠的变量可以分配给同一个寄存器。

编译器的归纳变量消除和循环测试替换，允许其将循环识别为简单的计数循环、软件流水、展开或消除循环。强度折减可以将数组引用转换为带有自动增量的高效指针引用。

2.别名消歧

C 和 C++程序经常使用许多指针变量。通常，编译器无法确定两个或多个 l 值(小写的 L 符号，指针引用或结构引用)是否指向相同的内存位置。内存位置的这种别名使用通常会阻止编译器将值保留在寄存器中，因为它无法确定寄存器和内存是否会随着时间变化持续保持相同的值。别名消歧是一种确定两个指针表达式何时不能指向相同位置的技术，它能够允许编译器自由地优化这些表达式。

3.分支优化和控制流简化

编译器能够分析程序代码的分支情况，并重新排列线性操作序列(基本块)以去除分支或冗余条件，删除不可访问的代码，绕过分支的分支，将无条件分支上的条件分支简化为单条件分支。当某个条件的值在编译时(通过复制传播或其他数据流分析)确定，编译器可以删除条件分支。切换实例列表的分析方式与条件分支相同，有时会完全排除条件分支，一些简单的控制流程结构会被简化为条件指令，这样就完全消除了对分支的需求。

4.数据流优化

总体而言，数据流优化就是将使用较低成本的表达式替换，检测删除不必要的分配，以避免产生额外的计算操作。启用了优化功能的编译器，会在本地(在基本块中)和全局(在整个函数中)程序中执行这些数据流优化。

1）复制传播

在赋值给变量之后，编译器用变量的数值替换对变量的引用，该值可以是另一个变量、常量或公共的子表达式。但是，这可能会导致不断折叠，公共子表达式消除，从而降低变量增加的概率。

2）公共子表达式消除

当两个或更多个表达式产生的数值相同时，编译器会计算一次该值，并将其保存以便重新使用。

3）消除冗余分配

通常，上述的复制传播和公共子表达式消除，会导致对变量进行不必要的分配(在另一个分配之前或在函数结束之前没有后续引用的变量)情况产生，所以编译器将删除这些冗余分配。

5.表达式简化

为了进行最佳评估，编译器将表达式简化为等同形式，从而只需要更少的指令或寄存器，常量之间的操作被折叠成单个常量。例如，将 a=(b+4)-(c+1)简化为 a=b-c+3。

6.函数内联扩展

编译器用 inline 替换那些小函数调用，减少函数调用的负载。

7.函数名称别名

编译器识别到某个函数，其实现过程只是对另一个函数的调用。如果两个函数具有相同的签名(相同返回值和相同类型参数，参数数量和顺序均相同)，则编译器可以使调用函数成为被调用函数的别名。例如，考虑以下情况：

```
int bbb(int arg1, char *arg2);
int aaa(int n, char *str)
{
  return bbb(n, str);
}
```

对于这个例子，编译器使 aaa 成为 bbb 的别名，所以在链接时，所有对函数 aaa 的调用都被重定向到 bbb。如果链接器可以成功地将所有引用重定向到 aaa，则此时可以删除函数 aaa 主体，并且将符号 aaa 定义在与 bbb 相同的地址处。

8.归纳变量和强度折减

归纳变量是在循环中与循环次数直接相关的变量，循环的数组索引和控制变量通常是归纳变量。强度折减是用更有效的表达式来替换包含归纳变量的无效表达式的过程。例如，用数组指针代码替换那些将索引编入数组元素序列的代码。归纳变量分析与强度折减法经常一起使用，其目的是用来消除所有涉及循环的控制变量。

9.循环不变式代码运动

这种优化用来标识循环中的表达式，这些表达式总是被计算为相同的值。优化器将计算移到循环前面，并且循环中每个出现的表达式都会被预先计算好的值所替代。

10.循环旋转

编译器评估循环底部的循环条件，将额外的分支保存在循环之外。在许多情况下，对初始条件检查和分支都会进行优化。

11.指令调度

编译器执行指令调度，这是重新排列机器指令的方式，在保持原顺序语义的同时提高程序性能。指令调度除了用于提高指令并行性和隐藏流水线延迟外，还可以用来减少代码大小。

12.寄存器变量

编译器将最大限度地使用寄存器来存储局部变量、参数和临时变量。CPU 访问存储在寄存器中的变量比访问内存中的变量更有效。另外，使用存储在寄存器中的指针也更加高效。

13.寄存器跟踪/定位

编译器可跟踪寄存器的内容，以避免在不久之后再次使用它们时重新加载。变量、常量和如“a.b”式的结构引用将通过无循环代码来跟踪。在需要时，寄存器定位还可以将表达式直接转换成特定寄存器，如分配寄存器变量或从函数返回时均需要寄存器重定位。

14.软件流水线

软件流水线技术用于循环调度，以便多次迭代并行执行。

6.3　算法 C 语言级优化

C 语言是 TMS320C6000 DSP 最主要的编程语言，CCS 兼容标准 C 语言的语法和格式，同时 DSP 又有自己独特的一些关键字以提高编译器效率、增强算法性能。特别地，DSP CPU 的 Cache 技术对算法整体性能有显著影响。

6.3.1　编写 C 程序

1.支持的 C 语言标准

CCS 编译器支持 ISO/IEC9899：1990 定义的 C 语言编程标准等同于美国国家标准《信息系统编程语言 CX3.159-1989 标准》，通常又简称为 C89(ANSI 发布)。该编译器也支持语言扩展如在 GNU C 编译器中的功能，但 CCS 编译器不支持 C99。ANSI/ISO 标准标识了 C 语言的某些特性，这些特性会受目标处理器、运行环境或主机环境等条件的影响。由于效率或实用性的原因，这些特性在许多标准编译器中可能会有所不同。

2.MISRA-C：2004

1998 年汽车工业软件可靠性联合会 MISRA（Motor Industry Software Reliability Association）发布了针对汽车工业软件安全性的 C 语言编码规范，称为 MISRA-C：1998。此编码规范最初只是针对汽车制造业的嵌入式开发，从 MISRA-C：2004 开始扩大范围并覆盖到其他高安全系统，最新版本为 MISRA-C：2012。在汽车工业领域的实时嵌入式应用中，C 编程语言的应用越来越体现出其广泛性和重要性。在相当程度取决于该语言固有的灵活性、可支持的范围及其潜在访问广泛硬件环境的可移植性等特点。

然而，任何语言都有不安全性，没有哪种编程语言能够保证最终的可执行代码会准确地按照程序员预想的情况去执行。任何语言都可能产生大量的问题，这些原因或许是程序员产生错误、程序员不了解语言、编译器的行为同程序员预期的不同、编译器包含错误、运行时错误等等造成的，所以需要规范程序员在编程时应尽量遵循什么样的规则，从而编写出更稳定、安全、可靠的程序。通常该规范的规则分为“强制”（required）和“建议”（advisory）两种。

1）强制规则

这是对程序员的强制要求。文档中共有121条“强制”规则。凡是声明遵循本文档的 C 代码应该适合每条强制规则，如果不是，就需要具有形式化的背离。

2）建议规则

这些规则要求程序员在通常情况下都要遵守。然而建议规则不像强制规则那样带有强迫性质，文档中共有 20 条“建议”规则。需要说明的是，“建议”不意味着可以忽略这些规则，而是应该遵守直至合理的实现。对建议规则来说不需要形式化的背离，但如果有时背离是适当的，则也是允许的。

3.数据类型

TMS320C6000 处理器的数据长度基本单位是 32 位，但也可以为 8 位、16 位、40 位、64 位等多类型长度的数据。对于 8 位或 16 位数据，单个寄存器即可满足长度，而对于 40 位数据，一个偶寄存器保存其低 32 位，高 8 位数据则保存到奇寄存器的低 8 位，如 A1：A0。64 位数据正好可以使用两个 32 位的寄存器来保存，如 B3：B2，B3 保存数据的 MSW，B2 保存数据的 LSW。表 6.2 列出了 TMS320C6000 支持的 C/C++数据类型，包括数据宽度和内存表示方式。从表中的数据宽度来看，DSP 支持的数据类型和宽度与 Windows 下的 VStudio 数据类型和宽度是相同的，因此，各种常见的 PC 下 C 语言算法均可以在 CCS 的环境中正确运行。

表 6.2　TMS320C6000 C/C++数据类型

基本类型	宽度	表示
char，　signed char	8 位	ASCII
unsigned char	8 位	ASCII
short	16 位	二进制补码
unsigned short	16 位	二进制
int，　signed int	32 位	二进制补码
unsigned int	32 位	二进制
long，　signed long	40 位	二进制补码
unsigned long	40 位	二进制
__int40_t	40 位	二进制补码
unsigned __int40_t	40 位	二进制
long long，　singed long long	64 位	二进制补码
unsigned long long	64 位	二进制
enum	32 位	二进制补码
float	32 位	IEEE 32 位
double	64 位	IEEE 64 位
long double	64 位	IEEE 64 位
pointers，　references，　pointer to data members	32 位	二进制

4.Intrinsic 指令

TI 的编译器提供了 C 语言环境下类似函数调用的汇编指令，又称 Intrinsic 指令。编写线性汇编或者并行汇编，通常来说是一件烦琐且容易出错的工作。虽然线性汇编的编写难度远低于并行汇编，但调试环境还是不够友好，编程风格还是汇编形式。实际上，大多数编程人员更习惯于 C 环境下的程序调试，正因为如此，TI 提供的 Intrinsic 指令与大部分汇编指令相对应，但个别汇编指令无 Intrinsic 指令。详细使用过程见 6.4 节的算法 Intrinsic 指令优化。

5.分析 C 代码性能

DSP 算法优化是一种技巧性很强的编程技术。C 语言作为嵌入式开发编程的基本语言，也是 DSP 编程的最主要语言。在算法软件的生命周期中，有的函数仅被调用了一次，而有的函数在每帧数据处理中都要频繁地被调用。显然，反复被执行的代码是优化的重点，所以，在开展优化之前，编程人员需要清楚和掌握整个 C 代码的性能分布情况，也就是所有或主要函数的 CPU 指令周期的消耗情况。标准的 C/C++语言提供了时间函数 clock()和相关数据类型 clock_t 用于剖析代码，这个 clock 函数返回从“开启这个程序进程”到“程序中调用 clock()函数”时的 CPU 时钟计时单元。

```
...
clock_t begin, end; // 定义时钟周期变量
begin = clock();    // 读取CPU计时
image_inverse(NULL, DSP_ALG_CREATE, &inverse_create, NULL);
end = clock();      // 读取CPU计时
printf("DSP_ALG_CREATE = %d", end - begin);
```

上述过程在函数 image_inverse 前后分别调用函数 clock()，读取 CPU 时钟计时器值，其差值即为处理函数的 CPU 指令周期消耗数目。用户可以在主要函数的调用前后添加代码，统计和打印 CPU 指令消耗情况。为使 clock()返回值非零，在 CCS 菜单“Run/Clock/Enable”中启动时钟。通过这种统计 CPU 指令周期消耗的方式，根据其值大小来掌握算法的指令周期消耗分布。

6.3.2 使用关键字

CCS 编译器是一个很稳健的程序。编译器为了保证编译结果的正确性，当它所获知的信息越少，则汇编程序的优化程度通常就越低。如果将尽可能详细的信息，以关键字的方式表明 C 语言部分代码或变量的特征或用途，则编译器可编译出高度优化的程序代码。恰当合理地使用 TI 的 C 编译器，C 代码优化效率可达到汇编编程效率的 80%～90%。C6000 C/C++编译器除了支持标准的关键字外，还扩展了 C/C++语言的关键字支持，如 near、far 等。

1.const 关键字

C/C++编译器支持 ANSI/ISO 标准关键字 const，该关键字可以给出更好的优化结果，并控制某些特定数据目标的存储分配。编程人员使用 const 限定符可以界定任何变量或数组，以保证其值不会被改变。编程时，如果用关键字 far const 来定义一个目标，则“.const”段会为目标分配存储空间。总体上，const 数据存储分配规则有两个特例：

第一，在界定一个目标时也同时使用了关键字 volatile，如 votatile const int x，则 volatile 关键字界定的变量会在 RAM 上分配空间。程序本身不会修改一个 const volatile 目标，但程序的外部有时可能会修改。

第二，目标有自动的存储空间(在堆栈上分配)。

上述这两种情况，变量或数组目标的存储就如 const 关键字没有使用一样。另外，const 关键字的位置也有讲究。例如，表达式“int * const p = &x；”是定义了一个常量指针指向一个 int 类型变量。而表达式“const int * q = &x；”则定义了一个指针变量 q 指向一个 int 类型常量。

使用 const 关键字，程序员可以定义大型常量表，并将其分配到系统 ROM 空间。例如，分配一个 ROM 表格，可以用如下定义：

```
far const int digits[10] = {0, 1, 2, 3, 4, 5, 6, 7, 8, 9};
```

2.near 和 far 关键字

C6000 C/C++编译器用 near 和 far 关键字扩展了 C/C++语言，用以指定全局和静态变量以及函数的访问方式。从语法上来看，near 和 far 关键字可被当作存储类型修改器，并且可以出现在存储类说明符与类型的前面、后面或者中间。在一个定义中不能同时使用 near 和 far，否则会产生异常。下面的几个例程就展示了这两个关键字与其他存储类修改器的多种组合形式。

```
far static int x;
static near int x;
static int far x;
far int foo();
static far int foo();
```

1) 界定数据目标

在程序中，全局和静态数据目标有两种访问方式：

(1) near 关键字。

编译器假定数据以相对数据页指针 DP 的偏移来访问，如：“LDW *+dp(_address)，a0”，表示编译器将以 DP 为基址，偏移量为_address 的地址空间内容赋值给 a0 寄存器。

(2) far 关键字。

有时编译器借助 DP 无法访问到数据项。如果程序的数据总量超过了相对 DP 的偏移量 32K，则 far 关键字就可以使用了。例如：

```
MVKL _address, A1
MVKL _address, A1
LDW *A1, A0
```

即将 32 位的地址_address 直接放在寄存器 A1 中，然后借助间接寻址访问数据内容。如果一个变量已经用 far 来定义，则该变量在其他 C 文件或头文件中的所有外部引用也必须包含 far 关键字，对于 near 关键字也是如此。因此，当其他地方没有用 far 来定义的话，编译器或链接器则会提示有错。但是，对于 near 来说，如果没界定的话仅仅会使数据访问变慢。

如果使用#pragma DATA_SECTION 关键字，目标用 far 定义变量，这不会覆盖 far 属性。在另外的文件引用这个变量时，程序员需要在其他源文件中用 extern far 来声明，从而可以确保能够访问到变量，因为该变量或许不会放置在.bss 段。当变量目标没有用 near 或 far 关键字来定义，则编译器会使用 far 来访问 aggregate 数据，用 near 来访问非 aggregate 数据。

2) 界定函数调用

函数调用以下述两种方式来实现：

(1) near 关键字。

编译器假定调用的目的地址在调用方的前后 1M 字范围内，此时编译器使用相对程序计数器 PC 的分支指令：B _func。

(2) far 关键字。

如果调用超过了前后 1M 字的空间，则编译器用下述指令被告知调用方式：

```
MVKL _func, A1
MVKL _func, A1
B *A1, A0
```

缺省情况下，编译器会产生小存储器模式代码，即每个函数好像用 near 来被处理，除非特别用 far 来定义。

3.restrict 关键字

为了帮助编译器确定内存依赖性，用户可以用 restrict 关键字来限定一个指针、引用或数组。restrict 关键字是一个类型限定符，可应用于指针、引用及数组等类型，它的使用代表了程序员做了保证，在指针声明的范围内，指向的对象只能由当前指针来访问。任何违反该保证的行为都会导致程序未定义。这种做法有助于编译器优化某些代码段，尤其是别名信息可以更容易地被确定。

有了该关键字的界定，CPU 就可以对不同的内存同时进行读或者写，便于指令并行。

```
void func1(int * restrict a, int * restrict b)
{
/* func1's code here */
}
```

上述代码中，restrict 关键字被用于告知编译器函数 func1 被调用时，不会出现 a 和 b 指向重叠内存目标的情况。用户许诺通过 a 和 b 的访问不会发生冲突，从而借助于一个指针的写动作不会影响使用其他指针的读行为。restrict 关键字的确定语义在 1999 版的 ASNI/ISO C 标准中有详细描述。

```
void func2(int c[restrict], int d[restrict])
{
  int i;
  for(i = 0; i < 64; i++)
  {
   c[i] += d[i];
   d[i] += 1;
   }
}
```

上述程序中，传递数组给函数作为参数时，使用了 restrict 关键字。这里数组 c 和 d 不应该重叠，也没有指向同一个数组。

4.asm 关键字

C/C++编译器可以将汇编语言指令或目录，直接嵌入到编译器的汇编语言输出中。asm 声明扩展了 C/C++语言，能够访问 C/C++语言不能提供访问的硬件资源。使用时，在语法上就像调用了一个函数，里面包含一个字符串常量：

```
asm(" assembler text");
```

编译器直接将字符串参数拷贝到输出文件中。汇编程序文本必须用双引号括起来。所有常见的字符串转义代码都保留了它们的定义。括号内的字符必须是合法的汇编语言语句。就像其他汇编语言语句，引号内的代码行必须以标号、空格、制表符或注释(星号或分号)来开头。编译器不会检查这些字符串，如果有错的话，汇编器会检查出来。有关汇编语言语句的更多信息，请参见手册《TMS320C6000 Assembly Language Tools User' s Guide》(SPRU186W)。

在实际编程中，该关键字包含的汇编指令是对某些控制寄存器或 CPU 系统寄存器的设置，一般不用于数据寄存器 A 或 B 的访问。asm 语句不遵循正常的 C/C++语句的语法限制。每个汇编指令或寄存器都可以作为语句或声明来出现，甚至在块之外也可以使用，这对于在编译模块的开始处插入指令非常有用。

5.pragma 关键字

pragma 关键字告知编译器如何对待某个特定的函数、目标或代码段。C6000 C/C++编译器支持该关键字的常见行为如下：

1) CODE_SECTION

在 C 语言中，CODE_SECTION 编译指令为某字符 symbol 表示的函数分配空间。如：

```
#pragma CODE_SECTION(symbol, "section name")
```

如果用户想将一块区域从.text段中分离开来，并在这块区域内放置专门的代码目标，就可以用 CODE_SECTION 编译指令来实现。下述案例就展示了 C 程序的源文件中使用该关键字的过程。

```
#pragma CODE_SECTION(func, ".my_sect")
int func(int x)
{
   return x;
}
```

上述代码产生的汇编代码如下：

```
    .sect ".my_sect"
    .global _func
; ******************************************************************************
; * FUNCTION NAME:  _func *
; * *
; * Regs Modified :  SP *
; * Regs Used :  A4, B3, SP *
; * Local Frame Size :  0 Args + 4 Auto + 0 Save = 4 byte *
; ******************************************************************************
_func:
; ** ---------------------------------------------------------------------------*
     RET .S2 B3 ;  |6|
     SUB .D2 SP, 8, SP ;  |4|
     STW .D2T1 A4, *+SP(4);  |4|
     ADD .S2 8, SP, SP ;  |6|
     NOP 2
     ;  BRANCH OCCURS ;  |6|
```

CODE_SECTION 编译指令通常用于将深度优化后的重要核心函数模块放置于 L2 空间，以提高其执行速度。

2) DATA_ALIGN

在 C 语言中，DATA_ALIGN 编译指令通过将变量排列以对齐其边界。对齐边界值是符号默认对齐值的最大值，或以指定的常量值，该常量值必须是 2 的幂次方。该指令的格式是：

```
#pragma DATA_ALIGN(symbol, constant)
```

这里的字符 symbol 通常是一个变量或数组的名字。在 DSP 程序中，为提高 CPU 读写速度，通常采用一次多字节的存取方式，如 LDDW/STDW，这种指令的内存地址就必须是 8 字节对齐，constant 通常取 8 的倍数。

3) DATA_SECTION

在 C 语言中，DATA_SECTION 编译指令将字符 symbol 表示的数组或变量，放置在名为 section 的内存空间中：

```
#pragma DATA_SECTION(symbol, "section name")
```

如果用户打算将数据目标从.bss 段中分离出来，链接到一个新的区域上去，则该关键字就非常有用。如果用 DATA_SECTION 编译指令分配一个全局变量，并在 C 代码中引用它，则必须用外部 far 关键字来定义变量。DATA_SECTION 应用示例如下：

```
#pragma DATA_SECTION(bufferB, ".my_sect")
char bufferA[512];
char bufferB[512];
```

上述代码中 bufferB 数组被放置在段.my_sect 中，而 bufferA 则被放置在段.bss 中。在命令文件*.cmd 中，就可以将.my_sect 段映射到特定的内存空间。此功能特别适用于将重要的 CPU 经常访问的内存空间映射在片上，以提高算法执行速度。

编译后的汇编代码如下：

```
         .global _bufferA
         .bss _bufferA, 512, 4
         .global _bufferB
_bufferB: .usect ".my_sect", 512, 4
```

4) MUST_ITERATE

MUST_ITERATE 编译指令用于指明编译器所包含的某个循环的属性，在使用时用户需确保这些属性的正确性。通过使用 MUST_ITERATE 编译指令，程序员可以保证一个循环能够执行特定次数的倍数。UNROLL 编译指令随时可应用于循环，而 MUST_ITERATE 应用于同一个循环，对循环来说，MUST_ITERATE 编译指令的第三个参数 multiple 是最重要的，因此必须指明。

而且 MUST_ITERATE 编译指令应该尽可能的应用于其他任何循环，这是因为 pragma 给出的信息(特别是迭代的最小数)辅助编译器确定可选择的最佳循环和循环转换(即软件流水和内嵌的循环转换)。该指令也有助于编译器减小代码尺寸。

对于 for、while、do-while 循环来说，在 MUST_ITERATE 编译指令之间，不允许有其他语句，但是其他编译指令如 UNROLL 和 PROB_ITERATE 可以出现在 MUST_ITERATE 编译指令和循环之间。

(1) MUST_ITERATE 编译指令的格式。

在 C 语言中，该指令的格式如下：

```
#pragma MUST_ITERATE(min, max, multiple);
```

运行次数是指一个循环迭代的数目。参数 min 和 max 是程序员保证的循环执行最小和最大运行次数。循环迭代次数必须正好被 multiple 整除，所有参数都是可选的，例如迭代次数是 5 或者更大，则可以用下述代码来声明：

```
#pragma MUST_ITERATE(5);
```

但是，如果迭代次数或许是 5 的非零倍，则编译指令可以这样使用：

```
#pragma MUST_ITERATE(5, , 5);  /* 注意 max域是空的 */
```

有时，为使编译器执行 unrolling 指令，用户有必要提供最小值和倍率数值，特别是对于编译器不能轻松确定循环执行多少次的场景，这更有必要(就是说循环有非常复杂的退出条件)。

当在 MUST_ITERATE 编译指令中声明了倍率时，如果迭代次数不能整除倍率的话，该编译指令的结果就是不确定的。并且，如果迭代次数小于最小值或大于最大值，该指令的结果也是不确定的。

如果没有指定最小值，则可以用零值来代替；如果没有指定最大值，则可以使用最大可能值。如果对一个循环使用了多个 MUST_ITERATE 编译指令，则实际使用 min 参数中的最大值和 max 参数的最小值。

(2) MUST_ITERATE 编译指令的应用。

通过使用 MUST_ITERATE 编译指令，用户向编译器保证一个循环执行特定数目的循环。下面的示例展示了编译器被告知循环一定会执行 10 次的情况：

```
#pragma MUST_ITERATE(10, 10);
for (i=0; i<trip_count; i++){ ...
```

在该例中，编译器尝试产生软件流水的循环相当于没有使用这个编译指令。但是，如果这个循环没有使用 MUST_ITERATE，编译器就会产生忽视循环的代码，考虑 0 次迭代的可能性。用这个编译指令指定后，编译器知晓循环至少迭代一次，从而能够消除这个循环的旁路代码。

MUST_ITERATE 既可以指定循环迭代的范围，也可以指定迭代次数的倍率因子。例如：

```
#pragma MUST_ITERATE(8, 48, 8);
for (i=0; i<trip_count; i++){ ...
```

该例程中，用户告诉了编译器循环执行次数在 8 和 48 之间，并且迭代次数变量是 8 的倍数(如 8，16，24，32，40，48)。这个倍率参数允许编译器展开循环。

在使用时，也可以考虑使用复杂边界循环。如：

```
for (i2 = ipos[2]; i2<40; i2 +=5){ ...
```

此时，按理讲，编译器将不得不产生一个除法函数调用，以确定运行时的精确迭代次数，但是编译器不会这样做，这种情况下，用 MUST_ITERATE 来指明循环总是执行 8 次，以允许编译器尝试产生一个软件流水式的循环：

```
#pragma MUST_ITERATE(8, 8);
for (i2 = ipos[2]; i2<40; i2 +=5){ ...
```

5) STRUCT_ALIGN

STRUCT_ALIGN 编译指令与 DATA_ALIGN 类似，但是前者应用于结构体 structure、联合体类型 union 或类型重定义 typedef，以及由这些类型派生出来的任何组合类型。STRUCT_ALIGN 编译指令仅支持 C 语言。其格式如下：

```
#pragma STRUCT_ALIGN(type, constant expression)
```

这个指令确保 type 定义的类型或 typedef 定义的基本类型的对齐地址至少等于 expression 值。编译器实际要求的值或许会大于该对齐值，且该值必须是 2 的幂。type 必须是基本类型或重定义类型。由于基本类型只能是结构体或联合体，因此对于重定义类型，它的基本类型也必须是结构体或联合体。由于 ANSI/ISO C 要求重定义 typedef 是某个类型的简单别名，所以这个指令可以应用于结构体、结构体重定义或者由这些衍生出来的其他重定义，并且都将影响基本类型的别名。下面的例子将 st_tag 结构体变量对齐在内存页 128 字节的边界：

```
typedef struct st_tag
{
   int   a;
   short b;
} st_typedef;
#pragma STRUCT_ALIGN (st_tag, 128);
#pragma STRUCT_ALIGN (st_typedef, 128);
```

特别地，将 STRUCT_ALIGN 指令应用于基本类型如 int、short、float 或变量都会出错。

6) UNROLL

UNROLL 编译指令提示编译器，循环将被展开为多少次，该指令有助于编译器在 C6400 设备上使用 SIMD 指令。另外，在其他场景也非常有用，例如为更好地使用的软件流水资源时，告知编译器不展开循环。

依次使用--opt_level=[1|2|3]或-O1，-O2，-O3 激活优化器，唤醒 pragma 声明的循环展开。其实，有的编译器选项可以忽略这个 pragma 命令。在 UNROLL 指令与使用该指令的 for、while 或 do-while 循环中，不允许有其他语句。但是，其他 pragam 指令如 MUST_ITERATE 和 PROB_ITERATE 可以出现在 UNROLL 和循环之间。该指令的格式为：

```
#pragma UNROLL(n);
```

如果可能，编译器将原循环拷贝 n 次。编译器只有在能够确定展开 n 的整数倍循环是安全的情况下才会展开循环。为了增加循环被展开的概率，编译器需要知道某些特定的信息：

(1) 循环迭代 n 次的倍数，这个信息可以通过在 MUST_ITERTE 编译指令中的参数来指明。

(2)循环的最小可能迭代次数。

(3)循环的最大可能迭代次数。

编译器有时通过自身分析代码来获得这个信息。然而，有时编译器可能会过于保守的假设，从而比展开循环时产生更多的代码，这也会导致循环根本不会展开。所以，如果确定循环退出机制过于复杂，编译器可能无法确定循环的这些属性。在这些情况下，用户必须使用 MUST_ITERATE 指令来告诉编译器上述属性，用#pragma UNROLL(1)可以告诉循环不能被展开，在这种情况下，循环也不会自动展开。

上述六种的编译器指令行为主要应用于函数优化。用户必须在函数体的外部指定 pragma，并且该关键字还必须在任何定义、函数引用或者字符的前面。如果没有遵循此规则，则编译器会提示警告同时忽略该关键字的作用。

6.3.3 Cache 优化

1.高速缓存 Cache

高速缓存 Cache 是体现 CPU 性能的一个重要特征，CPU 开启了高速缓存 Cache 后能够显著提高程序整体的执行速度。从算法执行过程来说，无论是代码还是数据，CPU 执行的代码通常是连续的，处理后的数据结果通常是作为后续模块的数据源，使能 Cache 则是将这些指令代码或者数据放在 CPU 的附近，CPU 继续执行时会直接存取高速缓存 Cache 内存空间，从而提高了算法执行速度。

对于高速缓存 Cache，编程人员不能直接访问该空间，只能通过一些专门的命令使缓存内的数据有效或无效。若 CPU 从 Cache 上能够达到读写期望的代码或者数据目的，则称为 Cache 命中(Hit)，若没有达到目的则称为 Cache 缺失(Miss)。由于 Cache 对编程人员来说是透明的，即 Cache 的具体刷新过程并不清楚，为保证数据的一致性，编程者在读写内存前需要使用 Cache 命令干预该空间，使其无效(Invalid)或回写(Writeback)。

2.C674x 缓存配置

C674x 的两级缓存中，L1P/L1D 通常配置为 Cache，而 L2 配置为 RAM 与 Cache 的组合。根据芯片手册，TMS320C6748 的 L1 内存被映射为了两种地址。L1P 的起始地址分别为 0x00E00000 和 0x11E00000，L1D 的起始地址分别为 0x00F00000 和 0x11F00000，L2 内存也被映射为起始地址为 0x00800000 和 0x11800000。

实际上，虽然 L1P、L1D 或 L2 分别被映射为了两个地址，但是在物理上还分别是同一个物理内存，只是面向不同对象的起始地址不同。如 0x00E00000、0x00F00000 和 0x00800000 起始地址空间是被 DSP 的 CPU 和 IDMA 所见(可理解为本地地址)，而 0x11E00000、0x11F00000 和 0x11800000 起始地址空间被 CPU 以及总线上的所有外设所见(可理解为全局地址)，即同一块物理内存空间被映射到了两个不同的地址。但根据经验，后者即大值地址所映射的内存情况更为常用。

当 L2 配置为 RAM 与 Cache 的组合时，L2 内存的后端，即高地址空间设置为 Cache，L2 内存的前端，即低地址空间被设置为 RAM。C6748 的 L2 内存共有 256KB，Cache 大小可配置为 32K、64K、128K、256K 等。编程人员对 Cache 的配置及使用通常有三种方式，即使用 CSL、StarterWare 和 SYS/BIOS。

1) CSL 配置 Cache

TI 的 C64x 提供了有关 Cache 的配置命令，如 CACHE_L1pSetSize 设置 L1P 内存 Cache、CACHE_L1dSetSize 设置 L1D 内存 Cache、CACHE_L2SetSize 设置 L2 内存 Cache、CACHE_enableCaching 设置片外内存 Cache。CACHE_flush 和 CACHE_clean 用来维护 Cache 与片外内存的内容一致性。具体使用过程详见手册《TMS320C674x DSP Cache User’s Guide》(sprug82a)。但是 C674x 不再提供 CSL，尽管也可以使用旧版的 CSL 软件包，但根据 TI 建议不推荐使用这种方式。

2) StarteWare 配置 Cache

C6748 提供了函数包 StarterWare 来实现对 CPU 及外设的配置和访问。其中就有对 Cache 的控制。需注意的是，基于 StarteWare 裸机程序的内存配置和段映射是通过*.cmd 文件来实现的。下面通过示例说明 Cache 命令的使用过程。

例一：使能片外 DDR、L1P/L1D/L2 的 Cache。

```
#include <dspcache.h>// Cache相关的宏和函数定义

// 将片外的256MB DDR使能Cache，起始地址0xC0000000
CacheEnableMAR((unsigned int)0xC0000000, (unsigned int)0x10000000);
// L1P/L1D/L2配置Cache
CacheEnable(L1PCFG_L1PMODE_32K | L1DCFG_L1DMODE_32K | L2CFG_L2MODE_256K);
```

在上例中，将片外的 256MB 内存使能 Cache，同时使能 L1P/L1D/L2 的 Cache。

例二：使能片外 DDR、L1D/L1P 的 Cache。并对源地址空间的数据进行控制。

```
#include <dspcache.h>// Cache相关的宏和函数定义

    CacheEnableMAR((unsigned int)0xC0000000, (unsigned int)0x10000000); // 使能DDR 缓存
    CacheEnable(L1PCFG_L1PMODE_32K | L1DCFG_L1DMODE_32K ); // 使能L1P/L1D
// 将videoTopc/videoTopY空间的ycbcr格式转换为rgb565格式，并保存在videoTopRgb1空间。
    cbcr422sp_to_rgb565_c( (const unsigned char *)(videoTopC + OFFSET),
                          DISPLAY_IMAGE_HEIGHT,
                          CAPTURE_IMAGE_WIDTH, ccCoeff,
                          (const unsigned char *)(videoTopY + OFFSET),
                          CAPTURE_IMAGE_WIDTH, videoTopRgb1,
                          DISPLAY_IMAGE_WIDTH, DISPLAY_IMAGE_WIDTH
                          );
// 将Rgb_1在Cache中的缓存数据写进内存，并将Cach数据设置为无效，从而保证videoTopRgb1数据是最新的。
    CacheWBInv((unsigned int)videoTopRgb1, DISPLAY_IMAGE_WIDTH * DISPLAY_IMAGE_HEIGHT * 2);
 ...
/***如下为VPIF的中断服务程序部分代码 ***/
// 将buff_luma的Cache数据无效，便于该地址被新数据填充。
   CacheInv((unsigned int)buff_luma[buffcount],
          CAPTURE_IMAGE_WIDTH * CAPTURE_IMAGE_HEIGHT * 2);
   CacheInv((unsigned int)buff_chroma[buffcount],
          CAPTURE_IMAGE_WIDTH * CAPTURE_IMAGE_HEIGHT * 2);
```

在上例中，将片外的 256MB 内存使能 Cache，同时使能 L1P/L1D 的 Cache。图像数据从一个内存做转换并搬移到另外一个内存后，需要将 Cache 的缓存数据写回到内存，并使 Cache 数据无效。另外，在数据采集的中断服务代码中，将映射在 Cache 中的内存数据无效，便于该地址被新数据填充。

3) SYS/BIOS 配置 Cache

嵌入式实时操作系统 SYS/BIOS 也提供了对 Cache 的配置和控制。

(1) 初始化函数配置 Cache。

通过 BIOS 的用户初始化函数来实现 Cache 的大小配置。

例三：SYS/BIOS 应用程序中的 Cache 配置，在用户源代码中定义如下函数。

```
#include <ti/sysbios/family/c64p/Cache.h>
void CacheInit()
{
     Cache_Size cacheSize;
     cacheSize.l1pSize = Cache_L1Size_32K;
     cacheSize.l1dSize = Cache_L1Size_32K;
     cacheSize.l2Size = Cache_L2Size_256K;
     Cache_setSize(&cacheSize);
}
```

然后在工程的*.cfg 文件中添加对上述函数的调用：

```
/* 启动时调用初始化函数 */
Bios.startupFxns = ['&CacheInit'];
```

(2) Platform 配置 Cache。

SYS/BIOS 对内存的划分是通过实时系统组件 RTSC 的 platform 来实现的，同时也包括 L2、L1D、L1P 的 Cache 配置，如图 6.8 所示。

例四：L2 使能为 256KB 的 Cache，程序使用 EDMA3 实现从内存空间_srcBuff 到_dstBuff 的拷贝。

```
// 将_srcBuff的Cache写回到内存，并使Cache无效，保证_srcBuff数据的完整性
Cache_wbInv(&_srcBuff, MAX_BUFFER_SIZE, Cache_Type_ALLD, true);
//使能传输
retVal = EDMA3EnableTransfer(SOC_EDMA30CC_0_REGS, chNum, EDMA3_TRIG_MODE_MANUAL);
// 将_dstBuff的Cache写回到内存，并使Cache无效，保证_dstBuff的数据是完整的
Cache_wbInv(&_dstBuff, MAX_BUFFER_SIZE, Cache_Type_ALLD, true);
```

例五：L2 使能为 256KB 的 Cache，将 rxBufPtr 的内容复制到 txBufPtr。

```
//使rxBufPtr 的Cache数据无效，保证从rxBufPtr读取的数据是最新的
Cache_inv((void *)rxBufPtr[lastFullRxBuf], AUDIO_BUF_SIZE, Cache_Type_ALLD, TRUE);
// 复制 buffer
```

```
memcpy((void *)txBufPtr[lastSentTxBuf], (void *)rxBufPtr[lastFullRxBuf], AUDIO_BUF_SIZE);
// 使txBufPtr的Cache数据写回内存，保证该地址空间的数据是最新的
Cache_wb((void *)txBufPtr[lastSentTxBuf], AUDIO_BUF_SIZE, Cache_Type_ALLD, TRUE);
```

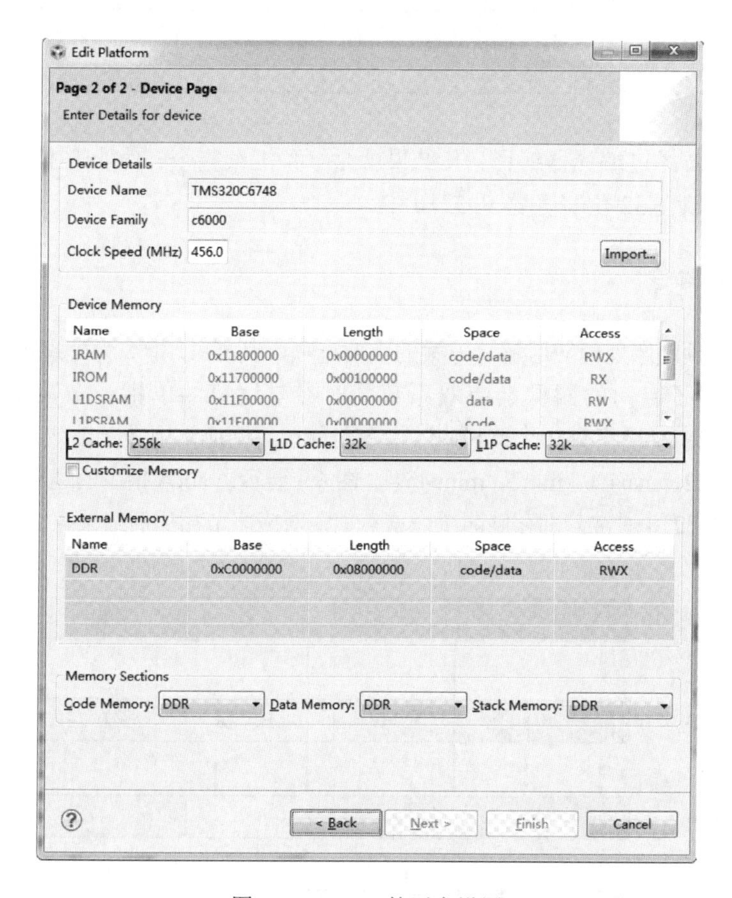

图 6.8　C6748 的平台设置

上面五个案例的 Cache 启用对程序整体的执行效率都会有显著影响。

6.4　算法 Intrinsic 指令优化

C 语言已经作为嵌入式平台的最主要编程语言，被诸如 DSP、ARM、MCU 等设备所广泛采用，但是其编译效率与汇编语言仍有不少差距。在 C 语言环境下如果能直接使用汇编指令，则既提高了算法的执行速度，又极大地方便了程序的调试与开发。Intrinsic 指令是 TI 公司为了满足上面的两个要求而专门设计的类似函数调用式的汇编指令使用方法，但是，并不是每条汇编指令都有对应的 Intrinsic 指令，C6000 设备 DSP 的 Intrinsic 指令详见手册《TMS320C6000 Optimizing Compiler v7.4 User's Guide》(spru187u) 中的 Table7-3 至 7-8。需要注意的是，这里的 Intrinsic 指令并不是 C 环境下的以 asm 标注的嵌入式汇编语言编程。Intrinsic 指令就像函数一样被使用，Intrinsic 指令能够直接使用 C/C++

的变量，就类似其他正常的函数调用。

Intrinsic 指令用一个下划线来引导，被当作一个函数来调用。如

```
int x1_3210, x2_3210, y_3210;
y_3210 = _add4(x1_3210, x2_3210);
```

上述的语句 2 经过编译器编译，其结果就是一条汇编指令，功能上实现四对字节的加运算，结果存在放在 32 位寄存器 y_3210 中。

6.4.1 SIMD 指令

DSP 作为视频图像处理应用解决方案的重要选项，其 CPU 指令为处理 8 位像素点或 16 位系数计算提供了专门的四像素或双系数同时参与运算的单指令多数据 SIMD(Single Instruction Multiple Data)指令。此类 SIMD 指令名称的后缀通常用数字 2 或 4 结尾，如 add4、avgu4、sub4、avg2、maxu4、min2、minu4 等。图 6.9 展示了 add4 指令的运算示意图，该示例中的 A_3210、B_3210 通常分别存储四个像素点值，对应字节相加后结果存储到 C_3210 中。

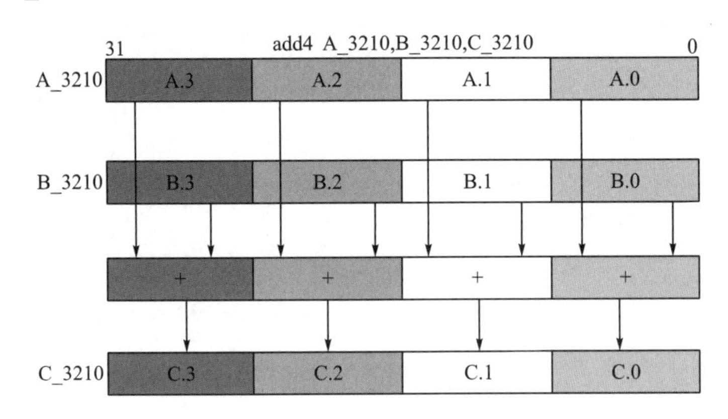

图 6.9 SIMD 指令 add4 的运算示意图

这种多数据运算指令既需要从内存准备数据源也需要将处理后的结果存储到内存，所以在循环体开始与结束部分需要使用数据存取指令。数据存取指令有对齐式四字节存取指令_amem4，八字节存取指令_amem8，以及非对齐存取指令_mem4、_mem8。C674x-DSP 的 SIMD 指令详见手册《TMS320C6000 Optimizing Compiler v7.4 User' s Guide》。

6.4.2 Intrinsic 使用举例

下面通过一个案例详细说明如何使用 Intrinsic 指令实现 C 函数的优化。另外，在优化时还使用了其他关键字以提示编译器更详细的信息，从而实现高度优化函数的目的。该示例的功能是对两个二维平面图像做对应宏块(16×16)像素点的平均值操作，将结果存放在另外一个内存空间，其 C 语言实现过程如下：

```
void pixel_avg( uint8_t *restrict dst,   int i_dst_stride,
                uint8_t *restrict src1,  int i_src1_stride,
                uint8_t *restrict src2,  int i_src2_stride,
                int i_width,  int i_height )
{
    int x, y;
    for( y = 0;  y < i_height;  y++ ){
        for( x = 0;  x < i_width;  x++ ){
            dst[x] = ( src1[x] + src2[x] + 1 )>> 1;
        }
        dst  += i_dst_stride;
        src1 += i_src1_stride;
        src2 += i_src2_stride;
    }
}
```

接下来使用 Intrinsic 指令及其他优化技术对上述 C 函数模块开展优化。其中使用了：

(1) restrict 关键字表明指针指向的内存无依赖关系。

(2) _nassert 表明地址是否对齐，以便于使用地址对齐指令来读写内存。

(3) MUST_ITERATE 编译指令帮助循环体构建软件流水。

(4) SIMD 指令提高 CPU 指令周期的利用率，即单指令多数据操作。

```
void pixel_avg_opt( uint8_t *restrict dst,   int i_dst_stride,  // dst为8字节对齐
                    uint8_t *restrict src1,  int i_src1_stride, // src1对齐方式不确定
                    uint8_t *restrict src2,  int i_src2_stride, // src2为8字节对齐
            int i_width,  int i_height )// i_width=i_height=16;
{
    int y;
    double src1_1_7654_3210, src1_0_7654_3210; //64位寄存器
    double src2_1_7654_3210, src2_0_7654_3210; //64位寄存器
    uint32_t src1_1_7654, src1_1_3210, src1_0_7654, src1_0_3210; //32位
    uint32_t src2_1_7654, src2_1_3210, src2_0_7654, src2_0_3210; //32位
    uint32_t dst_0_7654, dst_0_3210, dst_1_7654, dst_1_3210; //32位

    _nassert((int)src2&7 == 0); //src2地址8字节对齐，否则退出
    _nassert((int)dst &7 == 0); //dst地址8字节对齐，否则退出
    #pragma MUST_ITERATE(16, 16, 16)//循环信息：最小16，最大16，倍率16
    for( y = 0;  y < i_height;  y++ ){
        // 非对齐的内存读
        src1_0_7654_3210 = _memd8(&src1[0]);  src1_1_7654_3210 = _memd8(&src1[8]);
        // 对齐的内存读
        src2_0_7654_3210 = _amemd8(&src2[0]);  src2_1_7654_3210 = _amemd8(&src2[8]);

        src1_0_7654 = _hi(src1_0_7654_3210); //取高32位
        src1_0_3210 = _lo(src1_0_7654_3210); //取低32位
        src1_1_7654 = _hi(src1_1_7654_3210);
        src1_1_3210 = _lo(src1_1_7654_3210);
        src2_0_7654 = _hi(src2_0_7654_3210);
        src2_0_3210 = _lo(src2_0_7654_3210);
        src2_1_7654 = _hi(src2_1_7654_3210);
        src2_1_3210 = _lo(src2_1_7654_3210);
        dst_0_7654 = _avgu4(src1_0_7654, src2_0_7654);  //4对无符号字节取均值
        dst_0_3210 = _avgu4(src1_0_3210, src2_0_3210);
        dst_1_7654 = _avgu4(src1_1_7654, src2_1_7654);
        dst_1_3210 = _avgu4(src1_1_3210, src2_1_3210);

        _amemd8(&dst[0])= _itod(dst_0_7654, dst_0_3210); //两个32位组合成64位并保存
```

```
        _amemd8(&dst[8])= _itod(dst_1_7654, dst_1_3210);
        dst  += i_dst_stride;  //指向下一行
        src1 += i_src1_stride; //指向下一行
        src2 += i_src2_stride; //指向下一行
    }
}
```

上述的 Intrinsic 指令优化是一种非常典型的优化编程方式。首先确保内存指针的对齐方式，以确保使用对齐或非对齐的内存读写指令，然后编译指令 MUST_ITERATE 提示编译器对固定循环次数的循环代码构建软件流水。循环核内，首先单次读取多字节数据，然后拆解为 32 位寄存器变量，再使用 SIMD 多数据运算指令实现核心处理，最后单次保存多字节数据。

6.4.3 图像反色的 Intrinsic 优化

接下来，对第 5 章的图像反色处理程序使用 Intrinsic 指令实施优化。参照第 5 章的 DSP 应用程序 chap_5_app 和库程序 chap_5_lib 的工程构建过程，分别构建 chap_6_1_app 应用程序、chap_6_1_lib 库程序。应用程序通过对 BMP 文件读写实现数据输入和输出，调用图像反色处理库函数实现数据处理。

现对反色处理核心函数采取 Intrinsic 指令优化，同时使用其他 C 语言级的其他优化技术。反色处理 C 代码如下：

```
/* C语言版本的处理函数 */
void process_pixels_cn(c674x_inverse_t *handle)
{
      c674x_inverse_t *c674x_inverse=handle;
      int i, j;
      int width = c674x_inverse->width;
      int height= c674x_inverse->height;

      for (i=0; i<height; i++){
            unsigned char *pSrcRowB = c674x_inverse->pImgSrcB + i*width;
            unsigned char *pSrcRowG = c674x_inverse->pImgSrcG + i*width;
            unsigned char *pSrcRowR = c674x_inverse->pImgSrcR + i*width;
            unsigned char *pDstRowB = c674x_inverse->pImgDstB + i*width;
            unsigned char *pDstRowG = c674x_inverse->pImgDstG + i*width;
            unsigned char *pDstRowR = c674x_inverse->pImgDstR + i*width;
            for (j=0; j<width; j++){
                  pDstRowB[j] = 255 - pSrcRowB[j];
                  pDstRowG[j] = 255 - pSrcRowG[j];
                  pDstRowR[j] = 255 - pSrcRowR[j];
            }
      }
}
```

上述过程中，该循环体对三个独立的图像平面进行反色处理，然后保存到三个独立的图像平面。同时，循环计数为固定值。通过分析可知，这种循环非常适于 DSP 的软件流水优化处理。

充分分析上述循环过程可知，每次的内循环可处理两行，每行能够处理 4 个像素点，这样循环次数会大大降低。同时将图像的分辨率信息(这里以 720×576 为例)提示给编译器，即每行迭代的信息传递给 MUST_ITERATE 的参数，以帮助编译器稳定构建软件流水。

```
/* 使用Intrinsic指令优化函数 */
void process_pixels_intrinsic(c674x_inverse_t *handle)
{
      c674x_inverse_t *c674x_inverse=handle;
      int i, j;
      int width = c674x_inverse->width;
      int height= c674x_inverse->height;

      for (i=0; i<height; i +=2){
           unsigned char *restrict pSrcRowB_0 = c674x_inverse->pImgSrcB + (i+0)*width;
           unsigned char *restrict pSrcRowB_1 = c674x_inverse->pImgSrcB + (i+1)*width;
           unsigned char *restrict pSrcRowG_0 = c674x_inverse->pImgSrcG + (i+0)*width;
           unsigned char *restrict pSrcRowG_1 = c674x_inverse->pImgSrcG + (i+1)*width;
           unsigned char *restrict pSrcRowR_0 = c674x_inverse->pImgSrcR + (i+0)*width;
           unsigned char *restrict pSrcRowR_1 = c674x_inverse->pImgSrcR + (i+1)*width;

           unsigned char *restrict pDstRowB_0 = c674x_inverse->pImgDstB + (i+0)*width;
           unsigned char *restrict pDstRowB_1 = c674x_inverse->pImgDstB + (i+1)*width;
           unsigned char *restrict pDstRowG_0 = c674x_inverse->pImgDstG + (i+0)*width;
           unsigned char *restrict pDstRowG_1 = c674x_inverse->pImgDstG + (i+1)*width;
           unsigned char *restrict pDstRowR_0 = c674x_inverse->pImgDstR + (i+0)*width;
           unsigned char *restrict pDstRowR_1 = c674x_inverse->pImgDstR + (i+1)*width;

           #pragma MUST_ITERATE(180, 180, 180)
      for (j=0; j<width; j +=4){
           unsigned int srcB_0_3210 = _amem4_const(&pSrcRowB_0[j]);
           unsigned int srcB_1_3210 = _amem4_const(&pSrcRowB_1[j]);
           unsigned int srcG_0_3210 = _amem4_const(&pSrcRowG_0[j]);
           unsigned int srcG_1_3210 = _amem4_const(&pSrcRowG_1[j]);
           unsigned int srcR_0_3210 = _amem4_const(&pSrcRowR_0[j]);
           unsigned int srcR_1_3210 = _amem4_const(&pSrcRowR_1[j]);

           unsigned int B_0_3210 = _sub4(0xffffffff,  srcB_0_3210);
           unsigned int B_1_3210 = _sub4(0xffffffff,  srcB_1_3210);
           unsigned int G_0_3210 = _sub4(0xffffffff,  srcG_0_3210);
           unsigned int G_1_3210 = ~srcG_1_3210;
           unsigned int R_0_3210 = ~srcR_0_3210;
           unsigned int R_1_3210 = ~srcR_1_3210;

           _amem4(&pDstRowB_0[j])= B_0_3210;
           _amem4(&pDstRowB_1[j])= B_1_3210;
           _amem4(&pDstRowG_0[j])= G_0_3210;
           _amem4(&pDstRowG_1[j])= G_1_3210;
           _amem4(&pDstRowR_0[j])= R_0_3210;
           _amem4(&pDstRowR_1[j])= R_1_3210;
      }
   }
}
```

在上述优化中，使用对齐指令每次读取两行像素，每行 4 个像素点；使用取反操作以降低_sub4 指令的使用频率，提高功能单元并行度。根据笔者的多个项目工程开发经验，由于 DSP 功能单元和物理寄存器数量有限，循环核内的处理任务量不宜过多，但也不宜过少；不宜反复使用一种指令，应尽可能使用不同类型的指令以实现相同运算任务；变量数目不宜过多，尽管可以随意定义变量数量，但实际分配到物理寄存器的变量最多也只有 64 个。

为测试优化前后的 CPU 指令周期数占用的差别，使用时钟函数 clock()读取 CPU 时钟计数，代码如下：

```
#include <time.h>
{
    clock_t begin,  end;
    begin = clock();
    //… 反色处理模块
    end = clock();
    printf("\n ljz_alg_process = %d",  end - begin);
}
```

详细优化后的源代码见 chap_6_1_lib\InverseCore.c 文件。在开启 CCS 编译器优化功能--opt_level = 3 时，测试反色处理模块优化前后的 CPU 指令周期消耗情况，结果见表 6.3。由表可知，优化后 CPU 指令周期占用倍率降低了 26 倍多，优化效果非常显著。当然，在优化时必须保证算法处理数据结果的正确性。

表 6.3 反色处理模块优化前后 CPU 指令周期占用对比

优化前	优化后	倍率
8720209	331072	26.3

6.5 算法线性汇编优化

线性汇编是汇编语言的一种，但有其特殊性，如它无须考虑指令的并行与否、寄存器变量名称任意定义、寄存器变量数量不受物理数目限制，功能单元可以选择指定等。因此，线性汇编语言编程很像 C 语言编程，但使用的操作码即指令确实是汇编指令。在编程难度上高于线性汇编语言的是并行汇编即普通汇编，C 语言、线性汇编 Linear ASM、普通汇编 ASM 的编程难度及编译效率的对比如图 6.10 所示。

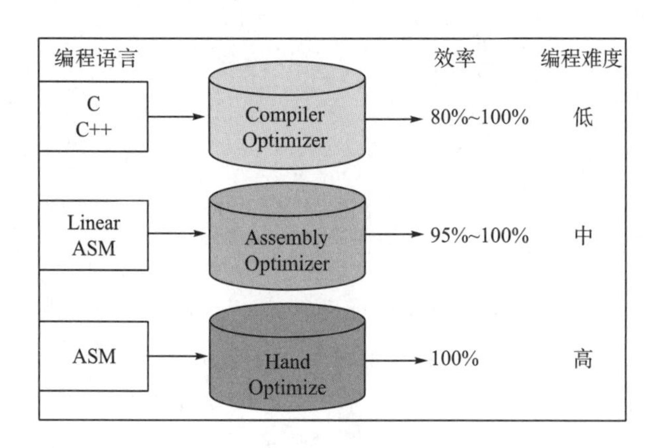

图 6.10 DSP 不同编程语言工作效率对比

从图中可以看出，线性汇编语言的效率达到了普通汇编语言的 95%～100%，而编程难度低于普通汇编 ASM。

6.5.1　线性汇编语言

借助 C6000 性能剖析工具，用户可以快速确定代码中最耗时的部分，进而使用线性汇编来优化这些核心程序。线性汇编代码不必区分 A/B 边，如何调度及寄存器分配等细节问题，这样做的目的就是降低开发难度，让汇编优化器自己确定这些信息。

汇编优化器在优化线性汇编代码时，需要根据一些伪指令来确定代码或语句的功能。表 6.4 展示了线性汇编编程中的伪指令或指示符。

表 6.4　线性汇编伪指令

格式	描述	备注
.call [ret_reg =] func_name（argument1，argument2，...）	函数调用	过程内有效
label **.cproc** [argument1 [，argument2，…]]	C 可调用的过程开始	以.endproc 结束
.endproc	C 可调用的过程结束	以.cproc 开始
label **.proc** [variable1 [，variable2，…]]	过程开始标识	以.endproc 结尾
.endproc [variable1 [，variable2，…]]	过程结束标识	以.proc 开始
.map symbol1 / register1 [，symbol2 / register2]	分配字符给寄存器名	必须使用物理寄存器
.mdep [memref1 [，memref2]]	表明存储器相关	过程内有效
.no_mdep	无存储器相关	过程内有效
.mptr {variable|memref}，base [+ offset] [，stride]	避免存储块冲突	过程内有效
.reg symbol1 [，symbol2，…]	声明变量	过程内有效
.rega symbol1 [，symbol2，…]	在 A 边声明变量	过程内有效
.regb symbol1 [，symbol2，…]	在 B 边声明变量	过程内有效
.return [*argument*]	过程返回	在.cproc 内有效
label **.trip** min，max，factor	指定循环值	过程内有效
.global _func_name	定义一个全局函数	工程内有效

用户借助多种选项对汇编优化器进行优化配置，如--keep_asm 用于保留汇编语言文件*.asm、--debug_software_pipeline 产生详细的软件流水信息、--opt_level=n 设置优化等级。

当用户编写线性汇编代码时，无须指明软件流水的延时、无须指定寄存器、无须指明功能单元。当然也可以选择指明寄存器或 A/B 边，选择指明功能单元等。

线性汇编的语句格式如下：

```
label[: ]  [register]  mnemonic  unit-specifier  operand-list  comment
  标号      条件寄存器   助记符指令     功能单元         操作数列表      注释
```

在写线性汇编代码时应遵循如下规则：

(1)所有语句必须以标号 label、空格 blank、星号或分号打头。

(2)标号 label 是可选项，如果要使用，则必须排在第一列。

(3)每个字段间用一个或多个空格区分，制表符 Tab 被作为空格，必须用一个空格将操作数列表与前一个字段分开。

(4)注释是可选项。从第 1 行开始的注释可以使用星号或分号，但在任何其他列中开始的注释必须以分号开头。

(5)C6000 大部分指令是条件指令，是可选项。必须用方括号标注。

(6)助记符指令不可位于第一列，否则将会被当作标号使用。

(7)64 位寄存器对的定义用冒号连接，如“.reg src_7654：src_3210”。

6.5.2 优化使用举例

接下来，根据上述的线性汇编编程规则，对图像反色处理函数进行优化。创建 chap_6_2_app 应用程序、chap_6_2_lib 库程序，工程所需其他源文件参见 chap_6\chap_6_2 目录。

为了使定义的线性汇编函数能够被 C 语言程序调用，汇编中的函数名称前面需要加注下划线“_”(程序输出格式为 COFF 时)。相反的，C 语言中定义的变量或函数要在汇编程序中被使用，同样需要在汇编代码中加注下划线。图像反色处理核心模块的线性汇编优化过程如下。

```
            .global _process_pixels_linear_asm ;  声明为全局函数

_process_pixels_linear_asm: .cproc src0_B, src0_G, src0_R, dst0_B, dst0_G, dst0_R, wid, hei
            .no_mdep    ;  无存储器依赖性
            .reg x_cnt ;  循环计数器
            .reg src1_B, src1_G, src1_R;  指向源图像的第二行
            .reg dst1_B, dst1_G, dst1_R;  指向宿图像的第二行
            .reg srcB_0_7654:srcB_0_3210, srcG_0_7654:srcG_0_3210, srcR_0_7654:srcR_0_3210
            .reg srcB_1_7654:srcB_1_3210, srcG_1_7654:srcG_1_3210, srcR_1_7654:srcR_1_3210

            .reg B_0_7654: B_0_3210,  G_0_7654: G_0_3210,  R_0_7654: R_0_3210
            .reg B_1_7654: B_1_3210,  G_1_7654: G_1_3210,  R_1_7654: R_1_3210
            .reg four_ff ;  常量0xffff ffff

            ADD src0_B,  wid,  src1_B
            ADD src0_G,  wid,  src1_G
            ADD src0_R,  wid,  src1_R
            ADD dst0_B,  wid,  dst1_B
            ADD dst0_G,  wid,  dst1_G
            ADD dst0_R,  wid,  dst1_R

            MVKL 0xffffffff,  four_ff
            MVKH 0xffffffff,  four_ff

            SHR wid,  3,  x_cnt    ;  每次循环处理8个像点，循环次数=wid/8,
            SUB x_cnt,  1,  x_cnt  ;  循环减到0为止，故循环计数器减一

X_LOOP:     .trip 90, 90, 90  ;  每次循环处理两行，图像宽度720
            LDDW *src0_B++,  srcB_0_7654: srcB_0_3210 ;  读取8个像点
```

```
          LDDW *src1_B++,  srcB_1_7654: srcB_1_3210
          LDDW *src0_G++,  srcG_0_7654: srcG_0_3210
          LDDW *src1_G++,  srcG_1_7654: srcG_1_3210
          LDDW *src0_R++,  srcR_0_7654: srcR_0_3210
          LDDW *src1_R++,  srcR_1_7654: srcR_1_3210

          SUB4 four_ff,  srcB_0_3210,  B_0_3210 ;  255 - srcB
          SUB4 four_ff,  srcB_0_7654,  B_0_7654
          SUB4 four_ff,  srcB_1_3210,  B_1_3210
          SUB4 four_ff,  srcB_1_7654,  B_1_7654

          NOT srcG_0_3210,  G_0_3210;  ~ srcG
          NOT srcG_0_7654,  G_0_7654
          NOT srcG_1_3210,  G_1_3210
          NOT srcG_1_7654,  G_1_7654

          XOR four_ff,  srcR_0_3210,  R_0_3210 :  255^srcR
          XOR four_ff,  srcR_0_7654,  R_0_7654
          XOR four_ff,  srcR_1_3210,  R_1_3210
          XOR four_ff,  srcR_1_7654,  R_1_7654

          STDW B_0_7654: B_0_3210,  *dst0_B++ ;  存储8个像点
          STDW G_0_7654: G_0_3210,  *dst0_G++
          STDW R_0_7654: R_0_3210,  *dst0_R++
          STDW B_1_7654: B_1_3210,  *dst1_B++
          STDW G_1_7654: G_1_3210,  *dst1_G++
          STDW R_1_7654: R_1_3210,  *dst1_R++
[x_cnt]   BDEC    X_LOOP,  x_cnt

          .return
          .endproc
```

在上述优化中，循环次数需要小心设置。应根据实际处理的图像大小来为汇编优化器提供尽可能详细的信息，即 trip 指令的后续参数。在 C 语言环境中调用线性汇编优化的函数模块，其使用过程如下。

```
void  process_pixels_linear(c674x_inverse_t *handle)
{
      c674x_inverse_t *c674x_inverse=handle;
      int i;
      int width = c674x_inverse->width;
      int height= c674x_inverse->height;

      for (i=0;  i<height;  i +=2){
           unsigned char *restrict pSrcRowB_0 = c674x_inverse->pImgSrcB + i*width;
           unsigned char *restrict pSrcRowG_0 = c674x_inverse->pImgSrcG + i*width;
           unsigned char *restrict pSrcRowR_0 = c674x_inverse->pImgSrcR + i*width;

           unsigned char *restrict pDstRowB_0 = c674x_inverse->pImgDstB + i*width;
           unsigned char *restrict pDstRowG_0 = c674x_inverse->pImgDstG + i*width;
           unsigned char *restrict pDstRowR_0 = c674x_inverse->pImgDstR + i*width;
/* 调用经线性汇编优化的函数模块 */
           process_pixels_linear_asm(pSrcRowB_0,  pSrcRowG_0,  pSrcRowR_0,
                                     pDstRowB_0,  pDstRowG_0,  pDstRowR_0,
                                     width,  height);
      }
}
```

优化中，线性汇编模块 process_pixels_linear_asm 每次处理两行数据。优化后的完整库程序请参见目录 chap_6\chap_6_2\chap_6_2_lib。

反色处理模块优化前后的 CPU 指令周期占用对比如表 6.5 所示。通过分析可知，线性汇编优化比 Intrinsic 指令优化的算法速度又提高了一倍，其原因在于其数据存取操作，由 Intrinsic 指令中的 4 字节读取变为了线性汇编的 8 字节读取，从而使循环次数减少了一半，进而 CPU 指令占用减少了一半。

表 6.5 反色处理模块优化前后 CPU 指令周期占用对比

优化前	优化后	倍率
8720209	164307	53

6.5.3 优化技巧总结

在实际编写线性汇编代码的过程中，用户只有当能够完全确定某指令所属的功能单元时，才给出功能单元名称。建议初学者不要指定功能单元，而是将这个任务交给汇编优化器来自动分配。另外，尽量不要反复使用单类型的指令，而是采用多种不同指令实现相同的功能，如变量清零操作常用的指令为 ZERO，其实还可选择 SUB、MPY、XOR 等指令。本节的像素点反色处理除了选用常用的减法 SUB4 外，还选择了 NOT 取反、XOR 异或。因此，用户应该对 C6000 的指令有个大致的掌握和了解，便于灵活选择不同的指令。

用户对线性汇编优化的效果是否满意，可以通过编译器生成的汇编文件*.asm 来分析判断。特别是软件流水的构建结果，通过分析循环体的 PIPED LOOP KERNEL 指令并行情况、迭代次数大小等来评价线性汇编优化的效果。在 CCS 中对用户编写的线性汇编文件 process_pixels_linear_asm.sa，设置其编译选项 C6000 Compiler\Advanced Options\Assembler Options 中的--keep_asm，以保留产生的汇编 asm 文件。下面展示了 process_pixels_linear_asm.asm 文件中的流水循环内核。

```
; ** -----------------------------------------------------------------------*
$C$L2:    ; PIPED LOOP KERNEL

          SPMASK         L1, S1, L2
||        ADD     .L1    src0_R, wid, src1_R ;  |24|
||        ADD     .S1X   dst0_B, wid, dst1_B ;  |29|
||        MV      .L2X   src0_R, src0_R'
||        LDDW    .D2T2  *src1_G++, srcG_1_7654: srcG_1_3210 ;  |40| (P)<0, 0>
||        LDDW    .D1T1  *src0_G'++, srcG_0_7654: srcG_0_3210 ;  |39| (P)<0, 0>

          SPMASK         L1, L2, S2
||        MV      .L2    dst0_B, dst0_B'
||        MV      .S2    four_ff, four_ff''
||        MV      .L1X   four_ff, four_ff'
||        LDDW    .D2T2  *src0_B'++, srcB_0_7654: srcB_0_3210 ;  |37| (P)<0, 1>
||        LDDW    .D1T1  *src1_B++, srcB_1_7654: srcB_1_3210 ;  |38| (P)<0, 1>

          NOP            1
          LDDW    .D1T1  *src1_R++, srcR_1_7654: srcR_1_3210 ;  |42| (P)<0, 3>
```

```
        SPMASK          L2, S2
||      MV      .L2     dst0_R', dst0_R     ;  |10|
||      MV      .S2X    dst0_G', dst0_G''   ;  |10|
||      LDDW    .D2T2   *src0_R'++, srcR_0_7654: srcR_0_3210 ;  |41|  (P)<0, 4>

        SPMASK          L1, S1, D2
||      MV      .L1     dst0_G', dst0_G     ;  |10|
||      ADD     .S1X    dst0_R', wid, dst1_R ;  |31|
||      ADD     .D2X    dst0_G'', wid, dst1_G ;  |30|
||      NOT     .L2     srcG_1_7654, G_1_7654 ;  |52|  (P)<0, 5>
||      NOT     .S2     srcG_1_3210, G_1_3210 ;  |51|  (P)<0, 5>

        SUB4    .L2     four_ff'', srcB_0_7654, B_0_7654 ;  |45|  <0, 6>
||      SUB4    .L1     four_ff', srcB_1_7654, B_1_7654 ;  |47|  <0, 6>

        SUB4    .L2     four_ff'', srcB_0_3210, B_0_3210 ;  |44|  <0, 7>
||      SUB4    .L1     four_ff', srcB_1_3210, B_1_3210 ;  |46|  <0, 7>

        STDW    .D2T2   B_0_7654: B_0_3210, *dst0_B'++ ;  |59|  <0, 8>
||      STDW    .D1T1   B_1_7654: B_1_3210, *dst1_B++ ;  |62|  <0, 8>

        XOR     .L2X    four_ff', srcR_0_3210, R_0_3210 ;  |54|  <0, 9>
||      STDW    .D2T2   G_1_7654: G_1_3210, *dst1_G++ ;  |63|  <0, 9>
||      XOR     .L1     four_ff', srcR_1_3210, R_1_3210 ;  |56|  <0, 9>
||      XOR     .S1     four_ff', srcR_1_7654, R_1_7654 ;  |57|  <0, 9>

        NOT     .L1     srcG_0_3210, G_0_3210 ;  |49|  <0, 10>
||      NOT     .S1     srcG_0_7654, G_0_7654 ;  |50|  <0, 10>
||      XOR     .L2X    four_ff', srcR_0_7654, R_0_7654 ;  |55|  <0, 10>
||      STDW    .D1T1   R_1_7654: R_1_3210, *dst1_R++ ;  |64|  <0, 10>

        SPKERNEL 0, 0
||      STDW     .D1T1   G_0_7654: G_0_3210, *dst0_G++ ;  |60|  <0, 11>
||      STDW     .D2T2   R_0_7654: R_0_3210, *dst0_R++ ;  |61|  <0, 11>

; ** ----------------------------------------------------------------------------*
```

分析该循环内核可知，总体流水情况较好。但是，由于除了存取操作外，实际的数据处理只有 SUB 和 NOT 两种操作，多达八个的功能单元没有被充分利用，所以指令并行度没有达到 CPU 单指令周期并行八条指令的极限。

6.6　使用第三方库优化

在 DSP 算法的优化过程中，不应首先考虑自己编程优化。实际上，TI 或其他第三方公司提供了可直接使用的 SDK 库或经过优化的源代码，诸如一些常见或通用的信号处理、视频处理任务。TI 提供了针对数字信号处理的 DSPLIB 库，针对图像处理的 IMGLIB 库以及针对视频或视觉处理任务的 VLIB 库。

6.6.1　数字信号处理库 DSPLIB

数字信号处理库 DSPLIB 是 TI 提供的一些典型或常用的信号处理模块，如自适应滤波、相关、FFT、滤波与卷积、数学计算、矩阵相乘、字节端序交换等。DSPLIB 模块的编程使用了C语言、Intrinsic指令优化和线性汇编优化，同时给出了函数的代码大小和运行性能的测试基准。这里针对C674x-DSP的信号处理库dsplib_c674x_3_1_0_0版本，详细讲述环境设置和示例开发过程。假设DSPLIB已经安装在C：\ti\dsplib_c674x_3_1_0_0目录下。

1.创建FFT_Example应用程序

根据前面章节讲解的内容，创建工程名为FFT_Example的无操作系统的裸应用程序，工程目录及源文件详见chap_6\chap_6_3。主函数过程如下：

```
#include<math.h>
#include<dsplib.h>
void main (){
/* 产生输入数据 */
    generateInput (NUM_SIN_WAVES);  // NUM_SIN_WAVES=4
/* 产生旋转因子 */
    gen_twiddle_fft_sp(w_sp, N);    // N=256
/* 调用DSPLIB中的FFT 函数 */
    DSPF_sp_fftSPxSP(N, x_sp, w_sp, y_sp, brev, 4, 0, N);
/* 将变换结果的实部和虚部分开 */
    seperateRealImg ();
}
```

该FFT算法的数据类型为单精度float型，点数N为256，时域信号含有4个正弦波周期信号。上述主模块中的子函数详见工程中的FFT_Example.c。

创建chap_5_app的目标配置文件C674x_simulate.ccxml或重新创建满足需要的配置文件。

2.工程编译环境设置

1)定义环境变量

在菜单Project/properties的build种类中的Environment页下添加变量CCS_DSPLIB_DIR，其值设为C：\ti\dsplib_c674x_3_1_0_0。

2)添加包含路径

在菜单Project/properties的build->C6000 Compiler ->Include Options中，添加“"${CCS_DSPLIB _DIR}/inc"”“"${CCS_DSPLIB _DIR}/packages"”，注意双引号的使用。

3)添加库路径和库文件

在菜单Project/properties的build->C6000 Linker ->File Search Path中，添加库文件“"dsplib.a674"”、添加库搜索路径“"${CCS_DSPLIB _DIR}/lib"”。

3.修改dsplib_c674x_3_1_0_0的bug

直接使用下载的信号处理库dsplib_c674x_3_1_0_0，会提示无法打开如下文件：

```
#include <ti/dsplib/src/DSP_blk_eswap16/c674/DSPF_blk_eswap16.h>
```

packages\ti\dsplib\src\DSPF_blk_eswap16\DSPF_blk_eswap16.h 文件包含了上述语句：

```
#ifndef _DSPF_BLK_ESWAP16_H_
#define _DSPF_BLK_ESWAP16_H_1

#if defined(_TMS320C6740)
#include <ti/dsplib/src/DSP_blk_eswap16/c674/DSPF_blk_eswap16.h>
#else
#error invalid target
#endif

#endif /*  DSPF BLK ESWAP16 H  */
```

实际上，DSPLIB 信号处理库中并没有 DSP_blk_eswap16 目录，而只有 DSPF_blk_eswap16。因此需要修改 DSPF_blk_eswap16.h 中的包含路径：

```
#include <ti/dsplib/src/DSPF_blk_eswap16/c674/DSPF_blk_eswap16.h>
```

同时，修改另外两个目录 DSPF_blk_eswap32、DSPF_blk_eswap64 下头文件的包含路径为：

```
#include <ti/dsplib/src/DSPF_blk_eswap32/c674/DSPF_blk_eswap32.h>
#include <ti/dsplib/src/DSPF_blk_eswap64/c674/DSPF_blk_eswap64.h>
```

至此，FFT_Example 工程就可以正常编译，创建后的完整工程详见目录 chap_6\chap_6_3。

4.FFT 结果调试

启动目标配置窗口 Target Configurations，在用户定义的配置文件 User Defined/C674x_simulate.ccxml 上点击右键，选择 Launch Selected Configuration 启动 CCS 调试透视图。

点击菜单 Run/Load/Load Program，浏览工程定位到 FFT_Example\Debug 下的文件 FFT_ Example.out，确定并下载程序。然后“F6”逐步执行程序，执行完 seperateRealImg()后，启动图形属性配置窗口 Tools/Graph/Dual Time，如图 6.11 所示。正弦波信号的 FFT 变换后的实部和虚部如图 6.12 所示。

6.6.2　图像库 IMGLIB

imglib_c64Px_3_1_0_1 是 TI 提供的运行在 C64x+设备上，帮助 C 语言编程人员开展图像/视频处理任务，且高度优化了的函数库 IMGLIB(Image Library)。IMGLIB 包括许多可供 C 调用的经汇编优化的通用目的图像/视频处理程序。这些程序通常应用在计算量密集的实时应用中，这些场合对最优的执行速度要求极为苛刻。IMGLIB 库程序可以保证执行速度远快于对应 C 语言编写的程序。因此，基于这些易用的 DSP 函数，IMGLIB 能够显著缩短图像/视频处理应用的开发时间。

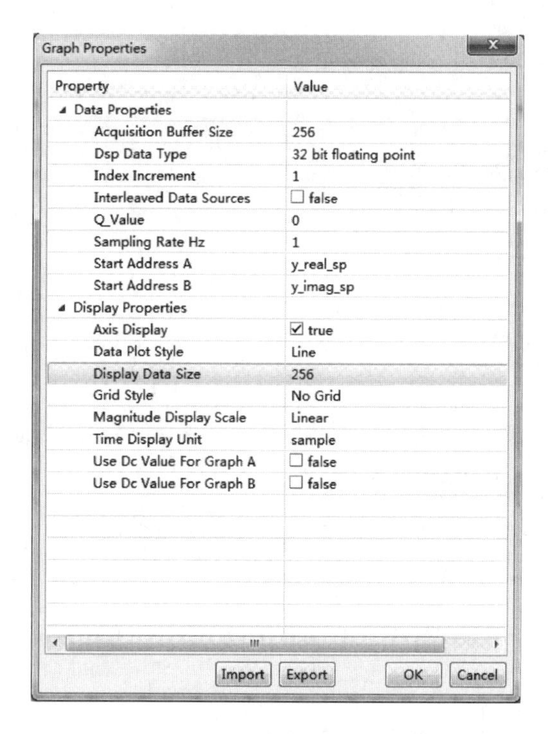

图 6.11 双时域图形参数设置

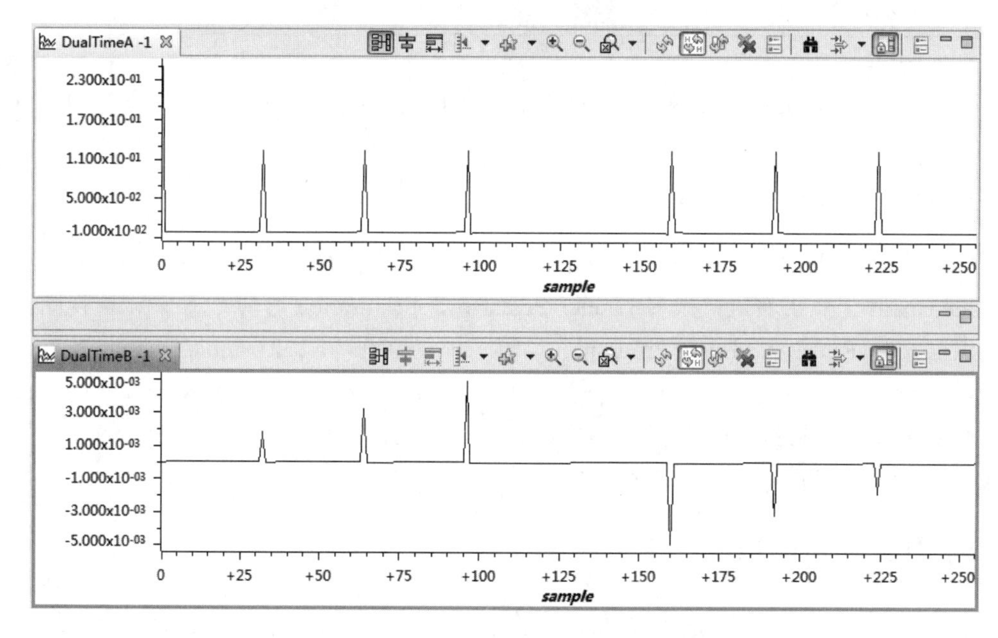

图 6.12 正弦波的 FFT 实部与虚部

1.特征与优势

C64x+ IMGLIB 包含了常用的数字图像处理程序，以及允许用户修改以满足其特定应用的源代码。其特征和优势包括：

(1) ANSI C 源代码模式。

(2) C 可调用的程序完全兼容 TI C6000 编译器。

(3) 基于 PC 的开发与测试主机库。

(4) 提供了 CCS 工程以再构建库或独立的内核单元测试。

(5) 给出了功能模块大小及速度的测试结果。

(6) 参照 C 模型进行测试。

(7) 具有输入和输出矢量的测试基准。

2.符号约定

IMGLIB 的所有函数命名遵循以下规则：

(1) 每个函数以 IMG_前缀打头，从而避免函数命名冲突。

(2) 紧跟 IMG_前缀的是功能描述符。此描述符表示有关例程的功能以及掩码大小信息的相关信息。

(3) 在每个函数描述符之后放置一个后缀。后缀描述了函数可接受的输入类型。有效后缀定义如下：

①输入格式：_id[s]。

②掩模格式：_cd[s]。

③输入格式(只有输入)：_d[s]。

④打包的二进制数据输入：_bin。

⑤定点数学格式：_iq。

在上述的后缀中，d 表示数据的位长度，[s]表示可能会被使用且数据是有符号类型，所有定点输入和输出数据均为 32 位。表 6.6 展示了几个 IMGLIB 函数的部分符号约定举例。

表 6.6　IMGLIB 函数的符号约定举例

内核名称	输入格式	掩模格式	内核功能
IMG_conv_5x5_i8_c16s	8 位无符号	16 位有符号	5×5 掩模的图像卷积
IMG_conv_3x3_i16_c16s	16 位无符号	16 位有符号	3×3 掩模的图像卷积
IMG_corr_gen_iq	32 位定点	N/A	计算广义相关
IMG_boundary_16s	16 位有符号	N/A	扫描图像边界
IMG_dilate_bin	打包的二进制	N/A	二进制图像膨胀

根据上述规则，后面的应用举例即将使用的是函数 IMG_conv_7x7_i8_c8s，其功能是执行图像卷积“conv”，卷积的掩模大小“7×7”，输入图像 8 位无符号“i8”，掩模为 8 位有符号“c8s”。

3.功能模块

IMGLIB 提供了针对图像及视频处理的常用程序。其包含的功能模块分为三类：

1)图像分析

图像边界计算、形态学操作、边缘检测、图像直方图、图像阈值等。

2)图像滤波及格式转换

彩色图像空间转换、图像卷积、图像相关、错误检测、中值滤波、像素扩展等。

3)图像编码和解码

图像 DCT 变换与 IDCT 逆变换、运动估计、量化、小波处理等。

附录 1.IMGLIB Modules v3.2.0.1 给出了 IMGLIB_C64Px_3_2_0_1 的模块内核名称及其功能，用户可根据需要选择、使用对应模块。

4.应用举例

接下来讲解如何使用 IMGLIB 实现快速的图像处理。该示例运用图像卷积，即以模板运算为例，展示使用图像库的技术过程。首先创建裸应用程序 chap_6_4，然后添加 RGB2RGB.h、RGB2RGB.c、bmp_head_struct.h，添加目标配置文件 C674x_simulate.ccxml。创建源文件 ImageSmoothFilter.c。

```
#pragma DATA_ALIGN(MaskData7, 8)
unsigned char MaskData7[49]={
     1, 1, 1, 1, 1, 1, 1,
     1, 2, 1, 2, 1, 2, 1,
     1, 2, 1, 2, 1, 2, 1,
     1, 2, 1, 2, 1, 2, 1,
     1, 2, 1, 2, 1, 2, 1,
     1, 2, 1, 2, 1, 2, 1,
     1, 1, 1, 1, 1, 1, 1
};
/* pIn: 扩展后的临时空间，用于平滑的数据源空间
 * pSrc: 输入图像, pDst: 输出图像
 * wid与hei分别为图像的实际宽度和高度*/
void ImageSmoothFilterFunc(
          unsigned char *restrict pIn, // for temporary calculation
          unsigned char *restrict pSrc,
          unsigned char *restrict pDst, int wid, int hei){
     unsigned int width = wid;
     unsigned int height= hei;

     unsigned int i;
     unsigned char *src, *dst;
     unsigned int edged_width = width + EDGE_SIZE*2; //扩展后图像行的跨度

     src = pIn + EDGE_SIZE*edged_width+EDGE_SIZE;
     dst = pIn;

     // 将连续图像填充到二维扩展空间的中间
     for (i=0; i<height; i++)
          memcpy(src+i*edged_width, pSrc+i*width, width);

     // 扩展左上角、上中、右上角
     for (i = 0; i < EDGE_SIZE; i++){
          memset(dst, *src, EDGE_SIZE);
          memcpy(dst + EDGE_SIZE, src, width);
          memset(dst + edged_width - EDGE_SIZE, *(src + width - 1), EDGE_SIZE);
          dst += edged_width;
     }
```

```
    // 扩展左中、右中
    for (i = 0; i < height; i++){
        memset(dst, *src, EDGE_SIZE);
        memset(dst + edged_width - EDGE_SIZE, src[width - 1], EDGE_SIZE);
        dst += edged_width;
        src += edged_width;
    }
    // 扩展左下角、下中、右下角
    src -= edged_width;
    for (i = 0; i < EDGE_SIZE; i++){
        memset(dst, *src, EDGE_SIZE);
        memcpy(dst + EDGE_SIZE, src, width);
        memset(dst + edged_width - EDGE_SIZE, *(src + width - 1), EDGE_SIZE);
        dst += edged_width;
    }

    // 处理整幅图像
    for (i = 0; i<height; i++){
        unsigned char *imgin_ptr = pIn +(i+5)* (width+EDGE_SIZE*2)+ 5; // for 7x7
        unsigned char *imgout_ptr= pDst+i*width;
        // 处理一行图像
        IMG_conv_7x7_i8_c8s(imgin_ptr, imgout_ptr, width,
                            edged_width, (char *)&MaskData7, 6);
    }
}
```

为了使源图像的四个边也能被处理，将原始图像周边分别扩充 EDGE_SIZE=(8)个像素点，其扩充原理如图 6.13 所示。图中的中间黑色区域为图像有效数据。

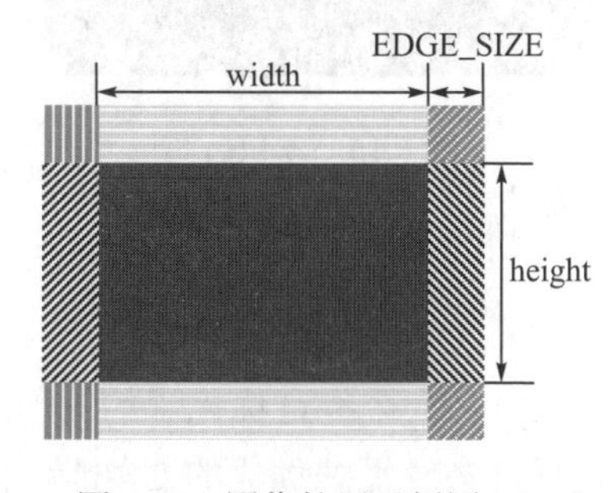

图 6.13　图像扩展示例图

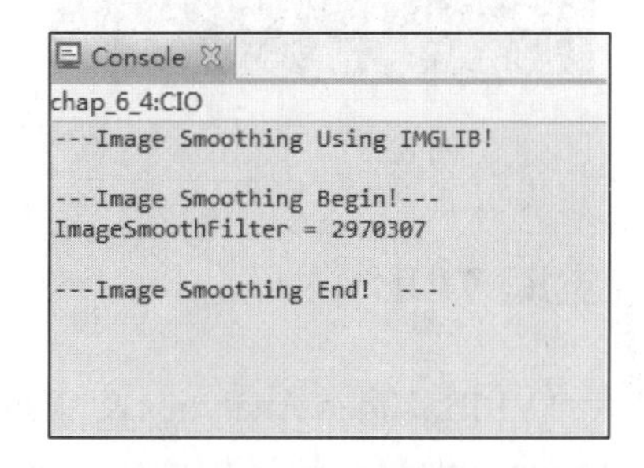

图 6.14　CPU 指令消耗

该例中的掩模矩阵为 7×7 大小，但是矩阵的 1/49 乘数因子不便于使用 DSP 的移位指令，为此修改掩模，使其乘数因子为 1/64，从而移位大小可以设定为 6，为算法优化提供了保障。从 BMP 文件读取 RGB 数据，将交织格式转换为平面格式，然后调用图像卷积实现平滑滤波，调用过程如下：

```
// convert packed image to plane image
pkRGB2plRGB(p_src, srcB, srcG, srcR, width, height);
// filter the R G B component
begin = clock();
ImageSmoothFilterFunc(imgExpd, srcB, dstB, width, height);
ImageSmoothFilterFunc(imgExpd, srcG, dstG, width, height);
ImageSmoothFilterFunc(imgExpd, srcR, dstR, width, height);
end = clock();
```

```
printf("ImageSmoothFilter = %d \n", end - begin);
// convert plane image to packed image
plRGB2pkRGB(p_dst, dstB, dstG, dstR, width, height);
```

接下来，添加或包含 IMGLIB 的头文件和库文件及其路径。在 CCS 的构建属性中，设定环境变量 CCS_IMGLIB_DIR，其值设定为 c：\ti\imglib_c64Px_3_2_0_1。包含路径为“"${CCS_IMGLIB_DIR}/inc"”，库搜索路径为“"${CCS_IMGLIB_DIR}/lib"”，库文件为“"imglib.a64p"”。设置完整的工程及其源代码详见 chap_6\chap_6_4 目录。该应用程序的处理任务是对 RGB 文件图像进行特定掩模的卷积操作，并把结果写到 BMP 文件中。

chap_6_4 工程对分辨率为 352×352 的彩色图像做 7×7 大小掩模的卷积处理，测试的 CPU 指令周期消耗约为 3M，如图 6.14 所示。原始图像及卷积平滑后图像效果对比，分别如图 6.15 和图 6.16 所示。

图 6.15 原始图像

图 6.16 卷积后图像

6.6.3 视觉库 VLIB

TI 提供的 VLIB（Video Analytics & Vision Library）是一个经过优化了的图像/视频处理函数库，可帮助 C 编程人员开发 C6x 设备。它包括许多经汇编优化的 C 可调用的通用图像/视频处理程序。这些例程通常用于计算密集型实时应用程序，其中执行速度至关重要。

使用这些例程可确保比标准 ANSI C 语言编写的等效代码的执行速度快得多，此外，通过提供易用的 DSP 函数，TI VLIB 可以显著缩短图像/视频处理应用的开发时间。

1.优势与特征

C674x VLIB 是 TI 提供的一套包含 40 多个免版税的内核软件库，能够加速视频分析与开发，提高性能高达 10 多倍。VLIB 是一个免版税的可扩展库，为 C6x DSP 内核做了深入优化。这个 40 多个模块内核集合体提供了下述处理能力：

(1) 背景建模与背景减。
(2) 目标特征提取。
(3) 跟踪与识别。
(4) 低级像素处理。

VLIB 为以下应用提供可扩展基础：

(1) 视频分析。

(2) 视频监控。

(3) 车载视觉。

(4) 嵌入式视觉。

(5) 游戏视觉。

(6) 机器视觉。

(7) 消费电子。

2.VLIB 构成

vlib_c674x_obj_3_3_0_3_Win32.exe 为 TI 官方网站提供的面向 C674x-DSP 的最新版视觉库，可免费下载。如果不做任何修改的话，默认安装在 C：\ti\ vlib_c674x_3_3_0_3。

1) 内核目录

安装程序在 VLIB 根目录创建 packages 目录，该目录包含了 VLIB 的所有内核。目录下又分为多级目录，如目录 packages\ti\vlib\src\VLIB_Canny_Edge_Detection，包含了 VLIB 内核 VLIB_Canny_Edge_Detection 的各种相关文件。

每个内核都有一个预编译的 CCS 工程项目，该项目演示了内核 API 并执行几个验证性测试，每个项目都提供了对内核模块的时钟周期和程序内存需求的估计。

2) 库文件目录

安装程序在 packages\ti\vlib 文件夹内创建了 lib 目录。该目录包含优化了的视觉库 vlib.lib，VLIB 库的 C 语言功能实现以及用于测试内核所必需的常用函数。

3.应用举例

接下来根据 VLIB 中预编译的 CCS 工程，实现对 BMP 文件的 Canny 边缘检测，并将结果写入到新的 BMP 文件。chap_6\chap_6_5 下的 VLIB_Canny_Edge_Detection 目录包含了所有源代码。用户在使用或开发该例程时，需要将 VLIB_Canny_Edge_Detection 文件夹拷贝到 packages\ti\vlib\src 目录下，以保证项目能访问到 VLIB 的其他头文件。

1) 添加源文件

本例程需要将 RGB 交织格式分离为平面格式，为此添加 RGB2RGB.c、RGB2RGB.h、bmp_head_struct.h。

2) 创建功能函数

根据 VLIB 自带的 VLIB_Canny_Edge_Detection_d.c 创建、修改功能函数，分别使用优化库和 C 语言库实现边缘检测。功能函数命名为 VLIB_Canny_Edge_Detection_ljz，实现过程如下。

```
/* Cycle counts for C-natural & optimized */
extern  uint64_t  cycles[vlib_KERNEL_CNT];  // 外部定义
BITMAPFILEHEADER *p_bmpFileHead;  // 14 B
BITMAPINFOHEADER *p_bmpInfoHead;  // 40 B
```

```
void  VLIB_Canny_Edge_Detection_ljz()
{
      int32_t   *numItems, i;
      int16_t   *pBufGradX,  *pBufGradY,  *pBufMag;
      uint8_t   *pBufOut,  *pScratch;
      FILE *file_src = NULL;
      FILE *file_dst = NULL;
      uint8_t *p_SrcRGB = NULL,  *p_DstRGB = NULL;   // 交织的RGB图像数据
      uint8_t *p_Src[3], *p_Dst[3];                   // 分离的图像平面数据
      int32_t    width,  height;
      file_src = fopen("..//bmps//swust_logo.bmp", "rb");       // 原始图像
      if (! file_src){
            printf("file_src open error! \n");  return ;
      }
      file_dst = fopen("..//bmps//swust_logo_edge.bmp", "wb"); // 结果图像
      if (! file_dst){
            printf("file_dst open error! \n");  return ;
      }
      p_bmpFileHead = (BITMAPFILEHEADER *)memalign(32, 14);
      p_bmpInfoHead = (BITMAPINFOHEADER *)memalign(32, 40);
      fread(p_bmpFileHead,  1,  14,  file_src);
      fread(p_bmpInfoHead,  1,  40,  file_src);

      width = p_bmpInfoHead->biWidth;  // 图像宽度
      height= p_bmpInfoHead->biHeight; // 图像高速
/*---------------------------------------------------------------------1.malloc-*/
      // 为app和lib申请内存
      pBufGradX = (int16_t *)memalign(32,  width * height * sizeof(int16_t));
      pBufGradY = (int16_t *)memalign(32,  width * height * sizeof(int16_t));
      pBufMag   = (int16_t *)memalign(32,  width * height * sizeof(int16_t));
      pBufOut   = (uint8_t *)memalign(32,  width * height * sizeof(uint8_t));
      pScratch  = (uint8_t *)memalign(32,  width * height * sizeof(uint8_t));
      numItems  = (int32_t *)memalign(32,  sizeof(numItems));

      //初始化内存
      memset(pBufGradX,  0,  width * height * sizeof(int16_t));
      memset(pBufGradY,  0,  width * height * sizeof(int16_t));
      memset(pBufMag,    0,  width * height * sizeof(int16_t));
      memset(pBufOut,    0,  width * height * sizeof(uint8_t));
      memset(pScratch,   0,  width * height * sizeof(uint8_t));

      p_SrcRGB = (uint8_t *)memalign(32, width*height*3);
      p_DstRGB = (uint8_t *)memalign(32, width*height*3);
      for(i=0;  i<3;  i++){
         p_Src[i] = (uint8_t *)memalign(32,  width*height);
         p_Dst[i] = (uint8_t *)memalign(32,  width*height);
      }
      fread(p_SrcRGB,  1,  width*height*3,  file_src);
/*-------------------------------------------------------------------2.process-*/
      pkRGB2plRGB(p_SrcRGB,  p_Src[0],  p_Src[1],  p_Src[2],  width,  height);  // 分离
      /* Initialize profiling */
      VLIB_profile_init(2,  "VLIB_Canny_Edge_Detection");
      VLIB_profile_start(vlib_KERNEL_OPT);  // 启动计时
#if 0 // optimized kernel
      for (i=0;  i<3;  i++)
          VLIB_Canny_Edge_Detection(p_Src[i],
                                    pBufGradX,  pBufGradY,  pBufMag,
                                    p_Dst[i],   pScratch,
                                    numItems,   width,    height);
#else// C-Natural kernel
      for (i=0;  i<3;  i++)
          VLIB_Canny_Edge_Detection_cn(p_Src[i],
                                       pBufGradX,  pBufGradY,  pBufMag,
                                       p_Dst[i],   pScratch,
```

```
                                       numItems,   width,    height);
#endif
    VLIB_profile_stop();  // 终止计时
    printf("VLIB_Canny_Edge_Detection cycles = [%d] ",  cycles[vlib_KERNEL_OPT]);
    plRGB2pkRGB(p_DstRGB,  p_Dst[0],  p_Dst[1],  p_Dst[2],  width,  height);  // 合并
/*------------------------------------------------------------------------3.delete-*/
    fwrite(p_bmpFileHead,  1,  14,  file_dst);  // 写文件头
    fwrite(p_bmpInfoHead,  1,  40,  file_dst);  // 写信息头
    fwrite(p_DstRGB,  1,  width*height*3,  file_dst); // 写图像数据
    fclose(file_src);     fclose(file_dst);  // 关闭源文件与目标文件
    /* 释放所有内存 */
    for(i=0;  i<3;  i++){
        align_free(p_Src[i]);  align_free(p_Dst[i]);
    }
    align_free(p_DstRGB);  align_free(p_SrcRGB);
    align_free(p_bmpInfoHead);  align_free(p_bmpFileHead);
    align_free(pBufGradX);  align_free(pBufGradY);
    align_free(pBufMag);  align_free(pScratch);
    align_free(pBufOut);  align_free(numItems);
}
```

上例根据图像分辨率大小分配内存，使用条件编译开关分别测试优化内核与 C 语言内核的 CPU 指令周期消耗情况。

3) 结果调试与分析

对一幅 224×224 的彩色 BMP 文件实施边缘检测，统计的 CPU 执行速度，对比如表 6.7 所示。经过计算分析可知，优化的 Canny 算法内核执行彩色单分量图像边缘检测，其 CPU 指令周期占用约为 1M。

表 6.7　C 语言与优化后的边缘检测算法 CPU 指令占用对比

C 语言内核	优化内核	倍率
16725853	3462835	4.8

图 6.17 是原始图像，图 6.18 是 RGB 三分量经过 Canny 边缘检测后合成的结果图像。但是在实际的边缘检测应用中，通常只对亮度分量实施检测。

图 6.17　原始图像

图 6.18　Canny 边缘检测

第 7 章　基于 StarterWare 的应用系统开发

前面章节讲述了 DSP 算法优化技术。但是优化后的算法需要数据源，包括视频采集、音频采集、网络输入、GPIO 输入等。同时算法处理后的数据需要回放、存储或传输到主机，包括视频显示、音频播放、GPIO 输出、SD 卡存储、网络、UART、USB 等。上述的这些功能都属于系统软件应实现的任务。系统软件开发指 DSP 软件中除了算法软件部分的所有软件工作，包括硬件的初始化、资源分配及外界通信与控制等。C674x-DSP 已经不像早期的单片机或其他 MCU，编程人员直接访问 DSP 的片上外设寄存器来实现硬件的熟练控制，目前已不太现实。一方面，DSP 寄存器太多，配置细节琐碎、极易出错；另一方面更重要的是项目开发周期过长而无法接受。

实际上，TI 自始至终都在考虑 DSP 用户的开发体验，它提供了易用的嵌入式操作系统 DSP/BIOS 软件和最新的 SYS/BIOS 软件，帮助 DSP 编程人员搭建 DSP 产品的系统软件部分，降低 DSP 开发难度、加速产品上市。同时 TI 配备了与操作系统无关的硬件访问驱动程序，其中风靡一时的 DM642 就使用了芯片支持库 CSL(Chip Support Library)。C674x-DSP 的 StaterWare 就是用于访问硬件的驱动程序，且该开发包独立于操作系统。

7.1　什么是 StarterWare

StarterWare 是一个免费的独立于操作系统的用于开发硬件的程序，用以支持 TI 嵌入式处理器的应用开发。该驱动程序包含了设备抽象层 DAL(Device Abstraction Layer)以及在 C6748 外设中可用的一些示例应用，包括 UART、I^{2}C、定时器、GPIO、SPI、LCD、LIDD、Ethernet、McASP、USB、EHRPWM 以及 RTC 等。StarterWare v1.20 可支持 C6748 EVM 和 C6748-LCDK(L138/C6748 Develop Kit)，图 7.1 是 StarterWare 的体系概览图。主要包括下述模块。

(1)设备抽象层程序(drivers)：支持外设驱动。

(2)应用示例(examples)：展示外设驱动及其他库的应用过程。

(3)系统配置库(system_config)：使能中断和缓存应用的功能函数。

(4)平台库(platform)：特定平台的初始化代码，设置板级特征如引脚复用、IO 扩展、GPIO 以及其他应用常用的配置。

(5)图形库(grlib)：轻型 2D 图形库，用于渲染图元(行、圆等)、字体和用户界面等小部件。

(6)USB 堆栈库(usblib)：为通用 USB 类实现主机和设备支持。

(7)LWIP(third_party\lwip-1.3.2)：轻型网络 SDK，开源网络堆栈便于 EMAC 应用。

(8)FatFs(third_party\fatfs)：轻型开源文件系统用于外部存储设备的应用。

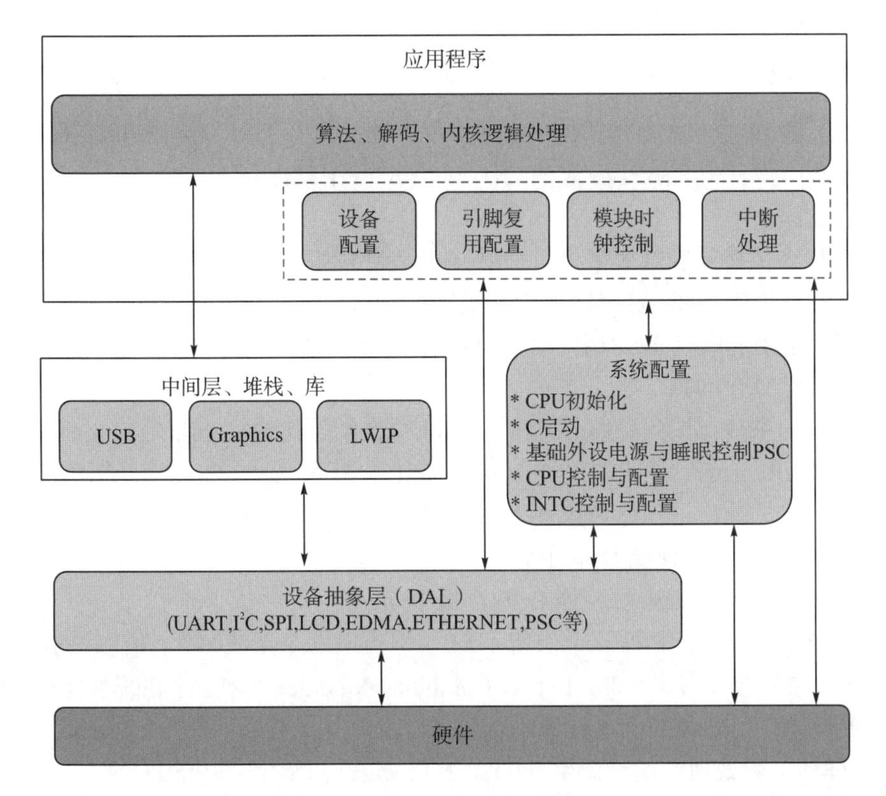

图 7.1　StarterWare 体系概览图

7.2　StarterWare 构成

为了能够使用 StarterWare 开发包，首先需要安装 TI 公司的 BIOS 开发包即 bios_c6sdk_02_00_00_00_setupwin32，该开发包内嵌了 StarterWare 安装包，用户也可以单独安装 StarterWare 开发包，即 C6748_StarterWare_1_20_04_01_Setup。本书 StarterWare 的默认安装目录为：c:\ti\pdk_C6748_2_0_0_0\C6748_StarterWare_1_20_04_01。TI 公司的维基网站 http://processors.wiki.ti.com/index.php/StarterWare 展示了有关 StarterWare 的下载链接(Download Link)、快速启动指南(Quick Start Guide)、入门指南(Getting Started Guide)、发行说明(Release Notes)和用户指南(User Guide)等资料。下面对 StarterWare 开发包的主要设备驱动模块及对应的示例应用做详细介绍。

7.2.1　系统配置

系统配置包括中断控制和缓存管理。C6748 包含了一个浮点 C674x DSP 内核，该内核在整个系统中作为 CPU，有一个中断控制器和缓存管理系统。StarterWare 包含系统配置函数库，即用于配置中断和缓存的多种 API 函数。中断 API 在 StarterWare 目录下的 include/C674x/c6748/interrupt.h 文件中。缓存管理 API 位于 StarterWare 目录下的 include/C674x/dspcache.h 文件中。

1.中断控制器

C6748 用 DSP 中断控制器 DSPINTC 实现不同外设与 DSP 内核中断的接口。系统事件由外部设备产生，中断 API 函数在文件 interrupt.h 中列出。

1)编程过程

DSP 编程人员必须确定如何将系统事件映射到 DSP 中断，可以在每个事件的基础上通过一个 API 调用来完成，接着 DSP 中断被映射到可供应用程序调用的中断服务程序 ISR 中。应用程序使用的所有 DSP 中断均需要注册对应的 ISR。为实现系统中断，下述过程展示了如何配置 DSPINTC。

(1)在任何中断处理前调用 IntDSPINTCInit()来初始化 DSPINTC。

(2)使用 IntRegister()将 ISR 注册到特定 DSP 中断号。

(3)使用 IntEventMap()将 DSP 中断映射到特定的系统事件。

(4)使用 IntEnable()使能 DSP 中断。

(5)使用 IntGlobalEnable()使能 DSP 全局中断。

鉴于 DSP 只有 16 个中断(4 个保留中断)，但有 100 个系统事件。所以 DSP 子系统同时提供了一个事件组合模块 ECM(Events Combined Module)，将多个系统事件对应到 1～4 个 DSP 中断。使用 ECM 与上述过程略有差别。

(1)在任何中断处理前通过调用 IntDSPINTCInit()初始化 DSPINTC。

(2)使用 IntEventCombineInit()初始 ECM，并分配 1～4 个 DSP 中断用于处理 ECM 事件。

(3)使用 IntEventCombineRegister()实现 ISR 与一个特定系统事件号的注册。

(4)使用 IntEventCombineAdd()使能 ECM 系统事件。

(5)使用 IntGlobalEnable()使能 DSP 全局中断。

在配置完 DSPINTC 后，应用程序为一个或多个外设开启中断处理。任何外设产生的系统中断都将引起一个对应的 ISR 调用。

2)应用示例

定时器应用示例(examples/evmC6748/timer)展示了如何处理定时器中断。该案例用 Timer64P2 外设来演示中断处理过程。Timer64P2 的系统中断序号为 25，并被映射到 DSP 中断 4。定时器完成事件触发 DSP 中断，进而调用 TimerIsr()。

基于事件组合模块 ECM 的应用示例可参考 examples/evmC6748/i2c。该例程使用 ECM 而不是将 I^2C 完成事件直接映射到一个 DSP 中断。ECM 通常仅用于那些系统事件多于 DSP 中断的应用场合。该例程虽然也可以使用一个中断映射一个事件的方式，但这里有意使用 ECM 来实现中断管理，来演示 ECM 使用过程。

2.缓存管理器

C6000 DSP CPU 核包含了全面的缓存 Cache 支持，可用于实现程序和数据内存的快速访问，内部的 L1 和 L2 可部分或全部用于 Cache。在程序中，可用恰当的 MAR 比特位明确指明片外 DDR 内存的特定范围使能 Cache，Cache 函数的接口定义可到 include/C674x/dspcache.h 中查看。

1) 编程过程

StarterWare 提供了各种 API 函数，供 DSP 应用程序配置和使用 Cache。下述过程展示了如何将一个特定的内存空间配置为 Cache。

(1) 使用 CacheEnable() 函数使能片内的 L1/L2 内存为 Cache。

(2) 使用 CacheEnableMAR() 函数配置 MAR 位，将 DDR 内存空间配置为 Cache。

一旦开启了 Cache，编程人员就可以使用 CacheInv()、CacheWB() 或 CacheWBInv() 函数干预 Cache 空间。回写缓存内存(Write back)命令将当前缓存行复制到物理内存，失效缓存内存(Invalid)命令抛出缓存的内容。在适当的时候使用这些 Cache 命令操作，可有效维护 DSP 与整个系统中其他主内存如 EDMA 之间的一致性。

2) 应用示例

缓存应用示例位于 examples/evmC6748/cache_mmu 中，该应用展示了如何配置和维护 Cache，同时演示了当与其他主内存一起工作时维护 Cache 一致性的重要性。

7.2.2　串行设备

C6748 集成了 UART、I^2C 及 SPI 外设以满足不同速率串行通信的需求。StarterWare 开发包包含硬件抽象层 DAL 驱动库，从而使这些设备更容易使用，也包含一些应用示例以展示这些串行设备的使用过程。

1.UART

C6748 的 UART 外设是基于工业标准 TL16C550 设计的。UART 模块提供了一个 16 字节的 FIFO，用于发送与接收的数据缓冲，从而可以在轻微的延迟条件下提高传输性能。UART 也可用于 EDMA 控制器的事件模式，以减少在数据传输期间的 CPU 负载，但是 DMA 模式要求 FIFO 必须被激活。StarterWare 提供了各种 API 函数来配置和操作 UART 外设，文件 include/uart.h 实现了这些 API 函数的定义，具体使用请参见 wiki 中的 UART 用户指南。

1) UART 的中断应用

在运行该示例前，首先用零调制线缆连接 EVM 目标板的串口与主机 PC 的串口。在 PC 主机，运行串口终端程序(Teraterm、Hyperterminal 或 Minicom)，并配置波特率为 115200，无奇偶校验，1 个停止位，无流控，并确保关闭终端的本地回声设置。

当 URAT 的可执行程序加载并运行后，在串口终端可看到输出字符“StarterWare UART echo application”，然后继续执行循环直到用户在终端输入字符为止，该例程可返回终端输入的任何字符。此例程使用了两个关键技术：UART 和中断 Interrupt。

2) UART 的 EDMA 应用

按照上述的中断应用，连接光缆并配置串口参数，将可执行程序下载到目标板并运行程序，此时在终端打印出信息，提示用户输入 20 个字符，程序一直等待用户的输入，一旦输入数据则程序返回相同内容的字符到终端。该例程使用了三个关键技术：UART、中断 Interrupt 和 EDMA。

2.I^2C

C6748 的 I^2C 外设兼容于 Philips 半导体的 IC 间总线规范 v2.1。I^2C 模块只支持快速模式操作(最高 400kb/s)，可配置为多个主发送器与多个从接收器的模式，或者多个从发送器与多个主接收器模式。该模块还可配置为 EDMA 控制器的事件模式，进而减少数据发送期间的 CPU 负载。StarterWare 为配置及使用 I^2C 外设提供了许多 API 函数，函数列表定义在文件 include/i2c.h 中。更多详细信息可参考 wiki 里的 I^2C 用户指南。

1)时钟限制

该模块的输入时钟由锁相环或异步域时钟来给定。I^2C1 为 75MHz(当 CPU 速度为 300MHz 时)或振荡频率(I^2C0)，具体根据 SoC 来定。对于合适的操作来说，I^2C 模块要求输入频率在 6.7MHz～13.3MHz 之间，这可以通过应用一级分频器(预分频器)作为模块的输入时钟来实现。实际的输出时钟(工作时钟频率)是通过将时钟分频器应用于这个预分频的时钟速度来获得的。在 I^2C 外设用户指南中给出了用于计算时钟分频器的公式。

2)应用示例

任意一个 I^2C 应用程序被下载到板卡并执行后，EVM 目标板上的 LED 灯闪烁 100 次后停止。本示例实现了这两种类型应用，分别是使用中断或使用 DMA，这两个示例都能够展示 I^2C 的应用过程。这些应用示例使用的关键技术包括 I^2C、中断和 EDMA(i2c_edma 程序)。

3.SPI

C6748 上的 SPI 外设支持 SPI 时钟频率范围在模块时钟的 1/3～1/256 倍之间。SPI 支持硬件握手(借助多个从芯片选择 IO 引脚和 SPI 使能引脚)以改善整体性能。SPI 可以配置为 EDMA 的事件模式以减少数据传输的 CPU 负载。StarterWare 提供了配置和使用 SPI 的 API 函数，这些函数列表在文件 include/spi.h 中。更多信息请参考 wiki 的 SPI 用户指南。

在应用 SPI 外设前，首先使用零调制线缆连接 EVM 的串口和主机 PC 的串口，在主机 PC 上运行终端应用程序(Teraterm、Hyperterminal 或 Minicom)，并设置波特率为 115200，无奇偶校验，1 个停止位且无流控。在运行期间，程序在 EVM 上的 SPI flash 芯片写数据，然后这些被写入的数据又从 SPI flash 中读回，并与原始的写入数据进行比较，如果结果匹配，则在主机 PC 的终端显示一条消息。StarterWare 提供了两个版本的示例应用，分别是纯中断模式和中断加 DMA 模式。这些应用体现了这些关键技术：SPI、UART、中断和 EDMA(SPI_edma 程序)。

7.2.3 显示设备

C6748 上的 LCD 控制器(LCDC)外设用 raster 栅格模式在 LCD 面板上显示图像。LCD 可支持 1/2/4/8/16 位像素模式，更多信息可参考 StarterWare 的栅格 LCD 函数 API，或参见 wiki 的 LCDC 用户指南。

在应用示例中，LCDC 被用于显示像素为 16 位深模式的彩色图像。在运行栅格 LCD 程序前，需确保 LCD 屏已经连接到 EVM 板上，当程序被执行时，LCD 屏会显示一幅图像。图像数据预先存放在程序代码的 16 位数组中，这个数组是从一幅 BMP 图像使用 bmp2c

主机程序而产生的。该转换程序存放在 StarterWare 的 tools 文件夹。应用示例使用双帧缓冲模式。只有在帧末尾时才会调用中断服务程序 ISR，在每次帧结束中断后，帧缓冲寄存器才会被更新。该例程使用了两点关键技术：LCDC 和中断。

7.2.4　NAND

C6748 上的外部存储器接口 A(EMIFA)外设，为 CPU 连接不同外部存储器如 NAND、NOR、SDRAM、ASRAM 等提供了多种方式。StarterWare 提供的 API 函数用于访问 NAND 存储器，API 函数通过 EMIFA 访问 NAND 存储器芯片，该芯片位于板上的 UI 插件中。更多信息请参考 StarterWare 的 EMIFA 函数 API，或参见 wiki 的 EMIFA 用户指南。

在应用示例中，NAND 程序使用 EMIFA 读写 NAND 内存。应用程序首先将数据写入到用户指定的块或页，然后从该 NAND 地址读回，以检查是否与原始数据相匹配，如果定义了宏 NAND_DATAINTEGRITY_TEST_WITH_FIXED_ADDR，程序会在默认的内存块依次执行擦除、写、读操作，而不会请求用户输入。程序默认使用 Hamming 码的 4 位 ECC 方式，可通过定义宏 NAND_ECC_TYPE_1BIT 来更改 ECC 方式。最后程序默认使用 DMA。若预使用轮询访问，则定义宏 NAND_OPMODE_POLLED。

在运行应用程序前，首先使用零调制线缆连接 EVM 的串口和主机 PC 的串口，然后在主机 PC 上运行终端应用程序(Teraterm、Hyperterminal 或 Minicom)，并设置波特率为 115200，无奇偶校验，1 个停止位且无流控。当执行程序时，NAND 设备信息打印在串口终端，同时提示用户输入一些信息如块数、页数即页序号等，当用户输入这些信息后，NAND 程序执行下面的动作：

(1) 检查是否有坏块，只有当块为正常时才能执行下一步。

(2) 擦除块。

(3) 带有 ECC 模式的写数据。

(4) 写 ECC 数据到稀疏字节。

(5) 带有 ECC 模式的读数据并检查 ECC 错误。

(6) 如果检测到 ECC 错误，纠正数据或者显示错误信息。

(7) 根据写入数据检查所读数据。

该应用示例使用了四点关键技术：EMIFA、UART、中断和 EDMA。

7.2.5　GPIO

C6748 的 GPIO 外设用于与外部设备的接口。GPIO 引脚可从其他设备读取数字信号作为通用输入，或者控制、向其他设备发信号，作为通用输出。C6748 的 144 个 GPIO 引脚可分为 9 组，每组 16 个引脚。这些引脚通过方向控制寄存器编程作为输入或输出。在输出模式中，通过分别设置寄存器或清零寄存器实现引脚的设置或清零功能，而无须修改引脚或其他引脚的状态。所有 GPIO 引脚可编程产生 CPU 中断。同时，所有 GPIO 引脚也可编程产生 EDMA 事件。StarterWare 提供了 API 函数用于访问输入或输出模式的 GPIO 引脚。这些函数在文件 include/gpio.h 中一一列出。更多信息可参考 StarterWare 的 GPIO

函数 API，或参见 wiki 的 GPIO 用户指南。

在示例应用中，为了能运行应用程序，首先使用零调制线缆连接 EVM 的串口和主机 PC 的串口。在主机 PC 上运行终端应用程序(Teraterm、Hyperterminal 或 Minicom)，并设置波特率为 115200，无奇偶校验，1 个停止位且无流控。执行应用程序时，一个 GPIO 引脚用来检测 EVM 上 MMC/SD 卡插入或从槽中取出的状态，同时在终端提示信息"MMC/SD card inserted"或"MMC/SD card is removed"。该示例展示了三点关键技术：GPIO、UART 和中断。

7.2.6 RTC

C6748 的 RTC 外设为运行在该设备上的应用提供时间参考。当前的日期和时间由一套每秒即更新的计数寄存器来跟踪实现，时间可表示为 12 或 24 小时制。为不影响日期和时间的精确性，日历和时间寄存器采取缓冲模式，闹钟可以在特定时间或周期性时间间隔来中断 CPU，如每分钟或每天一次。此外，在随时更新日历或时间寄存器时，或在可编程周期性间隔里，RTC 都能够产生 CPU 中断。StarterWare 用于配置或操作 RTC 外设的 API 函数在文件 include/rtc.h 中列出。更多信息可参考 StarterWare 的 RTC 函数 API，或参见 wiki 的 RTC 用户指南。

在应用示例中，首先使用零调制线缆连接 EVM 的串口和主机 PC 的串口。在主机 PC 上运行终端应用程序(Teraterm、Hyperterminal 或 Minicom)，并设置波特率为 115200，无奇偶校验，1 个停止位且无流控。当程序执行时，终端提示用户输入时间和日历信息。而后，终端就可以显示 RTC 外设跟踪的当前日历和时间信息。该应用展示了三点关键技术：RTC、UART 和中断。

7.2.7 以太网

C6748 的以太网媒体访问控制器 EMAC 和管理数据输入输出 MDIO 外设提供了全功能的以太网接口。EMAC 外设符合 IEEE 802.3 标准，它描述了带有冲突检测的载波侦听多路存取(CSMA/CD)访问方法和物理层规范。EMAC 模块为处理器与局域网提供了一个有效接口。EMAC 以半双工和全双工模式支持 10Base-T(10Mbps)和 100Base-TX(100Mbps)。EMAC 控制模块为 CPU 与 EMAC、MDIO 之间的通信提供了接口，控制模块控制设备中断，并内嵌了 8K 字节内部 RAM 以保存 EMAC 缓冲区描述子(也称为 CPPI RAM)。MDIO 模块实现 802.3 串行管理接口，询问和控制多达 32 个以太网 PHYs，这些物理 PHYs 使用共享的两线总线连接。应用程序使用 MDIO 模块以配置每个连接到以太网的 PHY 的自动协商参数，获取谈判结果，并配置 EMAC 模块正确操作所必需的参数。用于配置和使用 EMAC、MDIO 的 API 函数分别位于头文件 include/emac.h 和 include/ mdio.h 中。更多信息可参考 StarterWare 的 EMAC 函数 API，或参见 wiki 的 EMAC 用户指南。关于以太网设计体系，请参考 StarterWare 以太网设计一节。

两个应用示例展示了 EMAC 函数 API 如何使用 lwIP(Light Weight IP)堆栈，Echo 服务器应用示例展示了与外部主机的简单数据传输；嵌入式 Web 服务器应用示例实现了局域网 HTML 网页，在这两个应用示例中，宏 MAC_ADDRESS 定义 MAC 地址，宏 STATIC_IP_ADDRESS 定义静态 IP 地址，enet_lwip/include/lwipopts.h 实现了上述宏定义。若使用动态 IP，则定义 STATIC_IP_ADDRESS 为 0 即可。

1.Echo 服务器应用示例

该应用示例展示了一个基于 lwIP 堆栈的简单式服务器-客户端 Echo 案例。DSP 从外部设备接收数据包，并将相同的数据传送到发送方。位于 StarterWare 安装目录下的 host_apps/enet_client/client 子目录下的 PC 主机程序作为外部主设备。client 程序对发送和接收的数据进行比较以验证其完整性，并在 PC 控制台打印结果。

在应用示例中，首先使用零调制线缆连接 EVM 的串口和主机 PC 的串口，然后在主机 PC 上运行终端应用程序(Teraterm、Hyperterminal 或 Minicom)，并设置波特率为 115200，无奇偶校验，1 个停止位且无流控。当程序执行时，通过 DHCP 获得一个动态的 IP 地址，并打印到串口终端。该应用可以运行在本地网或者直接将目标板 EVM 连接到 PC 主机(点对点连接)。

1) 本地网络连接

(1) 将板载以太网端口连接到企业网络端口。

(2) 在目标板上执行应用示例。

(3) 注意在串口终端显示的被设置成功的动态 IP 地址。

2) 点对点连接

(1) 使用以太网网线将板载以太网端口连接到主机以太网端口。

(2) 为主机分配一个静态 IP 地址。

(3) 在主机上运行 DHCP 服务器程序。

(4) 在目标板上执行应用示例。

无论哪种情况，均需要指明主机 IP 地址，然后在主机 PC 上执行 enet_client 应用程序：$> ./client [IP address]，客户端在终端打印应用的状态。该应用示例展示了下述的关键技术：EMAC、MDIO、LAN8710A、中断、UART 和 lwIP 堆栈。

2.嵌入式 web 服务器应用示例

嵌入式 Web 服务器应用程序将一个 HTML 页面托管到本地网络，该页面可以通过主机 PC 上的 web 服务器来访问。在应用示例中，首先使用零调制线缆连接 EVM 的串口和主机 PC 的串口，然后在主机 PC 上运行终端应用程序(Teraterm、Hyperterminal 或 Minicom)，并设置波特率为 115200，无奇偶校验，1 个停止位且无流控。当程序执行时，通过 DHCP 获得一个动态的 IP 地址，并打印到串口终端。该应用可以运行在本地网络或者直接将 EVM 连接到 PC 主机(点对点连接)。

1) 本地网络连接

(1) 将板载以太网端口连接到企业网络端口。

(2) 在目标板上执行应用示例。

(3) 注意在串口终端显示的被分配的动态 IP 地址。

2)点对点连接

(1)使用以太网网线将板载以太网端口连接到主机以太网端口。

(2)为主机分配一个静态 IP 地址。

(3)在主机上运行 DHCP 服务器程序。

(4)在目标板上执行应用示例。

无论哪种情况，同样都需要指明主机的 IP 地址，在主机 PC 上的 web 浏览器的地址栏输入该地址。该应用示例展示了如下关键技术：EMAC、MDIO、LAN8710A、中断、UART 和 lwIP 堆栈。

3.生成文件系统主机程序

主机程序 makefsfile 可用于创建文件系统镜像，以内嵌到具体应用中，如嵌入式 web 服务器应用程序。makefsfile 产生一个 ASCII C 文件，它包含用于表示 html 页及其他内容的初始化数据结构，makefsfile 主机程序位于 tools/makefsfile 文件夹下，且提供了程序源码及可执行文件，无需任何输入即可执行该文件。同时提供了一个详细的帮助菜单用以引导用户快速上手。使用简单命令行打印帮助内容：$> ./makefsfile。命令行$> ./makefsfile -i<directory-path>，则需要输入一个包含 HTML 页的目录路径，以转换为 C 文件并嵌入到目标应用中，从而在 makefsfile 所在目录中产生 fsdata.c 文件。

7.2.8 McASP

C6748 的多通道语音串行口 McASP 外设用于语音的输入和输出。McASP 模块是经过优化后用于语音应用的多通道串口，McASP 支持时分复用 TDM 流，I^2S 协议和 DIT 传输。McASP 配有独立的传输与接收单元，从而能够同步或独立工作。McASP 可以由外部或内部时钟提供时钟源和帧同步信号，该设备具有 16 个串行器，每个都可以配置为发送器或接收器。StarterWare 用于配置和操作 McASP 的 API 函数在 include/mcasp.h 文件中列出。更多信息请参考 StarterWare 的 McASP 函数 API，或参见 wiki 的 McASP 用户指南。

在应用示例中，McASP 应用程序展示了基于 DMA 的 I^2S 模式语音输入和输出。LINE IN 端口输入语音，然后回环到 EVM 的 LINE OUT 端口输出语音。在运行该程序前，将声音源连接到 LINE IN 接口，然后使用扬声器或耳机连接到 LINT OUT 接口。当程序运行时，声音从 LINE IN 流到 LINE OUT。该示例展示了下列关键技术：McASP、EDMA、I^2C、中断。更多详细信息参见 StarterWare 的语音应用指南。

7.2.9 字符 LCD

C6748 的 LCDC 外设可配置为 LIDD(LCD Interface Display Driver)模式，并能够与字符显示设备相连，以 ASCII 字符输出显示。EVM 板提供了一个 UI 插件式的 24×2 字符 LCD，LCDC 外设不能同时工作在 LIDD 与栅格 Raster 模式，所以在一段时间内只能使用一种模式。更多关于 StarterWare 的 LIDD 函数 API 信息，请参见 wiki 上的 LIDD 用户指南。

在运行应用示例前，要确保用户接口板已连接到主目标板。当程序运行时，文本信息在 LCD 屏幕上显示滚动字符，应用示例程序在 CPU 轮询模式下工作，不使用中断。该示例展示了 LCDC 的 LIDD 模式应用技术。

7.2.10　Cache MMU

DSP 内核使用高速缓存策略，只在高速缓存未命中时才读取和分配高速缓存行。当向内存写入新数据时，除非在先前从主内存读取时分配了缓存行，否则不更新缓存的内容。在缓存应用示例中，需要读取数据缓冲区，以便分配相应的缓存行。当数据写入缓冲区时，由于缓存使用了回写策略(而不是写通过)，因此该数据在缓存内更新，而不更新到主内存。缓存应用示例程序经过编译生成可执行文件 uartEdma_Cache.out，该示例展示了在 EDMA 尝试读缓冲区前没有清空缓存的效果。

为运行该示例，首先使用零调制线缆连接 EVM 的串口和主机 PC 的串口。在主机 PC 上运行终端应用程序(Teraterm、Hyperterminal 或 Minicom)，并设置波特率为 115200，无奇偶校验，1 个停止位且无流控。当程序运行后，会执行下述的流程：

(1) 小写字母(a...z)被写入到 DDR 的缓冲区。注意此时 Cache 还没有被使能。

(2) 用回写模式为所有的 DDR 启动 Cache。

(3) EDMA 被编程为如下过程：从数据缓冲区传输数据并写入串行控制台。

(4) 小写字母在串口终端打印。这是由于在步骤(1)的内容已经被写入到主内存(当时 Cache 还未启动)

(5) 将缓冲区读到某个虚拟变量，以便缓冲区行被分配给缓冲区。这是一个必要的步骤，因为高速缓存行是根据读取操作来分配的。

(6) 大写字母(A ... Z)写入缓冲区。由于缓冲区采用写回策略进行缓存，因此填充的数据(A ... Z)仅更新到缓存而不更新至主内存。

(7) EDMA 被编程为如下过程：从数据缓冲区传输数据并写入串行控制台。

(8) 小写字母(a ... z)被打印到串行控制台。这是因为 EDMA 总是从主内存传输数据。

该示例使用了下述关键技术：Cache、EDMA、UART、中断。

7.2.11　USB

C6748 的 StarterWare 支持从 StellarisWare 升级来的 USB 堆栈。关于 USB 的详细信息及示例应用，请参考 wiki 的 StarterWare USB 用户指南。

7.2.12　开箱即用演示程序

该程序演示了基于 StarterWare 设备抽象层即设备驱动、lwIP、USB、图像库等驱动，同时使用多个设备的应用过程。示例可执行文件存储在 binary\C674x\cgt_ccs\c6748\lcdkC6748\demo 文件下，在运行时，演示应用可通过触摸菜单来激活。该示例展示了下述关键技术：LCDC(raster 模式)+图形库、触摸检测、以太网+lwIP、McASP、UART、SPI、I^2C、Timer、GPIO、RTC、USB+USB 堆栈、中断。

1.设计概要

开箱即用演示应用程序组合了多个外设功能，以展示 StarterWare 各种场景应用。该应用程序被设计为由触摸屏控制驱动，但它也通过以太网、UART、USB、I^2C 等与外部设备进行交互。

(1) 使能 PSC 和对应外设的引脚复用。

(2) 初始化 AINTC：

①注册中断处理程序。

②在 AINTC 中启用中断。

(3) 初始化所需的外设并启用外设的等级中断。

(4) 显示条幅图像。

(5) 开始循环音频剪辑(永久循环)。

(6) 检测 LCD 上的触摸：

①如果检测到触摸，则更新坐标。

②显示合适的图像并展示用户所选用的外设。

演示应用程序维护一个上下文列表，其中包括：

(1) 显示的图像。

(2) 图像中的图标序号。

(3) 图像中每个图标的信息，包括：

①图标的坐标。

②触摸图标时要采取的操作。

2.执行程序

在运行演示应用程序前，需完成下面的项目设置：

(1) 使用零调制线缆将 EVM 的串行端口连接到主机 PC 的串行端口。

(2) 在主机 PC 上，运行一个串行终端应用程序(例如 Teraterm、Hyperterminal 或 Minicom)并将其波特率配置为 115200，无奇偶校验，1 个停止位和无流量控制。

(3) 将 EVM 的以太网端口连接到本地网络。

(4) 将 EVM(J6)上的 USB 迷你连接器连接到主机 PC。

(5) 将 LCD 触摸屏连接到 EVM。

当示例应用程序执行时，LCD 屏幕上会显示一个标题，然后是菜单屏幕，点击菜单屏幕上的图标将显示特定外围设备的幻灯片，并运行该外设的简单演示。从每张幻灯片中，您可以继续下一张幻灯片或返回“主页”(菜单)屏幕。

7.3 如何使用 StarterWare

根据前面的讲述，StarterWare 对于 DSP 编程人员来说，其表现形式为用于访问硬件的驱动开发包，即包括头文件、库文件和用于生成该库的源代码，DSP 应用系统的硬件访问就是通过这些 API 函数来实现的。StarterWare 支持多种不同类型的设备和功能，所以应根据具体需求包含对应的设备访问 API。因此，用户在使用 StarterWare 时，应先了解其头文件名称、库文件类型和源代码功能。

DSP 编程人员创建了应用程序工程后，即可添加已经预编译好的 StarterWare 库文件和头文件，实现对 C674x-DSP 内核 CPU 和片上外设的访问与控制。如果预编译的库不能满足特定需求，则编程人员可根据 StarterWare 提供的源代码进行相应修改，再构建生成新的设备驱动库。

以本课题组研制的 SWUST-C6748-LCDK 为本章及后续两章的硬件平台，讲解系统软件开发及系统应用实践过程。

7.3.1　设备驱动

1.设备种类

设备种类包括一般设备(drivers)、图形显示设备(grlib)、NAND 设备(nandlib)、USB 设备(usblib)、应用库(utils)、系统配置(system_config)和平台驱动(platform)。

2.驱动库文件

根据设备种类，相应的设备驱动库文件包括 drivers.lib、grlib.lib、nandlib.lib、usblib.lib、utils.lib、system_config.lib、platform.lib 等。这些驱动库存放在 StarterWare 安装目录下的 binary 及其子目录。在应用示例或系统程序中，启动工程属性的 C6000 链接器配置，添加、设置库文件搜索路径及库文件名称。

3.驱动头文件

设备驱动的头文件实现了宏定义、函数定义及结构体定义。这些头文件位于 StarterWare 安装目录下的 include、nandlib、grlib、third_party、usblib 文件夹中，其中 include 包含头文件最多。在应用示例或系统程序中，启动工程属性的 C6000 编译器配置，在包含选项添加包含搜索路径。

4.驱动源代码

预编译的设备驱动库放置在 StarterWare 目录下的 binary 及其子文件夹。但是如果预编译的库功能无法满足特定需求，就需要修改驱动源代码，然后重新编译库工程。驱动库的工程源文件位于 StarterWare 目录下的 build 及其子目录，驱动库的源代码文件位于 StarterWare 目录下的 drivers、nandlib、grlib、platform、system_config、third_party、usblib、utils 等目录中。用户修改源代码后，再 build 构建生成新的驱动库，结果文件更新在 binary 目录下。

7.3.2　应用示例

StarterWare 安装目录下的 examples\lcdkC6748 提供了针对 C6748 典型应用开发的示例工程源代码。示例工程源码位于 StarterWare 安装目录下的 build\C674x\cgt_ccs\c6748\

lcdkC6748 目录。示例工程共 27 个，表 7.1 列出了应用示例名称及其功能。

表 7.1 应用示例名称及其功能

应用示例名称	应用示例功能
cache_mmu	使用 EDMA3 在 CPU 与 UART 之间传输数据，启用 Cache 和 Mmu
demo	综合演示应用示例
dsp_exception	使能并测试 DSP 异常
edma	测试 EDMA 驱动，执行配置、传输与接收操作
ehrpwm	测试 EHRPWM，产生波形以展示每个子模块的功能
enet_echo	以太网测试程序，展示了一个 echo 服务器应用示例
enet_lwip	以太网测试程序，展示了一个 http 服务器应用示例
gpio	GPIO 测试程序，当插入或拔出 MMC/SD 卡，GPIO 引脚产生中断
grlib_demo	图形库测试程序
mcasp	McASP 测试程序，将输入 LINE_IN 回环到输出 LINE_OUT
nand	NAND 测试程序
raster	Raster 测试程序
rtc	RTC 测试程序，用户可修改时间和日期输入，在终端显示当前值
spi	SPI 测试程序，SPI 驱动执行配置、传输和接收操作
spi_edma	SPI 使用 EDMA 的测试程序，SPI 驱动执行配置、传输和接收操作
timer	定时器测试程序
uart	UART 测试程序，UART 驱动执行配置、传输和接收操作
uart_edma	使用 EDMA3 及 UAERT 驱动执行配置，在 UART 及 CPU 间数据传输
usb_dev_bulk	USB 普通散装设备应用
usb_dev_msc	USB 设备类存储应用示例
usb_dev_serial	USB 通信设备类 CDC 串行示例
usb_host_kb	USB 主机键盘应用示例
usb_host_mouse	USB 主机鼠标应用示例
usb_host_msc	USB 大型存储主机程序
vpif_lcd_loopback	VPIF 采集图像，LCD 显示图像
wdt	看门狗定时器测试程序

上述的单个应用示例在实际的工程开发中可直接使用，或者可将多个设备的示例应用集成在一个复杂的应用案例中，以开发出功能强大的 DSP 应用系统。

7.4 StarterWare 图像回环案例

鉴于 C6748 的丰富硬件资源，包括较高的主频(最高可达 456MHz)、C6000 高性能内核、定浮点指令集，以及丰富的片内外设如图像捕获与显示外设等，该芯片可用于图像处理、视频 low-level 视觉处理。其中，图像的捕获或显示功能在大部分的 DSP 应用系统中是必不可少的。本节以 StarterWare 的视频回环为应用示例，详细讲解基于 StarterWare 的系统软件应用开发。

7.4.1　构建新驱动库

由于开发包 C6748_StarterWare_1_20 安装后，默认的视频采集格式为 NTSC，分辨率为 720×480，而市面上常见的摄像头多为 PAL 制式，分辨率为 720×576。为适应主流视频捕获设备的参数，需要对视频采集设备驱动进行修改，重新构建满足特定需求的新驱动库 drivers.lib。

视频采集设备 VPIF 的驱动是位于目录 drivers 目录下的 vpif.c 文件以及 include 下的 vpif.h 文件，修改过程如下。

1.头文件修改

在文件 vpif.h 中增加宏定义 VPIF_PAL。

```
#define VPIF_480I                                    2
#define VPIF_PAL                                     3 // ljz added.
```

2.源文件修改

在文件 vpif.c 的函数 VPIFCaptureModeConfig () 内增加下述过程：

```
if(mode==VPIF_PAL)
{
    if(sdChannel==VPIF_CHANNEL_0)
    {
        HWREG(baseAddr + C0HCFG)= (280 << VPIF_C0HCFG_EAV2SAV_SHIFT)|
                                  (1440 << VPIF_C0HCFG_SAV2EAV_SHIFT);
          HWREG(baseAddr + C0VCFG0)= (1 << VPIF_C0VCFG0_L1_SHIFT)|
                                     (23 << VPIF_C0VCFG0_L3_SHIFT);
          HWREG(baseAddr + C0VCFG1)= (311 << VPIF_C0VCFG1_L5_SHIFT)|
                                     (313 << VPIF_C0VCFG1_L7_SHIFT);
          HWREG(baseAddr + C0VCFG2)= (336 << VPIF_C0VCFG2_L9_SHIFT)|
                                     (624 << VPIF_C0VCFG2_L11_SHIFT);
          HWREG(baseAddr + C0VSIZE)= 625 << VPIF_C0VSIZE_VSIZE_SHIFT;
    }
    if(sdChannel==VPIF_CHANNEL_1)
    {
         HWREG(baseAddr + C1HCFG)= (280 << VPIF_C1HCFG_EAV2SAV_SHIFT)|
                                   (1440 << VPIF_C1HCFG_SAV2EAV_SHIFT);
         HWREG(baseAddr + C1VCFG0)= (1 << VPIF_C1VCFG0_L1_SHIFT)|
                                    (23 << VPIF_C1VCFG0_L3_SHIFT);
         HWREG(baseAddr + C1VCFG1)= (311 << VPIF_C1VCFG1_L5_SHIFT)|
                                    (313 << VPIF_C1VCFG1_L7_SHIFT);
         HWREG(baseAddr + C1VCFG2)= (336 << VPIF_C1VCFG2_L9_SHIFT)|
                                    (624 << VPIF_C1VCFG2_L11_SHIFT);
         HWREG(baseAddr + C1VSIZE)= 625 << VPIF_C1VSIZE_VSIZE_SHIFT;
    }
}
```

上述过程中，根据基地址 baseAddr 及功能寄存器的相对偏移量，使用宏 HWREG 就可实现物理硬件寄存器的写配置。

3.编译生成新驱动

build\C674x\cgt_ccs\c6748\drivers 为工程所在目录，在 CCS 中启动 drivers 工程，构建生成结果 drivers.lib 在 binary\C674x\cgt_ccs\c6748\drivers\Debug 目录中。此时的新驱动库即可支持 720×576 分辨率的图像捕获。接下来以视频回环为例说明 StarterWare 的开发和实践过程。

7.4.2 视频回环示例

视频回环即将 VPIF 捕获的视频图像直接送入 LCD 显示设备。本示例应用所涉及的设备和工具包括 SWUST-C6748-LCDK 开发板、PAL 摄像头、VGA 迷你显示器、SEED-XDS560v2PLUS 仿真器以及相关电源和数据线等，可按照图 7.2 连接设备，其各个接口的名称及功能说明见表 7.2。

图 7.2 设备连线示意图

表 7.2 接口名称及功能说明

接口名称	接口功能
J3	USB-UART 转接口
J6	UART 连接电脑的 RS232
J8	VGA 显示器接口
J9	CVBS 视频输入口
J10	语音输入、输出

续表

接口名称	接口功能
J13	10M/100M 网口
开关	电源开关
电源	5V 直流电源
复位	板子硬复位按钮
SW1	调试模式与离线模式开关
SW2	多串口切换器

1.设备配置过程

StarterWare 配置不同硬件的过程既有共性又有特殊的地方。其中共性的配置过程包括 API 函数 PSCModuleControl()开启设备、xxxPinMuxSetup 设置设备引脚(xxx 表示具体的设备名称如 VPIF/LCD)；特殊的地方在于特定设备的特定参数配置，如视频采集设备 VPIF、图像显示设备 LCD 的详细参数配置，它们之间又有显著区别。

1) VPIF 配置

完整的 VPIF 参数配置过程如下所示：

```
/* 开启VPIF */
PSCModuleControl(SOC_PSC_1_REGS, HW_PSC_VPIF, PSC_POWERDOMAIN_ALWAYS_ON,
                PSC_MDCTL_NEXT_ENABLE);
I2CPinMuxSetup(0);      /* 初始化I2C，并通过I2C编程UI GPIO扩展器，TVP5147 */
/* 初始化TVP5147使能接收复合视频 */
I2CCodecIfInit(SOC_I2C_0_REGS, INT_CHANNEL_I2C, I2C_SLAVE_CODEC_TVP5147_2_COMPOSITE);
              TVP5147CompositeInit(SOC_I2C_0_REGS);
VPIFPinMuxSetup();      /* 设置VPIF引脚复用pinmux */
/************************初始化VPIF *********************************/
/* 禁用中断 */
VPIFInterruptDisable(SOC_VPIF_0_REGS, VPIF_FRAMEINT_CH1);
VPIFInterruptDisable(SOC_VPIF_0_REGS, VPIF_FRAMEINT_CH0);
/* 禁用中断端口 */
VPIFCaptureChanenDisable(SOC_VPIF_0_REGS, VPIF_CHANNEL_1);
VPIFCaptureChanenDisable(SOC_VPIF_0_REGS, VPIF_CHANNEL_0);
/*捕获每帧的偶场后中断方式 */
VPIFCaptureIntframeConfig(SOC_VPIF_0_REGS, VPIF_CHANNEL_0, VPIF_FRAME_INTERRUPT_BOTTOM);
/* 在8位总线上以Y/C交织方式捕获 */
VPIFCaptureYcmuxModeSelect(SOC_VPIF_0_REGS, VPIF_CHANNEL_0, VPIF_YC_MUXED);
/* 捕获标清NTSC模式(720x480)，隔行 */
//VPIFCaptureModeConfig(SOC_VPIF_0_REGS, VPIF_480I, VPIF_CHANNEL_0, 0, (struct vbufParam
*)0);
/* 捕获标清PAL模式(720x576)，隔行*/
VPIFCaptureModeConfig(SOC_VPIF_0_REGS, VPIF_PAL, VPIF_CHANNEL_0, 0, (struct vbufParam *)0);

VPIFDMARequestSizeConfig(SOC_VPIF_0_REGS, VPIF_REQSIZE_ONE_TWENTY_EIGHT); /* DMA大小 */
VPIFEmulationControlSet(SOC_VPIF_0_REGS, VPIF_HALT); /* 仿真模式 */
/* 初始化第一帧的缓冲区地址 */
VPIFCaptureFBConfig(SOC_VPIF_0_REGS, VPIF_CHANNEL_0, VPIF_TOP_FIELD, /* Y 奇场 */
                   VPIF_LUMA, (unsigned int)buff_luma[0], CAPTURE_IMAGE_WIDTH*2);
VPIFCaptureFBConfig(SOC_VPIF_0_REGS, VPIF_CHANNEL_0, VPIF_TOP_FIELD, /* C 奇场 */
```

```
                    VPIF_CHROMA, (unsigned int)buff_chroma[0], CAPTURE_IMAGE_WIDTH*2);
VPIFCaptureFBConfig(SOC_VPIF_0_REGS, VPIF_CHANNEL_0, VPIF_BOTTOM_FIELD, /* Y 偶场 */
                    VPIF_LUMA, (unsigned int)(buff_luma[0] + CAPTURE_IMAGE_WIDTH),
                    CAPTURE_IMAGE_WIDTH*2);
VPIFCaptureFBConfig(SOC_VPIF_0_REGS, VPIF_CHANNEL_0, VPIF_BOTTOM_FIELD, /* C 偶场 */
                    VPIF_CHROMA, (unsigned int)(buff_chroma[0] + CAPTURE_IMAGE_WIDTH),
                    CAPTURE_IMAGE_WIDTH*2);
```

首先通过 PSC 模块给 VPIF 上电。由于 TVP5147 挂载在 C6748 的 I^2C 总线上，函数 I2CPinMuxSetup 将 C6748 的 I^2C0 模块的复用引脚配置为 I^2C 引脚。配置 TVP5147 使能接收复合视频格式。设置 VPIF 的复用可用引脚。禁用 VPIF 中断，关闭 VPIF 中断端口，使每帧图像的偶场结束后产生中断。配置 YUV 交织格式且使用 8 位总线采集，设置视频捕获模式和通道序号，使用函数 VPIFDMARequestSizeConfig()设置 VPIF 的 DMA 传输大小，设置仿真控制模式，最后初始化 Y/C 的奇场与偶场捕获缓冲区地址。

为实现 PAL 制式的视频采集，在 TVP5147 的复合模式初始化模块 TVP5147CompositeInit()中修改对 PAL 制式的支持。

```
#if 0 // original codes for NTSC capture
    CodecRegWrite(baseAddr, 0x02, 0x01);
    reg_val = CodecRegRead(baseAddr, 0x3A);
while((reg_val | 0xF1)! = 0xFF)
    reg_val = CodecRegRead(baseAddr, 0x3A);
#else// added code for PAL capture
    CodecRegWrite(baseAddr, 0x02, 0x02);
#endif
```

2)LCD 配置

完整的 LCD 配置过程如下所示：

```
/* LCDC电源开启 */
PSCModuleControl(SOC_PSC_1_REGS, HW_PSC_LCDC, PSC_POWERDOMAIN_ALWAYS_ON,
                 PSC_MDCTL_NEXT_ENABLE);
LCDPinMuxSetup();     /* LCD引脚复用设置 */
/***********************初始化LCD********************************/
RasterDisable(SOC_LCDC_0_REGS);     /* 禁用栅格 */
/* 配置PCLK */
RasterClkConfig(SOC_LCDC_0_REGS, 25000000, 150000000);
/* 配置LCD控制器的DMA参数 */
RasterDMAConfig(SOC_LCDC_0_REGS, RASTER_DOUBLE_FRAME_BUFFER,
                RASTER_BURST_SIZE_16, RASTER_FIFO_THRESHOLD_8,
                RASTER_BIG_ENDIAN_DISABLE);
/* 配置栅格控制器模式(如TFT或SIN屏幕，彩色或单色等)*/
RasterModeConfig(SOC_LCDC_0_REGS, RASTER_DISPLAY_MODE_TFT,
                 RASTER_PALETTE_DATA, RASTER_COLOR, RASTER_RIGHT_ALIGNED);
/* 帧缓冲区数据按从最低到最高有效字节排列 */
RasterLSBDataOrderSelect(SOC_LCDC_0_REGS);
/* 禁用Nibble模式 */
RasterNibbleModeDisable(SOC_LCDC_0_REGS);
/* 配置栅格控制器的时序极性 */
RasterTiming2Configure(SOC_LCDC_0_REGS, RASTER_FRAME_CLOCK_LOW |
```

```
                                    RASTER_LINE_CLOCK_LOW  |
                                    RASTER_PIXEL_CLOCK_LOW |
                                    RASTER_SYNC_EDGE_RISING|
                                    RASTER_SYNC_CTRL_ACTIVE|
                                    RASTER_AC_BIAS_HIGH  ,  0,  255);
/* 配置水平时序参数 */
RasterHparamConfig(SOC_LCDC_0_REGS, DISPLAY_IMAGE_WIDTH, 64, 48, 48);
/* 配置垂直时序参数 */
RasterVparamConfig(SOC_LCDC_0_REGS, DISPLAY_IMAGE_HEIGHT, 2, 11, 31);
/* 配置FIFO延时 */
RasterFIFODMADelayConfig(SOC_LCDC_0_REGS, 2);
/* 设置DMA的起始与结束地址 */
RasterDMAFBConfig(SOC_LCDC_0_REGS, (unsigned int)Rgb_buffer2,
        (unsigned int)(Rgb_buffer2 + DISPLAY_IMAGE_WIDTH * DISPLAY_IMAGE_HEIGHT + 15), 0);
RasterDMAFBConfig(SOC_LCDC_0_REGS, (unsigned int)Rgb_buffer2,
        (unsigned int)(Rgb_buffer2 + DISPLAY_IMAGE_WIDTH * DISPLAY_IMAGE_HEIGHT + 15), 1);
```

首先开启LCDC的电源，设置复用引脚。在设置前禁用栅格、配置像素时钟PCLK、设置LCDC控制器的DMA参数、配置LCDC的模式和颜色类型、配置缓冲区数据的字节排列、禁用Nibble模式、配置栅格控制器的时序极性、配置水平和垂直时序参数、配置输入FIFO的延时、最后设置DMA的起始与结束地址。

2.中断配置过程

1)配置中断

在配置中断时，首先注册中断服务程序，将中断号与系统的事件映射，然后启动对应事件的中断。整个配置过程如下：

```
IntDSPINTCInit();                                    /* 初始化DSP中断控制器 */

IntRegister(C674X_MASK_INT5, VPIFIsr);               /* 在向量表中注册VPIF中断服务程序 */
IntEventMap(C674X_MASK_INT5, SYS_INT_VPIF_INT);      /* 将系统中断映射到VPIF的DSP可屏蔽中断 */
IntEnable(C674X_MASK_INT5);                          /* 为VPIF启用DSP可屏蔽中断 */
IntRegister(C674X_MASK_INT6, LCDIsr);                /* 在向量表中注册LCD中断服务程序 */
IntEventMap(C674X_MASK_INT6, SYS_INT_LCDC_INT);      /* 将系统中断映射到LCD的DSP可屏蔽中断 */
IntEnable(C674X_MASK_INT6);                          /* 为LCD启用DSP可屏蔽中断 */

IntGlobalEnable();                                   /* 启用DSP中断 */
```

配置中断首先初始化DSP中断控制器，最后启动DSP中断。中间过程包含注册ISR、将中断映射到事件、使能对应中断。

2)中断服务程序

中断服务程序是当中断发生时，CPU执行处理的函数模块。VPIF硬件采集到一帧图像后，中断CPU的正常执行，然后执行如下过程：

```
static void VPIFIsr(void)
{
    int EventClear(SYS_INT_VPIF_INT); /* 清除DSP中断控制器的系统中断状态 */
    /* 如果前面捕获的帧还没有处理，则清除中断并返回 */
    if (! processed){
```

```
        VPIFInterruptStatusClear(SOC_VPIF_0_REGS, VPIF_FRAMEINT_CH0);
        return;
    }
    /* buffcount表示指向捕获驱动的缓冲区
    * buffcount2表示指向新捕获的待处理缓冲区 */
    processed = 0; captured = 0;
    buffcount++; buffcount2 = buffcount - 1;
    /* 目前只有两个缓冲区用于捕获 */
    if (buffcount == 2)
        buffcount = 0;
    /* 在传递给驱动前，对缓冲区做Cache无效处理 */
    CacheInv((unsignedint)buff_luma[buffcount],
    CAPTURE_IMAGE_WIDTH * CAPTURE_IMAGE_HEIGHT * 2);
    CacheInv((unsignedint)buff_chroma[buffcount],
    CAPTURE_IMAGE_WIDTH * CAPTURE_IMAGE_HEIGHT * 2);
    /* 为新的一帧初始化缓冲区地址 */
    VPIFCaptureFBConfig(SOC_VPIF_0_REGS, VPIF_CHANNEL_0, VPIF_TOP_FIELD, /* Y 奇场 */
            VPIF_LUMA, (unsigned int)buff_luma[buffcount], CAPTURE_IMAGE_WIDTH*2);
    VPIFCaptureFBConfig(SOC_VPIF_0_REGS, VPIF_CHANNEL_0, VPIF_TOP_FIELD, /* C 奇场 */
            VPIF_CHROMA, (unsigned int)buff_chroma[buffcount], CAPTURE_IMAGE_WIDTH*2);
    VPIFCaptureFBConfig(SOC_VPIF_0_REGS, VPIF_CHANNEL_0, VPIF_BOTTOM_FIELD, /* Y 偶场 */
            VPIF_LUMA, (unsigned int)(buff_luma[buffcount] + CAPTURE_IMAGE_WIDTH),
            CAPTURE_IMAGE_WIDTH*2);
    VPIFCaptureFBConfig(SOC_VPIF_0_REGS, VPIF_CHANNEL_0, VPIF_BOTTOM_FIELD, /* C 偶场 */
            VPIF_CHROMA, (unsigned int)(buff_chroma[buffcount] + CAPTURE_IMAGE_WIDTH),
            CAPTURE_IMAGE_WIDTH*2);
/* 用捕获的待处理帧初始化缓冲区地址 */
    videoTopC = buff_chroma[buffcount2]; videoTopY = buff_luma[buffcount2];
    captured = 1;
    VPIFInterruptStatusClear(SOC_VPIF_0_REGS, VPIF_FRAMEINT_CH0); /* 清除中断 */
}
```

一旦进入到 VPIF 的 ISR 中，CPU 首先清除 DSP 中断控制器的系统中断状态，如果前面捕获的图像帧还没有处理完毕，则清除中断并返回。buffcount 指向传给捕获驱动的缓冲区，buffcount2 指向新捕获的待处理缓冲区。在将缓冲区空间传递给驱动前，先做 Cache 无效处理，然后为新的一帧初始化缓冲区地址，包括 Y/C 的奇场和偶场地址。最后清除中断。

LCD 的中断服务处理过程如下：

```
static void LCDIsr(void)
{
    unsigned int status;
    int EventClear(SYS_INT_LCDC_INT); /* 在DSP中断控制器中清除系统中断状态 */
    /* 确认发生了哪个中断并清除之 */
    status = RasterIntStatus(SOC_LCDC_0_REGS,
                            RASTER_END_OF_FRAME0_INT_STAT |
                            RASTER_END_OF_FRAME1_INT_STAT);
    status = RasterClearGetIntStatus(SOC_LCDC_0_REGS, status);
    /* 在适当的光栅缓冲区中显示恰当的输出缓冲区，并且如果有新的已处理缓冲区可用，
    * 让DSP知道它已通过更新'updated'标志来配置光栅缓冲区以指向新的输出缓冲区  */
    if (display_buff_1) { /* Rgb_buffer1 */
    if (status & RASTER_END_OF_FRAME0_INT_STAT) {/* 帧0结束中断 */
          RasterDMAFBConfig(SOC_LCDC_0_REGS, (unsigned int)Rgb_buffer1,
          (unsigned int)(Rgb_buffer1 + DISPLAY_IMAGE_WIDTH * DISPLAY_IMAGE_HEIGHT + 15), 0);
          if (changed) updated = updated | 0x1;
    }
```

```
    if (status & RASTER_END_OF_FRAME1_INT_STAT) {/* 帧1结束中断 */
          RasterDMAFBConfig(SOC_LCDC_0_REGS, (unsigned int)Rgb_buffer1,
          (unsigned int)(Rgb_buffer1 + DISPLAY_IMAGE_WIDTH * DISPLAY_IMAGE_HEIGHT + 15), 1);
          if (changed)updated = updated | 0x2;
    }
    } else { /* Rgb buffer2 */
    if (status & RASTER_END_OF_FRAME0_INT_STAT) {
          RasterDMAFBConfig(SOC_LCDC_0_REGS, (unsigned int)Rgb_buffer2,
          (unsigned int)(Rgb_buffer2 + DISPLAY_IMAGE_WIDTH * DISPLAY_IMAGE_HEIGHT + 15), 0);
          if (changed)updated = updated | 0x1;
    }
    if (status & RASTER_END_OF_FRAME1_INT_STAT) {
          RasterDMAFBConfig(SOC_LCDC_0_REGS, (unsigned int)Rgb_buffer2,
          (unsigned int)(Rgb_buffer2 + DISPLAY_IMAGE_WIDTH * DISPLAY_IMAGE_HEIGHT + 15), 1);
          if (changed)updated = updated | 0x2;
    }
    }
}
```

中断服务程序中，首先清除 LCDC 的中断状态。接着确认帧 0 或帧 1 中断并对应清除中断状态。在适当的光栅缓冲区中显示输出缓冲区，并且如果有新的已处理缓冲区可用，则通过更新“updated”标志来配置光栅缓冲区以指向新的输出缓冲区。

3.程序主处理

在主程序中设置全局功能，包括 VPIF 和 LCD 的 DMA 控制器的主权限。配置 L1D/L1P 缓存，初始化显示缓冲区的调色板。在主程序死循环中，首先查询等待捕获新图像，只有当栅格缓冲都指向当前缓冲区，才处理下一个缓冲区以避免图像出现抖动效应。模块 cbcr422sp_to_rgb565_c()将缓冲区内的 CBCR422 半平面转换为 RGB565，然后刷新并使处理后的缓存无效，以便 DMA 能读到处理后的图像数据。设置缓冲区标志 display_buff_1 用于 LCD 显示，并通知 LCD 处理缓冲区已可用。缓冲区输出采用乒乓式读写防止资源冲突。

```
while (1){ /* 死循环 */
    while (! captured); /* 在此等待，直到捕获到新帧  */
    if (updated == 3){/* 仅当栅格缓冲区都指向当前缓冲区时才处理下一个缓冲区 */
    processed = 0; changed = 0; updated = 0; /* 全局开关初始化 */
    /* 将缓冲区从CBCR422半平面转换为RGB565,
    *  刷新并使处理后的缓冲区无效，以便DMA能读到处理后的数据，
    *  设置缓冲区标志以用于LCD上显示，并通知LCD处理缓冲区的可用性。
    *  每次输出缓冲区都是乒乓式的。*/
    if (pingpong) {
         cbcr422sp_to_rgb565_c((const unsigned char *)(videoTopC + OFFSET),
                              DISPLAY_IMAGE_HEIGHT, CAPTURE_IMAGE_WIDTH, ccCoeff,
                              (const unsigned char *)(videoTopY + OFFSET),
                              CAPTURE_IMAGE_WIDTH, videoTopRgb1,
                              DISPLAY_IMAGE_WIDTH, DISPLAY_IMAGE_WIDTH);
         CacheWBInv((unsigned int)videoTopRgb1,
                    DISPLAY_IMAGE_WIDTH * DISPLAY_IMAGE_HEIGHT * 2);
         display_buff_1 = 1; changed = 1;
    } else {
         cbcr422sp_to_rgb565_c((const unsigned char *)(videoTopC + OFFSET),
                              DISPLAY_IMAGE_HEIGHT, CAPTURE_IMAGE_WIDTH, ccCoeff,
                              (const unsigned char *)(videoTopY + OFFSET),
```

```
                                CAPTURE_IMAGE_WIDTH, videoTopRgb2,
                                DISPLAY_IMAGE_WIDTH, DISPLAY_IMAGE_WIDTH);
            CacheWBInv((unsigned int)videoTopRgb2,
                        DISPLAY_IMAGE_WIDTH * DISPLAY_IMAGE_HEIGHT * 2);
            display_buff_1 = 0; changed = 1;
        }
        pingpong = ! pingpong; captured = 0; processed = 1;
        }
}
```

在上述的乒乓式处理中，720×576 的 YCbCr422SP 格式图像转换为 640×480 的 RGB565 格式图像，LCD 中断服务程序显示图像。所以用户可以在上述过程中添加特定的处理模块，如图像去噪、增强等基本处理，或者基于灰度图像的目标检测与计数等。

7.4.3 视频回环演示

目录 chap_7 给出了本章的示例程序源码。首先将工程构建文件和源文件拷贝到 StarterWare 的相关目录下。

(1)chap_7\build 下的 vpif_lcd_loopback_pal 拷贝到 C6748_StarterWare_1_20_04_01\build\ c674x\cgt_ccs\c6748\lcdkC6748。

(2)chap7_\source 下的 vpif_lcd_loopback_pal 拷贝到 C6748_StarterWare_1_20_04_01\examples\lcdkC6748。

另外，方便用户调试，在 chap_7 目录下给出了两个修改后适于 PAL 采集的驱动文件 drivers.lib、drivers.h，替换首次安装 StarterWare 的对应文件即可。另外，读者也可以将 chap_7 目录下的 drivers.c 替换 StarterWare 的旧 drivers.c，重新构建 drivers.lib。

1)创建目标配置文件

选择菜单 File/New/Target Configuration 启动新建目标配置向导，根据已安装的仿真器名称，选择对应仿真器型号。这里选择 SEED XDS560v2 USB 仿真器，设备选择 LCDK6748，并设置 GEL 文件。注意设置 CPU 主频为 300MHz。chap_7 目录下给出了配置文件 seed_6748.ccxml。

2)启动 CCS 调试功能

手工复位 DSP 目标板，然后在目标配置窗口选择上一步已创建的配置文件，右键启动选择的配置。在跳出的窗口选择“Connect Target”用以连接仿真器。

3)装载并执行程序

“Run/Reset/CPU Reset”实现软件复位 CPU，然后“Run/Load/Load Program”定位可执行程序 vpif_lcd_loopback_pal.out，并开始装载。

4)运行程序

“F8”全速运行 DSP 程序。如果正常的话，VGA 显示器将显示摄像头采集的图像，如图 7.3 所示。

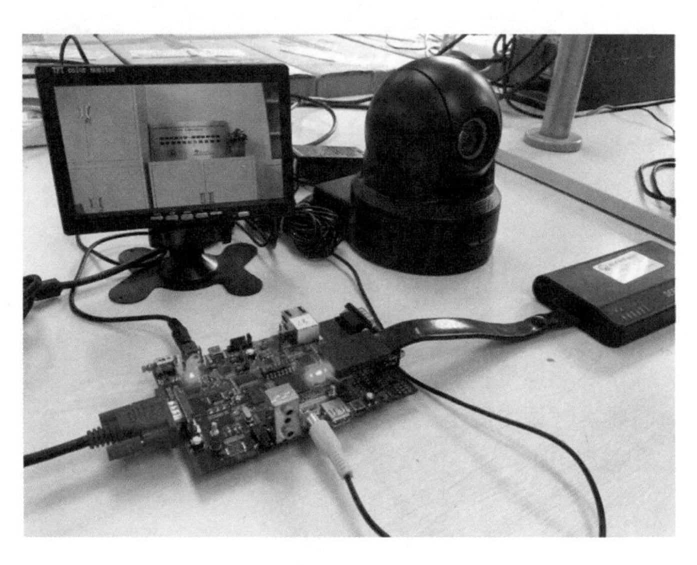

图 7.3　视频回环测试场景

第 8 章　基于 SYS/BIOS 的应用系统开发

StarterWare 虽然也能实现对 DSP 硬件的访问与控制，但是当模块任务增多、线程类型不再是纯粹的中断时，或是 TI 的网络开发包 NDK 编程环境需要，此时只能通过嵌入式实时操作系统来实现系统应用软件的开发。TI 提供的 SYS/BIOS 就是一个可扩展的实时操作系统内核，专为需要实时调度同步、实时分析的应用程序而设计。SYS/BIOS 提供了抢占式多线程、硬件抽象、实时分析与配置等工具，为生成不同类型的系统应用程序提供了创建向导。

8.1　SYS/BIOS 概述

SYS/BIOS 原名为 DSP/BIOS，仅支持 DSP 设备。TI 自 6.0 版本后又增加了支持 ARM 处理器，于是被更名为 SYS/BIOS。SYS/BIOS 是一个根据应用需求可裁剪的嵌入式实时多任务操作系统内核。SYS/BIOS 是 TI-RTOS 产品的“TI-RTOS 内核”组件之一，有时这两个名字指相同的内容。SYS/BIOS 是一个功能丰富、可裁剪、可扩展的内核服务集合，软件开发人员借助 SYS/BIOS 能够管理系统资源并构建 DSP 实时软件系统。在开发过程中，技术人员不用关心底层硬件的实现过程，从而可以节省精力专注于算法实现与系统集成。SYS/BIOS 能够集成 TI 提供的各种算法优化库，可以快捷、稳定地开发出实时处理系统，大大降低了应用系统开发难度。

免费且开源的 SYS/BIOS 集成在 CCS 安装包中，也可以单独安装、升级。SYS/BIOS 具有以下优点：

(1) 所有的 SYS/BIOS 对象均能够静态或动态配置。

(2) 为最大限度地减少内存使用，API 都是模块化的，只有被调用 API 模块才会链接到可执行程序中。静态配置对象可省去创建对象的代码。

(3) 为使程序达到最高性能及具有最小内存占用，错误检查及调试仪器的相关代码是可配置的，而在发布版中可移除这些调试工具。

(4) 几乎所有的系统调用都能够提供确定的执行效率，以可靠满足系统实时性要求。

(5) 为了提高性能，日志和跟踪数据在主机上都被格式化。

(6) 为满足各种场景需求，SYS/BIOS 提供了多种线程模型，如硬件中断 Hwi、软件中断 Swi、用户任务 Task、空闲 Idle 等，用户可以根据需要选择线程不同的优先级和阻塞操作等。

(7) 支持线程之间的通信与同步机制，包括旗语 Semaphore、邮箱 Mailbox、事件 Event、门 Gate 和可变长消息 Message。

(8) 提供可变大小和固定大小内存块分配的动态内存管理机制。

(9)提供的中断分发器可处理低级的上下文恢复/保存操作，所有的中断服务程序均能用 C 语言实现。

(10)系统服务支持中断禁用、中断使能及中断向量堵塞，包括复用多个中断向量到多个中断源。

8.1.1　SYS/BIOS 与 DSP/BIOS

SYS/BIOS 6.X 相对 DSP/BIOS 5.X 有显著的改变。在使用过程中，需特别注意以下基本功能的重大变化：

(1)DSP/BIOS 名字更改为 SYS/BIOS 反映了它除了支持 DSP 外还可用于其他处理器。

(2)SYS/BIOS 使用 XDCTools 的配置技术，具体见 8.1.2 节。

(3)API 函数发生了改变，可兼容 DSP/BIOS 5.X 或更早的应用程序，但是不再支持 PIP 管道模块。

此外，在包括以下内容的方面已取得重大突破：

(1)线程 Task 和 Swi 有多达 32 个优先级。

(2)新的定时器模块在应用中可直接配置和使用，而非以前的时间驱动事件。

(3)内核目标可静态或动态创建。

(4)额外的堆管理器，称为 HeapMultiBuf，可以快速、精确地执行可变大小内存分配，且不会因内存碎片影响系统性能。

(5)更加灵活的内存管理器，支持多个并行堆，使开发人员能够更容易地添加自定义堆。

(6)钩子 Hook 函数支持 Hwi、Swi、Task 等。

(7)在操作系统中选择构建参数检查 API，这些函数在系统调用参数值无效时才启用。

(8)监视工具支持动态和静态创建的任务。

(9)除了支持总的 CPU 负载统计，还支持每个任务的 CPU 统计。

8.1.2　SYS/BIOS 与 XDCtools

XDCtools 是 TI 提供的一个独立的软件组件，可为 SYS/BIOS 提供所需的底层驱动。但必须在安装 XDCtools 和 SYS/BIOS 后才能使用 SYS/BIOS，SYS/BIOS 发行说明提供了有关与 SYS/BIOS 版本兼容的 XDCtools 版本的信息。通常，当安装新版本的 SYS/BIOS 时，还需要安装新版本的 XDCtools。

XDCtools 对 SYS/BIOS 使用者具有重要的作用，因为：

(1)XDCtools 可以配置应用程序中用到的 SYS/BIOS 和 XDCtools 模块。

(2)XDCtools 提供用于构建配置文件的工具，将生成的源代码文件编译和链接到源代码中。

(3)提供了内存分配、日志记录和系统控制等模块和运行时 APIs。

XDCtools 有时又称为“RTSC”(Real-time Software Component)，它是 Eclipse.org 生态系统中开放源代码项目的名称，提供了在嵌入式软件中可重用的软件组件(称为“包”package)。

1.SYS/BIOS 组件包

XDCtools 与 SYS/BIOS 是一组包集合，每个包提供了该产品的一个子功能，XDCtools 使用约定的包命名，以提高包的可读性并确保不同来源的包不会产生冲突。SYS/BIOS 软件包由符合命名约定的分层命名模式构成，每级由一个点号分割。通常，包名的顶层为供应商（“TI”），其次是产品名（“sysbios”），然后是模块和子模块名称(如“knl”）。这种命名规则能够反映出 SYS/BIOS 安装所在目录的物理布局。如 ti.sysbios.knl 包文件可以在以下目录中找到：

```
BIOS_INSTALL_DIR\bios_6_3#_##\packages\ti\sysbios\knl
```

表 8.1 列出了 SYS/BIOS 中的组件包及其内容描述。

表 8.1　SYS/BIOS 中的组件包

组件包	内容描述
ti.sysbios.benchmarks	包含用于基准测试的说明。不提供模块、APIs 和配置
ti.sysbios.family	包含特定目标和设备功能的说明
ti.sysbios.gates	包含 IGateProvider 接口的多个实现，以满足各种场景的使用
ti.sysbios.hal	包含 Hwi、Timer 和 Cache 模块
ti.sysbios.heaps	包含 XDCtools 的 IHeap 接口的实现
ti.sysbios.interfaces	在某个设备或基础平台上实现模块接口
ti.sysbios.io	包含用于执行输入输出操作和与外设接口的模块
ti.sysbios.knl	包含 SYS/BIOS 的内核模块，及核间通信模块
ti.sysbios.utils	包含装载模块，用于全局 CPU 装载以及特定线程装载

图 8.1 展示了生成应用程序所需要的工具集结构。应用程序开发者在 SYS/BIOS 程序中独立使用由 XDCtools 提供的 xdc.runtime 包里面的模块和接口 API。

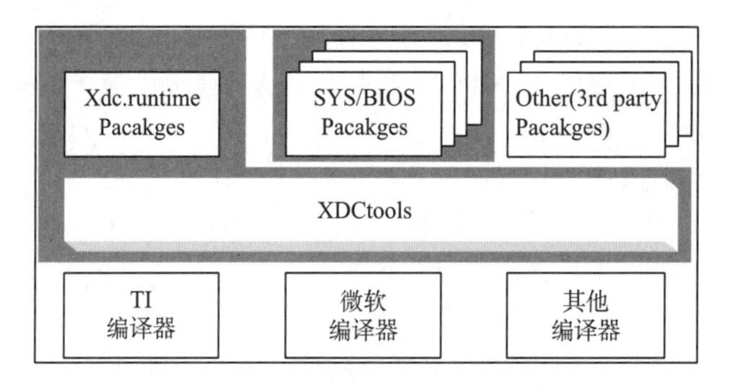

图 8.1　生成应用程序所需要的工具集结构

2.使用 XDCtools 配置 SYS/BIOS

配置是使用 SYS/BIOS 的一个基本部分，主要用于以下目的：

(1)指定应用程序将要使用的模块和包。

(2)静态创建应用程序要使用的模块对象。

(3)验证那些显式或隐式使用的模块集合，以保证它们之间的兼容性。

(4)静态设置用于系统、模块和目标的参数。

应用程序的配置存储在一个或多个*.cfg 脚本文件内，XDCtools 解析这些配置文件并生成相应的 C 源代码、C 头文件和链接器命令文件*.cmd，这些文件将被编译并链接到最终的可执行应用程序内。

配置文件*.cfg 使用类似 JavaScript 的简单语法，设置对象的属性及其调用方法，用户可以使用下列方式创建和修改*.cfg 文件。

(1)在 CCS 中使用可视化的 XGCONF 配置工具。

(2)在 CCS 的 XGCONF 编辑器的 CFG Script 选项卡内编辑*.cfg 文件。

(3)直接在文本编辑器内编辑*.cfg 文件。

图 8.2 展示了 CCS 的 XGCONF 配置工具对 SYS/BIOS 任务实例的静态配置。

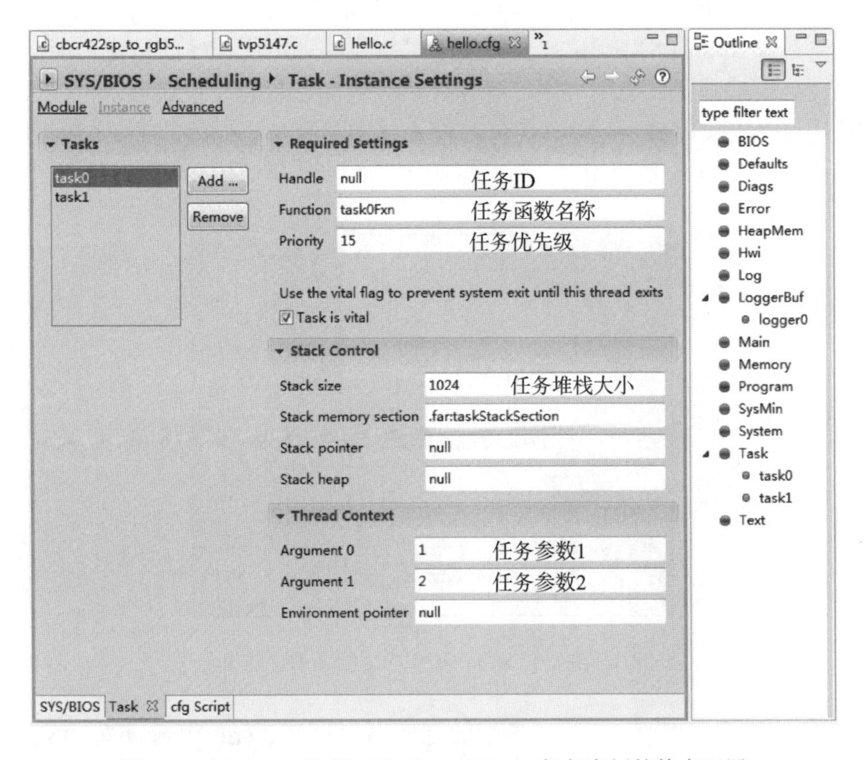

图 8.2　XGCONF 配置工具对 SYS/BIOS 任务实例的静态配置

任务实例 task0 的配置工具的设置对应于下面的配置脚本：

```
var Task = xdc.useModule('ti.sysbios.knl.Task');
var task0Params = newTask.Params();
task0Params.instance.name = "null";
task0Params.priority = 15;
task0Params.stackSize = 1024;
task0Params.arg0 = 1;
task0Params.arg1 = 2;
var task0 = Task.create("&task0Fxn", task0Params);
```

3.SYS/BIOS 开发流程

图 8.3 描述了一个典型的 SYS/BIOS 应用程序的构建流程。图中*.xs 文件和*.cfg 配置文件在被编译前，由相关工具生成*.c 文件和*.cmd 文件，*.c 文件和*.h 文件编译生成*.obj 文件。最后，*.obj 文件与*.cmd 文件被链接生成可执行的*.out 文件。SYS/BIOS 应用程序的开发流程主要包含以下步骤：

(1) 在 CCS 中创建一个基于 SYS/BIOS 的应用程序工程。

(2) 根据特定需求，配置 SYS/BIOS 应用程序工程，更改*.cfg 配置文件，删除不必要的模块，增加系统应用需要的模块，添加或配置静态对象。

(3) 添加用户程序的头文件、库文件路径，链接用户库文件。

(4) 根据需要并遵循 SYS/BIOS 开发规范，编程实现应用程序的特定功能。

(5) 编译、链接和调试应用程序，确保代码无逻辑错误和功能错误。

(6) 启用复杂度实时分析程序，优化工程设置和关键核心代码，减少 CPU 指令周期占用及内存空间占用。

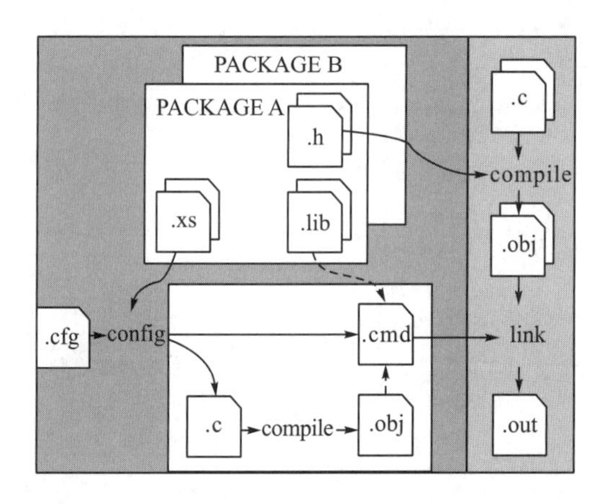

图 8.3　典型的 SYS/BIOS 应用程序的构建流程

根据上述的开发流程可知，相比传统的裸应用程序如 StarterWare 开发，SYS/BIOS 应用程序要面临两个核心问题：一是 SYS/BIOS 的工程配置，二是基于 SYS/BIOS 应用程序的系统性能优化问题。

4.XDCtools 模块和运行时 APIs

XDCtools 包含提供基本服务的 SYS/BIOS 模块，大部分模块位于 XDCtools 的 xdc.runtime 组件包中。默认情况下，所有的 SYS/BIOS 应用程序在构建时会自动添加 xdc.runtime 组件包。

XDCtools 提供的 C 程序和配置文件*.cfg 的功能大体上可分为四类，表 8.2 列出了用于 C 程序和配置的 XDCtools 模块。对于表 8.2，除非有特别说明，所列的模块都分布在 xdc.runtime 包内。

表 8.2　用于 C 程序和配置的 XDCtools 模块

类别	模块	描述
系统服务	System	基本的底层系统服务。如字符输出，类 printf
	Startup	定义运行在 main 之前的函数
	Defaults	设置模块中无明确值的事件日志、断言检查和内存使用
	Main	设置应用于程序代码的事件日志和断言检查选项
	Program	设置运行时的内存大小
内存管理	Memory	动态、静态式地创建、释放内存
诊断	Log and Loggers	允许记录事件并传递给日志记录模块
	Error	触发、检查和处理任何模块定义的错误
	Diags	允许基于每个模块的任何配置或运行时使能与禁用诊断
	Timestamp/Providers	为具体平台的时间服务模块提供基本的时间戳
	Text	提供字符串管理服务
同步	Gate	保护和禁止并发访问的临界区数据
	Sync	提供 wait() 和 signal() 函数实现线程之间的同步

8.2　SYS/BIOS 工程实例

CCS 在创建应用程序时，用户根据需要选择对应应用类型的向导，逐步生成应用程序的基本框架。本节以典型的 SYS/BIOS 应用程序为例，讲解基于操作系统应用程序的工程建立、运行和调试。

8.2.1　构建 SYS/BIOS 工程

启动 CCS，点击菜单“Project / New CCS Project”创建新工程，工程名为 chap_8_1，设备系列选择 C6000 中的 C674x Device，“Advanced settings”使用默认参数，工程模板和示例中选择“SYS/BIOS / Typical”。此类模板创建.cfg 文件，支持动态内存分配及运行时的线程创建，模板使用 API 函数 Task_create() 创建单任务。SYS/BIOS 应用程序建立过程向导如图 8.4 所示。

图 8.4 SYS/BIOS 应用程序建立向导

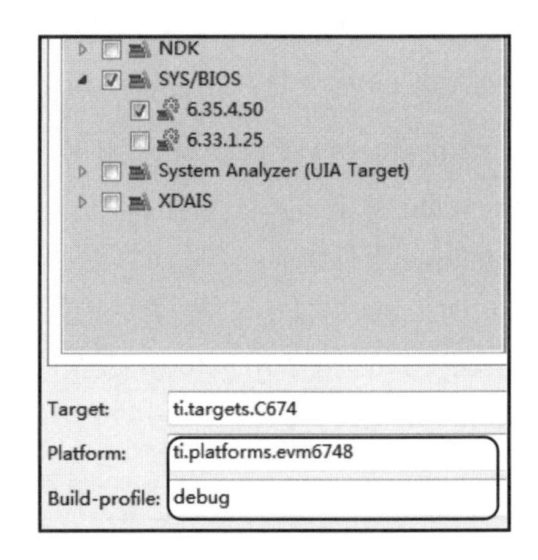

图 8.5 RTSC 配置设置

确定后，下一步启动 RTSC 的参数配置如图 8.5 所示，要确保选中 SYS/BIOS 组件及对应版本，目标 Target 不能修改，这由上一步图 8.4 的选择来决定。在“Platform”中选择合适的平台名称，这里选择“ti.platform.evm6748”，构建档级中选择“debug”。确定后，向导就完成了建立 SYS/BIOS 应用程序 chap_8_1，其主程序代码如下所示。

```
#include<xdc/std.h>
#include<xdc/runtime/Error.h>
#include<xdc/runtime/System.h>
#include<ti/sysbios/BIOS.h>
#include<ti/sysbios/knl/Task.h>

Void taskFxn(UArg a0， UArg a1)/* UArg定义在std.h中 */
{
    System_printf("enter taskFxn()\n")；/* 定义在System.h中 */
    Task_sleep(10)；                   /* 定义在Task.h中 */
    System_printf("exit taskFxn()\n")；
}

Int main()
{
    Task_Handle task；  /* 定义在Task.h中 */
    Error_Blockeb；     /* 定义在Error.h中 */

    System_printf("enter main()\n")；/* 定义在System.h中 */
    Error_init(&eb)；                /* 定义在Error.h中 */
    task = Task_create(taskFxn， NULL， &eb)；/* 定义在Task.h中 */
    if (task == NULL){
        System_printf("Task_create()failed! \n")；
        BIOS_exit(0)；
    }
    BIOS_start()；     /* 定义在BIOS.h中 */
    return(0)；
}
```

本示例调用函数 Task_create 动态创建 taskFxn 任务线程，其功能为打印提示并休眠 10ms，工程执行 build 构建应用程序，生成 chap_8_1.out 文件。第一次编译 SYS/BIOS 程序时，通常会比较慢，后续如果配置文件没有做改动，而仅改动了源代码，则编译速度会比较快。

8.2.2　修改 SYS/BIOS 工程

利用前面章节工程创建的目标配置文件 C674x_simulate.ccxml，启动调试透视图，装载 chap_8_1.out 文件并执行。根据程序功能，程序应该有提示信息输出，但实际上在控制台输出窗口并没有打印输出任何信息，为了使函数 System_printf 能够打印到控制台窗口，需要修改配置文件 app.cfg。

在 app.cfg 上点击右键，点击“Open With /XDCscript Editor”打开配置文件的脚本编辑器，将 SysMin 模块由 SysStd 模块来替代，同时把系统的代理支持 SupportProxy 修改为 SysStd。修改过程如下：

```
var  SysStd = xdc.useModule('xdc.runtime.SysStd');
System.SupportProxy = SysStd;
```

最后重新构建编译应用程序，单步执行“F6”，在控制台窗口程序将会输出提示信息。另外，任务的动态创建中，向导创建的任务无优先级及私有堆栈设置，为此修改任务的创建参数。

```
Task_Params taskParams;  /* 任务参数结构体 */

System_printf("enter main()\n");

Task_Params_init(&taskParams); /* 初始化任务参数 */
taskParams.priority = 1;       /* 任务优先级 */
taskParams.stackSize= 1000;    /* 任务堆栈大小 */
Error_init(&eb);
task = Task_create(taskFxn,  &taskParams,  &eb); /* 创建任务实例 */
```

再次下载、执行可执行程序，则控制台 console 窗口输出“enter main()”“enter taskFxn()”“exit taskFxn()”提示信息，这表明 taskFxn 任务确实被 SYS/BIOS 调用了。当暂停程序执行，程序计数器 PC 指向在 Idle.c 中的某个函数如 Idle_loop、Idle_run，即 SYS/BIOS 的空闲线程。目录 chap_8\chap_8_1 展示了该示例的工程源码及源代码。

8.3　配置 SYS/BIOS 应用程序

根据 SYS/BIOS 生成向导建立的应用程序，仅实现了系统应用程序的基本框架。为满足 DSP 系统的特定需求，编程人员还必须配置或设置 SYS/BIOS 的各个模块。直观上，SYS/BIOS 展示给编程人员为一个配置窗口、脚本文件。原理上，SYS/BIOS 是一种嵌入式实时操作系统 OS，它包含了一般 OS 的特征如多线程、线程调度、内存管理等。系统开发人员只有了解了 SYS/BIOS 的资源及其使用规范，才能开发出稳定、高效的 DSP 应用程序。

8.3.1 XGCONF 打开 SYS/BIOS

事实上，chap_8\chap_8_1 应用程序仅使用了 Task 及 BIOS 的基本模块。SYS/BIOS 还有其他资源模块用于实现系统应用程序的线程调用、资源管理。图 8.6 为 SYS/BIOS 的系统概览。

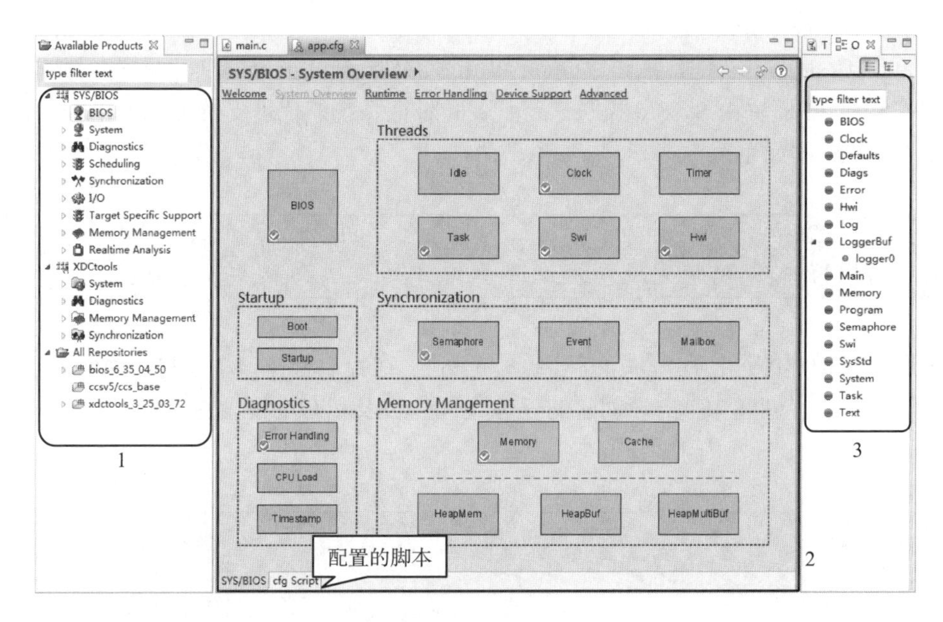

图 8.6 SYS/BIOS 系统概览

XGCONF 可以实现 SYS/BIOS 的下述操作：

(1) 使更多的模块可供使用，或查找模块。

(2) 在配置中添加、删除模块。

(3) 在配置中添加、删除模块的实例。

(4) 更改模块、实例的属性值。

(5) 获取模块或其属性的帮助信息。

(6) 配置内存映射和段放置。

(7) 保存或恢复配置文件。

在图 8.6 SYS/BIOS 的系统概览中，“1. Available Products”标注的为 SYS/BIOS 所有可用的系统资源；“2. Property”标注的为部分系统资源的可视化配置选项及属性视图；“3. Outline”列出在“2”中勾选的系统资源概要。另外，可视化配置窗口还提供了对应配置的脚本文件，用户可以在配置文件*.cfg 上点击鼠标右键激活(Open With)三种查看方式：Text Editor，XDCscript Editor 和 XGCONF，分别表示文本编辑、脚本编辑和图形配置。图 8.6 即是 XGCONF 查看方式，这种方式也最为常用，因为前两种的直接语句编辑需要用户非常熟悉 SYS/BIOS 模块内容及语法规范。

“Available Products”视图允许用户向配置中添加模块。“Outline”视图展示了当前配置中的模块列表，选中某模块则在左边窗口显示其属性。该视图提供了两种显示模式：用户配置列表和配置结果目录树。“Property”视图即 Outline 的被选中模块或实例的属性窗口，用户可以根据需要进行修改。同时，属性窗口中的源代码页面可供用户直接修改。

8.3.2 XGCONF 配置 SYS/BIOS

1.使用“Available Products”视图

可用产品“Available Products”视图列出了用于配置的可用包或模块，包括已经添加的或待添加的模块。列表按照先软件组件、后功能类别来组织排列。

1) 查找模块

为了查找特定模块，用户可通过展开目录树来查看模块。如果不知道模块的确定名称，或者 SYS/BIOS 有几个名字相近的模块，可通过搜索框“type filter text”快速过滤。图 8.7 列出了 SYS/BIOS 可用产品视图。

如果想利用全路径查找一个模块，可使用鼠标右键“Show Repositories”来显示。然后下方的基于类型的树型结构显示了“All Repositores”，从而用户可以展开节点寻找特定的模块。例如，SYS/BIOS 的 Task 模块全路径为“ti.sysbios.knl.Task”。特别注意的是，当开启了“Show Repositories”，所有模块都被列出了。这包含了没有应用于目标系列的模块和用户不能添加配置的某些模块(用红球标注)。

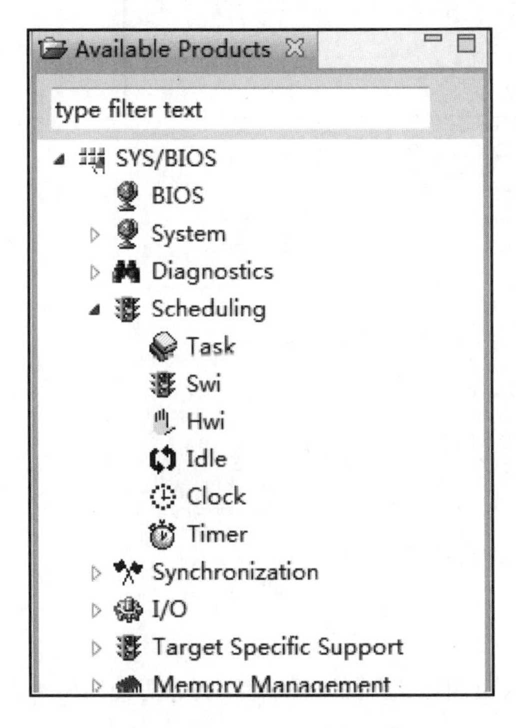

图 8.7　SYS/BIOS 可用产品视图

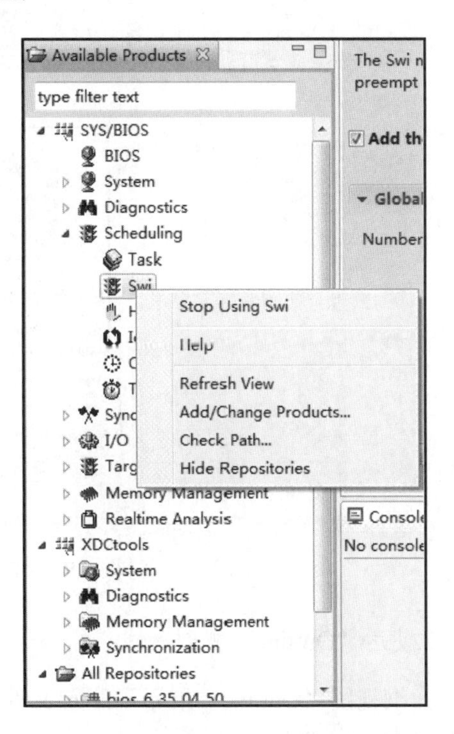

图 8.8　向配置中添加模块或实例

2)添加模块及实例

为了使用某个模块，在模块的右键“Use <module>”如若选择“Use Swi”，则在用户程序中添加并配置软件中断。或者从可用产品“Available Products”视图拖拽模块到大纲视图“Outline”视图以添加相应模块。图 8.8 展示了向配置中添加模块或实例的操作。

当在可用产品中选择了一个模块，在属性视图中用户会看到其各种属性(不管是否被使用)。当在配置中添加使用了一个模块，则模块会在大纲视图中列出。如果用户想获取关于某个模块的帮助信息，可以在模块名字上点击右键，选择“Help”弹出 CCS 的帮助文档。如果向配置中添加了一个模块，则在配置脚本中就会产生一个语句 xdc. useModule()。

3)管理可用产品列表

当用户使用 XGCONF 打开配置文件时，应用程序中用于设置属性的包组件将被逐一扫描所用模块并列出扫描结果。用户可以通过选择“Add/Change Products”来实现添加或删除某些产品。也可以通过 CCS 菜单“Projetcs / Properties”，选择“General”类型下的“RTSC”属性页来激活 RTSC 组件产品选择对话框。图 8.9 给出了 RTSC 产品列表及设置。编程人员可根据需要选择相应的产品和组件包。

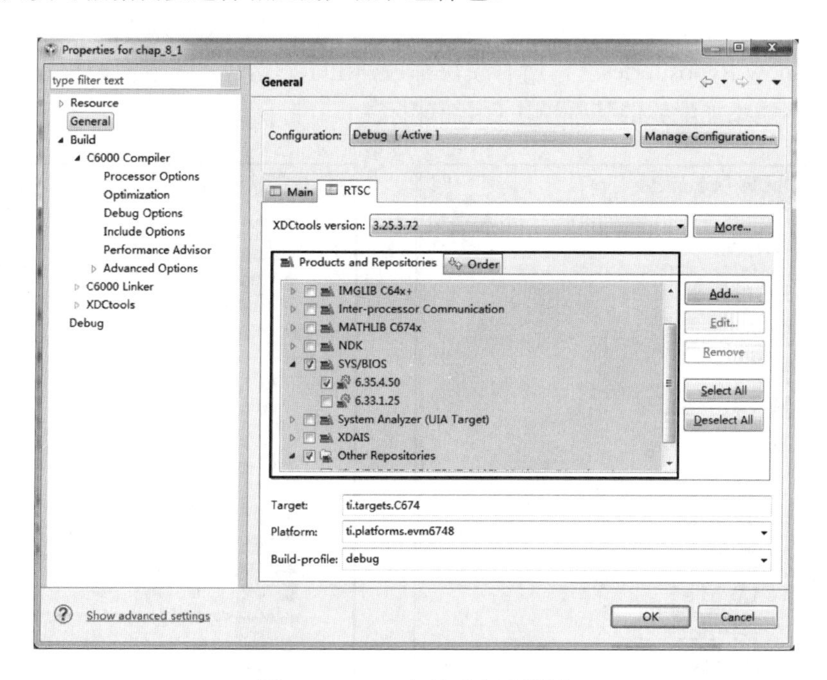

图 8.9 RTSC 产品列表及设置

2.使用“Outline”视图

大纲视图“Outline”展示了配置文件*.cfg 中已配置的模块和实例。可使用两种方式查看大纲。

1)展示用户配置

选择 图标激活用户配置显示模式。该视图简单易用，它展示了*.cfg 中直接应用的那些模块，以及配置文件中创建的实例。在这种视图下，用户可以向配置中添加模块的实例或从配置中删除某个模块。

2）展示配置结果

选择图标激活配置结果显示模式。该视图为高级模式，它展示了*.cfg 文件中显式或隐式使用的所有模块或实例。用户可以编辑任何图标并显示没有被锁定的模块。

类似可用产品视图，用户也可以在大纲视图的顶端通过输入模块、实例的文本名字，过滤名字相似的模块。若预创建一个实例，则可在模块名字上右键并选择“New <module>”，例如“New Task”。需特别注意的是，并不是所有模块都允许创建实例。实例被创建后，属性设置对话框展示了用户可以设置、选择特定的值。

在大纲视图中，某些模块被红球标注，而其他模块被蓝色球标注。蓝色球模块表示为目标模块，它提供了可以在嵌入式目标上运行时被参考的代码或数据；红色球表示这是一个元模块，它仅存在于配置，但并不存在于目标中。为停止配置某模块，在大纲视图中，右键选择“Stop Using <module>”，从配置中删除一个模块对应删除脚本的相关语句“xdc.useModule()”。如果因删除一个模块而导致了无效的脚本，则会产生一个错误信息，提示该模块没有被删除。

3.使用“Property”视图

用户在大纲视图或可用产品视图选择了某个模块或实例，则属性视图“Property”会展示其对应属性。当打开了多个模块或实例时，用户所能看到的属性页排列在属性视图的底端。图 8.10 展示了多个模块或实例的属性页。

图 8.10　多模块或实例属性页

1）系统总览 System Overview

系统总览将 SYS/BIOS 中的所有核心模块显示为组块。绿色勾选表明了该模块已在当前的配置中使用。可以在某个块右键选择“Use”，将框图中的对应模块添加到配置中。用户选中或单击任何模块可以激活配置窗口。若从其他模块属性页返回到系统总览，则应在大纲视图中选择 BIOS 模块，并单击“System Overview”按钮。

2）模块及实例属性表 Module and Instance Property

模块及实例属性表将各种属性分为不同种类，并提供了一些属性的简要描述。复选框、选择域、文本域的类型依赖于属性所具有的值类型。

3）高级属性表 Advanced

高级属性表以表格的形式列出了属性的各种名称，并允许用户修改这些属性值。当用户编辑某个属性时，XGCONF 会检查值的类型是否与属性所期望的值相匹配。对于很多模块来说，高级属性表列出了两个不同页，即“Basic”与“xdc.runtime”。“Basic”标签页内容与“Module”模块属性视图相同。“xdc.runtime”标签页显示了继承于模块的公共属性。

4）源编辑器 Source Editor

用户通过选择“Source”源标签可以以文本编辑器的方式编辑配置文件，XDCsript的一些高级脚本特征可通过直接编辑脚本来实现。当用户在大纲视图中选择了某个模块或实例，源编辑器就会高亮显示配置文件中与该模块或实例相关的代码行。

8.3.3 访问全局字符

配置文件经常使用字符 program.global 来定义变量。例如：

```
Program.global.myTimer = Timer.create(1, "&myIsr", timerParams);
```

Program 模块是由 XDCtools 创建的用于配置目标模块的根，该模块被配置脚本隐含使用。用户不必通过 useModule 语句来添加该模块。由于 Program.global 中定义的变量变为了全局字符，所以可以在其他 C 代码中被直接引用。这些变量声明在一个头文件当中给出。为了使用这些变量，C 代码需要包含这个头文件“#include <xdc/cfg/global.h>”。这样 C 代码就可以直接访问全局字符。例如访问全局变量 myTimer：

```
Timer_reconfig(myTimer, tickFxn, &timerParams, &eb);
```

如果用户不想包含这个前面产生的头文件，则可以声明外部句柄。例如，在 C 代码中添加下述语句，以允许用户使用前面案例中静态配置的 myTimer 目标：

```
#include <ti/sysbios/hal/Timer.h>
extern Timer_Handle myTimer;
```

8.4 线程调度（Thread Scheduling）

许多实时应用程序必须同时执行许多看起来不相关的功能函数，通常是响应诸如数据已可用或控制信号已存在的外部事件等。执行的函数功能及何时执行都非常重要，这些函数又被称为线程。线程又有狭义和广义之分。在 SYS/BIOS 中，该术语被广泛定义为包括处理器执行的任何独立的指令流。线程是能激活函数调用或中断服务程序 ISR 的单个控制点。SYS/BIOS 提供了四种线程可供应用程序调度和使用：硬中断 Hwi、软中断 Swi、任务 Task、空闲 Idle。

8.4.1 概述

SYS/BIOS 将用户的应用程序构建为一组线程的集合，每个线程执行模块化的功能。

多线程程序在单核处理器上运行，允许更高优先级线程抢占优先级更低的线程，并允许线程之间进行各种类型的交互，包括阻塞、通信和同步。以这种模块化方式组织的实时应用程序更易于设计，实施和维护。SYS/BIOS 支持几种不同优先级的程序线程。每种线程类型具有不同的执行和抢占特性。从最高优先级到最低优先级的线程类型分别是：Hwi、Swi、Task、Idle。

1.四种线程

1) 硬件中断 Hwi，包括定时器函数

Hwi (Hardware interrupt) 又称为中断服务程序 ISR，它是 SYS/BIOS 应用程序中优先级最高的线程。Hwi 线程用于需要严格的执行截止时间且对运行时间要求很苛刻的处理任务。此类线程被外部实时环境下的异步事件(如中断)来激活。Hwi 线程总是运行到完成状态，但如果启用，可以由其他中断触发的 Hwi 线程临时抢占。

2) 软件中断 Swi，包括时钟函数

软件中断(Software interrupt)线程在 Hwi 线程和任务线程之间提供了额外的优先级，不像 Hwi 是由硬件中断触发，Swi 线程通过调用某些 Swi 模块的 API 以编程方式来触发。Swi 线程能够处理受时间限制的线程，以防止它们作为任务运行，但其最终期限不像硬件 ISR 那样严格。像 Hwi 线程一样，Swi 的线程总是运行完成，Swi 允许 Hwi 将较不重要的处理推迟到较低优先级的线程，最大限度地减少 CPU 在中断服务程序中花费的时间，其中可以禁用其他 Hwi。Swi 只需要足够的空间来保存每个 Swi 中断优先级的上下文信息，而 Task 可以为每个线程使用单独的堆栈。

3) 任务 Task

任务线程比空闲线程具有更高的优先级并且低于软件中断。任务不同于软件中断，因为任务可以在执行期间等待(阻止)，直到有必要的资源可用，任务需要为每个线程分配堆栈。SYS/BIOS 提供了许多可用于任务间通信和同步的机制，包括旗语、事件、消息队列和邮箱。

4) 空闲线程 Idle

空闲线程在 SYS/BIOS 应用程序中以最低优先级执行，且在一个连续的循环(空闲循环)中一个接一个地执行。主程序返回后，SYS/BIOS 应用程序会调用每个 SYS/BIOS 模块的启动例程，然后进入空闲环路。每个线程必须等待所有其他线程在再次调用之前完成执行。空闲线程会循环连续运行，除非被更高优先级的线程抢占。只有那些没有严格执行期限的函数才会在空闲循环中运行。

2.线程类型选择

应用程序中每个线程的类型和优先级的选择，对线程是否被及时调度、正确执行都有重要的影响。SYS/BIOS 的静态配置方式可使一个线程类型更改为另一种线程类型变得非常容易。一个程序可以使用多种类型的线程。但是，选择何种类型的线程还是有一些准则。

1) Swi 或 Task 对 Hwi

在硬件中断服务例程中仅执行那些关键处理。对于低至 5 微秒范围期限的硬件中断

(IRQ)，应该考虑使用 Hwi 来处理，特别是针对截止时间不满足则数据可能会有被覆盖的情形。对于期限较长的事件(约 100 微秒或更长)，应考虑使用 Swi 或 Task。用户的 Hwi 函数应该发布 Swi 或 Task 以执行较低优先级的处理，使用低优先级线程最大限度地减少了中断被禁止的时间长度(即中断等待时间)，从而允许产生其他硬件中断。

2) Swi 对 Task

如果函数具有相对简单的相互依赖性和数据共享需求，则使用 Swi 线程。如果需求更复杂，则使用 Task 线程。虽然优先级较高的线程可以抢占优先级较低的线程，但只有 Task 线程可以等待另一个事件，例如资源可用。在使用共享数据时，Task 也比 Swi 有更多的选择。当程序发出 Swi 时，Swi 函数所需的所有输入应该准备就绪。Swi 对象的触发器结构提供了一种确定资源何时可用的方法。Swi 具有更高的内存效率，因为它们都是在一个堆栈内运行的。

3) Idle

当不需要其他处理时，创建空闲线程以执行非关键的内部任务。空闲线程通常没有严格的执行期限。相反，它们在系统没有使用处理器的时间内运行。空闲线程按照相同的优先级顺序运行。当其他处理未被执行时，用户可以使用空闲线程来减少电力需求。在这种情况下，用户不应该依赖于在节电时间内产生的内部任务。

4) Clock

当用户希望一个函数以外设中断频率的多倍速率运行时，可以考虑使用时钟函数。时钟函数可以配置为定期执行或只是运行一次，这些函数是作为 Swi 函数来运行的。

5) Clock 对 Swi

所有时钟函数与 Swi 以相同优先级运行，所以一个时钟函数不能抢占 Swi。但是，时钟函数可以发布较低优先级的 Swi 线程以进行冗长的处理。这确保了 Swi 可以在下一个系统时间点发生时或 Swi 再次发布时，能够抢占这些时钟函数功能。

6) Timer

定时器线程运行在 Hwi 线程的场景内部。正因为如此，定时器线程才继承了相应定时器中断的优先级。定时器线程是以定时器周期速率被调用的任务线程，这些任务需要完成必要的绝对最小操作。如果需要更多的处理时间，可以考虑发布 Swi 来完成这项工作或者通过任务进行发布 Semaphore 来处理，以便有效管理 CPU 时间。

3.钩子 Hook

Hwi、Swi、Task 线程在其生命周期内提供了插入用户代码的位置点，用于检测、监视或统计收集上下文信息，这些代码点被称为钩子 Hook，用户提供的函数称之为钩子函数。对于各种线程类型，可以设置下述各种钩子函数，如表 8.3 所示。

表 8.3 线程对应的钩子函数

线程	钩子函数
Hwi	注册、创建、开始、结束和删除
Swi	注册、创建、准备、开始、结束和删除
Task	注册、创建、准备、转换、退出和删除

钩子集是被声明为 Hook 集合的一系列钩子函数。用户不必定义集合内的所有钩子函数，仅定义应用程序所需要的钩子即可。钩子函数只能在 XDCtools 配置脚本中静态声明。如果用户提供了钩子函数则建议高效地调用它，即使不提供钩子函数也不会导致 CPU 的额外开销。除了注册钩子，所有的其他钩子函数都会被调用，用于其相关的句柄作为该线程的参数。其他参数主要用于一些特定线程类型的钩子函数。

一个线程的注册钩子的参数是钩子函数序列的相对调用顺序的索引。每组钩子函数都有一个唯一的相关联的“钩子场景指针”，这个通用指针可以用来保存钩子集的特定信息，或者它可以被初始化为指向一个内存块。一个单独的钩子函数通过以下特定线程类型 API，获得其关联的场景指针：Hwi_getHookContext()，Swi_getHookContext() 和 Task_getHookContext()。另外还提供了用于初始化上下文指针的相关 API：Hwi_setHookContext()，Swi_setHookContext() 和 Task_setHookContext()。每个 API 都以钩子的 ID 作为参数。

8.4.2　硬中断(Hwi)

硬件中断(Hwi)处理那些应用程序为了响应外部异步事件而必须执行关键处理的代码。SYS/BIOS 中特定目标或设备的 Hwi 模块用于管理硬件中断。在一个典型的嵌入式系统中，硬件中断可以由片上外设或处理器外部设备来激活。在这两种情况下，中断都会导致处理器转向 ISR 的地址空间。

任何 SYS/BIOS API 中断处理都必须使用 C 或 C++编写，因为 SYS/BIOS 不再提供早期版本中用于调用汇编语言的 HWI_enter() 和 HWI_exit() 函数。那些不与 SYS/BIOS 交互的汇编语言 ISR 可以用 Hwi_plug() 来指定。这些 ISR 必须做自己的场景保护并且可能使用“interrupt”关键字、C 函数或汇编语言函数。

所有硬件中断必须运行完成。如果在中断的 ISR 有机会运行之前，硬件多次发布 Hwi，则 ISR 只能运行一次。出于这个原因，用户应该尽量减少 Hwi 函数的代码量。如果中断是通过调用 Hwi_enable() 函数以全局方式启用，则可以通过已启用的任何中断来抢占 ISR，Hwi 不得使用 CSL 访问目标设备，相反应该使用硬件抽象层的 API 函数。

动态创建 Hwi 对象的过程如下：

```
Hwi_Handle hwi0;
Hwi_Params hwiParams;
Error_Block eb;

Error_init(&eb);
Hwi_Params_init(&hwiParams);

hwiParams.arg = 5;
hwi0 = Hwi_create(id, hwiFunc, &hwiParams, &eb);
if (hwi0 == NULL){
   System_abort("Hwi create failed");
}
```

这里，hwi0 是一个指向 Hwi 对象的句柄，id 是定义的中断号，hwiFunc 是与 Hwi 相关的函数名，hwiParams 是一个包含 Hwi 实例的多种参数(使能/恢复掩模，Hwi 函数参数等)的结构体。这里 hwiParams.arg 设置为 5，如果传入了空指针而不是一个指向实际 Hwi_params 结构体的指针，则使用缺省的参数集。eb 是错误块，用于处理在 Hwi 对象创建期间的可能错误。

相对应的在配置文件*.cfg 中静态配置 Hwi 对象格式如下：

```
var Hwi = xdc.useModule('ti.sysbios.hal.Hwi');
var hwiParams = new Hwi.Params;

hwiParams.arg = 5;
Program.global.hwi0 = Hwi.create(id, '&hwiFunc', hwiParams);
```

这里“hwiParmas=new Hwi.Parmas”语句创建并使用默认值初始化 hwiParmas 结构体。在这个静态配置模式中，创建函数不再需要错误块处理，“Program.global.hwi0”名称是运行时可访问的句柄，该句柄指向静态创建的 Hwi 对象。

8.4.3 软中断(Swi)

软件中断(Swi)优先级低于硬件中断(Hwi)。SYS/BIOS 中的 Swi 模块提供了软件中断能力。软件中断通过软件编程来激活，即通过 API 函数 Swi_post()。Swi 线程的优先级高于 Task 线程，但低于硬件中断(Hwi)。Swi 线程适用于执行速度较慢，或者比 Hwis 的实时截止日期要求更宽泛的应用程序任务。

如果发布了 Swi，则只有在所有挂起的 Hwi 都运行后才会执行 Swi。正在执行的 Swi 函数随时都可以被 Hwi 抢占；Hwi 在 Swi 函数恢复之前完成。另一方面，Swi 函数总是抢占 Task 任务。即使最高优先级的任务被允许运行，所有待处理的 Swis 也会运行。实际上，Swi 就像一个优先级高于所有普通任务的任务线程。

正如 SYS/BIOS 的其他对象，用户可以动态的创建(调用 Swi_create)或者静态的配置 Swi 对象，也既能够动态创建也可以在程序执行期间删除 Swi。为了添加新 Swi 到配置中，可在配置脚本中创建一个新的 Swi 对象。当应用激活目标时，设置每个 Swi 的函数属性，用户也可以为每个 Swi 函数配置其多达两个的参数。正如其他模块的实例，用户能够确定 Swi 目标分配的内存块，当 Swi 线程发布或调度时，Swi 管理器访问 Swi 目标。Swi 线程模块位于包“ti.sysbios.knl”。

动态创建 Swi 目标的过程如下：

```
Swi_Handle swi0;
Swi_Params swiParams;
Error_Block eb;

Error_init(&eb);
Swi_Params_init(&swiParams);

swi0 = Swi_create(swiFunc, &swiParams, &eb);
```

```
if (swi0 == NULL){
    System_abort("Swi create failed");
}
```

这里swi0是指向待创建的Swi目标句柄。swiFunc是与Swi相关的函数名称，swiParams是结构体类型 Swi_Params 的变量，包含了 Swi 实例的参数：priority，arg0，arg1 等。如果是传入了 Null 而不是一个实际的 Swi_Params 结构体指针，则使用缺省参数。“eb”是用于创建期间可能发生的错误。

静态创建 Swi 目标的过程如下：

```
var Swi = xdc.useModule('ti.sysbios/knl.Swi');
var swiParams = new Swi.Params();
program.global.swi0 = Swi.create(swiParams);
```

Swi 缺省的优先级数目为 16，最低优先级为 0，最高优先级为 15。若用户更改的话，优先级数目最高为 32。在一个优先级内用户不可以对 Swi 排序，只能按照被发布的顺序依次执行。

8.4.4　任务(Task)

SYS/BIOS 任务目标是被 Task 模块管理的一些线程。任务 Task 比空闲 Idle 的优先级高，但低于 Hwi 和 Swi。Task 模块基于任务优先级和任务的当前执行状态，可动态地调度和抢占任务，这可以保证处理器总是处理准备执行的具有最高优先级的线程。任务线程的缺省优先级为 16，而最高可达 32 级，最低的 0 级保留用于执行 Idle_loop 线程。

Task 模块提供了一系列操作 Task 目标的函数，并通过 Task_Handle 类型的句柄访问 Task 目标。对于每一个 Task 目标，CPU 内核用来维护处理器所有寄存器的一个拷贝。每个 Task 都有其自己的运行堆栈以保存局部变量以及用于函数嵌套。

1 动态创建任务

任务可以由用户调用函数动态创建或在配置中静态设置。动态创建的函数也可以在程序执行期间被删除，用户可以通过调用 Task_create()函数来产生 SYS/BIOS 任务，该函数的参数包含新任务开始执行的 C 函数的地址、堆栈大小和优先级大小等参数。Task_create()返回的值是 Task_Handle 类型的句柄，然后就可以将其作为参数传递给其他的任务函数，如下展示了动态创建任务线程的过程。

```
Task_Params taskParams;
Task_Handle task0;
Error_Block eb;

Error_init(&eb);
/* Create 1 task with priority 15 */
Task_Params_init(&taskParams);    //设置缺省参数
```

```
taskParams.stackSize = 512;      //任务的堆栈大小
taskParams.priority = 15;        //任务优先级
task0 = Task_create((Task_FuncPtr)hiPriTask, &taskParams, &eb);
if (task0 == NULL){
    System_abort("Task create failed");
}
```

如果传入的参数不是 Task_Params 指针而是 NULL，则使用缺省的参数集。“eb”是用于创建期间的错误处理。

任务在创建时变为活动状态，如果优先级较高，则抢占当前正在运行的任务。Task 对象及其堆栈所使用的内存可以通过调用 Task_delete()来回收，该函数从所有内部队列中删除任务并释放任务对象和堆栈。但是，任务所持有的任何信号量或其他资源都不会被释放。删除那些保存此类资源的任务通常是应用程序的设计错误，尽管不一定总是如此。在多数情况下，应该在删除任务之前就释放这些资源。另外，用户只能删除处于终止或未激活状态的任务。

2.静态创建任务

用户还可以在配置脚本中静态的创建任务。配置脚本允许用户设置任务管理器自身以及每个任务的优先级数目。如下展示了在 SYS/BIOS 中静态创建任务 task0 的配置脚本。

```
var Task = xdc.useModule('ti.sysbios.knl.Task');
var task0Params = newTask.Params();
task0Params.instance.name = "null";
task0Params.priority = 15;
task0Params.stackSize = 1024;
task0Params.arg0 = 1;
task0Params.arg1 = 2;
var task0 = Task.create("&task0Fxn", task0Params);
```

当运行时，动态创建和静态配置的任务操作是一样的。用户不能使用 Task_delete()函数删除静态创建的任务，Task 模块会自动创建 Task_idle 任务并分配最低优先级 0，当没有更高优先级的 Hwi、Swi 或 Task 运行时，就会执行 Idle 任务。

当用户配置的任务具有相同优先级时，则会按照在配置脚本中创建的顺序来执行。任务最高有 32 个优先级而默认 16 个优先级，最高优先级是优先级数目减一，最低为 0，其中 0 优先级为系统 Idle 任务保留。如果用户预设置任务初始时不被激活，则设置优先级为 -1，这样的任务会直到其优先级在运行递增时才会被调度。

3.任务状态切换

每个任务有四种状态，分别是运行、就绪、阻塞和终止。任务按照应用程序分配的优先级来调度执行，CPU 只有一个正在运行的任务。通常，没有就绪的任务的优先级比当前正在运行的任务的优先级高，因为 Task 会抢占正在运行的任务，以支持优先级更高的就绪任务。与许多为每项任务提供“公平份额”处理器的时分操作系统不同的是，只要具有较高优先级的任务准备好运行，SYS/BIOS 就会立即抢占当前任务。

任务最高优先级是 Task_numPriorities-1（默认值=15，最大值=31），最小优先级为 1。如果优先级小于 0，则任务将被禁止继续执行，直到其优先级稍后被其他任务提高了为止；如果优先级等于 Task_numPriorities-1，则该任务不能被另一个任务抢占。优先级最高的任务仍然可以调用 Semaphore_pend()，Task_sleep()或其他一些任务阻止调用函数以允许运行较低优先级的任务。另外还可以在运行时通过调用 Task_setPr()来更改任务的优先级。图 8.11 展示了任务状态切换过程的示意图。

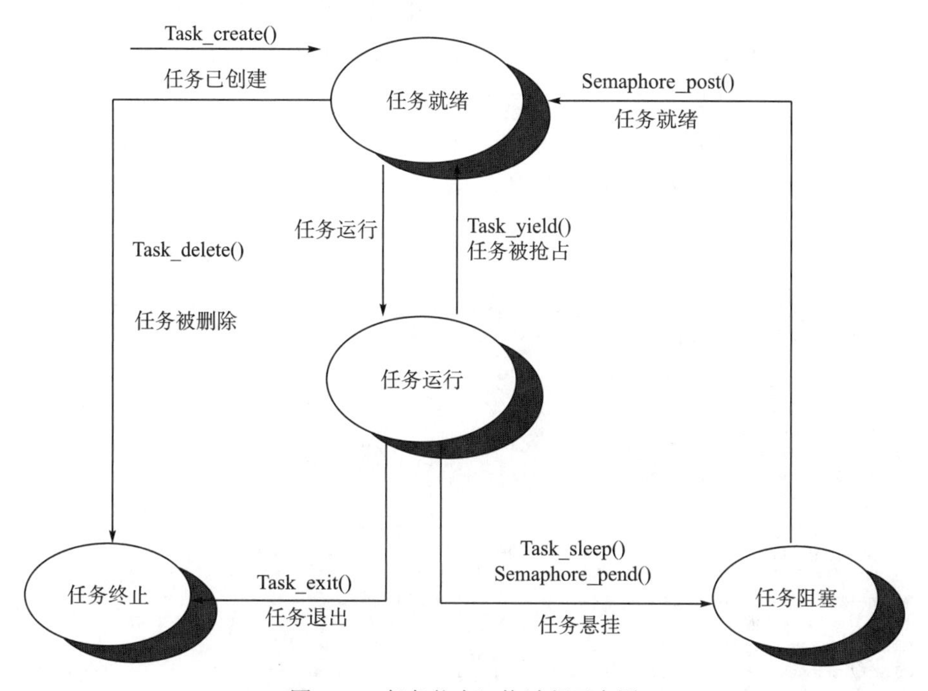

图 8.11　任务状态切换过程示意图

在程序执行过程中，每个任务的执行模式或状态会因为多种原因发生改变。任务内的旗语、事件或邮箱模块都会影响任务的执行状态：阻塞或终止当前正在执行的任务，前面悬挂的任务就绪，再次调度当前任务等。处于执行状态的任务只有一个，如果所有任务被阻塞且没有 Hwi 或者 Swi 执行，则程序就会执行优先级最低的 Task_idle 任务。当任务被 Hwi 或 Swi 抢占时，任务由 Task_state()返回的执行模式仍然是运行状态，因为在抢占结束时将执行任务。

注意在 Idle 函数内部，不要使用阻塞函数 Semaphore_pend()或 Task_sleep()，否则会导致应用程序终止。

当运行的任务转换到其他三种状态中的任何一种时，控制权切换到准备运行的最高优先级任务。正在运行的任务以下列方式转换为其他模式。

(1) 正在运行的任务从其上一级函数返回时自动调用 Task_exit 任务，从而变为终止状态。所有任务返回后，任务管理器通过调用状态码为 0 的 System_exit()来终止程序执行。

(2)正在运行的任务调用 Semaphore_pend()或 Task_sleep()时，会将当前任务悬挂其执行，从而变为阻塞状态。任务可以在执行某些 I/O 操作时等待某些共享资源已可用或闲置时进入此状态。

(3)其他更高优先级任务随时会抢占正在运行的任务，使其变为就绪状态。如果当前任务的优先级不是系统中最高的，则可通过 Task_setPri()改变其优先级。一个任务还可以使用 Task_yield()以相同的优先级让位于其他任务，此时被让步的任务会处于就绪状态。

4.任务的时间片调度

用户可以使用时间片调度模型来管理多个相同优先级的任务。这种模型是抢占式的，且不需要任务间的任何协作。尽管在任何应用中，SYS/BIOS 可定义不同优先级的任务，但这种时间片调度模型仅适用于相同优先级的任务。

下述的示例展示了 Clock 每 4ms 周期性的调度时钟函数 clockHandler1，该函数中调用 Task_yield()使 CPU 放弃当前的任务。该调度方式可防止某个任务过久地占用 CPU 资源。

```
/* ======== clockHandler1 ======== */
void clockHandler1(UArg arg)
{
   /* Call Task yield every 4 ms */
   Task_yield();
}
void main(){
      Clock_Params clockParams;
      Clock_Handle myClk0;
      Error_Block eb;
      Error_init(&eb);
      /*
      * Create clock that calls Task_yield()every 4 clock ticks
      */
      Clock_Params_init(&clockParams);
      clockParams.period = 4;        /* every 4 clock ticks */
      clockParams.startFlag = TRUE;  /* start immediately */
      myClk0 = Clock_create((Clock_FuncPtr)clockHandler1, 4, &clockParams, &eb);
      if (myClk0 == NULL){
         System_abort("Clock0 create failed");
      }
}
```

时钟节拍 clock ticks 默认 1ms(1000μs)，可以在 SYS/BIOS 配置的时钟模块中修改 clock ticks。

8.4.5 闲置(Idle)

闲置循环线程是 SYS/BIOS 的背景线程。当系统没有 Hwi、Swi 或任务在执行时，Idle 连续循环运行。任何线程都随时可以抢占闲置 Idle 循环线程。闲置循环在 SYS/BIOS 应用中具有最低的优先级。

8.5　线程同步(Synchronization)

SYS/BIOS 提供了旗语(Semaphore)、事件(Event)、邮箱(Mailbox)和队列(Queue)等实现线程间的互斥与同步访问。

8.5.1　旗语(Semaphore)

SYS/BIOS 提供了一组基于旗语 Semaphore 的函数集合,用于任务之间的同步和通信。旗语常用于多个竞争任务之间共享资源的协同访问。旗语模块函数使用 Semaphore_handle 类型句柄控制旗语对象的访问。旗语对象可被定义为计数型或者二进制型两种。

(1) 二进制型旗语只有可用与不可用两种状态，用以实现互斥资源的访问控制。

(2) 计数型旗语的计数值与可用资源数量保持对应关系，即资源数与计数值相同。当计数值大于 0 时，请求获得旗语不会被阻塞。旗语最大计数值加 1 即为其所能协调的最大任务数。

配置旗语类型：

```
Semaphore_Params semParams;
Semaphore_Params_init(&semParams);
semParams.mode = Semaphore_Mode_BINARY;  //二进制旗语
```

函数 Semaphore_create()用于创建旗语对象：

```
Semaphore_Handle Semaphore_create(
                   Int count,                    //旗语的初始值
                   Semaphore_Params *arrts,      //旗语参数属性
                   Error_Block *eb);             //错误处理
```

函数 Semaphore_delete()用于删除旗语对象：

```
void Semaphore_delete(Semaphore_Handle *sem);
```

函数 Semaphore_pend()用于等待旗语。当数值等于 0 时，Semaphore_pend()等待直到旗语被 Semaphore_post()释放；当数值大于 0 时，Semaphore_pend()只是递减数值然后返回。

```
Bool Semaphore_pend(Semaphore_Handle sem,  // 旗语句柄
                    UInt timeout);         // 超时参数
```

timeout 为超时参数，即任务允许等待的时间直到 timeout 值，如 BIOS_WAIT_FOREVER 表示一直等待、BIOS_NO_WAIT 表示不等待。Semaphore_pend 的返回值表示获取旗语是否成功。

释放旗语的函数为 Semaphore_post(Semaphore_Handle sem)。该函数表示当前的任务处理完毕，释放资源和权限给其他任务。该函数通常在线程的尾部，即线程快退出时调用该函数

下面的例子展示了数据采集、数据处理和数据输出三个任务，使用旗语实现程序内存资源的互斥访问。CPU 首先采集数据，然后处理数据，最后输出数据，依次轮询执行。这三个任务具有相同的优先级。第一个被执行的任务为数据采集。

```
Semaphore_Handle  mutex;  //互斥
Semaphore_Handle  input;  //采集
Semaphore_Handle  process; //处理
Semaphore_Handle  output;  //输出

void main(){
    Error_Block eb;
    Semaphore_Params semParams;
    Semaphore_Params_init(&semParams);
    semParams.mode = Semaphore_Mode_BINARY;          // 二进制旗语
    Error_init(&eb);
    mutex = Semaphore_create(1,  &semParams,  &eb);  // 互斥旗语，初始1
    input = Semaphore_create(1,  &semParams,  &eb);  // 采集旗语，初始1
    process = Semaphore_create(0,  &semParams,  &eb); // 处理旗语，初始0
    output = Semaphore_create(0,  &semParams,  &eb);  // 输出旗语，初始0
    //.....创建任务
}
/*
 *  ======== taskFxnInput ========
 */
Void taskFxnInput(UArg a0,  UArg a1)
{
    while (1) {
        Semaphore_pend(input,  BIOS_WAIT_FOREVER);    // 等待采集
        Semaphore_pend(mutex,  BIOS_WAIT_FOREVER);
        System_printf("enter taskFxnInput()\n");
        Task_sleep(10);
        Semaphore_post(mutex);
        Semaphore_post(process);                     // 启动处理
    }
}
/*
 *  ======== taskFxnProcess ========
 */
Void taskFxnProcess(UArg a0,  UArg a1)
{
    while (1) {
     Semaphore_pend(process,  BIOS_WAIT_FOREVER);  // 等待处理
     Semaphore_pend(mutex,  BIOS_WAIT_FOREVER);
      System_printf("enter taskFxnProcess()\n");
      Task_sleep(10);
     Semaphore_post(mutex);
     Semaphore_post(output);                        // 启动输出
    }
}
/*
 *  ======== taskFxnOutput ========
 */
```

```
Void taskFxnOutput(UArg a0, UArg a1)
{
    while (1) {
     Semaphore_pend(output, BIOS_WAIT_FOREVER);   // 等待输出
     Semaphore_pend(mutex, BIOS_WAIT_FOREVER);
      System_printf("enter taskFxnOutput()\n");
      Task_sleep(10);
     Semaphore_post(mutex);
     Semaphore_post(input);                       // 启动采集
    }
}
```

这里设置三个任务具有相同的优先级，通过旗语实现程序的资源互斥访问。任务切换执行的过程在控制台打印输出如下：

```
enter taskFxnInput()
enter taskFxnProcess()
enter taskFxnOutput()
```

只要用户不停止程序，控制台就可持续打印输出上述信息。该示例的完整工程代码详见 chap_8\sys_test_1。

8.5.2　事件(Event)

事件(Event)为多线程间同步和通信提供了一套方法，事件允许指定多个条件必须在等待的线程返回前发生。Event 实例类似旗语，使用挂起 pend 和发布 post 这两个方法来控制事件。但是，与旗语不同的是，调用 Event_pend()函数以指定等待的是哪个事件，调用 Event_post()函数以指定哪个事件被发布。需特别注意的是，在某一时刻只能有一个任务挂在一个事件对象上。

单个 Event 实例可以管理多达 32 个事件，每个事件有自己的 ID。事件 ID 都是位掩模的，每一位对应由事件对象来管理的唯一事件。每个事件行为类似一个二进制旗语。事件挂起方法 Event_pend()的函数参数“andMask”包括了所有必需发生的事件 ID，“orMask”包含了仅仅其中任何一个事件必需发生的事件 ID。类似旗语，Event_pend 有一个超时参数 timeout 表示调用超时则返回 0，如果该函数的调用返回一个消耗事件 ID 的屏蔽位，则表示即是满足调用 Event_pend 的那些事件。随后，Task 负责处理所有被消耗的事件。

只有任务 Task 可以调用 Event_pend()，而 Hwi、Swi 和其他 Task 都可以调用 Event_post()。Event_pend 的函数原型如下：

```
UInt Event_pend(Event_Handle event,   //事件句柄
                UInt andMask,         //事件ID的与掩模
                UInt orMask,          //事件ID的或掩模
                UInt timeout);        //超时
```

Event_post()函数原型如下：

```
UInt Event_post(Event_Handle event,  //事件句柄
               UInt eventIds);      //待发布的事件ID
```

XDCtools 的配置语句静态地创建 Event 对象实例。如下脚本创建了一个 Event_Handle 为“myEvent”的事件对象。

```
var Event = xdc.useModule("ti.sysbios.knl.Event");
Program.global.myEvent = Event.create();
```

在运行时也能够创建事件对象。下述的 C 代码创建了一个 Event_Handle 为“myEvent”的事件对象：

```
Event_Handle myEvent;
Error_Block eb;
Error_init(&eb);
myEvent = Event_create(NULL,  &eb); /* 参数为NULL，表示使用默认的配置参数*/

if (myEvent == NULL){
    System_abort("Event create failed");
}
```

下例展示了 C 代码中的事件阻塞。只有当事件 0 和事件 6 都发生时，任务才会被唤醒。因此设置 andMask 为两个事件的与操作，orMask 为 Event_Id_NONE，超时为永远等待直到事件发生。

```
Event_pend(myEvent,                         //事件句柄
        (Event_Id_00 + Event_Id_06), //事件0和事件6同时发生
        Event_Id_NONE,               //无
        BIOS_WAIT_FOREVER);          //永远等待
```

下列的 C 代码调用 Event_post()以表示发布事件,第二个参数是正在发布的事件 ID 号。

```
Event_post(myEvent,  Event_Id_00);
```

图 8.12 展示了一个任务需要三个中断服务程序 ISR 事件间的同步示例。

图 8.12 中的三个 ISRs 分别发布事件 Event_Id_00、Event_Id_01、Event_Id_02，任务 Task 等待三个事件中的任何一个事件的发生并做对应的处理。部分伪代码如下：

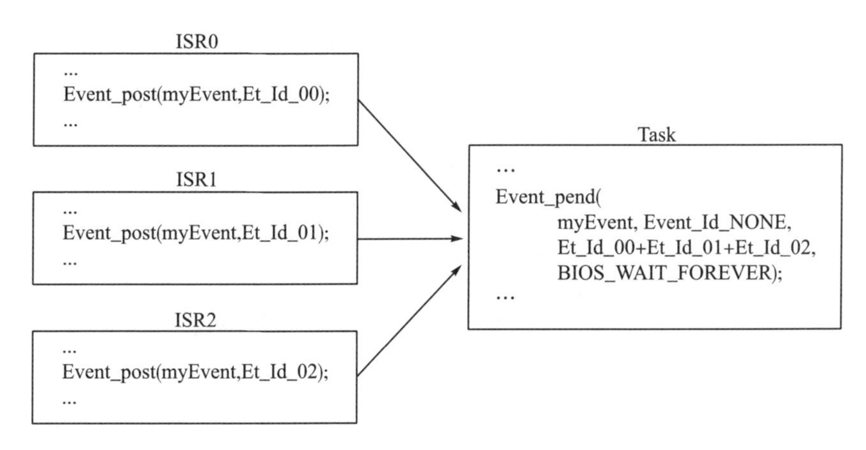

图 8.12　事件间的同步示例

```
Event_Handle myEvent;
void main()
{
    //...
    /* 创建事件对象，所有事件为二进制 */
    myEvent = Event_create(NULL, &eb);
    if (myEvent == NULL){
        System_abort("Event create failed");
    }
}
isr0(){
    //...
    Event_post(myEvent, Event_Id_00);
    //...
}
isr1(){
    //...
    Event_post(myEvent, Event_Id_01);
    //...
}
isr2(){
    //...
    Event_post(myEvent, Event_Id_02);
    //...
}
```

```
task()
{
  UInt events;
  while (TRUE){
    /* 等待任何一个ISR事件的发生 */
   events = Event_pend(myEvent,
       Event_Id_NONE,
       Et_Id_00+Et_Id_01+Et_Id_02,
       BIOS_WAIT_FOREVER);
    /* 处理对应发生的事件 */
    if (events & Event_Id_00){
       processISR0();
    }
    if (events & Event_Id_01){
       processISR1();
    }
    if (events & Event_Id_02){
       processISR2();
     }
  }
}
```

上述过程中，主程序创建事件对象、任务对象，然后定义三个中断服务程序。在任务处理中，等待任何一个事件发生，最后处理对应发生的事件。

8.5.3　邮箱(Mailbox)

SYS/BIOS 的 ti.sysbios.knl.Mailbox 模块提供了一套管理邮箱 Mailbox 的函数。Mailbox 可用于同一个处理器上多个任务间的缓冲区传递。一个邮箱实例可用于多个读写任务。邮箱模块将缓冲数据拷贝到内部的固定大小缓冲区。缓冲区的大小及数量在邮箱实例创建时来指定。

Mailbox_post()将一个缓冲区做了一次拷贝。Mailbox_pend 将取回的缓冲区又做了一次拷贝。Mailbox_create()和 Mailbox_delete()分别用于创建和删除邮箱。用户也可以静态创建邮箱，邮箱可以确保流入缓冲区的数据量不会超过系统处理这些缓冲区的能力。在创建邮箱时用户指定内部邮箱缓冲区的数量和每个缓冲区的大小。由于大小是在创建邮箱时就指定的，因此使用邮箱实例发送和接收的所有缓冲区都必须具有相同的大小。

```
Mailbox_Handle Mailbox_create(SizeT bufsize,          // 缓冲区大小
                              UInt numBufs,            // 缓冲区数量
                              Mailbox_Params *params,  // 缓冲区参数
                              Error_Block *eb);        // 错误块
Void Mailbox_delete(Mailbox_Handle *handle);
```

Mailbox_pend()用于从邮箱中读取一个缓冲区。如果没有可用的缓冲区(即邮箱是空的)，则 Mailbox_pend()被阻塞中。超时参数允许任务等待直到超时，BIOS_WAIT_FOREVER 表示一直等待，BIOS_NO_WAIT 表示根本不等待。时间单位是系统时钟节拍 clock ticks。

```
Bool Mailbox_pend(Mailbox_Handle handle,  // 邮箱句柄
                  Ptr buf,                // 缓冲区指针
                  UInt timeout);          // 超时参数
```

Mailbox_post()用于给邮箱发布一个缓冲区。如果没有可用的缓冲区(即邮箱是空的)，则 Mailbox_post()被阻塞中。超时参数允许任务等待直到超时，BIOS_WAIT_FOREVER 表示永远等待，BIOS_NO_WAIT 表示根本不等待。

```
Bool Mailbox_post(Mailbox_Handle handle,  // 邮箱句柄
                  Ptr buf,                // 缓冲区指针
                  UInt timeout);          // 超时参数
```

邮箱提供了配置参数以允许用户将事件与邮箱相关联，这使编程人员可以同时等待邮箱消息和其他事件。邮箱提供了两个配置参数 notEmptyEvent 和 notEmptyEventId，用来支持读邮箱操作，这些允许邮箱读者使用事件对象来等待邮箱消息。邮箱还为写邮箱任务提供了两个配置参数 notFullEvent 和 notFullEventId，这些允许写邮箱的一方使用事件对象来等待邮箱有可用的缓冲区。

当使用事件时，线程调用 Event_pend()等待几个事件。从 Event_pend()返回时，线程必须调用 Mailbox_pend()还是 Mailbox_post()，取决于它是读方还是写方，且配置为 BIOS_NO_WAIT。

8.5.4 队列(Queue)

SYS/BIOS 的 ti.sysbios.misc.Queue 模块提供了支持创建队列对象。队列可被用作双向链表，从而可以在链表的任何地方插入或删除元素，因此队列没有最大尺寸。

1.基本 FIFO 操作

为了给队列增加一个结构，第一个字段需为 Queue_Elem 类型。一个队列有头 head，这是表的前部分。函数 Queue_enqueue()在表的后面添加元素，而 Queue_dequeue()删除并返回表头的元素。这些函数共同构成了一个自然的 FIFO 队列。

2.队列遍历

队列模块提供了系列 API 函数用于队列内循环访问。Queue_head()返回队列的最前面元素(但不删除)，Queue_next()和 Queue_prv()分别返回队列中的下一个和前一个元素。

3.插入和删除队列元素

函数 Queue_insert()、Queue_remove()可以实现在队列中的任何位置插入和删除元素。Queue_insert()在一个指定的元素前插入一个新元素，Queue_remove()删除队列中任何指定位置的元素。

8.6　内 存 管 理

本节介绍静态内存(即内存映射和段存放)、缓存和堆栈的配置，以及有关动态内存分配的知识(在运行时分配和释放内存)。静态内存配置涉及与可执行文件有关的“内存映射”，以及代码和数据在内存映射中的位置。而存储器映射由 CPU 片内 RAM 和位于硬件板上的外部存储器 DDR 组成。

链接器使用链接器命令文件*.cmd，将代码和数据存放在指定的内存区域中。对于每个内存区域，链接器命令文件*.cmd 都指定了基地址，长度和属性。链接器命令文件中指定的内存区域也称为“内存段”，以下是来自链接器命令文件的存储器映射规范示例：

```
MEMORY {
    IRAM (RWX):  org = 0x00800000,  len = 0x00200000
    DDR :        org = 0x80000000,  len = 0x10000000
}
```

链接器命令文件*.cmd 还包含有关“内存段”放置的信息，如以下示例所示，有些段是由编译器生成的可重定位代码块。编译器为各种类型的代码和数据的位置生成一些众所周知的段，例如：“.text”放置代码，“.switch”放置查表信息，“.bss”放置全局未初始化的变量，“.far”放置数据，“.cinit”放置 C 语言初始化内容，“.const”放置常量。

```
SECTIONS {
    .text:  load >> IRAM
    .switch:  load >> DDR
    .stack:  load > DDR
    .vecs:  load >> DDR
    .args:  load > DDR
```

```
    .sysmem:  load > DDR
    .far:  load >> DDR
    .data:  load >> DDR
    .cinit:  load > IRAM
    .bss:  load > DDR
    .const:  load > DDR
    .pinit:  load > DDR
    .cio:  load >> DDR
}
```

链接器将各个目标文件中的各种段(如.text 和.cinit)放入链接器命令文件的SECTIONS部分指定的内存块(如IRAM)中，而将其他段都放入了DDR内存块中。

8.6.1 内存映射(Memory map)

一个可执行文件的内存映射是由具体DSP设备(提供片上内存)和硬件板子(提供外部内存)来确定的。当用户基于XDCtools和SYS/BIOS来创建一个应用程序时，在RTSC配置设置页中选择平台“platform”。片上和片外存储器的内存映射就是由这个平台“platform”来决定的。该平台还可以设置CPU时钟频率，并指明内存段的放置。

用户可以在创建一个新工程时选择平台，或者在工程构建属性中更改，但在创建配置文件时无法更改平台。需要注意的是，内存映射设置不同的可执行程序，即使运行在同一类型的硬件板上，也需要不同的平台。平台与特定的设备CPU紧密联系，从设备中获得内部存储器映射如IRAM和FLASH。平台也包含外部存储器DDR的说明和缓存设置，片内和片外的内存段一起构成了内存映射。

1.选择已有的平台

为了构建SYS/BIOS应用程序，用户需要设置将要使用的硬件板参数。用户可以在创建工程时或在CCS的属性设置中选择某个平台。“Platform”域提供了各种可用的平台、设备或可用的评估板EVM，如图8.13展示了RTSC中的平台选择。

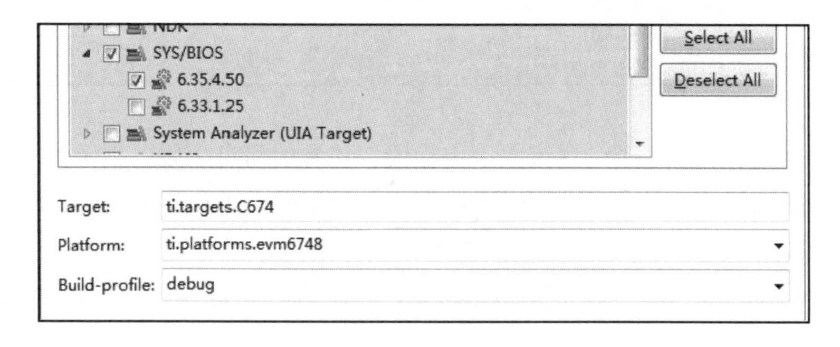

图8.13 RTSC的平台选择

为了编辑或查看已选定平台的内存映射，CCS调试透视图下的菜单“Tools / RTSC Tools / Platform / Edit/View”，如图8.14所示提供了平台的编辑工具。在XDCtools安装目录下选择对应的包组件，然后下拉组合框选择对应的包名。

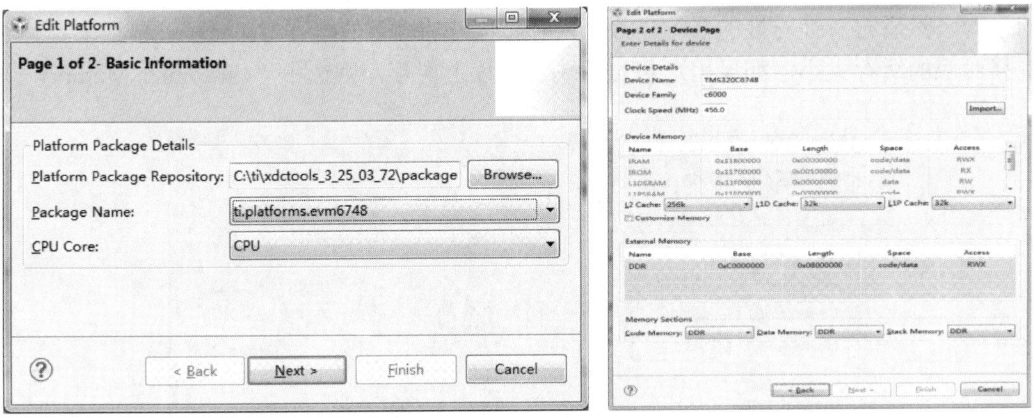

图 8.14 平台编辑与查看

在大部分情况下，用户开发 DSP 应用系统的初期几乎都是使用评估板，这样就可以在“Package Name”中选择标准的平台，如 evm6748。但是对于自己开发的 DSP 应用系统的配置，则可能与 EVM 的平台参数有很大区别，就需要创建用户自己特定的平台。

2.创建特定的平台

在开展 DSP 开发与实践中，大部分客户通过选择 TI 的 DSP 设备，然后添加特定的外部存储器，进而构建自己的开发板。与 TI 的标准平台相对照，用户可以定制缓存大小，手工重载缺省的段放置。TI 公司提供了用户平台创建向导，便于创建自己特定的平台，并且该向导是一个易用的 GUI 工具。用户利用向导可以灵活地定义内存映射、选择默认的内存段放置。

CCS 的调试透视图下的菜单“Tools / RTSC Tools / Platform / New”可激活平台建立向导，平台包的各个参数设置如图 8.15 所示，包名设置为 myBoards.SWUSTC6748，存放目录为 c：\MyRepositыory，设备系列为 c6000，设备名为 TMS320C6748 等。

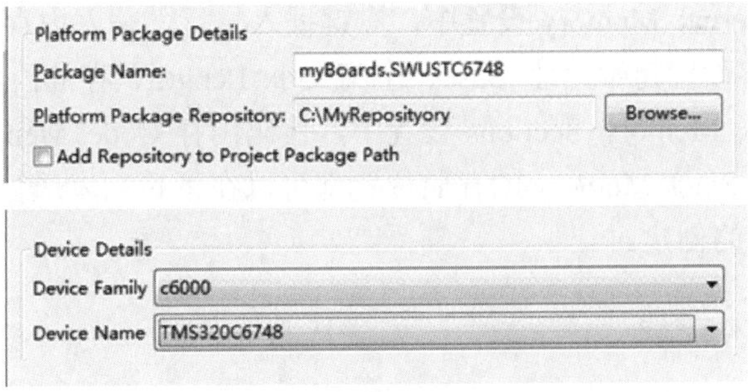

图 8.15 平台包参数设置

确定设置后，向导提示用户设定设备的时钟频率、缓存设置、片外内存以及主要段的放置等详细参数，如图 8.16 所示的创建某设备的平台参数。

在创建过程中，首先根据设备能力设置 CPU 主频。用户也可以导入“Import”缺省的平台，然后再有针对性的修改。片上内存 L1D/L1P/L2 的缓存 Cache，可根据下拉列表选择对应的缓存大小。如果用户想修改缺省的片上内存，则选中“Customize Memory”。

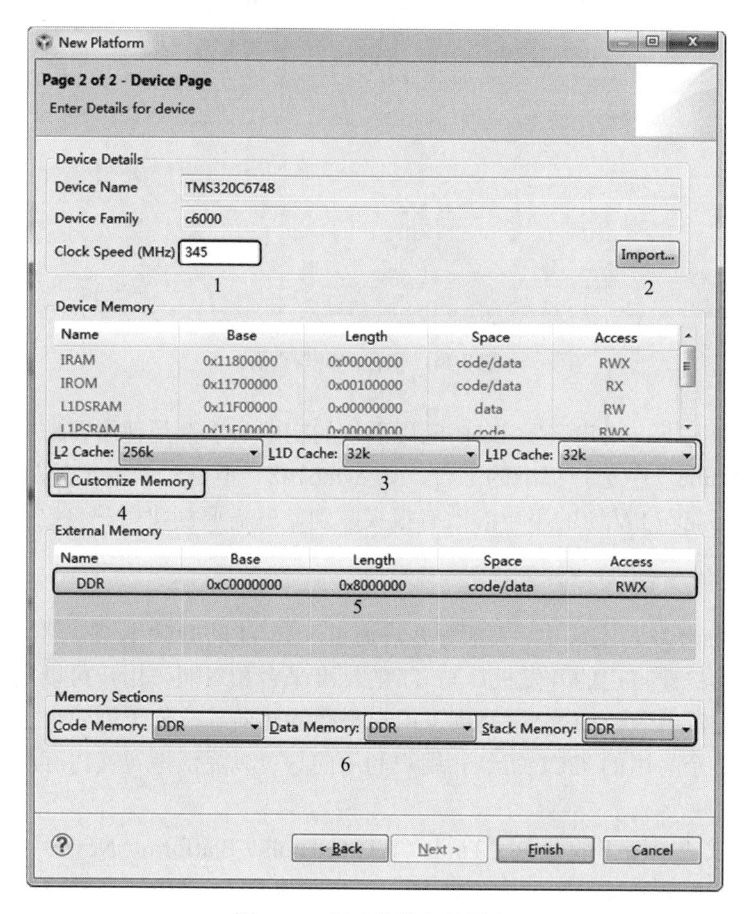

图 8.16 创建某设备的平台

片外存储器 External Memory 设置中，右键插入一行，输入内存名称 Name，并根据硬件板上的物理内存设置起始地址 Base、空间大小 Length、存放内容 Space、访问类型 Access 等。在内存段 Memory Sections 设置中，代码内存 Code Memory、数据内存 Data Memory 和堆栈内存 Stack Memory 的存储位置都可以在下拉列表选择内存名称，最后单击 Finish 按钮实现平台的创建。

8.6.2 映射段到内存块

在上述的平台定义中，内存映射实现了缺省的内存段放置，包括代码、数据和堆栈段的粗映射。为实现更精细的段控制，可通过修改工程配置文件*.cfg 或提供一个额外的命令文件*.cmd 来实现，需要注意的是，此类设置不能通过 XGCONF GUI 来编辑，只能通过文本编辑器修改*.cfg 脚本源文件，来实现段的映射。

在配置文件中，段映射是通过 Program.sectMap[]数组来实现的。最简单的段放置如下：

```
Program.sectMap[".foo"] = "IRAM";
```

上面的示例实现了将.foo 段映射在 IRAM 内存块，并且加载和运行都在 IRAM 内存。用户除了这种最简单的映射外，还可以使用 SectionSpec 结构来配置段映射，实现更为精细的内存映射控制。SectionSpec 结构包含了下述的几种字段：runSegment、loadSegment、runAddress、loadAdress、runAlign、loadAlign、type、fill 等。下面的.cfg 文件指明了.foo 段的装载和运行段的位置。

```
Program.sectMap[".foo"] = new Program.SectionSpec();
Program.sectMap[".foo"].loadSegment = "FLASH";
Program.sectMap[".foo"].runSegment  = "RAM";
```

如果用户只指明了段的 loadSegment 或 runSegment，则该段的映射同时包含了装载和运行。配置文件*.cfg 会生成命令文件*.cmd，使用 sectMap 数组指定段的配置语句会影响命令文件中的段映射。

另外，用户还可以提供自己的链接器命令文件以补充 XDCtools 产生的命令文件。在自己的命令文件中，用户可以通过链接器命令语言，来定义新段或者其他各种可用的特征。类似源文件，用户可直接添加命令文件到 CCS 工程中，该文件必须以*.cmd 为扩展名。内存块的定义(即 cmd 文件中的 MEMORY 语句)是由平台来决定的，所以这种方法不能用于更改已有内存块的定义。用自己定义的命令文件来定义新段是非常方便的。

8.6.3　堆栈(Stack)

SYS/BIOS 使用单个系统堆栈用于硬件中断，而对于每个任务实例则有其独立的任务堆栈。

1.系统堆栈

用户可以配置系统堆栈的大小，该堆栈用于硬件中断和软件中断的局部变量的申请与分配。用户必须设置堆栈大小以满足应用需求。可以使用.stack 段来控制系统堆栈的位置。例如，下述过程的配置语句将 0x400 大小的系统堆栈分配在 IRAM 内存块上。

```
Program.stack = 0x400;
Program.sectMap[".stack"] = "IRAM";
```

设置 Program.stack 则在链接器命令文件中就会产生适当的链接器选项，以允许在链接时分配系统堆栈。例如，对于一个 C6000 程序的链接器命令文件可能包含命令选项-stack 0x0400。

2.任务堆栈

如果 SYS/BIOS 启用了 Task 模块，则应用中的每个任务实例都会产生一个额外的堆栈。在配置文件中用户可以指定某个任务的堆栈大小，在 XGCONF 中配置或直接编辑.cfg 文件，例如：

```
var Task = xdc.useModule('ti.sysbios.knl.Task');

Task.defaultStackSize = 1024;    /* 设置任务的默认堆栈大小 */
Task.idleTaskStackSize = 1024;   /* 设置idle任务的堆栈大小 */
var tskParams = new Task.Params; /* 创建一个任务实例并设置堆栈大小 */
tskParams.stackSize = 1024;      /* 设置堆栈大小 */
var task0 = Task.create('&task0Fxn', tskParams); /* 根据上述参数创建任务 */
```

然后用户可以通过使用 Program.sectMap[]来控制静态创建的任务堆栈位置。

```
/* Place idle task stack section */
Program.sectMap[".idleTaskStackSection"] = "IRAM";

/* Place other static task stacks */
Program.sectMap[".taskStackSection"] = "IRAM";
```

8.6.4 缓存配置(Cache Configuration)

SYS/BIOS 中 C6000 的缓存大小是由用户选择的平台来决定的。为更改缓存大小，可使用平台创建及修改向导来实现，具体过程见 8.6.1 的创建特定平台。

1.启动时配置缓存大小

对于 C6000 设备，ti.sysbios.hal.Cache 模块从平台获取缓存大小，并在启动时设置缓存大小寄存器。ti.sysbios.hal.Cache 模块是一个通用模块，其具体实现则由特定设备 ti.sysbios.family.*.Cache 模块提供。在某些设备上，缓存是通过启动程序时设置寄存器 L1PCFG/L1DCFG/L2CFG 来实现的。

2.设置 MAR 寄存器

对于 C6000 设备，ti.sysbios.family.c64p.Cache 模块定义了 Cache.MAR##-##配置参数，以允许用户控制片外哪块内存地址配置为缓存或非缓存。例如，Cache_MAR128_159 就是一个这样的配置参数。这些配置参数直接映射到设备上的 MAR 寄存器。每个 16MB 的片外内存地址空间由 1 位 MAR 位来控制(0：非缓存，1：缓存)。SYS/BIOS 的缓存模块提供了映射到 MAR 寄存器的模块级配置参数。默认情况下，C64P Cache 模块通过将所有对应的 MAR 位设置为 1，使平台中可定义的所有内存区域可缓存。要禁用 DA830 设备上的外部存储器范围从 0x8000 0000 到 0x80FF FFFF 的缓存，请按如下方式设置 Cache.MAR128_159 = 0x0，即将寄存器 MAR128 设置为 0。

```
var Cache = xdc.useModule('ti.sysbios.family.c64p.Cache');
Cache.MAR_128_159 = 0x0;
```

在对外部存储器空间设置了对应 MAR 位后，CPU 访问的新地址将缓存在 L2 缓存空间中，或者如果禁用 L2 则会将其缓存在 L1 空间中。在系统启动时，高速缓存模块写入 MAR 寄存器并对其进行配置。有关 MAR 寄存器及其与外部存储器地址的映射，请参阅特定设备参考指南。

3.缓存运行时 API

任何 C6000 设备都有缓存，ti.sysbios.hal.Cache 模块提供了用于运行时的缓存控制 APIs 函数。这些函数包括 Cache_enable()、Cache_disable()、Cache_wb()、Cache_inv()等。

8.6.5　动态内存申请

heap 堆是一个实现 IHeap 接口的模块。heap 是动态内存管理器，管理一块特定的内存，这些内存支持块或片的分配与释放。内存分配大小是由内存最小寻址单元 MAU 来测量的，一个 MAU 是 CPU 读写的数据存储最小单元。例如对于 C28x 系列，是 16 位字，而对于其他所有当前支持的目标系列包括 C6000、ARM 和 MSP430，MAU 是 8 位的字节。

1.指定缺省的系统 heap

BIOS 模块为 SYS/BIOS 创建一个缺省的堆。当使用空指针调用 Memory_alloc()时，则使用系统堆。由 BIOS 模块创建的缺省系统堆是 HeapMem 的一个实例。BIOS 模块提供了与系统堆相关的几个配置参数。

(1)BIOS.heapSize 被用于设置系统堆大小。

(2)BIOS.heapSection 被用于设置系统堆。

例如，用户在 XDCsript 脚本中配置缺省的系统堆：

```
var BIOS = xdc.useModule('ti.sysbios.BIOS');
BIOS.heapSize = 0x900;
BIOS.heapSection = "systemHeap";
```

如果用户想使用一个不同的堆管理器用于系统堆，则可以在配置文件中指明系统堆，这样 SYS/BIOS 就不会覆盖设置。要注意的是，SYS/BIOS 系统堆不能是一个 HeapStd 实例。BIOS 模块会检测这个条件并产生一个错误消息。下述的配置语句用 HeapBuf 而不是用 HeapMem 来指定系统堆：

```
/* Create a heap using HeapBuf */
var heapBufParams = new HeapBuf.Params;
heapBufParams.blockSize = 128;
heapBufParams.numBlocks = 2;
```

```
heapBufParams.align = 8;
heapBufParams.sectionName = "myHeap";
Program.global.myHeap = HeapBuf.create(heapBufParams);

Program.sectMap["myHeap"] = "DDR";
Memory.defaultHeapInstance = Program.global.myHeap;
```

如果用户不想创建系统堆，可以设置 BIOS.heapSize 为 0。BIOS 模块将使用 HeapNull 实例来最小化代码及数据的内存空间。

2.使用 xdc.runtime.Memory 模块

所有的内存动态分配都是通过 xdc.runtime.Memory 模块来实现的。Memory 模块提供了 API 函数如 Memory_alloc()及 Memory_free()。所有的 API 函数都接受 IHeap_Handle 作为其第一个参数。Memory 模块自身做很少的工作，该模块通过 IHeap_Handle 来调用 heap 模块，heap 模块负责管理内存。借助 Memory APIs 使应用便于移植，而不与特定的 heap 实例紧密联系在一起。Memory APIs 使用的 IHeap_Handle 可以通过静态或动态创建 heap 实例来获得，当传给 Memory APIs 的 IHeap_Handle 是空指针时，缺省的系统堆就会被使用。

下面的例子展示了两种不同的堆分配或释放内存情况。一种是传递空指针给 Memory_alloc 函数作为 IHeap_Handle 的参数，则从系统堆分配空间；另外一种方法是，明确地通过传递 otherHeap 句柄来分配内存。

```
#include <xdc/std.h>
#include <xdc/runtime/IHeap.h>
#include <xdc/runtime/System.h>
#include <xdc/runtime/Memory.h>
#include <xdc/runtime/Error.h>

extern IHeap_Handle systemHeap, otherHeap;

Void main()
{
    Ptr buf1, buf2;
    Error_Block eb;
    Error_init(&eb);
    /* 使用 systemHeap 来分配和释放动态内存 */
    buf1 = Memory_alloc(NULL, 128, 0, &eb);
    if (buf1 == NULL){
        System_abort("Memory allocation for buf1 failed");
    }
    Memory_free(NULL, buf1, 128);

    /* 使用 otherHeap 来分配和释放动态内存 */
    buf2 = Memory_alloc(otherHeap, 128, 0, &eb);
    if (buf2 == NULL){
        System_abort("Memory allocation for buf2 failed");
    }
    Memory_free(otherHeap, buf2, 128);
}
```

3.为模块动态实例指定堆

用户可以指定为动态创建的模块实例分配内存，此时要使用默认堆。用于控制默认堆的配置字段是 Default.common$.instanceHeap。例如，下述的配置语句指定用于分配实例的堆。

```
var HeapMem = xdc.useModule('ti.sysbios.heaps.HeapMem');

var heapMemParams = new HeapMem.Params;
heapMemParams.size = 8192;
var heap1 = HeapMem.create(heapMemParams);
Default.common$.instanceHeap = heap1;
```

如果用户没有指定用于实例的独立堆，则 CCS 的 SYS/BIOS 就会使用 Memory.defaultHeapInstance 字段来指定堆。在动态创建的实例分配内存时要指定特定模块使用的堆，需要为该模块设置 instanceHeap 参数。例如，以下配置语句指定 Semaphore 模块的堆：

```
var Semaphore = xdc.useModule('ti.sysbios.knl.Semaphore');
var HeapMem = xdc.useModule('ti.sysbios.heaps.HeapMem');

var heapMemParams = new HeapMem.Params;
heapMemParams.size = 8192;
var heap1 = HeapMem.create(heapMemParams);

Semaphore.common$.instanceHeap = heap1;
```

4.使用 malloc()和 free()

应用程序可以调用 malloc()和 free()函数。通常这些函数是由代码生成工具 CGT 中的 RTS 库提供的。但是，当用户使用 SYS/BIOS 时，这些功能则由 SYS/BIOS 提供，并将分配位置重新指定给默认的系统堆。为了更改 malloc()函数使用的堆大小，可使用 BIOS.heapSize 配置参数来实现。

5.堆的实现

对于所有内存操作，xdc.runtime.Memory 模块是最常用的接口。实际的内存管理是由 heap 实例来实施的，如 HeapMem 或 HeapBuf 的实例。例如，Memory_alloc()是用于运行时的动态分配内存。所有的 Memory 函数 APIs 接受一个 Heap 实例作为参数之一。在内部，内存模块调用堆的接口函数。xdc.runtime.Memory 模块对 XDCtools 在线帮助以及 RTSC 的 wiki 均给出了文档说明。这里主要讨论 SYS/BIOS 提供的堆的实现。

SYS/BIOS 提供了以下几种堆实现：

(1) HeapMem：分配可变尺寸的内存块。

(2) HeapBuf：分配固定尺寸的内存块。

(3) HeapMultiBuf：指定可变尺寸分配，但其内部是从一个固定尺寸的块中分配。

(4) HeapTrack：用于检测内存分配和释放问题。

8.7 硬件抽象层 HAL

SYS/BIOS 提供了用于配置和管理中断、高速缓存及定时器的服务。与线程等其他 SYS/BIOS 服务不同，这些模块直接对设备硬件的各个功能进行编程，并被组合在硬件抽象层(HAL)软件包中。一些服务如启用和禁用中断、插入中断向量、将多个中断源多路复用到一个中断单向量、高速缓存失效或写回等操作都在 HAL 中实现。

SYS/BIOS 应用程序中的中断及其相关向量、高速缓存和定时器的任何配置或操作必须通过 SYS/BIOS 的硬件抽象层 HAL 的 API 来完成。在早期版本的 DSP/BIOS 中，某些 HAL 服务不可用，并且开发人员需要使用芯片支持库(CSL)中的功能来访问设备。最新版本的 CSL(3.0 或更高版本)专门为在不使用 SYS/BIOS 的应用程序中使用这些设备而设计。由于 CSL 一些服务与 SYS/BIOS 不兼容，因此，用户应该避免在同一应用程序中同时使用 CSL 和 SYS/BIOS，因为这种组合会导致与中断相关的复杂调试问题，此类问题在实际工程开发中曾出现过。

表 8.4 展示了 Hwi 的硬件抽象层函数，它在 SYS/BIOS 中的模块位置为 ti.sysbios.hal.Hwi。表 8.5 展示了 Timer 的硬件抽象层函数，在 SYS/BIOS 中的模块位置为 ti.sysbios.hal.Timer。表 8.6 展示了 Cache 的硬件抽象层函数，在 SYS/BIOS 中的模块位置为 ti.sysbios.hal.Cache。需要说明的是，除了在源代码中直接应用硬件抽象层 HAL 的函数外，还可以在配置文件*.cfg 中使用脚本语言以静态地创建或应用这些函数，都可以达到同一个目的。

表 8.4 Hwi 的硬件抽象层函数

函数名	说明
Hwi_Parmas_init()	初始化中断参数
Hwi_create()	创建中断对象
Hwi_enable()	全局中断使能
Hwi_disable()	全局中断禁止
Hwi_restore()	将中断恢复到以前的状态
Hwi_enableInterrupt(UInt intNum)	使能 intNum 指定的中断
Hwi_disableInterrupt(UInt intNum)	禁止 intNum 指定的中断
Hwi_restoreInterrupt(UInt key)	恢复指定的中断
Hwi_clearInterrupt(UInt intNum)	清除 intNum 指定的中断

表 8.5 Timer 的硬件抽象层函数

函数名	说明
Timer_Parmas_init()	初始化定时器参数
Timer_create()	创建定时器对象
Timer_start()	启动定时器
Timer_stop()	停止定时器，禁止定时器中断

续表

函数名	说明
Timer_getStatus()	查询定时器状态
Timer_getFreq()	从定时器中断转化为实时时间
Timer_setPeriod()	设置周期寄存器

表 8.6　Cache 的硬件抽象层函数

函数名	说明
Cache_enable()	使能所有缓存
Cache_disable()	禁用所有缓存
Cache_inv(blockPtr，byteCnt，type，wait)	使特定内存范围的数据无效
Cache_wb(blockPtr，byteCnt，type，wait)	写回特定内存范围的数据
Cache_wbInv(blockPtr，byteCnt，type，wait)	写回并使特定内存的数据无效
Cache_wait()	等待 wb/wbInv/inv 完成

8.8　NDK 网络应用程序开发

基于 C674x-DSP 的 NDK 网络开发是 DSP 应用系统的重要技术，因为 DSP 处理后的数据流可能需要持续地传送到主机，或者主机需要监控 DSP 系统的状态或修改其功能参数。根据笔者经验，对于含有视频处理的应用系统，通常选择面向无链接的 UDP 网络传输方式。DSP 编程人员使用 NDK 实现网络应用，开发平台须选择 SYS/BIOS。

8.8.1　网络开发套件

若用户安装了 bios_c6sdk_02_00_00_00_setupwin32，则安装目录下会自动安装有 NDK 套件(ndk_2_20_06_35)。但是开发 C6748 的网络程序还需要 NSP(NDK Support Packages)软件开发包 SDK。chap_8 目录下放置了 NSP 安装包。为方便管理，建议 NDK 和 NSP 尽量安装在同一个目录下。用户也可以到 TI 官方网站下载所需要的其他版本的 NDK、NSP[①]。

8.8.2　创建网络应用程序

1.创建 SYS/BIOS 应用程序

启动 CCS v5.5，创建 SYS/BIOS 应用程序 chap_8_2。其中支持设备系列选择 C674x，工程高级设置选择默认选项，工程模板选择 SYS/BIOS 下的 Typical。在 SYS/BIOS 工程的 RTSC 组件选择中，确保选中 NDK、NSP 和 SYS/BIOS，如 8.17 所示。

① http://software-dl.ti.com/dsps/dsps_public_sw/sdo_sb/targetcontent/ndk/index.html

2.添加网络支持

在工程管理器窗口中，在配置文件 app.cfg 上点击右键选择 XGCONF 图形模式，查看参数配置，如图 8.18 所示。在图中的标注区域，有三个属性模块分别是：NDK Core Stack、NSP OMAPL138 和 SYS/BIOS。图中左边可用产品窗口列出了可用对象。为支持 UDP 网络应用，这里需要选择产品可用的“Global”“Ip”“Udp”和“Emac”等四个对象。在这些对象上分别点击右键选择“Use xxx”，将这些对象模块包含到当前工程中。保存后，在*.cfg 脚本配置中列出了添加结果：

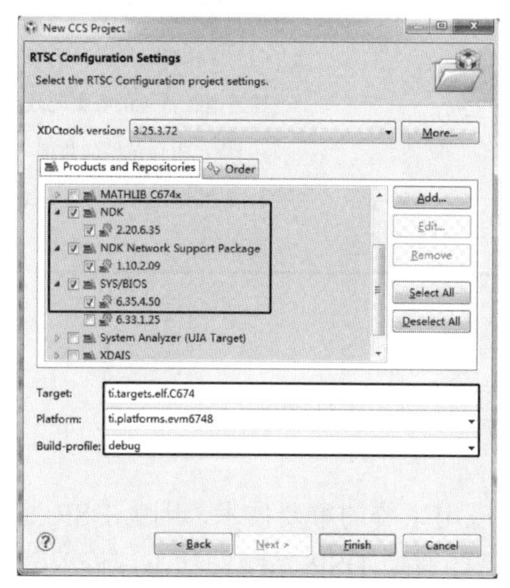

图 8.17 SYS/BIOS 工程的 RTSC 配置

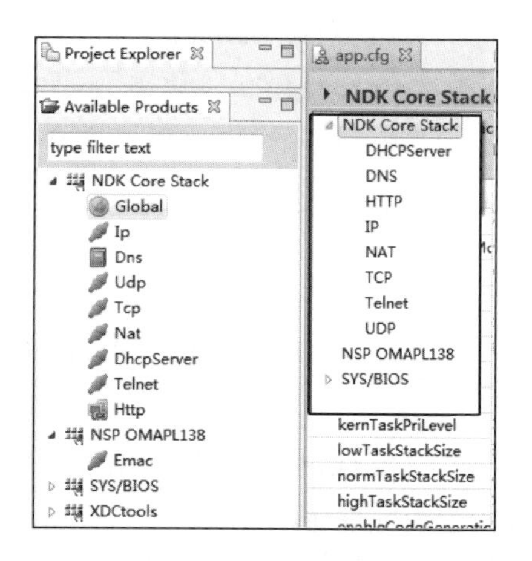

图 8.18 app.cfg 配置

```
var Global = xdc.useModule('ti.ndk.config.Global');
var Ip = xdc.useModule('ti.ndk.config.Ip');
var Udp = xdc.useModule('ti.ndk.config.Udp');
var Emac = xdc.useModule('ti.drv.omapl138.Emac');
```

构建此时的应用程序，控制台输出如图 8.19 的错误提示。通过查看 linker.cmd 文件，库 ti.drv.omapl138.ae674 已经链接到当前工程中，但链接器仍然提示找不到这三个函数。分析 NSP 的使用过程，可知这些函数需要用户来定义，然后 NSP 会回调这些函数。

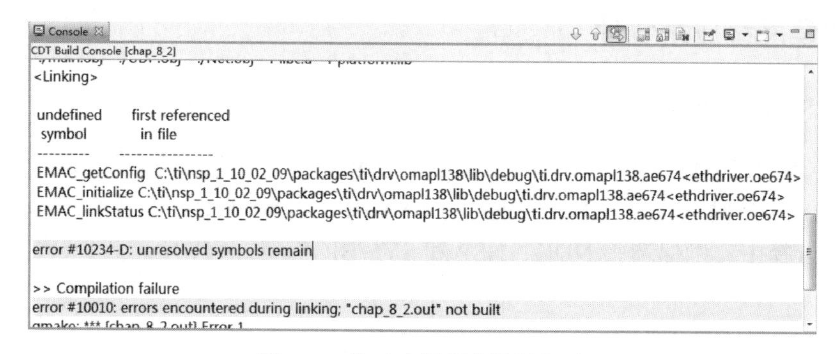

图 8.19 构建应用程序错误提示

3.定义回调函数

为了能够访问到网络的功能模块，在 main.c 中需包含下述头文件，并定义全局变量：

```
#include <netmain.h>
#include "lcdkC6748.h"

unsigned char bMacAddr[8]; // MAC 地址
// 连接状态
char *LinkStr[] = {"No Link", "10Mb/s Half Duplex", "10Mb/s Full Duplex",
                   "100Mb/s Half Duplex", "100Mb/s Full Duplex"};
```

在 CCS 的编译器选项中，添加两个包含路径：

```
"${NDK_INSTALL_DIR}/packages/ti/ndk/inc"
"c:\ti\pdk_C6748_2_0_0_0\C6748_StarterWare_1_20_03_03\include\c674x\c6748\"
```

在 CCS 的链接器选项中，添加下面的库搜索路径，并添加库文件“platform.lib”。

```
"c:\ti\pdk_C6748_2_0_0_0\C6748_StarterWare_1_20_03_03\binary\c674x\cgt_ccs\c6748\lcdkC6748
\platform\Debug\"
```

定义三个回调函数，EMAC 初始化 EMAC_initialize()、获取 MAC 地址 EMAC_getConfig()、获取连接状态 EMAC_linkStatus()：

```
/******回调函数: EMAC 初始化**********/
/**这个函数被驱动调用 不要修改函数名**/
void EMAC_initialize(){
    EMACPinMuxSetup(); // 管脚复用配置，使能 MII 模式。该函数位于StarterWare中。
}
/******回调函数: 获取 MAC 地址*********/
/**这个函数被驱动调用 不要修改函数名**/
void EMAC_getConfig(unsigned char *pMacAddr){
    // 根据芯片 ID 生成 MAC 地址
    bMacAddr[0] = 0x00;
    bMacAddr[1] = (*(volatile unsigned int *)(0x01C14008)& 0x0000FF00)>> 8;
    bMacAddr[2] = (*(volatile unsigned int *)(0x01C14008)& 0x000000FF)>> 0;
    bMacAddr[3] = (*(volatile unsigned int *)(0x01C1400C)& 0x0000FF00)>> 8;
    bMacAddr[4] = (*(volatile unsigned int *)(0x01C1400C)& 0x000000FF)>> 0;
    bMacAddr[5] = (*(volatile unsigned int *)(0x01C14010)& 0x000000FF)>> 0;
    System_printf("Using MAC Address: %02X-%02X-%02X-%02X-%02X-%02X\n",
                  bMacAddr[0], bMacAddr[1], bMacAddr[2],
                  bMacAddr[3], bMacAddr[4], bMacAddr[5]);
    // 传递 MAC 地址
    mmCopy(pMacAddr, bMacAddr, 6);
}

/******回调函数: 获取连接状态***********/
/**这个函数被驱动调用，不要修改函数名**/
void EMAC_linkStatus(unsigned int phy, unsigned int linkStatus){
    System_printf("Link Status: %s on PHY %d\n", LinkStr[linkStatus], phy);
}
```

至此，网络应用程序已经可以成功编译。如果还有其他问题，可根据控制台输出提示纠正对应错误。

8.8.3 修改网络应用程序

虽然此时的程序编译通过，但是还没有使用网络来发送或接收数据，本例程使用钩子函数创建和销毁网络服务器。源文件 net.c 实现了网络服务器配置，udp.c 实现了网络数据收发，同时将钩子函数捆绑到 NDK 的*.cfg 配置中。

1.创建配置钩子函数

使用守护进程函数 DaemonNew 创建服务器，同时与处理程序 UdpTest 捆绑。服务器端口号设定为 8080。

```
/******回调函数： 打开钩子 ***********/
void NetOpenHook(){
   hUdp = DaemonNew(SOCK_DGRAM， 0， 8080， UdpTest，OS_TASKPRINORM， OS_TASKSTKNORM， 0， 1);
}
/******回调函数： 关闭钩子 ***********/
void NetCloseHook(){
   DaemonFree(hUdp);
}
/******回调函数：  获取IP地址*********/
void NetGetIPAddr(IPN IPAddr， unsigned int IfIdx， unsigned int fAdd)
{
     if(fAdd)
          System_printf("Network Added： "， IfIdx);
     else
          System_printf("Network Removed： "， IfIdx);

     char StrIP[16];
     NtIPN2Str(IPAddr， StrIP);
     System_printf("%s\r\n"， StrIP);
}
```

在 app.cfg 配置属性中，选择“NDK Core Stack”对话框，添加上面的三个钩子函数。“networkOpenHook = NetOpenHook”，“networkCloseHook = NetCloseHook”、“networkIPAddrHook = NetGetIPAddr”。另外，也可以在 app.cfg 脚本中直接编辑添加：

```
Global.networkOpenHook = "&NetOpenHook";
Global.networkCloseHook = "&NetCloseHook";
Global.networkIPAddrHook = "&NetGetIPAddr";
```

配置文件 app.cfg 的缺省系统堆栈 heap 大小为 0x1000，本项目修改为：BIOS.heapSize = 0x90000。

2.数据收发回调函数

在上面创建服务器时，实现了与回调函数 UdpTest 的捆绑，该函数的具体处理过程如下：

```
/**********回调函数 UDP Server Daemon**********/
int UdpTest(SOCKET s, UINT32 unused){
      struct sockaddr_in sinDst;
      struct timeval to;
      int i, tmp;
      char *pBuf;
      char Title[] = "SWUSTDSP Udp Application :  ";
      HANDLE hBuffer;

   // 设置超时时间 5s
   to.tv_sec  = 5;   to.tv_usec = 0;
   setsockopt(s, SOL_SOCKET, SO_SNDTIMEO, &to, sizeof(to)); // 发送超时
   setsockopt(s, SOL_SOCKET, SO_RCVTIMEO, &to, sizeof(to)); // 接收超时

   for(; ; ){
      tmp = sizeof(sinDst);
      i = (int)recvncfrom(s, (void **)&pBuf, 0, (PSA)&sinDst, &tmp, &hBuffer); //接收
      sendto(s, &Title, 28, 0, (PSA)&sinDst, sizeof(sinDst)); //发送固定字符串
      if(i >= 0) {// 收到数据
         sendto(s, pBuf, i, 0, (PSA)&sinDst, sizeof(sinDst)); //将收到的数据回传
         recvncfree(hBuffer);
      }
      else
         break;
    }
   // 保持连接
   return(1);
}
```

至此，NDK 网络应用程序编程已经结束。如果正常的话，可构建生成可执行程序 chap_8_2.out，完整的工程源代码见 chap_8\chap_8_2 目录。

8.8.4　运行网络应用程序

为了测试上述程序的功能，首先需要将 SWUST-C6748-LCDK 开发板用网线连接到路由器，同时通过网络连接主机与路由器，即主机和 DSP 在一个局域网内。为快速测试 DSP 的网络程序，可在主机上运行网络助手 NetAssist，实现特定数据的网络收发。

(1) 使用网线将开发板、主机分别连接到路由器上。仿真器连接开发板，确认正确后上电。

(2) 创建目标配置文件，设置为硬件仿真模式，

(3) 下载 chap_8_2.out 程序，并执行该程序。

(4) 在 CCS 的控制台窗口中，注意观察 IP 地址，如图 8.20 所示。其中 DSP 服务器 IP 地址为 192.168.1.4。

(5) 启动 NetAssist，选择 UDP 协议类型，注意端口号应该与 DSP 的端口号设置一致。点击该程序的“连接”按钮，则在图 8.21 窗口出现目标主机设置及目标端口号。目标主机(即 DSP 服务器)IP 地址为：192.168.1.4，端口号根据 DSP 代码设置为 8080。目标主机编辑发送“c6748”，则在图 8.21 的网络数据接收窗口会显示“SWUSTDSP Udp Application：c6748”，表明 DSP 服务器运行正常。

```
Console  GEL Files
seed_6748.ccxml:CIO
[C674X_0] enter main()
Using MAC Address:  X- X- X- X- X- X
00000.000 MAC Address = 00-10-35-48-ab-80

00000.000 EMAC should be up and running

00000.000 EMAC has been started successfully

00000.000 Registeration of the EMAC Successful

Service Status: DHCPC    : Enabled  :           : 000
Service Status: DHCPC    : Enabled  : Running   : 000
enter taskFxn()
exit taskFxn()
Link Status: 100Mb/s Full Duplex on PHY 7
Network Added: If-1:192.168.1.4
Network Added: 192.168.1.4
Service Status: DHCPC    : Enabled  : Running   : 017
```

图 8.20　chap_8_2 程序控制台输出

图 8.21　主机网络调试助手

分析上面的调试过程可知，DSP 服务器不会主动发送数据，只有当主机向 DSP 发送数据时 DSP 才会做出响应，这对于 DSP 视频应用系统来说是不合理的。在第 9 章中将修改 DSP 的网络实现过程，使 DSP 能够将处理后的数据主动发送给主机 PC。

第 9 章　C674x-DSP 项目开发实践

前面的章节对 C674x-DSP 的各种基本开发技术做了详细的阐述，包括 DSP 软件仿真开发、算法优化技术、系统软件开发等。本章将以 MPEG-4 视频图像通信项目为案例，展示如何开展 DSP 嵌入式开发与实践。其过程为，首先 DSP 端采集视频数据，经过 MPEG-4 算法编码后形成压缩码流，然后通过有线网络将数据传送给 PC 客户端，在 PC 端应用程序实时接收、存储码流，解码重构后显示视频图像。本案例原型来源于某科研项目，源码已在前言中给出了下载链接，用户可直接应用或基于提供的开源工程代码稍做修改以满足实际需求。

9.1　项目开发实践概述

课题组在中国教育部—美国 TI 公司产学合作专业综合改革项目的资助下，自主研制了基于 TMS320C6748 DSP 的开发平台 SWUST-C6748-LCDK。该平台提供了用于控制与通信（USB/UART/SPI/PWM/RJ45）、语音采集与回放（MIC/AUDIO-IN+OUT）、图像捕获与显示（CVBS/CAMERA/VGA/LCD）、数据存储（SD/SATA）等不同类型接口，能够满足控制、通信、信号处理等领域的技术开发与应用实践。图 9.1 展示了该平台的系统功能框图。

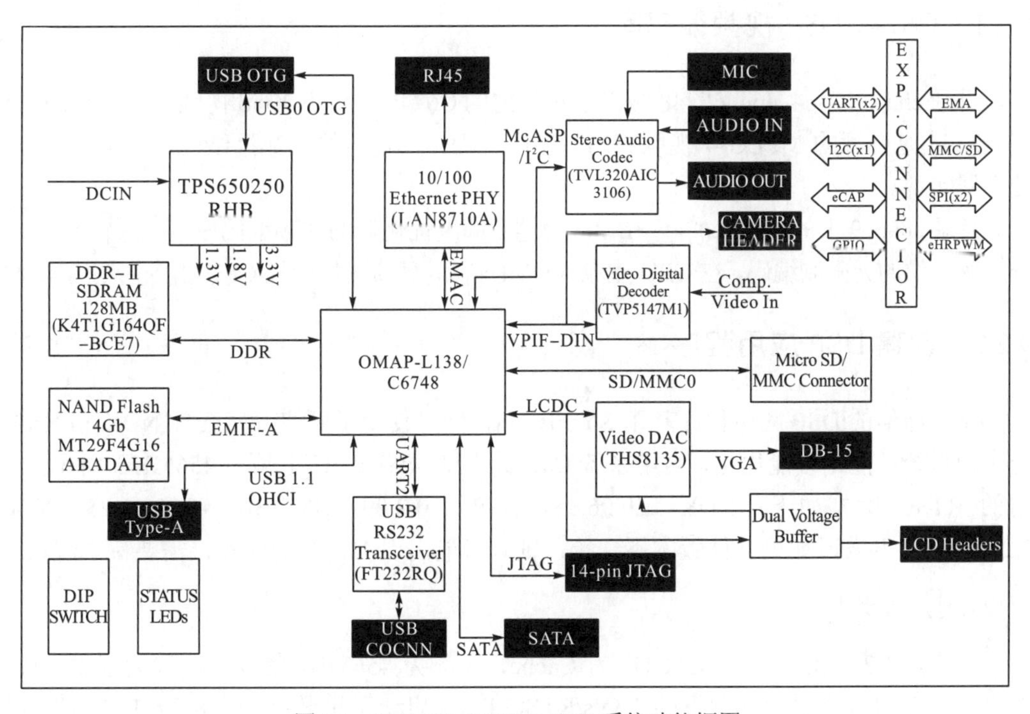

图 9.1　SWUST-C6748-LCDK 系统功能框图

鉴于C6748-DSP的可用资源，该DSP平台可以实现简单逻辑控制、复杂智能控制、实时网络通信、物联网工程开发、实时语音处理、实时图像处理、低级视觉处理等应用。能够为控制类、通信类、信号处理类等学科和专业提供创新实践、设计竞赛的实施平台，同时为现场工业应用提供低功耗、高性价比的解决方案。

基于图像信号的通信或控制应用涵盖了 DSP 技术开发的难点和要点。视频图像的海量数据通常需要对其编码压缩以节约网络带宽、减少存储成本；基于图像的运动目标检测与跟踪是智能视频监控的关键；感兴趣区域或完整目标的识别、计数是工业机器视觉的重要应用。通过分析可知，DSP端图像处理和上位机图像监视是上述应用领域DSP方案的技术共性。综上，本章C674x-DSP项目开发实践以图像通信为目的，采取服务器端DSP视频编码、客户端PC图像监视的方式，展示了DSP关键技术和嵌入式应用实践的开发流程。

9.2 图像通信的DSP端编程

本节是图像通信项目的主体，其中视频编码算法是核心。其过程首先构建 MPEG-4 视频编码库，采用第6章介绍的DSP算法的多种优化技术对开源工程Xvid编码进行充分的优化，以满足每秒25帧图像的实时编码。由于C6748-DSP更适于低级机器视觉，考虑到计算量及其他类型的图像处理任务需要，因此处理图像的空间分辨率不宜过高，这里采取 CIF(352×288)格式的图像。压缩后的码流通过面向无链接的 UDP 网络单向传输，发送到主机客户端应用程序。

9.2.1 C674x-DSP 视频编码库

目录chap_9\mp4_enc_c6748给出了优化前的C674x平台下Xvid视频编码库和测试程序。Xvid是开源的 MPEG-4 视频编码、解码工程，其定点算法数据结构适于定点嵌入式处理器实现。

目录chap_9下的mp4_c674x_enc.lib为笔者高度优化后的视频编码库，可支持352×288分辨率图像的无限制编码，在CPU主频400MHz下，每帧图像消耗CPU指令周期约4.5M。

9.2.2 创建DSP应用程序

图像通信的DSP应用程序基于SYS/BIOS，同时使用了网络开发套件NDK和NSP。为了使系统性能尽可能优化，启用系统Cache，同时配置CPU主频为456MHz。本程序所用的 RTSC 版本如下：NDK-2.20.06.35，NSP-1.10.2.09，SYS/BIOS-6.33.01.25，XDC-3.23.00.32。开发时如果软件版本不一致，则有可能出现不兼容的问题，需要特别注意。

1.创建特定平台

为满足 L2 为 Cache，L1P/L1D 为 Cache，主频为 456MHz 的要求，我们创建了特定的平台。在CCS调试透视图下的Tools/RTSC Tools启动新建平台。根据8.6.1节的创建特定平台过程，将Clock Speed设置为456MHz，设备内存仅保留L1DSRAM、L1PSRAM和

L3_CBA_RAM，L2 Cache 为 256K，L1D Cache 为 32K，L1P Cache 为 32K。创建后的平台保存 swustLCDK 在 chap_9 目录下。

2.创建 SYS/BIOS 应用程序

启动 CCS，建立新工程 chap_9_dsp_enc，设备选择 C6000 的 C674x 系列，输出格式选择 EABI，工程模板示例选择基于 SYS/BIOS 的 Typical 类型。在 RTSC 组件配置设置中，选择添加组件 NDK、NSP、SYS/BIOS、XDC，并注意各个组件的版本。定位并添加在步骤 1 创建的特定平台 swustLCDK，选择平台 evm6748，构建档级选择 debug，设置完成的 RTSC 配置设置如图 9.2 所示。最后单击 Finish 按钮确定完成。

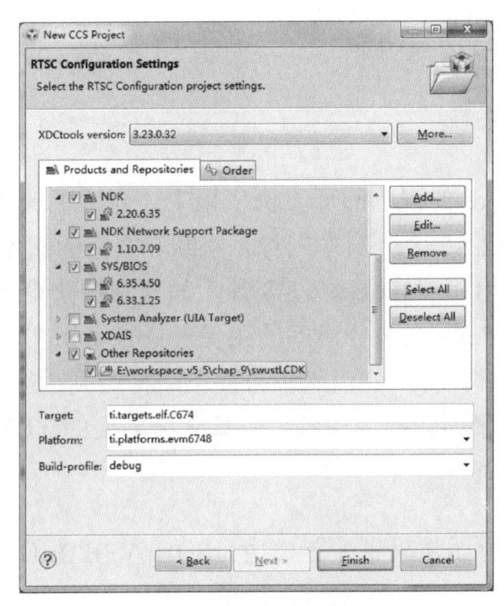

图 9.2　RSTC 配置设置

3.在配置文件中添加网络支持

根据 8.8 节的网络应用程序创建过程，添加 NDK、NSP，并在主程序中定义关于 EMAC 的回调函数。

4.添加其他库与包含路径

这里假定 C:\ti\pdk_C6748_2_0_0_0\C6748_StarterWare_1_20_03_03 为 StarterWare 的安装路径，并定义其为环境变量 STARTERWARE_DIR 的值。

1)头文件包含路径

在工程 chap_9_dsp_enc 的鼠标右键属性下的 Build/C6000 Compiler/Include Options 设置中，依次设置下述包含路径：

```
"${NDK_INSTALL_DIR}/packages/ti/ndk/inc"
"${NDK_INSTALL_DIR}/packages/ti/ndk/inc/tools"
"${STARTERWARE_DIR}/include"
"${STARTERWARE_DIR}/include/hw"
"${STARTERWARE_DIR}/include/c674x"
"${STARTERWARE_DIR}/include/c674x/c6748"
```

2)包含库及搜索路径

在工程 chap_9_dsp_enc 的鼠标右键属性下的 Build/C6000 Linker/File Search Path 设置中，依次输入包含库"drivers.lib""platform.lib""system_config.lib"和"libc.a"。然后设置搜索路径。

```
"../bin"
"${STARTERWARE_DIR}/binary/c674x/cgt_ccs/c6748/drivers/Debug"
"${STARTERWARE_DIR}/binary/c674x/cgt_ccs/c6748/system_config/Debug"
"${STARTERWARE_DIR}/binary/c674x/cgt_ccs/c6748/evmC6748/platform/Debug"
```

其中../bin 为视频编码库所在路径。

9.2.3 视频图像实时采集

在第 7 章的 StarterWare 的视频回环案例应用中，介绍了视频图像采集方法。但是由于本项目仅处理大小为 352×288 分辨率图像，而回环案例的图像大小为 720×576，所以需要在视频采集过程中做出相应修改。C6748 片上的视频捕获设备 VPIF 支持采集 PAL 格式的两场，且大小分别为 720×288 分辨率的图像，通过交织实现 720×576 的视频捕获，因此本项目仅采集一场(如奇场)，然后水平方向下采样得到 352×288 数据源。另外，还需要将采集的 YUV422 半平面转换为视频编码算法所需要的 YUV420 平面模式。

1.CIF 图像实时采集

在视频回环中，初始化图像采集配置模块，SetUpVPIFRx()捕获偶场产生中断：

```
/* Interrupt after capturing the bottom field of every frame */
VPIFCaptureIntframeConfig(SOC_VPIF_0_REGS, VPIF_CHANNEL_0, VPIF_FRAME_INTERRUPT_BOTTOM);
```

本项目捕获奇场即产生中断：

```
/* Interrupt after capturing the top field */
VPIFCaptureIntframeConfig(SOC_VPIF_0_REGS, VPIF_CHANNEL_0, VPIF_FRAME_INTERRUPT_TOP);
```

在任务 colorconvertTask()中，视频回环案例的初始化缓冲区地址过程如下：

```
/* Initialize buffer addresses for 1st frame*/
VPIFCaptureFBConfig(SOC_VPIF_0_REGS, VPIF_CHANNEL_0, VPIF_TOP_FIELD, VPIF_LUMA,
                    (unsigned int)buff_luma[0], XDIM*2);
VPIFCaptureFBConfig(SOC_VPIF_0_REGS, VPIF_CHANNEL_0, VPIF_TOP_FIELD, VPIF_CHROMA,
                    (unsigned int)buff_chroma[0], XDIM*2);
VPIFCaptureFBConfig(SOC_VPIF_0_REGS, VPIF_CHANNEL_0, VPIF_BOTTOM_FIELD, VPIF_LUMA,
                    (unsigned int)(buff_luma[0] + XDIM), XDIM*2);
VPIFCaptureFBConfig(SOC_VPIF_0_REGS, VPIF_CHANNEL_0, VPIF_BOTTOM_FIELD, VPIF_CHROMA,
                    (unsigned int)(buff_chroma[0] + XDIM), XDIM*2);
```

上述过程配置了亮度和色度的奇场和偶场采集缓冲区的行跨度(XDIM×2)以及起始地址。本项目的 colorconvertTask()只采集奇场，初始化捕获缓冲区地址：

```
/* Initialize buffer addresses for 1st field*/
VPIFCaptureFBConfig(SOC_VPIF_0_REGS, VPIF_CHANNEL_0, VPIF_TOP_FIELD, VPIF_LUMA,
                    (unsigned int)buff_luma[0], XDIM);
VPIFCaptureFBConfig(SOC_VPIF_0_REGS, VPIF_CHANNEL_0, VPIF_TOP_FIELD, VPIF_CHROMA,
                    (unsigned int)buff_chroma[0], XDIM);
```

这种只捕获单场图像的方式，一方面可以减少图像捕获时间，另一方面可以减少算法处理数据量。

在图像捕获的中断服务程序 VPIFIsr()中，本项目也要按照上面的方式来配置图像捕获新缓冲区地址：

```
/* Initialize buffer addresses for a new field */
VPIFCaptureFBConfig(SOC_VPIF_0_REGS, VPIF_CHANNEL_0, VPIF_TOP_FIELD, VPIF_LUMA,
                    (unsigned int)buff_luma[buffcount], XDIM);
VPIFCaptureFBConfig(SOC_VPIF_0_REGS, VPIF_CHANNEL_0, VPIF_TOP_FIELD, VPIF_CHROMA,
                    (unsigned int)buff_chroma[buffcount], XDIM);
```

2.YUV422SP 转换为 YUV420P

TVP5147 图像采集芯片捕获的数据为 YUV422SP 格式，即 Y 数据平面格式、UV 数据交织格式。而视频编码算法需要 YUV420P 格式，即三个独立的平面格式。所以需要做相应的分离操作：

```
void yuv422sptoyuv420p(UINT8 *restrict out, UINT8 *restrict in0, UINT8 *restrict in1,
UINT32 width, UINT32 height){
    UINT8 *restrict y_out = out;
    UINT8 *restrict u_out = out + width*height;
    UINT8 *restrict v_out = out + width*height + width*height/4;
    UINT8 *restrict y_in = in0;
    UINT8 *restrict c_in = in1;
    UINT32 i, j;
    memcpy(y_out, y_in, width*height);     // copy y
    for (i=0; i<height; i+=2) {          // uvuvuvuv to uuuu, vvvv
      UINT8 *c_src = (unsigned char *)c_in + i * width;
      #pragma MUST_ITERATE(90, 90, 90)
      for (j=0; j<width; j+=8){
           long long cr3_cb3_cr2_cb2_cr1_cb1_cr0_cb0 = _amem8( &c_src[j] );
           int cr3_cb3_cr2_cb2 = _hill (cr3_cb3_cr2_cb2_cr1_cb1_cr0_cb0);
           int cr1_cb1_cr0_cb0 = _loll (cr3_cb3_cr2_cb2_cr1_cb1_cr0_cb0);
           int cb3cb2cb1cb0 = _packl4(cr3_cb3_cr2_cb2, cr1_cb1_cr0_cb0);
           int cr3cr2cr1cr0 = _packh4(cr3_cb3_cr2_cb2, cr1_cb1_cr0_cb0);
           _amem4(&u_out[j/2+i/2*width/2])= cb3cb2cb1cb0;
           _amem4(&v_out[j/2+i/2*width/2])= cr3cr2cr1cr0;
      }
    }
}
```

半平面转换为独立平面时，对于亮度图像直接拷贝。而对于色度图像，转换时水平方向直接分离，垂直方向隔列抽取。图 9.3 展示了 YUV422 交织 UV 转换为 YUV420 平面 UV 的示意图，其中图像宽为 w，图像高为 h。

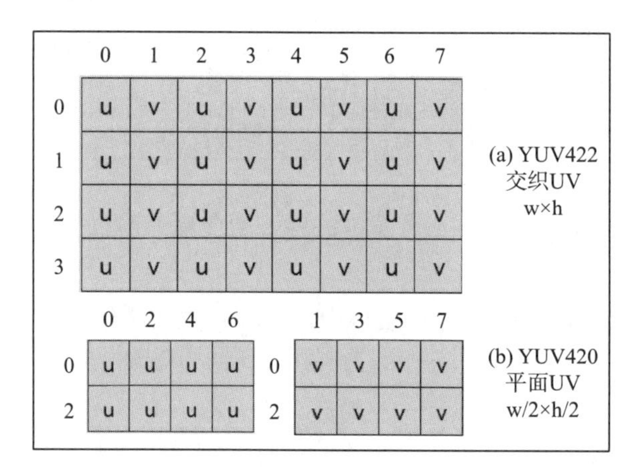

图 9.3　YUV422 交织 UV 转 YUV420 平面 UV

3.YUV420P 图像水平降采样

由于单场图像的分辨率为 720×288，所以需要在水平方向降采样以得到分辨率为 352×288 的图像。这里使用 Intrinsic 指令来优化图像水平降采样过程。

```
/*width = 720, height = 288,  pInYUV(720*288*3/2), pOutYUV(352*288*3/2)*/
void yuv420p_hori_down(UINT8 *restrict pInYUV, UINT8 *restrict pOutYUV,
                       UINT32 width, UINT32 height){
    UINT32 width2 = 352, height2 = height/2;
    UINT8 *y_in = pInYUV;
    UINT8 *u_in = pInYUV + width*height;
    UINT8 *v_in = pInYUV + width*height + width*height/4;
    UINT8 *y_out = pOutYUV;
    UINT8 *u_out = pOutYUV + width2*height;
    UINT8 *v_out = pOutYUV + width2*height + width2*height/4;
    int i, j;
    for (i = 0; i < height; i+=2) {// Y
        UINT8 *restrict y_in_0 = y_in+8 + (i+0)*width; // line 0 of y_in
        UINT8 *restrict y_in_1 = y_in+8 + (i+1)*width; // line 1 of y_in
        UINT8 *restrict y_out_0 = y_out + (i+0)*width2; // line 0 of y_out
        UINT8 *restrict y_out_1 = y_out + (i+1)*width2; // line 1 of y_out
        #pragma MUST_ITERATE(88, 88, 88)
        for (j=0; j<width2*2; j+=8){
          long long A_76543210 = _amem8( &y_in_0[j] );
          long long B_76543210 = _amem8( &y_in_1[j] );
          int A_7654 = _hill(A_76543210);  int A_3210 = _loll(A_76543210);
          int B_7654 = _hill(B_76543210);  int B_3210 = _loll(B_76543210);
          int A_6420 = _packl4(A_7654, A_3210); int A_7531 = packh4(A_7654, A_3210);
          int B_6420 = _packl4(B_7654, B_3210); int B_7531 = packh4(B_7654, B_3210);
          _amem4(&y_out_0[j/2])= _avgu4(A_6420, A_7531);
          _amem4(&y_out_1[j/2]) = _avgu4(B_6420, B_7531);
        }
    }
    for (i = 0; i < height2; i+=2) {// UV
```

```
        UINT8 *restrict u_in_0 = u_in+4 + (i+0)*width/2;
        UINT8 *restrict u_in_1 = u_in+4 + (i+1)*width/2;
        UINT8 *restrict v_in_0 = v_in+4  + (i+0)*width/2;
        UINT8 *restrict v_in_1 = v_in+4  + (i+1)*width/2;
        UINT8 *restrict u_out_0 = u_out + (i+0)*width2/2;
        UINT8 *restrict u_out_1 = u_out + (i+1)*width2/2;
        UINT8 *restrict v_out_0 = v_out + (i+0)*width2/2;
        UINT8 *restrict v_out_1 = v_out + (i+1)*width2/2;
        #pragma MUST_ITERATE(44, 44, 44)
        for (j = 0; j < width2; j+=8){
          long long A_76543210 = _amem8( &u_in_0[j] );
          long long B_76543210 = _amem8( &u_in_1[j] );
          int A_7654 = _hill(A_76543210);   int A_3210 = _loll(A_76543210);
          int B_7654 = _hill(B_76543210);   int B_3210 = _loll(B_76543210);
          int A_6420 = _packl4(A_7654, A_3210); int B_6420 = _packl4(B_7654, B_3210);
          int A_7531 = _packh4(A_7654, A_3210); int B_7531 = _packh4(B_7654, B_3210);
          _amem4(&u_out_0[j/2])= _avgu4(A_6420, A_7531);
          _amem4(&u_out_1[j/2])= _avgu4(B_6420, B_7531);

          long long C_76543210 = _amem8( &v_in_0[j] );
          long long D_76543210 = _amem8( &v_in_1[j] );
          int C_7654 = _hill(C_76543210);   int C_3210 = _loll(C_76543210);
          int D_7654 = _hill(D_76543210);   int D_3210 = _loll(D_76543210);
          int C_6420 = _packl4(C_7654, C_3210); int D_6420 = _packl4(D_7654, D_3210);
          int C_7531 = _packh4(C_7654, C_3210); int D_7531 = _packh4(D_7654, D_3210);
          _amem4(&v_out_0[j/2])= _avgu4(C_6420, C_7531);
          _amem4(&v_out_1[j/2])= _avgu4(D_6420, D_7531);
        }
    }
}
```

在水平方向降采样亮度时，内循环每次处理两行，每行八个像素点。亮度和色度的降采样采取相同办法，即采用相邻值取平均以尽可能保留原始信息。

9.2.4　创建编码器实例

创建编码器实例，包括编码器初始化、调用编码器和销毁编码器。

1.初始化编码器

初始化编码器主要根据编码器内存表格需求申请内存，然后把申请成功了的内存指针传送给编码器。

```
static int enc_init(){
     int xerr;
     xvid_enc_create_t xvid_enc_create;
     int i;

     memset(&xvid_enc_create, 0, sizeof(xvid_enc_create));
     /* 输入图像的宽度和高度 */
     xvid_enc_create.width = 352;
     xvid_enc_create.height = 288;
     /* 询问编码器内存需求 */
     xerr = xvid_encore(NULL, XVID_ENC_INITMEMORY, &xvid_enc_create, NULL);
     /* 根据需求申请内存，优化后的编码器需要11个内存块 */
```

```
    for (i=0; i<11; i++)
        xvid_enc_create.memTab[i].base = malloc(xvid_enc_create.memTab[i].size);
    xvid_enc_create.profile = 0xf4;
    xvid_enc_create.fincr = 1;
    xvid_enc_create.fbase = 25;                    // 帧率为25帧/s
    xvid_enc_create.max_key_interval = 50;         // I帧间隔为50
    xvid_enc_create.bitrate = 500;                 // 码率大小为500Kb/s
    /* 初始化编码器 */
    xerr = xvid_encore(NULL, XVID_ENC_CREATE, &xvid_enc_create, NULL);
    /* 返回编码器句柄 */
    enc_handle = xvid_enc_create.handle;
    return (xerr);
}
```

上述过程首先询问编码器的内存大小需求，然后应用层根据编码算法填充的每个内存块的大小来申请内存，最后初始化编码器，此时编码器将送入的指针分配给编码器的内部指针。编码器的所有操作都通过句柄 enc_handle 来实现。

2.调用编码器

应用程序采集到一帧图像后，经过格式转换、降采样得到 YUV420P 图像数据，调用编码器实现图像帧的编码。

```
static int enc_main(unsigned char *image, unsigned char *bitstream,
    int *key, int *stats_type, int *stats_quant){
    int ret;
    xvid_enc_frame_t xvid_enc_frame;  //编码图像帧
    xvid_enc_stats_t xvid_enc_stats;  //编码后状态

    /* 清零*/
    memset(&xvid_enc_frame, 0, sizeof(xvid_enc_frame));
    memset(&xvid_enc_stats, 0, sizeof(xvid_enc_stats));
    /* 输出码流指针 */
    xvid_enc_frame.bitstream = bitstream;
    xvid_enc_frame.length = -1;
    /* 待编码图像参数 */
    xvid_enc_frame.input.plane[0] = image;
    xvid_enc_frame.input.csp = XVID_CSP_I420;
    xvid_enc_frame.input.stride[0] = XDIM;
    /* 当前编码帧类型，编码器自动判断 */
    xvid_enc_frame.type = XVID_TYPE_AUTO;
    /* 强迫当前帧的量化步长，这里通过bitrate来控制，故设置为0 */
    xvid_enc_frame.quant = 0;
    /* 编码一帧图像 */
    ret = xvid_encore(enc_handle, XVID_ENC_ENCODE, &xvid_enc_frame, &xvid_enc_stats);
    *stats_type  = xvid_enc_stats.type;   // 编码帧类型: I P
    *stats_quant = xvid_enc_stats.quant;  // 编码的量化步长
    return (ret);
}
```

上述过程首先设置码流空间以及待编码图像的指针、颜色类型和行跨度，然后是根据需要来设置编码帧类型及量化步长，最后是编码一帧图像，并获得编码帧类型和编码的量化步长。

3.销毁编码器

实际上，只要系统正常工作，DSP 应用系统就会持续工作直到用户断电或重启。销毁编码器主要是对应初始化编码器时的操作，即释放内存指针等资源。

```
static int enc_stop(){
     int xerr;
     /* 销毁编码器实例 */
     xerr = xvid_encore(enc_handle, XVID_ENC_DESTROY, NULL, NULL);
     return (xerr);
}
```

9.2.5　YUV420 视频序列编码

1.创建线程调度旗语

由于 DSP 应用程序中的线程类型使用了一个 Hwi、两个 Task，所以需要在线程之间进行调度，保证采集、编码和传输等三个线程的依次执行。

```
Sem_CaptoEnc = Semaphore_create(0, NULL, NULL); // capture and encode synchronization
Sem_EnctoNet = Semaphore_create(0, NULL, NULL); // encode and network synchronization
```

旗语 Sem_CaptoEnc 用于图像采集线程与图像编码线程同步，旗语 Sem_EnctoNet 用于图像编码线程与网络传输线程同步。

2.调用初始化编码器

在 colorconvertTask()中为图像数据分配内存空间，并调用初始化编码器函数。

```
half_buffer = (unsigned char *)malloc(IMAGE_SIZE(XDIM, YDIM)); // YUV420P, 720×288
cif_buffer  = (unsigned char *)malloc(352*288*3/2);           // YUV420P, 352×288
mp4_buffer  = (unsigned char *)malloc(XDIM*YDIM);             // bitstreasm of mp4
result = enc_init(); // initialize encoder
```

3.调用图像编码函数

在 colorconvertTask()中调用图像格式转换、图像编码函数，实现图像帧编码。

```
/* Run forever */
while (1)
{
     /* Wait till a new frame is captured */
     Semaphore_pend(Sem_CaptoEnc, BIOS_WAIT_FOREVER);

     processed = 0;
```

```
        yuv422sptoyuv420p(half_buffer, videoTopY, videoTopC, XDIM, YDIM); //格式转换
        yuv420p_hori_down(half_buffer, cif_buffer, XDIM, YDIM);           //降采样
        m4v_size = enc_main(cif_buffer, mp4_buffer, &key, &stats_type, &stats_quant); //编码
        processed = 1;
        /* send to network Task */
        Semaphore_post(Sem_EnctoNet);
}
```

任务 colorconvertTask 使用 Semaphore_pend()等待中断服务程序 VPIFIsr 的 Semaphore_post()发布，获得新图像，然后做格式转换、降采样、图像编码。最后向码流发送任务线程发布消息。

9.2.6 码流 UDP 网络发送

根据 8.8 节的 UDP 网络传输应用，NDK 的 IP 模块通过 DHCP 自动选择 IP 地址。且只有当 PC 向 DSP 发送一个字符后，DSP 才向 PC 发送数据。而这里的图像通信应用案例不适于采用这种通信方式。

1.创建 UDP 任务

根据 8.8 节的网络设置，在钩子函数 NetOpenHook 中创建一个 UDP 传输任务线程：

```
extern void UdpTest();
static HANDLE hUdp = 0;

void NetOpenHook()
{
      hUdp = TaskCreate(UdpTest, "UdpTest", 5, 4096, 0, 0, 0);
      if(hUdp)
      fdOpenSession(hUdp);
}
```

创建的 UdpTest 任务线程的优先级为 5，堆栈大小 4096 字节。

2.UdpTest 实现

为实现码流的 UDP 传输，在发送码流前首先发送一个码流描述字，该描述字第一个四字节为固定的 0xffa55aff，第二个四字节为包个数，第三个四字节为一帧图像码流的实际长度，第四个四字节保留未用。

```
#define PORT  8080                              // 端口号
#define PACKET_SIZE 1024                        // 单个UDP包长度
extern int      m4v_size;                       // 压缩码流长度
extern UINT8    *mp4_buffer;                    // 压缩码流指针
extern Semaphore_Handle Sem_EnctoNet;           // 编码与网络的旗语
void UdpTest(){
   struct sockaddr_in sinDst;
   struct timeval to;
   SOCKET s;
```

```
    int cntofpaket, ret_0=-1;
    unsigned int PacketHead[4];    // 自定义包头

    s=socket(AF_INET, SOCK_DGRAM, IPPROTO_UDP);                    // 创建socket
    to.tv_sec  = 0;
    to.tv_usec = 5;   // 配置超时时间 5s
    setsockopt(s, SOL_SOCKET, SO_SNDTIMEO, &to, sizeof(to));  // 发送超时
    setsockopt(s, SOL_SOCKET, SO_RCVTIMEO, &to, sizeof(to));  // 接收超时

    bzero(&sinDst, sizeof(sinDst));
    sinDst.sin_family        = AF_INET;
    sinDst.sin_addr.s_addr   = inet_addr("192.168.1.6");   // 主机IP地址
    sinDst.sin_port          = htons(PORT);
    bind(s, (PSA)&sinDst, sizeof(sinDst));

    for(; ; )    {
      Semaphore_pend(Sem_EnctoNet, BIOS_WAIT_FOREVER);   // 等待编码完毕
      cntofpaket = m4v_size/PACKET_SIZE;      // 包个数
      cntofpaket += 1;                       // 发送包个数
      PacketHead[0] = 0xFF5AA5FF;
      PacketHead[1] = cntofpaket;
      PacketHead[2] = m4v_size;
      ret_0 = (int)sendto(s, (char *)PacketHead, 16, 0 , (PSA)&sinDst, sizeof(sinDst));
      if( ret_0 > 0 ){ // 发送包头成功
         int i;
         UINT8 * jpg_buf = mp4_buffer;  // 发送指针
         for(i=0; i<cntofpaket; i++){ // 循环发送
           int ret_3 = -1;
           ret_3 =  sendto(s, jpg_buf, PACKET_SIZE, 0, (PSA)&sinDst, sizeof(sinDst));
           if (ret_3>0)jpg_buf += PACKET_SIZE; // 当前包发送成功，移动发送指针
         }
      }
    }
}
```

注意 DSP 的端口号要与 PC 的端口号一致，UDP 包大小也要一致且不超过 1472 字节。旗语 Sem_EnctoNet 用来控制视频编码完毕后再发送码流数据。

9.3　图像通信的客户端编程

图像通信客户端主要实现码流接收、图像解码与视频显示等功能。具体模块包括构建位图界面应用程序、码流 UDP 网络接收、MPEG-4 码流实时解码、YUV420 序列图像直接显示。

9.3.1　构建位图界面应用程序

本章使用基于 Visual Studio 2010 中文专业版(含 VS2010 sp1 补丁)的 VC++编程语言建立 PC 客户端应用程序。为了提高该程序的易用性和美观性，客户端编程采取基于对话框 VC++微软基础类 MFC，同时主界面加载了位图及在线提示等功能。

1.建立对话框应用程序

基于 VC++的应用程序有单文档、多文档和对话框，这里选择第三种应用程序模式，

点击“文件/新建/项目”启动新建 MFC 类项目向导，如图 9.4 所示。应用程序名称为 vms(Video Monitoring System)，同时为解决方案创建目录。选择“应用程序向导”的默认选项，点击“下一步”直到“完成”向导。然后使用“F7”快捷键生成解决方案，使用“F5”快捷键运行程序，结果如图 9.5 所示。

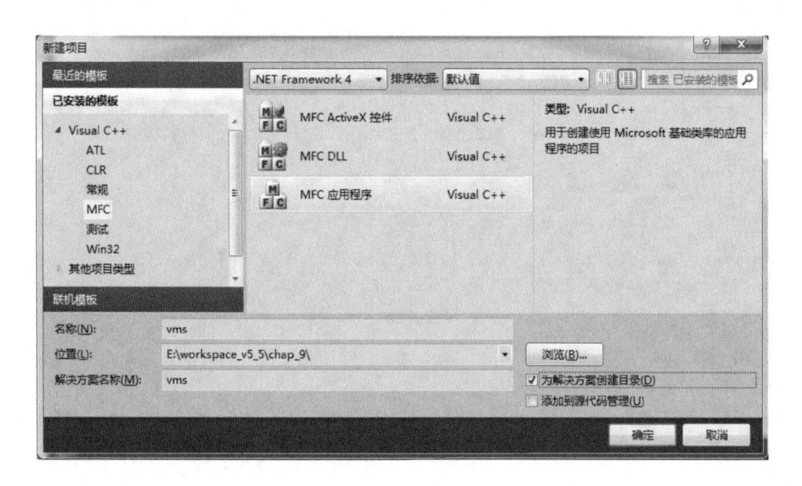

图 9.4 新建 MFC 类项目向导

图 9.5 基于对话框的应用程序 vms

2.更改主对话框

为实现加载背景位图和按钮位图，vms 软件使用了网络上两个公开的功能类 CBkDialogST 和 CxSkinButton，分别实现主对话框界面的背景位图加载及按钮位图加载。另外，本项目软件的主界面并没有使用 VC++ 2010 的 MFC 向导自动生成的对话框，而是新添加了一个 MainFrame 对话框。

1)添加功能文件

首先将类 CBkDialogST 的实现文件 BkDialogST.cpp、头文件 BkDialogST.h 以及类 CxSkinButton 的实现文件 xSkinButton.cpp、头文件 xSkinButton.h 拷贝到当前项目的目录下。然后在 vms 项目中“添加/添加现有项…”，将这四个文件添加到当前项目中，添加后的 vms 项目文件列表如图 9.6 所示。

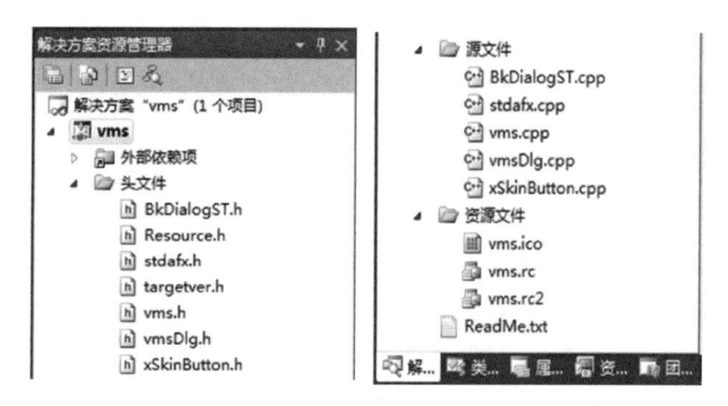

图 9.6　添加了功能文件后的 vms 项目文件列表

2）添加对话框资源

在“资源视图”页中的“Dialog”子项，点击鼠标右键“添加资源”，选中“Dialog”，然后“新建”，修改该对话框的 ID 为“IDD_DIALOG_MAINFACE”，此对话框将将作为视频监控系统 vms 的主界面。

3）添加主对话框的类

在 ID 为 IDD_DIALOG_MAINFACE 的对话框内部，鼠标右键“添加类”，设置类名为 CMainFrame，如图 9.7 的 MFC 类向导。

单击“完成”按钮后，向导自动生成类的实现文件 MainFrame.cpp、头文件 MainFrame.h。vms 的所有功能都在该类中实现，这两个文件是 vms 应用程序的最主要源文件。

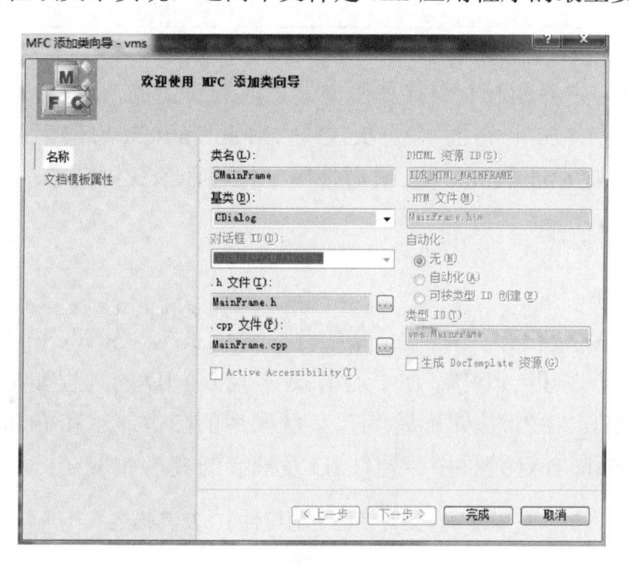

图 9.7　添加对话框类向导

4）修改主对话框的基类

VC++ 2010 MFC 类向导在生成 CMainFrame 类时，默认基类是 CDialog。为了使 CMainFrame 的基类更改为 CBkDialogST 类，需要包含 CBkDialogST 类的头文件；另外本软件继承了功能类 CxSkinButton 来实现位图按钮。因此，在 MainFrame.h 中应包含这两个功能类的头文件：

```
#pragma once

#include  "BkDialogST.h" // background class
#include  "xSkinButton.h"// bitmap button class
// CMainFrame 对话框
```

然后，在 MainFrame.h 和 MainFrame.cpp 中将 CMainFrame 类的 CDialog 基类手工替换为 CBkDialogST 类。

5) 使用 CMainFrame 对话框

为了在启动 vms 时直接访问新添加的主对话框，需要在 vms.cpp 中添加主对话框的应用，主要实现过程如下。

```
// vms.cpp : 定义应用程序的类行为。
//#include "vmsDlg.h"
#include "MainFrame.h"          //主界面对话框类

BOOL CvmsApp: : InitInstance()
{
#if 1
       CMainFrame  dlgmain;          //定义主对话框对象
       dlgmain.DoModal();            //显示主界面
#else  //屏蔽自动生成的对话框
       CvmsDlg dlg;
       m_pMainWnd = &dlg;
#endif
}
```

视频监控系统的主界面没有直接使用向导生成的对话框，而是使用手工添加的对话框 CMainFrame。首先添加主界面类的头文件 MainFrame.h，然后在初始化实例函数 InitInstance() 中调用 CMainFrame 类，最后使用条件编译语句屏蔽自动生成的对话框调用。

3.添加主对话框功能

1) 添加功能控件

主对话框的功能按钮有开始接收、最小化、退出系统。从 VC++ 2010 主界面的右边“工具箱”添加四个按钮。其中添加“退出系统”按钮 ID 的过程如图 9.8 所示，ID 号为 IDC_BUTTON_EXIT_APP，按钮标题“E”。解码后的图像显示在 Picture Control 控件中，系统时间显示在 Static Text 控件中。控件 ID 及捆绑的变量如表 9.1 所示。

表 9.1　主对话框中的控件 ID 及其描述

控件 ID	捆绑变量	功能描述
IDC_BUTTON_STARTRCV	m_BtnsStartRCV	网络开始接收数据
IDC_BUTTON_MINI	m_BtnMini	最小化
IDC_BUTTON_CLOSE	m_BtnClose	退出系统
IDC_BUTTON_EXIT_APP	m_BtnExitApp	退出系统
IDC_STATIC_IMAGE	m_StaticImage	显示解码后的图像
IDC_STATIC_TIME	m_StaticTime	显示系统时间

将按钮与控件变量捆绑，在按钮上点击鼠标右键“添加变量”，启动“添加成员变量向导”，如图 9.9 所示。其他三个按钮控件的变量添加方式与上述过程类似。

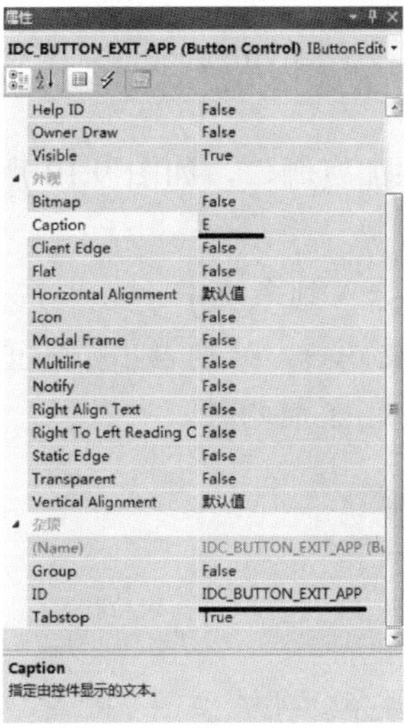

图 9.8　添加按钮 ID

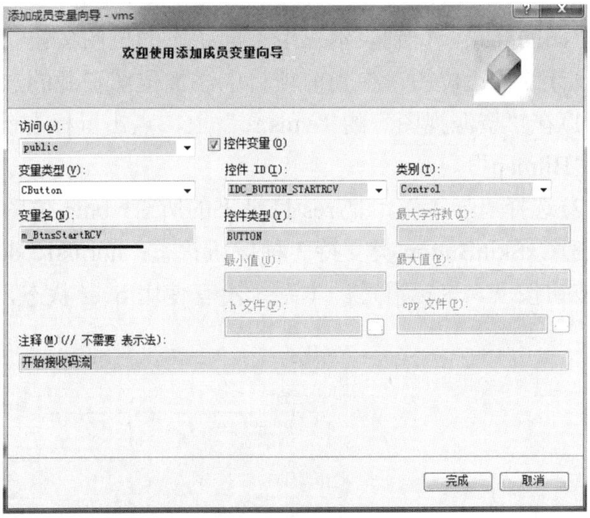

图 9.9　添加控件成员变量向导

六个控件的变量添加完毕后，MainFrame.h 中的变量定义如下：

```
public:
    // 开始接收码流
    CButton m_BtnsStartRCV;
    // 最小化窗口
    CButton m_BtnMini;
    // 关闭窗口
    CButton m_BtnClose;
    // 退出系统
    CButton m_BtnExitApp;
    // 显示解码后的图像
    CStatic m_StaticImage;
    // 显示系统时间
    CStatic m_StaticTime;
```

为了使用位图按钮，将功能位图按钮 CxSkinButton 类修改成为上述四个按钮对象的类：

```
    // 开始接收码流
    CxSkinButton  m_BtnsStartRCV;
    // 最小化窗口
    CxSkinButton  m_BtnMini;
    // 关闭窗口
    CxSkinButton  m_BtnClose;
    // 退出系统
    CxSkinButton  m_BtnExitApp;
```

接下来就可以使用该类的位图加载函数 SetSkin()完成位图按钮的加载。

2)加载位图资源

位图按钮，通常有三个状态：正常、按下和滑动。用户可利用其他图像编辑软件编辑按钮位图的样式，得到表示三个不同状态的位图按钮。chap_9\vms\vms\res 目录下存放了笔者设计的按钮位图。在当前项目中添加位图资源的过程如下：

(1)在“资源视图”的“vms.rc”上，点击鼠标右键“添加资源”，如图 9.10 所示，选中“Bitmap”。

(2)选择“导入”，把 res 目录下的所有*.bmp 位图文件导入到系统中。

(3)CxSkinButton 类支持 3 种按钮状态：normal、down 及 over，分别表示按钮正常状态、按钮按下、鼠标滑过。本系统没有使用 over 状态，只使用了前两种。

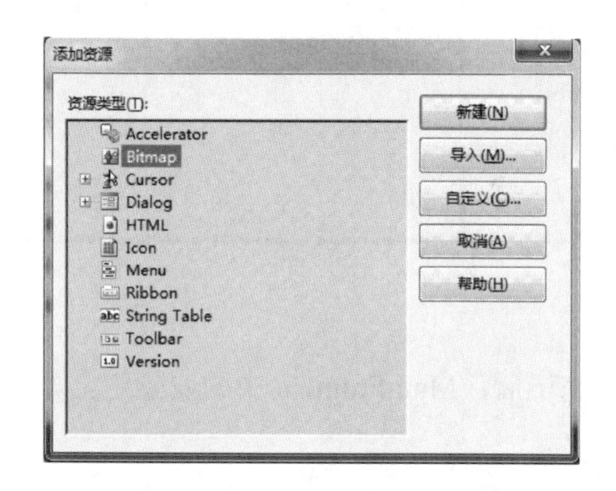

图 9.10 添加资源选择

根据每个位图所表示功能，修改 bmp 位图文件的 ID 号，表 9.2 给出了按钮位图、背景位图等资源的 ID 号及功能描述。

表 9.2 位图 ID 号及功能描述

位图 ID	功能描述
IDB_BMP_RCV_d	开始接收按钮的 down
IDB_BMP_RCV_n	开始接收按钮的 normal
IDB_BMP_CLOSE	关闭按钮
IDB_BMP_MINI	最小化按钮
IDB_BMP_EXIT	退出系统按钮
IDB_ONE_PIC	全屏位图

4.添加虚拟函数 OnInitDialog

VC++ 2010 类向导生成的对话框应用程序中，已经包含了对话框的初始化函数 OnInitDialog()。而手工建立的对话框类中，起初并没有定义该函数，但是一些初始化工作需要放置在该函数中来实现，所以有必要添加该虚拟函数，具体添加步骤如下：

(1) 在“类视图”中，选中类 CMainFrame，点击鼠标右键“属性”，点击“重写”子属性。

(2) 鼠标定位到 OnInitDialog，点击右边的下拉列表，“<Add> OnInitDialog”。如图 9.11 所示。

(3) 在 MainFrame.cpp 中的 OnInitDialog() 函数中添加对话框格式、最大化显示，并加载背景位图。

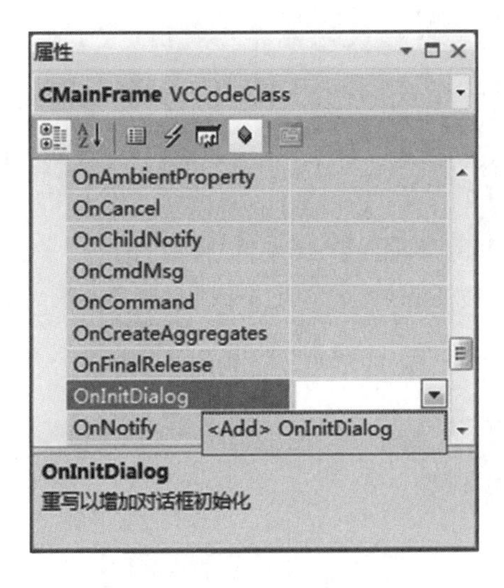

图 9.11　添加资源选择

```
BOOL CMainFrame: : OnInitDialog()
{
    CBkDialogST: : OnInitDialog();
    // TODO:   在此添加额外的初始化
    ModifyStyle(WS_CAPTION, 0, 0);          /* 删除标题栏便于最大化显示 */
    this->ShowWindow(SW_SHOWMAXIMIZED);   /* 窗口最大化显示 */
    SetBitmap( IDB_ONE_PIC );               /* 设置窗口的背景图片 */
    return TRUE;
}
```

(4) 使用“F7”快捷键生成项目解决方案，使用“F5”快捷键运行程序，如图 9.12 所示。从图中可以看出，四个按钮还没有加载位图，同时由于主界面的背景位图大小为 1024×768，而显示屏为其他分辨率，所以主界面显示了多余的部分。接下来修改屏幕分辨率使程序主界面能够正常显示。

5.更改屏幕分辨率

由于本监控系统的背景位图按照 XGA (1024×768) 分辨率设计，若屏幕分辨率高于或低于 XGA，为了正常显示各种位图，需要更改屏幕分辨率。所以在对话框创建时自动检测、记录屏幕分辨率，在退出系统时再恢复屏幕分辨率。

(1) 在 CMainFrame 类的定义中，添加记录屏幕最初分辨率的变量，同时记录是否做了调整。

图 9.12 主界面初期设计效果

```
int ScrHeight;            //屏幕高度
int ScrWidth;             //屏幕宽度
BOOL bChanged;            //屏幕分辨率是否做了调整
```

(2)检测并设置屏幕分辨率。首先获取当前屏幕的最大分辨率，若不满足 1024×768，则编程修改。改变屏幕分辨率的函数原型为：LONG ChangeDisplaySettings(LPDEVMODE lpDevMode，DWORD dwflags)。

lpDevMode 是一个指向 DEVMODE 数据结构的指针，该结构描述了欲设定显示器的属性值。dwflags 表明显示设备修改方式，在 OnInitDialog()中检测并设置显示器分辨率，实现过程如下：

```
BOOL CMainFrame: : OnInitDialog()
{
     CBkDialogST: : OnInitDialog();
     ////////////////////////////////////////////////////////////////////////////////
     HWND hDesktop;
     HDC hdc;
     DWORD w, h;
     hDesktop = : : GetDesktopWindow();            //返回桌面窗口的句柄
     hdc = : : GetDC(hDesktop);                   //返回设备环境句柄
     ScrWidth = w = GetDeviceCaps(hdc, HORZRES);  //返回屏幕宽度
     ScrHeight = h = GetDeviceCaps(hdc, VERTRES); //返回屏幕高度
     bChanged = FALSE;                           //没有调整标志
     if ((w! =1024)|| (h! =768)){
          DEVMODE  lpDevMode;
          lpDevMode.dmBitsPerPel = 32;        //每像素使用的比特数，32/24/16
          lpDevMode.dmPelsWidth = 1024;      //水平分辨率
          lpDevMode.dmPelsHeight = 768;       //垂直分辨率
          lpDevMode.dmDisplayFrequency=60;   //刷新频率，单位Hz
          lpDevMode.dmSize = sizeof(lpDevMode);   // DEVMODE数据结构的大小
          lpDevMode.dmFields = DM_PELSWIDTH|DM_PELSHEIGHT|DM_BITSPERPEL;
          LONG result = ChangeDisplaySettings(&lpDevMode, 0);
```

```
        If (result == DISP_CHANGE_SUCCESSFUL) {
            ChangeDisplaySettings(&lpDevMode, CDS_UPDATEREGISTRY);
            bChanged = TRUE;
        } else
            ChangeDisplaySettings(NULL, 0);
    }
    /////////////////////////////////////////////////////////////////////////////////////
    //…
}
```

通常，在更改屏幕分辨率的时候，可能会有短暂的黑屏，这是正常的。不过建议用户最好在编程前确认显示器是否支持不低于 1024×768 分辨率显示，因为更改分辨率可能会对显示器有一定的影响。退出应用系统时，还应恢复到运行前的屏幕分辨率，相关内容将在后续小节实现。

6.实现位图按钮

位图按钮的设计主要包括按钮位置及位图显示。所以，实现位图按钮的过程主要包括编程调整按钮位置和加载按钮的不同状态位图。

(1) 为了能操作各个控件，在头文件 MainFrame.h 中的 CMainFrame 类中添加所有控件的 CWnd 类的对象指针：

```
Public:
    CMainFrame(CWnd* pParent = NULL);    // 标准构造函数
    virtual ~CMainFrame();

    CWnd *pBtnStartRCV;            // 开始接收
    CWnd *pBtnExitApp;             // 退出系统
    CWnd *pBtnMini, *pBtnClose; // 最小化界面及退出系统
    CWnd *pStaticImage;          // 显示解码图像
    CWnd *pStaticTime;           // 显示系统时间
```

使用类 CWnd 作为按钮变量的基类，利用这些对象指针直接控制按钮的位置、动作及其他属性。

(2) 定义内部函数实现位图按钮设置。实现流程依次为，利用按钮 ID 号获取对象指针，移动按钮到指定位置，设置按钮位图，添加 tooltip 在线提示。在 CMainFrame.h 中声明 InitInterface() 函数，然后在 CMainFrame.cpp 中实现该函数。该过程的代码实现如下：

```
void CMainFrame: : InitInterface()
{
  // 利用按钮ID号获取对象指针
  pBtnStartRCV = GetDlgItem(IDC_BUTTON_STARTRCV);    // 开始接收
  pBtnExitApp  = GetDlgItem(IDC_BUTTON_EXIT_APP);    // 退出系统
  pBtnMini     = GetDlgItem(IDC_BUTTON_MINI);         // 最小化窗口
  pBtnClose    = GetDlgItem(IDC_BUTTON_CLOSE);       // 退出系统
  pStaticTime  = GetDlgItem(IDC_STATIC_TIME);        // 显示系统时间
  pStaticImage = GetDlgItem(IDC_STATIC_IMAGE);       // 显示解码图像

  pStaticImage->ShowWindow(SW_HIDE);              // 隐藏显示
```

```
    // 移动按钮到指定位置
    pBtnStartRCV->MoveWindow(16, 702, 37, 37);
    pBtnMini->MoveWindow(880, 2, 35, 35);
    pBtnClose->MoveWindow(965, 3, 35, 35);
    pBtnExitApp->MoveWindow(920, 684, 46, 48);
    pStaticTime->MoveWindow(850, 54, 130, 80);
    pStaticImage->MoveWindow(37+20, 62+10,  704, 576);

    // 设置按钮位图
m_BtnStartRCV.SetSkin(IDB_BMP_RCV_n,  IDB_BMP_RCV_d, IDB_BMP_RCV_n, IDB_BMP_RCV_n, 0, 0, 0, 0, 0);
    m_BtnMini.SetSkin(IDB_BMP_MINI, IDB_BMP_MINI, IDB_BMP_MINI, IDB_BMP_MINI, 0, 0, 0, 0, 0);
    m_BtnClose.SetSkin(IDB_BMP_CLOSE, IDB_BMP_CLOSE, IDB_BMP_CLOSE, IDB_BMP_CLOSE, 0, 0, 0, 0, 0);
    m_BtnExitApp.SetSkin(IDB_BMP_EXIT, IDB_BMP_EXIT, IDB_BMP_EXIT, IDB_BMP_EXIT, 0, 0, 0, 0, 0);

    // 添加tooltip在线提示
    m_BtnStartRCV.SetToolTipText(_T("开始接收"));
    m_BtnMini.SetToolTipText(_T("最小化"));
    m_BtnClose.SetToolTipText(_T("关闭"));
    m_BtnExitApp.SetToolTipText(_T("退出系统"));
}
```

在上述过程中，首先获取按钮的 CWnd 型指针，然后使用该指针将按钮移动到指定位置，接着使用按钮基类 CxSkinButton 的成员函数 SetSkin 完成不同状态位图的加载，最后再使用按钮变量的成员函数 SetToolTipText()为按钮添加在线提示。

在 OnInitDialog()中调用函数 InitInterface()，使主对话框在创建时就直接加载、显示位图按钮。

```
BOOL CMainFrame: : OnInitDialog()
{
    //…
    InitInterface()
    return TRUE;
}
```

(3)添加系统时间显示。

为了周期性获取并显示系统时间，这里使用定时器周期刷新。首先在 OnInitDialog()函数中设置定时器名称 SYS_TIME_ID。

```
#define SYS_TIME_ID 9
BOOL CMainFrame: : OnInitDialog()
{
    //…
    SetTimer(SYS_TIME_ID, 1000, NULL);
    return TRUE;
}
```

然后添加定时器消息处理，选中类 CMainFrame，点击鼠标右键“属性”打开属性页。然后单击“消息”，定位“WM_TIMER”消息，添加定时器的消息处理函数 OnTimer。

```
void CMainFrame: : OnTimer(UINT_PTR nIDEvent)
{
     if (nIDEvent== SYS_TIME_ID ) //定时器ID
     {
          CTime tTime = CTime: : GetCurrentTime(); //获取系统时间
          CString strTime =tTime.Format("\n        %Y-%m-%d  \n\n       %H: %M: %S");
          pStaticTime->SetWindowText(strTime);    //显示时间
     }

     CBkDialogST: : OnTimer(nIDEvent);
}
```

至此，视频监控系统主界面的位图按钮设计完成。接下来添加各个按钮的事件响应处理。

7.添加按钮事件响应

1)最小化窗口

双击 ID 号为 IDC_BUTTON_mini 的最小化按钮，添加事件处理函数：

```
void CMainFrame: : OnBnClickedButtonMni()
{
     // TODO:  在此添加控件通知处理程序代码
     SendMessage(WM_SYSCOMMAND,  SC_MINIMIZE,  NULL);
}
```

2)关闭窗口

双击 ID 号为 IDC_BUTTON_CLOSE 的关闭窗口按钮，添加事件处理函数：

```
void CMainFrame: : OnBnClickedButtonClose()
{
     // TODO:  在此添加控件通知处理程序代码
     OnBnClickedButtonExitApp();
}
```

3)退出系统

双击 ID 号为 IDC_BUTTON_EXIT_APP 的按钮，添加事件处理函数：

```
void CMainFrame: : OnBnClickedButtonExitApp()
{
     if (MessageBox(_T("确定要退出该账户吗？"),
               _T("退出系统"), MB_OKCANCEL|MB_ICONQUESTION)==IDCANCEL)
        return ;
     else {
     KillTimer( SYS_TIME_ID );      // 销毁定时器
     if (bChanged){
          DEVMODE   lpDevMode;
          lpDevMode.dmBitsPerPel = 32;
          lpDevMode.dmPelsWidth = ScrWidth;         //原始屏幕水平分辨率
          lpDevMode.dmPelsHeight = ScrHeight;      //原始屏幕垂直分辨率
          lpDevMode.dmDisplayFrequency=60;
```

```
        lpDevMode.dmSize = sizeof(lpDevMode);
        lpDevMode.dmFields = DM_PELSWIDTH|DM_PELSHEIGHT|DM_BITSPERPEL;
        LONG result = ChangeDisplaySettings(&lpDevMode, 0);
        if (result == DISP_CHANGE_SUCCESSFUL){
            ChangeDisplaySettings(&lpDevMode, CDS_UPDATEREGISTRY);
            bChanged = TRUE;
        }else ChangeDisplaySettings(NULL, 0);
    }
    SendMessage(WM_SYSCOMMAND, SC_CLOSE, NULL); // 关闭窗口
    }
}
```

上述的最小化窗口、关闭窗口或退出系统按钮，是通过 VC++的系统命令来实现的。退出系统前，提问用户确实要退出本系统，防止误操作。若确实要离开本系统，则再向操作系统发送 SC_CLOSE 命令消息。注意，在退出前，要确保相关资源已经释放。

同样在退出 XGA 分辨率时，屏幕可能会有 1～2s 的黑屏。为了减少这种程序的自动判断和修改，可以在本系统运行前手工修改显示器分辨率。

4)开始接收

双击 ID 号为 IDC_BUTTON_START_RCV 的按钮，添加事件处理函数：

```
void CMainFrame: : OnBnClickedButtonStartrcv()
{
    // TODO: 在此添加控件通知处理程序代码
    pStaticImage->ShowWindow(SW_SHOWNORMAL);            // 正常显示
    // 初始化网络
}
```

该按钮首先显示图像输出控件，然后配置初始化网络。在后续的 9.3.2 节实现网络配置。

8.添加 OnPaint 消息处理函数

为了在主界面中显示有关文字信息，添加 OnPaint()消息处理函数。

(1)在类视图中选中类 CMainFrame，点击鼠标右键“属性”，根据“消息”提示点击 。

(2)定位“WM_PAINT”，点击下拉箭头“<添加> OnPaint”，增加绘制与显示工作。在该函数中，添加对字体的控制，在主界面显示视频监控系统的文字信息。

```
void CMainFrame: : OnPaint()
{
    CPaintDC dc(this); // device context for painting
    // TODO: 在此处添加消息处理程序代码
    CFont NewFont;
    NewFont.CreateFont(
        16,             // nHeight 字体高度
        0,              // nWidth  字体宽度
        0,              // nEscapement 字体显示的角度
        0,              // nOrientation  字体的角度
        FW_MEDIUM,     // FW_NORMAL, //FW_BOLD,  字体的磅数
        FALSE,          // bItalic    斜体字体
```

```
        FALSE,           // bUnderline带下划线的字体
        0,               // cStrikeOut 带删除线的字体
        GB2312_CHARSET,                  //ANSI_CHARSET,  // nCharSet 所需的字符集
        OUT_DEFAULT_PRECIS,              // nOutPrecision  输出的精度
        CLIP_DEFAULT_PRECIS,             // nClipPrecision  裁减的精度
        DEFAULT_QUALITY,                 // nQuality逻辑字体与输出设备的实际体之间的精度
        DEFAULT_PITCH | FF_SWISS,   // nPitchAndFamily 字体间距和字体集
        _T("宋体")                       // 字体名称
        );
    CFont *pOldFont = dc.SelectObject(&NewFont);
    dc.SetBkMode(TRANSPARENT);             // 选进设备描述表
    dc.SetTextColor(RGB(255, 0, 0));       // 设置字体颜色，这里是红色
    dc.TextOut(100, 12, _T("西南科技大学视频监控系统"));
    dc.SelectObject(&pOldFont);           // 恢复到旧字体
    NewFont.DeleteObject();               // 删除新创建的字体
}
```

上述过程实现在主界面的既定位置中显示特定内容的文本。注意在显示完毕后，要释放创建的字体资源，否则会产生内存泄漏。

至此，视频监控系统的主界面设计完毕，如图 9.13 所示。按钮“S”开始接收、“M”最小化窗口、“C”关闭窗口或“E”退出系统，实现本系统与用户的交互。同时按钮提供了在线提示功能(鼠标放置于按钮片刻，显示对应功能)，帮助用户快速掌握软件操作。

图 9.13　设计完整的视频监控系统主界面

9.3.2 码流 UDP 网络接收

为了能够流畅地接收码流数据，视频监控系统软件采用面向无链接的 UDP 协议来实现网络数据流接收。VC++ 2010 的网络开发通常是基于套接字 Socket 来编程。

1.网络初始化

在 MainFrame.h 中包含网络头文件、网络库文件，并在类 CMainFrame 中定义有关网络编程的变量。

```
#include <Winsock2.h>
#pragma comment(lib, "ws2_32.lib")// wsock32.lib //ws2_32.lib

    //网络接收
    SOCKET      sockClient;        // 网络套接字
    SOCKADDR_IN  addrSrv;          // 网络地址
    WORD  wUersionRequested;
    WSADATA wsaData;
    int err;
    int M_flagsocket;              // 网络状态标志
```

在 MainFrame.cpp 中的事件处理函数 OnBnClickedButtonStartrcv()实现网络初始化。

```
void CMainFrame: : OnBnClickedButtonStartrcv()
{
    // TODO:  在此添加控件通知处理程序代码
    pStaticImage->ShowWindow(SW_SHOWNORMAL);            // 正常显示
    ////////////////////////////////////////////////////////////////////
    if(M_flagsocket ! = 2) {//保证网络仅初始化一次
      M_flagsocket = 2;
      wUersionRequested = MAKEWORD(1, 1);

      err=WSAStartup(wUersionRequested, &wsaData);
      if(err! =0) return;

      if (LOBYTE(wsaData.wVersion)! =1|| HIBYTE(wsaData.wVersion)! =1){
         WSACleanup();
         return;
      }

      sockClient = socket(AF_INET, SOCK_DGRAM, 0);    //udp socket
      addrSrv.sin_addr.S_un.S_addr=htonl(INADDR_ANY);
      addrSrv.sin_family=AF_INET;
      addrSrv.sin_port=htons(2000);

      if ( bind(sockClient, (SOCKADDR*)&addrSrv, sizeof(SOCKADDR))< 0 )
          MessageBox(_T("建立连接错误"));
      AfxBeginThread(SocketReceive, this, THREAD_PRIORITY_HIGHEST);
    }
}
```

上述的网络初始化采用了 UDP 传输模式，端口号为 2000，如果网络建立错误，则提示用户。AfxBeginThread()用于启动网络数据接收线程。

2.网络线程

由于 DSP 端的压缩码流随时都会通过网络发过来，所以 PC 端的视频监控系统采取多线程实现网络数据的实时接收。

1) 网络接收准备

在 MainFrame.h 中定义用于网络接收的变量。根据 UDP 的协议规范(数据包不超过 1500 字节)，这里定义接收包大小为 1024 字节。图像宽度和高度设为 CIF 分辨率大小。定义全局变量如下：

```
#define XDIM 352          // 图像宽度
#define YDIM 288          // 图像高度
#define MAX_MP4BIT_SIZE  XDIM*YDIM  // 码流最大长度
#define PACKET_SIZE     1024        // UDP包大小
#define CHAN_SUM       1            // 通道数
#define WM_BEGINCOPY    WM_USER+101// 用户自定义消息
```

在 CMainFrame 类内定义用于接收码流的变量以及解码后的图像指针：

```
unsigned int i_RcvStrmLen;  // 码流长度
BYTE *p_RecStrmPtr;         // 码流指针
BYTE *p_YUV420;            // 解码图像指针
int frame_type;            // 帧类型 I/P
```

在 MainFrame.cpp 的 OnInitDialog() 函数内初始化上述变量：

```
i_RcvStrmLen = 0;        /* 码流总长度 */
p_RecStrmPtr = (BYTE *)malloc(XDIM*YDIM);   /* 申请空间存储码流 */
p_YUV420     = (BYTE *)malloc(XDIM*YDIM*2); /* 申请空间存储解码YUV图像 */
frame_type   = 0;       /* 帧类型 */
```

安全起见，应申请足够的码流空间及解码图像空间。

2) 网络接收线程

在网络数据接收过程中，首先初始化码流接收长度及指针，然后循环查收自定义的 16 字节帧头，以方便接收后续的码流。如果同步头 0xFF5AA5FF 正确，则依次读取数据包数目 recvcnt、一帧图像的码流大小 i_RcvStrmLen 和编码帧类型 frame_type。根据数据包数目循环接收码流，要注意移动接收指针。接收完毕后向主界面发送自定义的消息 WM_BEGINCOPY，开始处理码流，并启动下一次的码流接收线程。

```
UINT SocketReceive(LPVOID pParam){
    CMainFrame *pMain = (CMainFrame *)pParam;  // 主界面指针
    int ret0=-1, ret1=-1;
    int len = sizeof(SOCKADDR);
```

```
    unsigned int recvcnt, i;
    unsigned char *p_PacketAdress;
    unsigned int recvsize[4]={0, 0, 0, 0};    //自定义的帧头

    pMain->i_RcvStrmLen = 0;              //码流的总长度
    p_PacketAdress = pMain->p_RecStrmPtr;  //存储码流的空间

    while(ret0 ! =16){  // 接收16字节的头数据
        ret0 = recvfrom(pMain->sockClient, (char *)&recvsize,
                        16, 0, (SOCKADDR *)&pMain->addrSrv, &len);
    }

    if (recvsize[0]==0xFF5AA5FF){// 数据头标志
        recvcnt          = recvsize[1];   //需要接收的次数
       pMain->i_RcvStrmLen = recvsize[2];   //一帧图像的码流大小
       pMain->frame_type   = recvsize[3];   //帧的类型: I/P
    }

    for(i=0; i<recvcnt; i++){// 循环接收数据包
       ret1 = recvfrom(pMain->sockClient, (char *)p_PacketAdress,
                       PACKET_SIZE, 0, (SOCKADDR *)&pMain->addrSrv, &len);
       if (ret1 < 0)
           ; //: : AfxMessageBox("接收主数据包错误! ");
       else
           p_PacketAdress += PACKET_SIZE;  // 移动接收指针
    }

    : : SendMessage(pMain->m_hWnd,  WM_BEGINCOPY,  NULL, NULL);
    AfxBeginThread(SocketReceive, pMain, THREAD_PRIORITY_HIGHEST);

    return 0;
}
```

9.3.3 码流实时解码

MPEG-4 是国际标准化组织(ISO)与国际电工委员会(IEC)下属的“动态图像专家组”(Moving Picture Experts Group，MPEG)制定，MPEG-4 视频压缩主要用于网络视频流、光盘、可视电话以及电视广播。Xvid 是实现 MPEG-4 视频编解码的开源工程，这里以 xvidcore-1.0.1 为蓝本，编译构建 debug 版本的编解码器，源代码见 chap_9\xvidcore-1.0.1。

为了解码DSP发送过来的MPEG-4码流，将开源工程Xvid的静态库文件“xvidcore.lib”、头文件“xvid.h”拷贝到当前项目 chap_9\vms\vms 目录下，将动态库文件“libxvidcore.dll”拷贝到 chap_9\vms\vms\Debug 目录下

1.创建解码器

为使用 Xvid 解码器，新建文件 DecoderModule.h，将 xvid.h 头文件和库文件包含在当前项目中，并声明三个功能函数：

```
#ifndef _DECODERMODULE_HEAD_
#define _DECODERMODULE_HEAD_

#ifdef __cplusplus
extern "C" {
#endif
```

```
#include "xvid.h"
#pragma comment(lib, "xvidcore.lib")

int dec_init(int use_assembler, int width, int height);             // create
int dec_main(unsigned char *istream, unsigned char *ostream,
             int istream_size, xvid_dec_stats_t *xvid_dec_stats);  // process
int dec_stop();                                                      // destroy

#ifdef__cplusplus
}
#endif

#endif
```

声明了三个调用解码器的模块，dec_init 为创建解码器，dec_main 为解码一帧图像，dec_stop 为销毁解码器。

在 DecoderModule.cpp 实现上述三个解码器模块：

```
static void *dec_handle = NULL;  // 解码器句柄，一路图像对应一个句柄
static int image_width;          // 图像宽度
static int image_height;         // 图像高度

/* 第一次运行前初始化解码器 */
int dec_init(int use_assembler, int width, int height){
     int ret;
     xvid_gbl_init_t   xvid_gbl_init;
     xvid_dec_create_t xvid_dec_create;

     image_width = width;
     image_height= height;
     xvid_gbl_init.version = XVID_VERSION;  /* Version */
     if (use_assembler)/* 汇编设置 */
#ifdef ARCH_IS_IA64
           xvid_gbl_init.cpu_flags = XVID_CPU_FORCE | XVID_CPU_IA64;
#else
           xvid_gbl_init.cpu_flags = 0;
#endif
     else
           xvid_gbl_init.cpu_flags = XVID_CPU_FORCE;

     xvid_global(NULL, 0, &xvid_gbl_init, NULL);

     xvid_dec_create.version = XVID_VERSION;
     xvid_dec_create.width = width;
     xvid_dec_create.height= height;
     ret = xvid_decore(NULL, XVID_DEC_CREATE, &xvid_dec_create, NULL);
     dec_handle = xvid_dec_create.handle;
     return(ret);
}

/* 解码一帧图像 */
int dec_main(unsigned char *istream, unsigned char *ostream,
             int istream_size, xvid_dec_stats_t *xvid_dec_stats){
     int ret;
     xvid_dec_frame_t xvid_dec_frame;

     /* 设置版本 */
     xvid_dec_frame.version = XVID_VERSION;
     xvid_dec_stats->version = XVID_VERSION;

     /* 解码操作标志 */
```

```
    xvid_dec_frame.general          = 0;
    //xvid_dec_frame.general |= XVID_DEBLOCKY; // | XVID_DEBLOCKUV;
    /* 输入码流 */
    xvid_dec_frame.bitstream        = istream;
    xvid_dec_frame.length           = istream_size;

    /* 输出图像帧结构 */
    xvid_dec_frame.output.plane[0]  = ostream;
    xvid_dec_frame.output.stride[0] = image_width;
    xvid_dec_frame.output.csp = XVID_CSP_I420;
    ret = xvid_decore(dec_handle, XVID_DEC_DECODE, &xvid_dec_frame, xvid_dec_stats);
    return(ret);
}
/* 关闭解码器释放资源 */
int  dec_stop(){
    int ret;
    ret = xvid_decore(dec_handle, XVID_DEC_DESTROY, NULL, NULL);
    return(ret);
}
```

上述的模块中，创建和销毁仅调用一次，而每处理一帧图像就需要调用一次 dec_main 函数。需要注意的是，一个解码器句柄 dec_handle 对应一路图像，如果有多路码流需要解码则应该创建多个解码器句柄。

2.调用解码函数

1）初始化解码器

在消息处理函数 OnBnClickedButtonStartrcv()中初始化解码器：

```
if(M_flagsocket ! = 2) //保证网络仅初始化一次
{
    dec_init(0, XDIM, YDIM);  // 初始化解码器
    M_flagsocket = 2;
    wUersionRequested = MAKEWORD(1, 1);
//…
```

dec_init()函数根据图像大小创建解码器，DecoderModule.cpp 中的全局句柄 dec_handle 控制解码器的操作。

2）解码一帧图像

在网络接收线程，CPU 发出了消息 WM_BEGINCOPY，为了接收并处理该消息，需要在 MainFrame.h 的 CMainFrame 类内声明函数：

```
afx_msg LRESULT OnBeginCopy(WPARAM wParam, LPARAM lParam);
```

然后在 MainFrame.cpp 中的消息队列 BEGIN_MESSAGE_MAP(CMainFrame，CBkDialogST)中添加消息映射：

```
ON_MESSAGE(WM_BEGINCOPY, OnBeginCopy)
```

在 MainFrame.cpp 中定义 OnBeginCopy 函数()：

```
LRESULT CMainFrame: : OnBeginCopy(WPARAM wParam, LPARAM lParam){
    xvid_dec_stats_t xvid_dec_stats;
    int useful_bytes = i_RcvStrmLen; //码流总长度

    BYTE *mp4_ptr = p_RecStrmPtr;    //码流数据
    int totalsize = 0;
    if (i_RcvStrmLen){
        DWORD used_bytes = 0;
        do {
            used_bytes = dec_main(mp4_ptr, p_YUV420, useful_bytes, &xvid_dec_stats);
            if (used_bytes == -5){ }
            if (used_bytes > 0){
                mp4_ptr += used_bytes;
                useful_bytes -= used_bytes;
                totalsize += used_bytes;
            }
        }while(xvid_dec_stats.type <= 0 && useful_bytes > 0);
        totalsize += used_bytes;
    }
    return 1;
}
```

dec_main 将指针 mp4_ptr 指向的码流数据进行解码，解码图像存储在 p_YUV420 空间，实际解码的码流长度为 used_bytes。

3) 销毁解码器

在退出系统时，需要销毁解码器并释放资源。OnBnClickedButtonExitApp() 中添加销毁操作：

```
KillTimer( SYS_TIME_ID );
dec_stop();             // 销毁解码器
free(p_RecStrmPtr); // 释放码流空间
free(p_YUV420);     // 释放图像空间
```

上述过程是首先销毁解码器，然后释放码流空间和图像空间。

9.3.4　YUV 序列图像显示

在一些多路图像且 CPU 资源有限的场合，通常采用 DirectDraw 技术实现多路 YUV 图像的显卡直接显示。不过这对显卡通常有一定的技术要求，即较早版本的显卡可能对 YUV 格式的支持有问题。考虑到软件的通用性，这里使用显示性能较高的 VFW 技术。由于 MPEG-4 解码后的图像格式为 YUV420 平面格式，所以首先使用 cscc 库将 YUV 空间转换成与 RGB 空间，然后再使用 DrawDibDraw 模块实现图像显示。

1)添加功能文件

此处图像显示是利用微软的 VFW 技术来实现的，所以需要包含相应的头文件和库文件。颜色空间变换采用开源库 cscc.lib，因此应包含相应的头文件和库文件。

```
#include <vfw.h>
#include "Convert.h"

#pragma comment(lib, "ws2_32.lib")// wsock32.lib //ws2_32.lib
#pragma comment(lib, "vfw32.lib")
#pragma comment(lib, "cscc.lib")  //csss库
```

注意在项目属性的链接器输入选项中，忽略特定默认库 libc.lib，否则编译时会提示出错。

2)定义变量

在 CMainFrame.h 中定义 RGB 空间指针、操作 DrawDib 的句柄、空间转换对象、DrawDib 操作时所需要的 BITMAPINFOHEADER 结构以及图像显示控件的操作对象等。

```
// 显示
BYTE *pRGB;                           // RGB空间
HDRAWDIB m_hdd;                       // DrawDib句柄
ColorSpaceConversions  conv;          // RGB—YUV转换类
BITMAPINFOHEADER BMPInfHeader;        // BMP文件头，大小40字节
CDC  *pImageCDC;                      // 显示控件的DC
CRect      crect;                     // 显示控件的区域
unsigned int FrameSize[SIZE_RCV_FRAME]; // 保存图像帧码流大小
unsigned cntNumber;                   // 图像帧计数
```

3)变量初始化

在 OnInitDialog()中添加对 BMPInfHeader 变量、pRGB 指针的初始化，并打开 DrawDib 的设备。

```
//……………………………………………………
cntNumber = 0;
BMPInfHeader.biSize          = sizeof(BITMAPINFOHEADER);
BMPInfHeader.biWidth         = XDIM;
BMPInfHeader.biHeight        = YDIM;
BMPInfHeader.biPlanes        = 1;
BMPInfHeader.biBitCount      = 24;            //24位位图
BMPInfHeader.biCompression   = BI_RGB;        //RGB格式
BMPInfHeader.biSizeImage     = XDIM*YDIM*3;
BMPInfHeader.biClrUsed       = 0;
BMPInfHeader.biXPelsPerMeter = 0;
BMPInfHeader.biYPelsPerMeter = 0;
BMPInfHeader.biClrImportant  = 0;
m_hdd = DrawDibOpen();   // 打开DrawDib_xx
pRGB  = (BYTE *)malloc(XDIM*YDIM*3); /* 申请空间存储RGB图像 */
```

上述过程初始化了 DrawDib 函数所需要的 BMP 位图结构，并打开 DrawDib_xx 设备，申请用于存储 RGB 图像的空间。

```
pStaticImage->GetClientRect(&crect);  // get client rect of picture control
pImageCDC = pStaticImage->GetDC();    // get CDC of pircure control
```

上述过程实现图像显示控件的客户区获取，并获取 CDC 指针。

4) 显示图像

在消息处理函数 OnBeginCopy() 中，添加图像显示处理。同时为了统计码流大小，将每一帧码流长度记录下来，在显示系统时间同时，显示每秒的码流大小。

```
if (cntNumber>(SIZE_RCV_FRAME - 1)) cntNumber = 0;
FrameSize[cntNumber++] = totalsize;

BYTE *pY = p_YUV420;
BYTE *pU = p_YUV420+XDIM*YDIM;
BYTE *pV = p_YUV420+XDIM*YDIM*5/4;
conv.YV12_to_RGB24(pY, pU, pV, pRGB, XDIM, YDIM);  //YUV 420 to RGB24
DrawDibDraw(m_hdd,
            pImageCDC->GetSafeHdc(),
            crect.left,  crect.top,  crect.right, crect.bottom,
            &BMPInfHeader,  pRGB,
            0, 0, -1, -1, 0);
```

上述过程首先记录当前图像码流大小，然后将 YUV420 格式图像转换为 RGB24 格式，最后在图像显示控件上显示解码图像。

5) 系统其他功能

为实现动态显示码率，需要修改原来的系统显示时间模块。具体在定时器处理 OnTimer() 中添加下述过程：

```
if (nIDEvent== SYS_TIME_ID ) //定时器ID
{
    CTime tTime = CTime: : GetCurrentTime();
    CString strTime =tTime.Format("\n       %Y-%m-%d  \n          %H: %M: %S");
    CString strStream;
    unsigned int sum = 0;

    for (int i=0;  i<SIZE_RCV_FRAME;  i++){
        sum += FrameSize[i];
    }
    strStream.Format(_T("\n\n        %d kbps"), (sum/SIZE_RCV_FRAME)*25*8/1000);
    strTime = strTime + strStream;
    pStaticTime->SetWindowText(strTime);
}
```

上述过程首先获取并格式化系统时间。然后统计 SIZE_RCV_FRAME 帧数量的码流大小，按照每秒 25 帧图像的速度计算码率。最后输出显示文本信息。

系统最后退出时，在 OnBnClickedButtonExitApp()函数中释放有关资源：

```
free(pRGB);
DrawDibClose(m_hdd);
```

9.4 图像通信系统联调

通过前面的 DSP 端图像编码编程及主机端的客户端图像解码编程，图像通信系统的设计已经完成，接下来通过查看图像、测试 CPU 占用、主机码流分析与解码图像显示等步骤，验证该系统的功能。

9.4.1 DSP 端程序运行

1.新建目标配置文件

在新建配置文件时，根据购置的仿真器类型选择对应的仿真器驱动，Connection 为 SEED XDS560v2 USB Emulator，目标设备 Board 为 LCDK6748 或 TMS320C6748。配置文件名为 seed_6748.ccxml。

在 seed_6748 配置文件中，配置高级选项下的 C674x_0 的 CPU 属性，初始化脚本设置 gel 文件。在 chap_9_dsp_enc\bin 目录下放置了针对开发板 SWUST_C6748_LCDK 的 gel 文件。

2.启动 CCS 调试透视图

在目标配置窗口中的 seed_6748.ccxml 文件上点击右键，选择“Launch Selected Configuration”运行后，如图 9.14 所示。

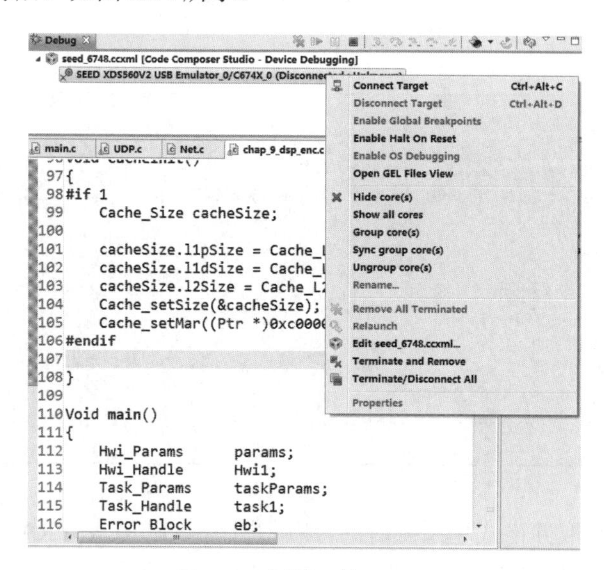

图 9.14 调试工具 Debug

在调试窗口 Debug 的“SEED XDS560V2 USB Emulator_0/C674_0”上点击右键，然后点击“Connect Target”连接目标板。运行正常的话，如图 9.15 所示。

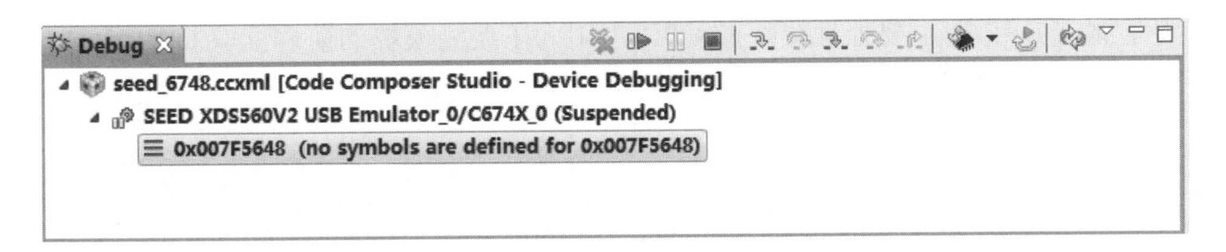

图 9.15　仿真器成功连接目标板

3.下载并运行可执行程序

接下来，手动复位目标板的复位按钮，同时利用菜单 Run/Reset/CPU Reset，进一步复位 CPU。点击菜单 Run/Load/Load Program，定位当前工程的可执行文件*.out，确定后开始装载。下载成功后，程序会执行到 main 函数位置，使用“F8”快捷键全速运行 DSP 程序，或者在编码前暂停，使用 CCS 的 Image Analyzer 工具查看 YUV420P 图像是否正常。

9.4.2　PC 端程序运行

运行 vms 程序，点击左下角的“开始接收”按钮，此时系统接收码流、解码并显示图像。如图 9.16 所示，同时右上角实时显示码率及系统时间。

图 9.16　图像通信主机界面

9.4.3 编码性能剖析

为了测试 DSP 端主要处理模块的 CPU 占用，在被测模块的前后读取 CPU 计时时间，两者的差值即为模块消耗的 CPU 指令周期数。

```
while (1)
{
        clock_t begin,end;
        /* Wait till a new frame is captured */
        Semaphore_pend(Sem_CaptoEnc, BIOS_WAIT_FOREVER);

        processed = 0;
        begin = clock();
        yuv422sptoyuv420p(half_buffer, videoTopY, videoTopC, XDIM, YDIM);
        end = clock();
        printf("yuv422sptoyuv420p = %d \n", end - begin);
        begin = clock();
        yuv420p_hori_down(half_buffer,cif_buffer, XDIM, YDIM);
        end = clock();
        printf("yuv420p_hori_down = %d \n", end - begin);
        begin = clock();
        m4v_size = enc_main(cif_buffer, mp4_buffer, &key, &stats_type, &stats_quant);
        end = clock();
        printf("enc_main = %d \n", end - begin);
        processed = 1;
        /* send to network Task */
        Semaphore_post(Sem_EnctoNet);
}
```

可执行程序加载完毕后，运行到主程序中，点击菜单“Run/Clock/Enable”以启动时钟。使用“F8”快捷键全速运行，统计并打印 CPU 时钟消耗。表 9.3 给出了主要模块的 CPU 指令周期占用对比情况。

表 9.3 DSP 主要模块 CPU 指令周期占用对比

模块名称	优化前	优化后
yuv422sptoyuv420p	1.7M	1.22M
yuv420p_hori_down	1.5M	0.89M
enc_main	17M	4.49M

从表中数据分析可知，一路 25 帧/s 的视频图像消耗 CPU 资源约 170M[25×(1.22+0.89+4.49)]，对于 CPU 为 456MHz 的 C6748-DSP 来说，预留了足够的 CPU 资源(约 280M)供其他任务使用，如图像目标检测、分割、识别或计数等。

参 考 文 献

Taranovich S. 2017. 30 years of DSP: From a child' s toy to 4G and beyond[J]. http://www.edn.com/design/systems-design/4394792.

Magar S, Caudel E, Leigh A. 1982. A microcomputer with digital signal processing capability [J] . IEEE International Solid-State Circuits Conference, Digest of Technical Papers, San Francisco, CA, USA.

Texas Instruments. 2010a. TMS320C674x DSP Mega module Reference Guide. SPRUFK5A: 17-21.

Texas Instruments. 2010b. TMS320C674x DSP CPU and Instruction Set Reference Guide. SPRUFE8B.

Texas Instruments. 2011a. TMS320C6000 Programmer' s Guide. SPRU198K.

Texas Instruments. 2011b. TMS320C674x/OMAP-L1x Processor Peripherals Overview. SPRUFK9F.

Texas Instruments. 2012a. TMS320C6000 Assembly Language Tools v7.4 User' s Guide. SPRU186W.

Texas Instruments. 2012b. TMS320C6000 Optimizing Compiler v7.4 User' s Guide. SPRU187U.

Texas Instruments. 2014a. System Analyzer User' s Guide. SPRUH43F.

Texas Instruments. 2014b. IMGLIB_Function_Reference.chm. Release 3.2.0.1. http://software-dl.ti.com/sdoemb/sdoemb_public_sw/imglib/ latest/index_FDS.html.[2018-5-13].

Texas Instruments. 2016. VLIB_C674_Function_Reference.chm. Release 3.3.0.3. http://software-dl.ti.com/libs/vlib/latest/index_FDS.html.[2018-5-13].

Texas Instruments. 2017a. TMS320C6748 Fixed- and Floating-Point DSP. SPRS590G: 1-4.

Texas Instruments. 2017b. SYS/BIOS (TI-RTOS Kernel) User' s Guide. SPRUEX3T.

Texas Instruments. 2018. http://www.ti.com/processors/dsp/overview.html.[2018-5-12].

附　　录

1. IMGLIB Modules v3.2.0.1

名称	功能
IMG_boundary_16s	扫描图像 16 位有符号非零值的像素点
IMG_boundary_8	扫描图像 8 位无符号非零值的像素点
IMG_clipping_16s	16 位像素值钳位于特定范围
IMG_conv_11x11_i16s_c16s	16 位有符号图像进行 11×11 核卷积滤波(16 位掩码)
IMG_conv_11x11_i8_c8s	8 位有符号图像进行 11×11 核卷积滤波(8 位掩码)
IMG_conv_7x7_i16s_c16s	16 位有符号图像进行 7×7 核卷积滤波(16 位掩码)
IMG_conv_7x7_i8_c8s	8 位有符号图像进行 7×7 核卷积滤波(8 位掩码)
IMG_conv_7x7_i8_c16s	8 位有符号图像进行 7×7 核卷积滤波(16 位掩码)
IMG_conv_5x5_i16s_c16s	16 位有符号图像进行 5×5 核卷积滤波(16 位掩码)
IMG_conv_5x5_i8_c16s	8 位有符号图像进行 5×5 核卷积滤波(16 位掩码)
IMG_conv_5x5_i8_c8s	8 位有符号图像进行 5×5 核卷积滤波(8 位掩码)
IMG_conv_3x3_i16_c16s	16 位有符号图像进行 3×3 核卷积滤波(16 位掩码)
IMG_conv_3x3_i16s_c16s	16 位有符号图像进行 3×3 核卷积滤波(16 位掩码)
IMG_conv_3x3_i8_c8s	8 位有符号图像进行 3×3 核卷积滤波(8 位掩码)
IMG_corr_11x11_i16s_c16s	16 位有符号图像进行 11×11 核相关滤波(16 位掩码)
IMG_corr_11x11_i8_c16s	8 位无符号图像进行 11×11 核相关滤波(16 位掩码)
IMG_corr_5x5_i16s_c16s	16 位有符号图像进行 5×5 核相关滤波(16 位掩码)
IMG_corr_3x3_i16_c16	16 位有符号图像进行 3×3 核相关滤波(16 位掩码)
IMG_corr_3x3_i16s_c16s	16 位无符号图像进行 3×3 核相关滤波(16 位掩码)
IMG_corr_3x3_i8_c16s	8 位无符号图像进行 3×3 核相关滤波(16 位掩码)
IMG_corr_3x3_i8_c8	8 位无符号图像进行 3×3 核相关滤波(8 位掩码)
IMG_corr_gen_i16s_c16s	16 位像素 1×M 阶广义相关性处理
IMG_corr_gen_iq	32 位像素 1×M 阶广义相关性处理
IMG_dilate_bin	使用任意 3×3 掩码实现二进制形态学膨胀
IMG_erode_bin	使用任意 3×3 掩码实现二进制形态学腐蚀
IMG_errdif_bin_16	16 位误差扩散滤波器
IMG_errdif_bin_8	8 位误差扩散滤波器
IMG_fdct_8x8	8×8 前向离散余弦变换
IMG_histogram_16	计算包含 n 个像素的图像数组的直方图(像素 16 位)
IMG_histogram_8	计算包含 n 个像素的图像数组的直方图(像素 8 位)
IMG_idct_8x8_12q4	8×8 逆离散余弦变换，输入系数为 16 位的 12Q4 格式数据

续表

名称	功能
IMG_mad_16x16	返回 16×16 搜索块与搜索区域中某个块之间的最小绝对差的位置
IMG_mad_8x8	返回 8×8 搜索块与搜索区域中某个块之间的最小绝对差的位置
IMG_median_3x3_16s	对 16 位有符号图像像素执行 3×3 中值滤波运算
IMG_median_3x3_16	对 16 位无符号图像像素执行 3×3 中值滤波运算
IMG_median_3x3_8	对 8 位无符号图像像素执行 3×3 中值滤波操作
IMG_perimeter_16	返回 16 位图像的边界像素
IMG_perimeter_8	返回 8 位图像的边界像素
IMG_pix_expand	读取一组无符号的 8 位值并将它们存储到一个 16 位数组中
IMG_pix_sat	接受带符号的 16 位输入像素并将它们饱和为无符号的 8 位结果
IMG_quantize	用给定的矩阵量化图像矩阵
IMG_sad_16x16	计算源图像中 16×16 块像素值与参考图像中对应像素之间的差异
IMG_sad_8x8	计算源图像中 8×8 块像素值与参考图像中对应像素之间的差异
IMG_sobel_3x3_16	对 16 位无符号 3×3 图像进行 Sobel 边缘检测
IMG_sobel_3x3_16s	对 16 位有符号 3×3 图像进行 Sobel 边缘检测
IMG_sobel_3x3_8	对 8 位无符号 3×3 图像进行 Sobel 边缘检测
IMG_sobel_5x5_16s	对 16 位有符号 5×5 图像进行 Sobel 边缘检测
IMG_sobel_7x7_16s	对 16 位有符号 7×7 图像进行 Sobel 边缘检测
IMG_thr_gt2max_16	对 16 位无符号图像执行最大化阈值操作
IMG_thr_gt2max_8	对 8 位无符号图像执行最大化阈值操作
IMG_thr_gt2thr_16	对 16 位无符号图像执行过阈值量阈值化操作
IMG_thr_gt2thr_8	对 8 位无符号图像执行过阈值量阈值化操作
IMG_thr_le2min_16	对 16 位无符号图像执行最小化阈值化操作
IMG_thr_le2min_8	对 8 位无符号图像执行最小化阈值化操作
IMG_thr_le2thr_16	对 16 位无符号图像执行低于阈值量阈值化操作
IMG_thr_le2thr_8	对 8 位无符号图像执行低于阈值量阈值化操作
IMG_wave_horz	一维周期正交小波分解
IMG_wave_vert	二维小波变换的垂直传递
IMG_yc_demux_be16_8	8 位图像一字节像素数据零扩展写入(大端模式)
IMG_yc_demux_le16_16	16 位图像半字节像素数据零扩展写入(小端模式)
IMG_yc_demux_le16_8	8 位图像一字节像素数据零扩展写入(小端模式)
IMG_ycbcr422pl_to_rgb565	转换 ycbcr422 图像为 rgb565 图像

2. VLIB Modules v3.3.0.3

名称	功能
VLIB_calcBlobPerimeter	计算物体周长
VLIB_afast9_detectCorners	基于 FAST9 算法的图像角点检测
VLIB_afast12_detectCorners	基于 FAST12 算法的图像角点检测
VLIB_aFast_nonmaxSuppression	特征点的稀疏非极大抑制
VLIB_bhattacharyaDistance_U32	计算 p 和 q 之间的 Bhattacharya 距离
VLIB_binarySkeleton	对像素矩阵的二进制细化
VLIB_blockMedian	用于在 8 位图像中查找每个块的较低中值
VLIB_blockStatistics	统计 8 位灰度图像最小值，块最大值，块平均值和块方差
VLIB_Canny_Edge_Detection	基于 Canny 边缘检测算法的一系列函数
VLIB_Connected_Components_Labeling	连通域标记与分析
VLIB_convertUYVYint_to_HSLpl	将交织 YUV422 格式转换为 HSL 平面格式
VLIB_convertUYVYint_to_LABpl	将交织 YUV422 格式转换为 LAB 平面格式
VLIB_convertUYVYint_to_LABpl_LUT	VLIB_convertUYVYint_to_LABpl 的快速逼近计算
VLIB_convertUYVYint_to_RGBpl	将交织 YUV422 格式转换为 RGB 平面格式
VLIB_convertUYVYint_to_YUV420pl	将交织 YUV422 格式转换为 YUV420 平面格式
VLIB_convertUYVYint_to_YUV422pl	将交织 YUV422 格式转换为 YUV422 平面格式
VLIB_convertUYVYint_to_YUV444pl	将交织 YUV422 格式转换为 YUV444 平面格式
VLIB_convertUYVYsemipl_to_YUVpl	将半平面 YUV422 图像转换为 YUV 平面格式
VLIB_convertUYVYpl_to_YUVint	将三个 YUV422 平面交织为单个 YUV422 交织格式
VLIB_convert_NV12_to_RGBpl_tile	将 NV12 色彩格式数据转换为三个独立的 RGB 平面格式
VLIB_coOccurrenceMatrix	计算 8 位灰度图像的灰度共生矩阵
VLIB_dilate_bin_cross	在位打包的二进制图像上使用十字形 3×3 掩码实现二进制膨胀
VLIB_dilate_bin_mask	使用任意 3×3 掩码实现二进制膨胀
VLIB_dilate_bin_square	在位打包的二进制图像上使用方形 3×3 掩码实现二进制膨胀
VLIB_disparity_SAD16	计算 16 位立体图像对中每行每个位置的视差
VLIB_disparity_SAD8	计算 8 位立体图像对中每行中每个位置的视差
VLIB_disparity_SAD_firstRow16	计算 16 位立体图像对的第一行中每个位置的视差
VLIB_disparity_SAD_firstRow8	计算 8 位立体图像对第一行中每个位置的视差
VLIB_erode_bin_cross	在位打包的二进制图像上使用十字形 3×3 掩码实现二进制腐蚀
VLIB_erode_bin_mask	使用任意 3×3 掩码实现二进制腐蚀
VLIB_erode_bin_square	在位打包的二进制图像上使用方形 3×3 掩码实现二进制腐蚀
VLIB_erode_bin_singlePixel	使用 3×3 周长掩码实现二进制腐蚀，二元决策中心像素被忽略
VLIB_extract8bitBackgroundS16	提取有符号 16 位背景模型的 8 位(无符号)最重要整数部分
VLIB_extractLumaFromUYUV	从 YUV422 交错 UYVY 格式图像中提取亮度数据
VLIB_extractLumaFromYUYV	从 YUV422 交错 YUYV 格式图像中提取亮度数据
VLIB_gauss5x5PyramidKernel_16	用 5×5 高斯内核来计算下一级金字塔(输入 16 位)
VLIB_gauss5x5PyramidKernel_8	用 5×5 高斯内核计算下一级金字塔(输入 8 位)
VLIB_goodFeaturestoTrack	图像中寻找具有大特征值的角点

续表

名称	功能
VLIB_gradientH5x5PyramidKernel_8	用 5×5 梯度内核计算金字塔下一层的水平部分
VLIB_gradientV5x5PyramidKernel_8	用 5×5 梯度内核计算金字塔下一层的垂直部分
VLIB_grayscale_morphology	对灰度图像做形态学操作
VLIB_hammingDistance	计算两个二维字节数组的汉明距离
VLIB_haarDetectObjectsDense	使用 Ada-boost 分类器实现基于 Haar 特征的密集对象检测
VLIB_haarDetectObjectsSparse	使用 Ada-boost 分类器实现基于 Haar 特征的稀疏对象检测
VLIB_harrisScore_7x7	计算亮度图像中每个像素的 Harris 角点分值
VLIB_harrisScore_7x7_S32	计算亮度图像中每个像素的 Harris 角点分值(32 位输出)
VLIB_histogram_1D_Init_U16	初始化一维直方图计算缓冲区(16 位数据)
VLIB_histogram_1D_Init_U8	初始化一维直方图计算缓冲区(8 位数据)
VLIB_histogram_1D_U16	使用用户指定的 bin 值计算 16 位无符号整数数组的直方图
VLIB_histogram_1D_U8	使用用户指定的 bin 值计算 8 位无符号整数数组的直方图
VLIB_histogram_equal_8	使用直方图均衡来重新分配图像的亮度值，以超过每像素 8 位图像的全部动态范围
VLIB_histogram_nD_U16	用于多维 16 位矢量值变量的直方图计算
VLIB_houghLineFromList	从边缘点列表中计算 Hough 空间值
VLIB_hysteresisThresholding	计算包含可能边缘的边缘图，利用滞后阈值标识和跟随边缘
VLIB_imagePyramid16	计算 16 位输入图像 1、2 和 3 级图像金字塔
VLIB_imagePyramid8	计算 8 位输入图像 1、2 和 3 级图像金字塔
VLIB_image_rescale	将输入图像缩放为不同的分辨率
VLIB_initMeanWithLumaS16	用于初始化亮度均值运行缓冲区(16 位输出)
VLIB_initMeanWithLumaS32	用于初始化亮度均值运行缓冲区(32 位输出)
VLIB_initUYVYint_to_LABpl_LUT	将数据转换成 LAB 格式，并将颜色通道分离成单独颜色平面
VLIB_initVarWithConstS16	用于初始化具有常数方差初始估计的运行方差缓冲区，16 位常量
VLIB_initVarWithConstS32	用于初始化具有常数方差初始估计的运行方差缓冲区，32 位常量
VLIB_integralImage16	用于计算 16 位图像的积分图像
VLIB_integralImage8	用于计算 8 位图像的积分图像
VLIB_insertLumaIntoYUYV	用新的亮度数据覆盖 YUYV 交织图像的亮度数据
VLIB_kalmanFilter_2x4_Predict	卡尔曼滤波器的预测过程，状态数据 2 维、测量数据 4 维
VLIB_kalmanFilter_2x4_Correct	卡尔曼滤波器的纠正过程，状态数据 2 维、测量数据 4 维
VLIB_kalmanFilter_4x6_ Predict	卡尔曼滤波器的预测过程，状态数据 4 维、测量数据 6 维
VLIB_kalmanFilter_4x6_Correct	卡尔曼滤波器的纠正过程，状态数据 4 维、测量数据 6 维
VLIB_L1DistanceS16	计算两个向量的 L1 距离
VLIB_legendreMoments	计算矩阵的勒让德矩
VLIB_legendreMoments_Init	用于初始化必要的缓冲区和常量
VLIB_mixtureOfGaussiansS16	为 16 位视频帧中的每个像素维护高斯混合模型，并返回对应于所计算的前景区域的填充二进制掩码
VLIB_mixtureOfGaussiansS32	为 32 位视频帧中的每个像素维护高斯混合模型，并返回对应于所计算的前景区域的填充二进制掩码
VLIB_nonMaxSuppress_3x3_S16	将每个输入像素的值与其相邻像素进行比较(3×3 像素矩阵)

续表

名称	功能
VLIB_nonMaxSuppress_5x5_S16	将每个输入像素的值与其相邻像素进行比较(5×5 像素矩阵)
VLIB_nonMaxSuppress_7x7_S16	将每个输入像素的值与其相邻像素进行比较(7×7 像素矩阵)
VLIB_nonMaxSuppress_U16	实现具有可编程滤波器大小的非极大抑制算法(16 位输入)
VLIB_nonMaxSuppress_U32	实现具有可编程滤波器大小的非极大抑制算法(32 位输入)
VLIB_normal_16	该函数以 X 和 Y 梯度、梯度幅度和像素图像差作为输入，并计算 X 和 Y 方向上的正常流矢量
VLIB_ORB_bestFeaturesToFront	检测到了快速角点同时得到了每个 Harris 角点分数，则调用该函数返回 Harris 得分最高的特征子集
VLIB_ORB_computeOrientation	在检测到角点后调用，用于快速填充功能列表
VLIB_ORB_computeRBrief	计算每个特征的概要描述子
VLIB_ORB_getHarrisScore	用于快速角点检测和同时计算得 Harris 角点分数
VLIB_originalfast9_detectCorners	基于 FAST9 算法检测并返回图像中的角点
VLIB_originalfast12_detectCorners	基于 FAST12 算法检测并返回图像中的角点
VLIB_originalfast9_score	计算角点列表的 FAST9 分数，并添加到每个特征的近似场
VLIB_originalfast12_score	计算角点列表的 FAST12 分数，并添加到每个特征的近似场
VLIB_packMask32	将 8 位数据打包为 32 位数据
VLIB_recursiveFilterHoriz1stOrder	对 8 位输入数数据实施一阶水平 IIR 滤波
VLIB_recursiveFilterHoriz1stOrderS16	对 16 位输入数数据实施一阶水平 IIR 滤波
VLIB_simplex	单纯性法求线性规划最小值及坐标(起始点 N 维坐标)
VLIB_simplex_3D	单纯性法求线性规划最小值及坐标(起始点 3 维坐标)
VLIB_subtractBackgroundS16	实现统计性的背景分割算法(输入为 16 位图像数据)
VLIB_subtractBackgroundS32	实现统计性的背景分割算法(输入为 32 位图像数据)
VLIB_trackFeaturesLucasKanade_7x7	实现以 7×7 块为特征中心实现特征跟踪
VLIB_unpackMask32	将 32 位打包二进制数据解包为 8 位数据
VLIB_updateEWRMeanS16	更新视频亮度分量的指数加权运行均值(输入 16 位有符号)
VLIB_updateEWRMeanS32	更新视频亮度分量的指数加权运行均值(输入 32 位有符号)
VLIB_updateEWRVarianceS16	更新视频亮度分量的指数加权运行方差(输入 16 位有符号)
VLIB_updateEWRVarianceS32	更新视频亮度分量的指数加权运行方差(输入 32 位有符号)
VLIB_updateUWRMeanS16	更新视频缓冲区均匀加权运行均值
VLIB_updateUWRVarianceS16	更新视频缓冲区均匀加权运行方差
VLIB_weightedHistogram_1D_U16	使用用户指定的 bin 值计算 16bit 无符号数组的加权直方图
VLIB_weightedHistogram_1D_U8	使用用户指定的 bin 值计算 8bit 无符号数组的加权直方图
VLIB_weightedHistogram_nD_U16	计算 16 位向量值变量的加权多维直方图
VLIB_xyGradients	对于图像中的每个像素，提取水平和垂直 1 阶梯度
VLIB_xyGradientsAndMagnitude	该函数提取二维梯度矢量坐标以及幅度
VLIB_xyGradients_Magnitude_Orientations	返回 8-bit 输入图像水平及垂直方向的梯度大小和梯度方向